Lebensmittel-Biotechnologie und Ernährung

Springer

Berlin
Heidelberg
New York
Barcelona
Budapest
Hongkong
London
Mailand
Paris
Santa Clara
Singapur
Tokio

Heinz Ruttloff · Jürgen Proll
Andreas Leuchtenberger

Lebensmittel-Biotechnologie und Ernährung

Probleme und Lösungsansätze

Mit 71 Abbildungen und 97 Tabellen

Springer

Professor Dr. rer. nat. habil. Heinz Ruttloff
Schinkelstraße 15
14558 Bergholz-Rehbrücke

Dr. rer. nat. Jürgen Proll
Deutsches Institut für Ernährungsforschung
Arthur-Scheunert-Allee 114-116
14558 Bergholz-Rehbrücke

Professor Dr. sc. nat. Andreas Leuchtenberger
Erich-Weinert-Straße 39
14478 Potsdam

Die Deutsche Bibliothek - CIP-Einheitsaufnahme
Lebensmittel-Biotechnologie und Ernährung : Probleme und Lösungsansätze /
Heinz Ruttloff ... (Hrsg.). -
Berlin ; Heidelberg ; New York ; Barcelona ; Budapest ; Hong Kong ; London ; Milan ;
Paris ; Santa Clara ; Singapore ; Tokyo : Springer, 1996
   ISBN 978-3-642-63893-0   ISBN 978-3-642-59198-3 (eBook)
   DOI 10.1007/978-3-642-59198-3
NE: Ruttloff, Heinz [Hrsg.]

Satz: Datenkonvertierung durch Saladruck GmbH, Berlin
Einbandgestaltung: Künkel & Lopka, Ilvesheim
SPIN: 10507884   52/3020 - 5 4 3 2 1 0 - Gedruckt auf säurefreiem Papier

Vorwort

Betrachtet man die internationale Ernährungssituation, dann wird eine besorgniserregende Diskrepanz sichtbar: Auf der einen Seite besteht in weiten Gebieten unserer Erde ein permanenter Mangel an Lebensmitteln, insbesondere an solchen mit hohem nutritiven Wert, der sich in Unterernährung mit oft katastrophalen gesundheitlichen Schäden manifestiert. Auf der anderen Seite werden in breiten Bevölkerungskreisen der Industrieländer mit ihrem wachsenden Wohlstand unvernünftige Verzehrgewohnheiten – vielfach gekoppelt mit Bewegungsarmut – beobachtet. Die Folge davon sind Über- und Fehlernährung, die ihre Ausprägung in Übergewicht sowie in diversen „Zivilisationskrankheiten" finden. Letztere rufen nicht nur bei den Betroffenen und ihren Angehörigen menschliches Leid hervor, sondern fügen auch der Gesellschaft großen wirtschaftlichen Schaden zu. Zugleich ist in den letzten Jahren ein auch international ständig zunehmendes Ernährungs- und Umweltbewußtsein zu beobachten, was sich u. a. in steigenden Anforderungen des Verbrauchers an die Qualität der Lebensmittel und ihre Produktion niederschlägt.

Diese weltweit anstehenden Probleme stellen eine Herausforderung nicht nur für Politik und Wirtschaft, sondern auch für die Nahrungsgüterproduktion und Lebensmittelindustrie dar. Hierbei ist in besonderem Maße auch die Biotechnologie angesprochen. Sie ist dem Menschen bei der Be- und Verarbeitung von Lebensmitteln seit Urzeiten dienlich, und ihre Bedeutung wird sich auch auf diesem Sektor in Zukunft weiter erhöhen. Ihr besonderer Vorzug besteht darin, daß sie die im Verlaufe der Evolution ausgebildeten natürlichen, biokatalytisch gesteuerten Reaktionsmechanismen in technisch realisierbare Verfahren, z. B. der Lebensmittelproduktion, einfließen läßt. Inzwischen wurden neue Informationen über biochemische Zusammenhänge beim Ablauf solcher Prozesse gewonnen. Hierdurch ist es heute weit besser als noch zu Beginn unseres Jahrhunderts möglich, unter Berücksichtigung ernährungswissenschaftlicher Erkenntnisse bestimmte biotechnologische Wirkprinzipien zur Herstellung qualitativ verbesserter, aber auch neuartiger Lebensmittel anzuwenden.

Im vorliegenden Buch werden Ansatzmöglichkeiten der Biotechnologie zur Verbesserung der o. a. unbefriedigenden Ernährungssituation aufgezeigt, wobei bereits beschrittene wie auch noch nicht realisierte Lösungswege berücksichtigt werden. Im Vordergrund stehen vor allem Verfahren der *Lebensmittel*biotechnologie. Wegen der engen Beziehungen zwischen Nahrungsgüterproduktion und Rohstoffbereitstellung wird auch auf das Applikationspotential der Biotechnologie in der Pflanzen- und Tierzüchtung eingegangen.

Es ist das besondere Anliegen der Autoren, bei der Erörterung der biotechnologischen Produktion von Lebensmitteln oder deren Zusatzstoffen verstärkt die ernährungswissenschaftlichen Aspekte und ihre wechselseitigen Bezüge herauszuarbeiten. Zum besseren Verständnis dieser Zusammenhänge wird daher eine Einführung in spezielle Bereiche der Ernährungswissenschaft sowie über ernährungsbedingte Krankheiten vorangestellt. Es folgen Ausführungen über die internationale Ernährungssituation und daraus abzuleitende Schlußfolgerungen. Sodann werden einige wichtige Methoden und Verfahren der Biotechnologie – einschließlich Gentechnik – erörtert. Der Hauptteil des Buches beinhaltet Möglichkeiten der Nutzung verschiedener biotechnologischer Wirkprinzipien bei der Produktion von ausgewählten konventionellen wie auch nicht-herkömmlichen Lebensmitteln bzw. Zusatzstoffen mit ernährungsphysiologisch relevanten Eigenschaften.

Der Leser soll in die Lage versetzt werden, sich ein objektives und fachlich fundiertes Urteil bei der von Befürwortern und Gegnern oftmals sehr leidenschaftlich geführten Auseinandersetzung über den Nutzen der Biotechnologie (einschließlich der Gentechnik) zu bilden. Auf dieses Anliegen ist deshalb mit Nachdruck hinzuweisen, weil in den letzten Jahren vor allem die Gentechnik und ihre Anwendung bei der Lebensmittelproduktion von der Öffentlichkeit mit zunehmender Skepsis betrachtet werden. Im Vordergrund der Bedenken stehen ethische Aspekte sowie vermutete Unzulänglichkeiten hinsichtlich der Absicherung vor gesundheitlichen Risiken und Gefahren. Auch wird verschiedentlich die Meinung geäußert, daß der Hunger in großen Teilen der Dritten Welt viel einfacher durch „Umlenkung" der in den reichen Industrieländern vorhandenen erheblichen Nahrungsmittelüberschüsse beseitigt oder zumindest gemildert werden könne. Ferner sollte den Entwicklungsländern der Zugang zu landwirtschaftlichen Nutzflächen und Krediten erleichtert werden. Bei allem Verständnis für diese moralisch sehr lobenswerte Einstellung setzt sich jedoch in zunehmendem Maße die Erkenntnis durch, daß die Sicherung der Nahrungsgrundlage für die weiterhin in stürmischem Wachstum befindliche Menschheit zukünftig ohne Einsatz auch gentechnischer Methoden nicht gewährleistet werden kann. So sind im Jahr 2025 rund 9 Mrd. Menschen zu ernähren. Von den heute lebenden 5,8 Mrd. Erdbewohnern sind schon jetzt ca. 800 Mio. chronisch unterernährt, davon etwa 200 Mio. Kinder. Wenn auch die Gentechnik kein Allheilmittel darstellt, sollte man dennoch auf ihre weitreichenden Möglichkeiten nicht verzichten. Selbstverständlich müssen alle vorhandenen bzw. noch beizubringenden naturwissenschaftlich-technischen Erkenntnisse genutzt werden, um evtl. gesundheitliche Risiken *mit Sicherheit* auszuschließen.

In diesem Buch werden lediglich die wissenschaftlichen Grundlagen für die biotechnologische Produktion ernährungsphysiologisch oder diätetisch relevanter Lebensmittel und Lebensmittelzusatzstoffe vermittelt. Eine lebensmittelrechtliche bzw. -hygienische Bewertung der genannten, z. T. auch gentechnisch bearbeiteten, Erzeugnisse wird nicht vorgenommen. Auch die Aufzählung von bestimmten, im Handel angebotenen Waren ist nicht möglich, da es das Anliegen und den Rahmen des vorliegenden Titels sprengen würde.

Zur besseren Darstellung von Umwandlungsprozessen an Kohlenhydraten werden die in diesem Buch behandelten Zucker vorwiegend entweder in der offenkettigen Form (d. h. mit Oxo-Gruppe) oder – bei Vorliegen als Halbacetal oder Glycosid

(Vollacetal) – in der Ringform der gestreckten Projektion nach FISCHER, nicht hingegen mit der HAWORTH-Ringformel, wiedergegeben. Die im Text vorkommenden Enzyme werden mit den im Fachschrifttum z. Z. gängigen Namen bezeichnet. Zur Vermeidung von Unklarheiten werden sie stets mit ihrer EC-Nummer gemäß den 1992 getroffenen Festlegungen des Nomenklatur-Komitees der IUBMB („Enzym-Nomenklatur-Komitee") versehen; bei wiederholtem Auftreten eines Enzyms im Text desselben Abschnittes entfällt jedoch die EC-Angabe. Die exakte Bezeichnung des jeweiligen Enzyms ist aus der Enzym-Zusammenstellung im Anhang zu entnehmen (geordnet nach EC-Nummern: „Empfohlener Name",„synonyme(r) Name(n)",„systematischer Name").

Die Abkürzung der im Literaturteil aufgeführten Zeitschriften erfolgt überwiegend nach Version der „current contents"; wenn dort nicht aufgeführt, dann analog der „periodica chimica". Es wird konsequent die in der wissenschaftlichen Dokumentation übliche c-Schreibweise sowie die Endsilbe -ol für sämtliche Verbindungen mit alkoholischer OH-Gruppe (z. B. Sorbitol, Maltitol, Cholesterol) angewandt. Aus dem anglo-amerikanischen Schrifttum stammende Fachbegriffe werden klein geschrieben, es sei denn, sie stehen in Kombination mit einem deutschsprachigen Substantiv oder sie wurden gemäß stiller Übereinkunft in den deutschen wissenschaftlichen Sprachschatz übernommen (z. B. „Screening").

Herrn Prof. Dr. R. Noack sind wir für freundliche Hinweise zum ernährungswissenschaftlichen Teil des Manuskriptes sehr verbunden. Herrn Heinz Schulze danken wir für die sorgfältige Anfertigung der Zeichnungen, Frau Brüning für ihre schreibtechnische Mitarbeit. Schließlich möchten wir noch dem Springer-Verlag Heidelberg, besonders Herrn Peter Enders, für die gute Kooperation bei der Bearbeitung des Manuskriptes und dessen Drucklegung unseren Dank aussprechen.

Potsdam-Rehbrücke, im Herbst 1996   Die Autoren

Inhaltsverzeichnis

Abkürzungsverzeichnis

AA	arachidonic acid
ADI	acceptable daily intake
AMP	Adenosin-5´-monophosphat
ATP	Adenosin-5´-triphosphat
BAP	6-Benzyl-aminopurin
BW	biologische Wertigkeit
bp	Basenpaare
CB	Cellobiase
CBH	Cellobiohydrolase
2,4-D	2,4-Dichlorphenoxy-essigsäure
DBI	5,6-Dimethyl-benzimidazol
DE	dextrose equivalent (auf TS bezogener Anteil an reduzierender Substanz, ausgedrückt als Glucose)
DGE	Deutsche Gesellschaft für Ernährung
DHA	docosahexaenoic acid
DNA	deoxyribonucleic acid
cDNA	copy DNA
DNS	Desoxyribonucleinsäure
DP	durchschnittlicher Polymerisationsgrad
EC	enzyme classification
EG	Endo-Glucanase
EDTA	Ethylendiamintetraessigsäure
EPA	eicosapentaenoic acid
EMS	Ethylmethan-sulfonat
EPSP	5-Enol-pyroyl-shikimiat-3-phosphat
ES	embryonale Stammzellen
FAD	Flavin-adenin-dinucleotid
FAO	Food and Agriculture Organization (der UNO)
FMN	Flavin-mono-nucleotid
FPLC	fast protein liquid chromatography
GPS	Glucopyranosyl-D-sorbitol
GPM	Glucopyranosyl-D-mannitol
GRAS	generally recognized as safe
GU	Grundumsatz
HDL	high density lipoproteins

HFCS	high fructose corn syrup
HPLC	high performance liquid chromatography
HUFA	high unsaturated fatty acid
IES	Indolyl-3-essigsäure
IUBMB	International Union of Biochemistry and Molecular Biology
kb	Kilobasen(paare)
KBE	Kolonie-bildende Einheit
k_{cat}	katalytische Konstante
kcal	Kilocalorie
KJ	Kilojoule
K_M	Michaelis-Konstante
LDL	low density lipoproteins
M_r	relative Molekülmasse
MDa	Mega-Dalton (SI-fremde Masseeinheit)
MJ	Mega-Joule
MKT	mittelkettige Triglyceride
MMS	Methyl-methano-sulfonat
MUFA	monounsaturated fatty acids
NAD	
NADP	
NADH	
NADPH	
NES	1-Naphthyl-essigsäure
NS	Nucleinsäure(n)
NNMG	1-Nitroso-3-nitro-1-methyl-guanidin
PAG	Protein Advisory Group(der UNO)
PE	Pektinesterase
PEG	Polyethylenglycol
PEM	protein energy malnutrition
PER	protein efficiency ratio
PG	Polygalacturonase
pK_a	Säureexponent (negativer dekadischer Logarithmus der Säure-Dissoziationskonstante K_a)
PUFA	polyunsaturated fatty acids
rBST	recombinated bovines somatropin
RHM	Ranks Hovis Mc. Dougall Ltd. (britischer Nahrungsmittelkonzern)
mRNA	Messenger (Boten)-RNA
RNU	Ruhe-Nüchtern-Umsatz
SCP	single cell protein
SHP	Stärkehydrolyseprodukt
SFA	saturated fatty acids
TMV	Tabak-Mosaik-Virus
TS	Trockensubstanz
U	units (Enzymeinheiten)
UFA	unsaturated fatty acids
Upm	Umdrehungen pro Minute
VEFCS	very enriched fructose corn syrup

VLCD	very low density lipoproteins
WHO	World Health Organization (der UNO)
ZKBS	Zentrale Kommission für Biologische Sicherheit

KAPITEL 1

Ernährungswissenschaftliche Grundlagen

1.1
Physiologische Grundlagen der Ernährung

1.1.1
Verdauung und Absorption der Nährstoffe

Die für Wachstum und Stoffwechsel des Menschen erforderlichen **Nährstoffe** Wasser, Proteine, Lipide, Kohlenhydrate, Ballaststoffe, Vitamine und Mineralstoffe müssen in den meisten Fällen so umgewandelt werden, daß sie aus dem Darm absorbiert und damit von den Organen verwertet werden können. Dieser Vorgang der zunächst mechanischen und dann enzymatischen Zerlegung der Nährstoffe wird Verdauung genannt. Die Organe des Verdauungstraktes sind in Abb. 1.1.-1 schematisch zusammengestellt.

Mund und Magen

Im Mund wird die Nahrung mechanisch zerkleinert und mit dem sezernierten Speichel durchmischt. Dieser enthält
- Mucine (Schleimstoffe zur Bildung von gleitfähigen Bissen),
- Ionen (Na^+, K^+, Ca^{2+} und HCO_3^- zur Neutralisierung und Abpufferung der Nahrung sowie F^- zur Härtung des Zahnschmelzes), ferner
- das Enzym α-*Amylase* (EC 3.2.1.1) zur beginnenden Verdauung von Stärke.

Der Magen hat folgende Verdauungsfunktionen zu erfüllen:
- Speicherung der aufgenommenen Nahrung, ihre Durchmischung mit dem Magensaft und Abgabe in den Dünndarm.
- Ansäuerung des Nahrungsbreies auf einen pH-Wert von 3–5 durch die von der Magenschleimhaut produzierte Salzsäure. Die Ansäuerung des Speisebreies dient der Denaturierung der Nahrungsproteine und der Aktivierung des proteolytischen Enzyms *Pepsin* (EC 3.4.23.1). Außerdem hat der saure Magensaft baktericide Eigenschaften: Ein Teil der mit der Nahrung – erwünscht oder nicht erwünscht – eingeschleusten lebenden Bakterien wird abgetötet.
- Bildung und Sekretion von Pepsin. Dieses spaltet Proteine im Inneren des Proteinmoleküls, so daß vor allem Polypeptide entstehen. Die Vorverdauung der Proteine fördert ihre anschließende Verdauung im Dünndarm.

Dünndarm

Der den Magen verlassende Speisebrei wird durch den Hinzutritt von Pankreas- und Gallensaft mittels Hydrogencarbonat im ersten Dünndarmabschnitt (Duodenum)

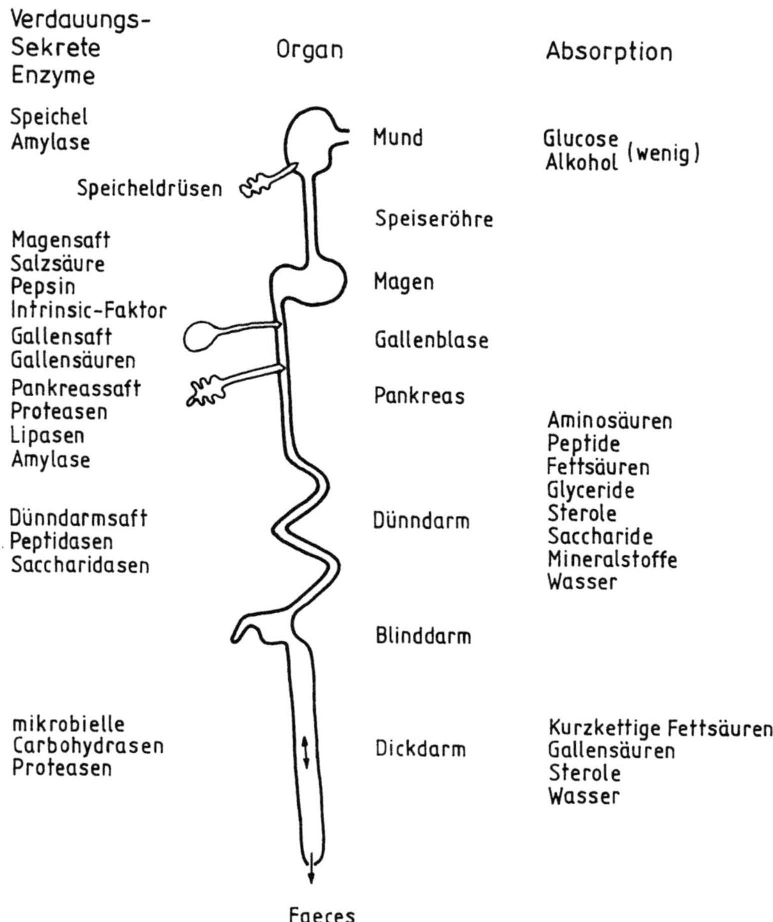

Abb. 1.1.-1 Verdauung und Absorption im menschlichen Magen-Darm-Trakt

neutralisiert. Mit dem Pankreassaft werden verschiedene Verdauungsenzyme in das Duodenum sezerniert:

- Inaktive Vorstufen der proteolytischen Enzyme *Trypsin* (EC 3.4.21.4), *Chymotrypsin* (EC 3.4.21.1), *Elastase* (EC 3.4.21.36), *Collagenase* (EC 3.4.24.7) sowie der *Carboxypeptidasen* A (EC 3.4.17.1) und B (EC 3.4.17.2) (exopeptidatisch wirksam) werden im Dünndarmlumen durch das Enzym *Enterokinase* (EC 3.4.21.9) und durch katalytisch wirksames Trypsin aktiviert. Sämtliche Nahrungsproteine werden hierdurch zu Oligo- und Dipeptiden aufgespalten.
- α-*Amylase* zerlegt Stärke bis zu niedermolekularen Oligo- und Disacchariden.
- *Lipase* (EC 3.1.1.3) und *Phospholipasen* dienen zur Spaltung der Triglyceride und phosphorhaltigen Lipide. Diese Substrate werden zuvor mit dem Gallensäure- und Cholesterol-haltigen Gallensaft der Leber zu einer Fett-in-Wasser-Emulsion umgewandelt. Dabei bilden die Gallensäuren und Fettsäuremoleküle sog. „Micellen", in denen die hydrophoben Anteile im Inneren, die hydrophilen

Gallensäuren an der Oberfläche angeordnet sind. An der Grenzfläche Fett/Wasser werden die Lipasen wirksam und spalten aus den Triglyceriden, bevorzugt am C-1 und C-3-Atom des Glycerols, die Fettsäuren ab. Cholesterol und Phospolipide werden in ähnlicher Weise in Micellen eingeschlossen und Verdauungsprozessen unterworfen. Diese enzymatischen Vorgänge verlaufen im gesunden Organismus während des Transportes des Nahrungsbreis (Chymus) durch Bewegungen der Darmmuskulatur in Richtung Dickdarm (Darmperistaltik).

Im Dünndarmlumen liegen nunmehr folgende Komponenten der Verdauung vor:
- Di- und Oligopeptide, Aminosäuren;
- Mono-, Di- und Oligosaccharide;
- Mono- und Diglyceride, freie Fettsäuren, Cholesterol und andere Sterole, Phosphatester; ferner
- Mineralstoffe und Vitamine;
- Abbauprodukte von Nucleinsäuren sowie eine Reihe von enzymatisch nicht (oder nur sehr langsam) spaltbaren Ballaststoffen (Cellulose, Hemicellulosen, Pektine, Lignin) bzw. „potentiellen Ballaststoffen" (retrogradierte Stärke, einige Oligosaccharide, Zuckeralkohole u. a).

Voraussetzung für die abschließenden Verdauungsvorgänge und die nachfolgende Absorption der Nährstoffe ist ihr inniger Kontakt mit der Dünndarmoberfläche. Zu diesem Zweck wird die einfache Oberfläche des Dünndarmrohres durch **Zotten** (Schleimhautfalten, fingerförmige Ausstülpungen der Darmmucosa) und **Mikrovilli** (fingerförmige Ausstülpungen der einzelnen Mucosazellen, 2000–3000 Stück je Zelle, ca. 1,5 µm lang) etwa um den Faktor 600 vergrößert, so daß rund 200 m² absorbierende Oberfläche zur Verfügung stehen. Dies ist mehr als das 100fache der Körperoberfläche eines Erwachsenen. Die Mikrovilli sind mit Saccharidasen zur Spaltung der Di- und Oligosaccharide in ihre Monomere sowie mit Aminopeptidasen für die Zerlegung der Di- und Oligopeptide ausgerüstet. Die Peptidspaltung und Aminosäureabsorption ist schematisch in Abb. 1.1.-2 dargestellt.

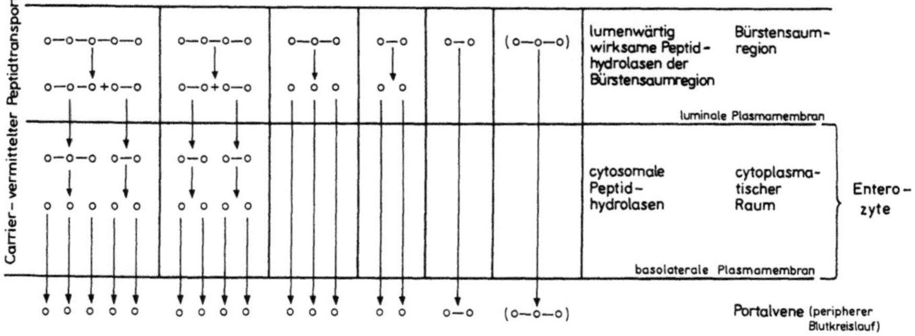

Abb. 1.1.-2 Schematische Darstellung der Peptidspaltung und Aminosäureabsorption (RUTTLOFF, 1990)

Die Kohlenhydrate werden erst nach völliger Spaltung in ihre monomeren Bestandteile (Monosaccharide, Zuckeralkohole) von den Mucosazellen absorbiert; nicht zerlegte Saccharide gelangen daher in distale Darmbereiche. Von den Oligopeptiden kann ein Teil (vorzugsweise solche mit sauren Aminosäuren sowie Prolylpeptide) auch direkt in die Mucosazelle aufgenommen und in dieser durch entsprechende Peptidasen in die jeweiligen Aminosäuren gespalten werden. Hierbei erfolgen deren Spaltung und Absorption ebenso rasch und gleichmäßig wie dies bei Angebot freier Aminosäuren im Darmlumen der Fall ist. Die wichtigsten Verdauungsorgane und ihre Funktion sind zusammenfassend in Tab. 1.1.-1 aufgeführt.

Die Endphase der Verdauung der Kohlenhydrate und Proteine im Dünndarm sowie die Absorption der monomeren Nährstoffe ist ein koordinierter Prozeß von

Tab. 1.1.-1 Die wichtigsten Verdauungsorgane und ihre Funktionen

Organ	Enzym, Sekret	Funktion
Speicheldrüsen	α-Amylase (Ptyalin)	endogene Spaltung von Polysacchariden, Bildung von etwas Glucose
Magen:		
Belegzellen	Salzsäure	Ansäuerung des Nahrungsbreies, Unterbrechnung der Amylasewirkung, bactericide Wirkung
Hauptzellen	Pepsin	endopeptidatische Spaltung von Proteinen, Bildung von wenigen Aminosäuren
Pankreas	α-Amylase	Hydrolyse von α-glycosidisch gebundenen Polysacchariden
	Lipase und Phospholipase	Hydrolyse von Triglyceriden und Phospholipiden zu Monoglyceriden, Phosphatestern u. freien Fettsäuren
	Cholesterolesterase	Bildung von freiem Cholesterol
	Trypsin, Chymotrypsin, Elastase	Hydrolyse von Proteinen bis zu Oligo- und Dipeptiden, Hydrolyse von fribrillären Proteinen
	Carboxypeptidase	Hydrolyse von Peptiden zu freien Aminosäuren
Leber, Gallenblase	Gallensalze	Micellenbildung von Lipiden, Erhöhung der Lipasewirkung, Erleichterung der Lipidabsorption, enterohepatische Ausscheidung von fettlöslichen Substanzen (z. B. Cholesterol)
Dünndarmwand (Mucosa)	Disaccharidasen (α-Glucosidasen, β-Galactosidase, Oligo-1,6-Glucosidase)	Hydrolyse von Di- und Oligosacchariden zu Monosacchariden
	Glucoamylase	Freisetzung von Glucose aus Oligosacchariden und Stärkeabbauprodukten
	Monoglyceridlipase	Hydrolyse von Monoglyceriden zu Glycerin und Fettsäuren
	Aminopeptidasen, Dipeptidasen,	Hydrolyse von Peptiden zu freien Aminosäuren
Blinddarm- u. Dickdarminhalt	Cellulasen, Hemicellulasen, Pektinasen, Gärungsenzyme, andere Bakterienenzyme	partieller Abbau von Ballaststoffen

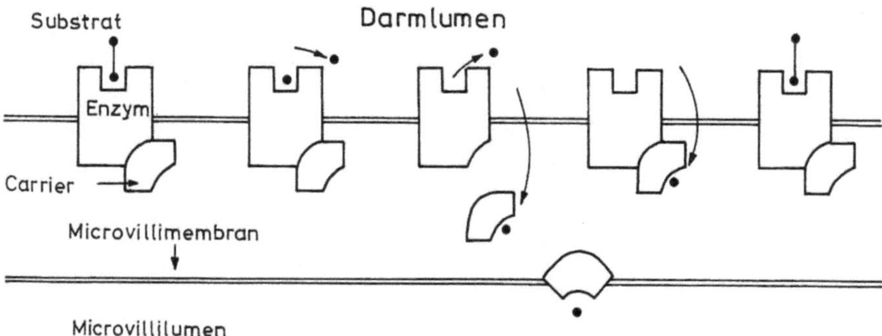

Abb. 1.1.-3 Enzymatische Spaltung und Transport von Nährstoffen in die Mucosazelle (KETZ, 1990)

enzymatischer Spaltung an der Oberfläche der Mikrovilli mit anschließendem Transport durch die Zellmembran in das Innere der Mucosazelle (Abb. 1.1.-3). Die enzymatisch freigesetzten Spaltprodukte werden von speziellen „Transportproteinen" übernommen, durch die Membran geschleust und im Zellinneren wieder freigesetzt. Aus der Mucosazelle werden die Aminosäuren und Monosaccharide schließlich an das Pfortaderblut und weiter an die Leber abgegeben.

Generell werden tierische Proteine etwas besser verdaut und absorbiert als pflanzliche. Dies liegt vor allem daran, daß ein Teil der pflanzlichen Proteine von ligninund cellulosehaltigem Material eingeschlossen wird und dadurch für die Verdauungsenzyme schwerer zugänglich ist. Tierische Proteine werden zu mehr als 90 %, pflanzliche zu 80–95 % absorbiert. Die Anwesenheit von Enzyminhibitoren in der Nahrung (z. B. in rohen Bohnen) beeinträchtigt die Enzymwirkung und damit die Verdauung.

Die Endprodukte der Fettverdauung – Fettsäuren, Glycerol, Mono- und Diglyceride, Sterole einschließlich des Nahrungscholesterols – werden in Form der beschriebenen Micellen an die Mikrovilli angelagert und durch Diffusion in das Innere der Mucosazellen transportiert. In den Zellen erfolgt sofort wieder die Resynthese der Triglyceride. Letztere werden als lipidreiche Chylomikronen oder als „very low density lipoproteins" (VLDL) durch die laterale Zellmembran in den Lymphstrom abgegeben, aus dem sie zunächst unter Umgehung der Leber in das periphere Blut gelangen.

Die Verdaulichkeit der Nahrungsfette wird mit 95–98 % angegeben. Lediglich solche mit einem Schmelzpunkt > 40 °C (Rinder-, Hammeltalg, hochhydrierte Öle) sind nur zu 90 % und weniger verdaulich. Die gesättigten Fettsäuren werden von gesunden Versuchspersonen in geringerer Menge absorbiert als ungesättigte (z. B. Stearinsäure zu 78 %, Linolsäure zu 99 %).

Für den größten Teil der Nährstoffe – ausgenommen einige Vitamine und Mineralstoffe – ist die Absorption in der vorderen Hälfte des Dünndarms (Jejunum) nahezu abgeschlossen. Im hinteren Abschnitt desselben erfolgt die Rückabsorption des größten Teils der Gallensäuren und eines wesentlichen Teiles des Wassers. Die Absorption der Nährstoffe im Verdauungstrakt ist aus Tab. 1.1.-2 zu entnehmen.

Tab. 1.1.-2 Absorption der Nährstoffe in den einzelnen Abschnitten des Magen-Darm-Traktes

Organ	Absorbierte Substanz
Mund	etwas Glucose, Alkohol (ca. 5 %)
Magen	etwas Glucose, freie Aminosäuren, Alkohol (ca. 20 %)
proximaler Dünndarm (Jejunum)	Glucose, andere Monosaccharide, die meisten Aminosäuren und Dipeptide, freie Fettsäuren, Mono- und Diglyceride, Alkohol (75 %), die meisten Vitamine u. Mineralstoffe
distaler Dünndarm (Ileum)	Wasser, Sterine, Gallensalze, einige Vitamine (Vitamin D, B_{12}), Mineralstoffe (z. B. Magnesium, Calcium)
Colon	Wasser, Vitamine des B-Komplexes (wenig), Vitamin K, Mineralstoffe, Wasserstoff, Methan, kurzkettige Fettäuren (Essig-, Propion-, Milch- und Buttersäure aus der bakteriellen Fermentation von Ballaststoffen), biogene Amine und Polyamine aus der bakteriellen Fermentation von Proteinen

Dickdarm und Faeces

Mit dem Übertritt des noch vorliegenden Nahrungsbreies aus dem **distalen Dünndarm** (Ileum) in den **Dickdarm** (Colon) beginnt ein neuer Abschnitt seiner Verwertung. Von den durch die Verdauungsvorgänge im Dünndarm vorbereiteten Nährstoffen werden außer Wasser nur noch geringe Mengen an einigen Vitaminen und Mineralstoffen sowie Gallensäuren absorbiert (Tab. 1.1.-2). Dafür werden jetzt vor allem die durch die körpereigenen Enzyme nicht spaltbaren oder noch nicht verdauten Nahrungsbestandteile einem teilweisen Abbau unterzogen. Bewirkt wird dies durch die im Dickdarm angesiedelte Mikroflora (s. u.) und deren Enzym-Besatz (Cellulasen, Hemicellulasen, Pektin-spaltende Enzyme u. a.). Endprodukt der Verdauungs- und Absorptionsprozesse der Nahrung sind die **Faeces**. Sie bestehen zu 40–60 % aus Wasser, bis zu 30 % aus Bakterienmasse sowie bis zu 20 % aus unverdauten Nahrungsresten und abgeschilfertem Darmepithel. Es werden etwa 100–300 g/Tag ausgeschieden.

1.1.2
Bedeutung der Darmflora

Zusammensetzung der Darmflora

Sie besteht aus durchschnittlich 10^{14} Keimen im gesamtem Magen-Darm-Kanal (ca. 10^{12} Keime/g Faeces), die sich auf bis zu 400 Arten und Stämme verteilen. Hierbei handelt es sich zu etwa 95 % um anaerob und nur zu etwa 5 % um fakultativ anaerob und aerob wachsende Mikroorganismen (Tab. 1.1.-3). In den übrigen Abschnitten des Magen-Darm-Traktes ist zwar auch eine Mikroflora vorhanden, doch liegt deren Keimzahl um einige Zehnerpotenzen niedriger. Grundsätzlich wird zwischen der „*Wandflora*" bzw. *Aufwuchsflora* und der „*Lumenflora*" unterschieden. Letztere umfaßt den Hauptteil der Darmflora.

Tab. 1.1.-3 Zusammensetzung der Magen-Darmflora (Hauptgattungen) und ihre durchschnittliche Menge je g Faeces (SIMON u. GORBACH, 1987)

Mikroorganismen (Gattungen)	Zahl je g Faeces
Anaerobier	
Bacteriodes	10^9–10^{10}
Bifidobacterium	10^9–10^{10}
Streptococcus	10^9–10^{10}
Fusobacterium	10^8–10^9
Eubacterium	10^8–10^9
Clostridium	$< 10^4$
fakultative Anaerobier, Aerobier	
Lactobacillus	10^5–10^8
Streptococcus	10^5–10^8
Escherichia coli	10^5–10^8
Proteus	$< 10^4$
Itaphylococcus	$< 10^4$
Pseudomonas	$< 10^4$
Hefen	$< 10^4$

Die Keimbesiedlung des Darmes beginnt gleich nach der Geburt. Im Dickdarm siedelt sich zunächst eine Flora an, die von Bifidobakterien bestimmt wird. Beim Übergang von der Muttermilch- auf Kuhmilch- und Mischkost-Ernährung gehen die Bifidobakterien mengenmäßig zurück und die in Tab. 1.1.-3 aufgeführte Mischflora stellt sich ein. Bei weitem vorherrschend ist die anaerobe Flora, gleichwohl tragen auch die „Minderheiten" am Zustandekommen einer gesunden Mischflora im Darm bei. Hierzu gehören vor allem verschiedene Arten von Milchsäurebakterien.

Stoffwechsel der Darmflora

Die Darmflora ist beim gesunden Menschen unter etwa gleichbleibenden Ernährungsbedingungen als bemerkenswert stabil anzusehen. Störungen, wie sie z. B. durch eine Schwächung des Organismus (Verringerung der Immunglobuline) oder infolge erheblicher Veränderungen der Nährstoffzusammensetzung (sehr ballaststoffarme und/ oder proteinreiche Nahrung) auftreten können, bewirken u. U. eine Verschiebung der Zusammensetzung der Mikroflora. Meist äußert sich dies in einer Vermehrung der – normalerweise in der Minderheit befindlichen – Fäulniskeime (z. B. *Clostridium, Proteus*) oder gar im Anwachsen von für den Wirtsorganismus pathogenen Keimen (z. B. bestimmte *Escherichia coli*-Stämme). Es werden vermehrt Stoffwechselprodukte insbesondere aus dem anaeroben Proteinabbau gebildet, die beim Wirtsorganismus Verdauungsbeschwerden (Blähungen, Durchfälle) hervorrufen und deren Entgiftung und Ausscheidung eine zusätzliche Belastung für die Leber darstellen.

Die ernährungsphysiologische Bedeutung der Mikroflora besteht darin, einen Teil der Ballaststoffe, die als Bestandteile der Nahrung verzehrt werden, abzubauen und zu verwerten (vgl. Kap. 1.1.7). Diese Abbauprodukte und die nicht verdauten Proteine (Darmepithel, Enzyme) werden von der Darmflora genutzt, um die eigene Vermehrung zu sichern. Gleichzeitig werden durch die anaerobe Fermentation niedermolekulare **organische Säuren** (Milch-, Essig-, Propion-, Buttersäure) freigesetzt, die in das Darmlumen gelangen und vom Menschen absorbiert und energetisch verwertet werden können. Daneben entstehen **Darmgase** wie CO_2, geringe Mengen an

Methan und Wasserstoff, die zu Blähungen (Flatulenzen) führen können, aber auch an den Blutkreislauf abgegeben und ausgeatmet werden.

Veränderung der Darmflora durch exogene Faktoren

Die aufgenommene Nahrung kann die qualitative und quantitative Zusammensetzung der Darmflora beeinflussen und eine Veränderung derselben herbeiführen. Die Nahrung dient dabei als Lieferant
- von Substraten, vor allem von Ballaststoffen sowie
- einer natürlichen oder in fermentierten Lebensmitteln angereicherten Mikroflora.

Ballaststoffe

Wie in Kap. 1.1.7 näher ausgeführt wird, werden Ballaststoffe im Dünndarmbereich nicht abgebaut und demzufolge auch nicht absorbiert. Sie gelangen somit in tiefere Darmabschnitte, d. h. in den Dickdarm. Ein gesteigerter Ballaststoff-Verzehr führt zu einer Vermehrung derjenigen Bakterienarten, die vorrangig im vorderen und mittleren Dickdarm eine Reihe niedermolekularer Säuren bilden. Infolge Säurebildung und pH-Absenkung werden die Wachstumsbedingungen für potentiell pathogene und Fäulniskeime verschlechtert; ihr Anteil in der Darmflora sinkt. Diese Hemmung der sog. putriden oder Fäulnisflora wird als wünschenswerter Zustand einer stabilen und gesundheitsfördernden Besiedlung des Darms angesehen.

Natürliche Mikroflora der Nahrungsmittel

Mit nahezu allen Nahrungsmitteln (einschließlich des Trinkwassers) nimmt der Mensch täglich auch Mikroorganismen, vor allem Bakterien, sowie in geringerer Menge Hefen und Pilze auf. Ihr Einfluß auf die Darmflora ist zu vernachlässigen, solange nicht bakteriell verdorbene Nahrungsmittel verzehrt werden. Normalerweise werden mit der Nahrung maximal 10^5 Keime/g zugeführt. Zumeist sind es jedoch viel weniger, vor allem nach küchentechnischer Zubereitung der Lebensmittel. Da die Keimzahl durch die Magenpassage zusätzlich vermindert wird, kann die Darmflora hierdurch weder qualitativ noch quantitativ nachhaltig verändert werden.

Fermentierte Lebensmittel; Milchsäurebildung

Beim Verzehr von fermentierten Lebensmitteln, wie z. B. von Sauermilchprodukten, Käse, Brot, Sauergemüsen, werden aerob und anaerob wachsende Organismen aufgenommen. Viele von ihnen sind ständige Bestandteile der menschlichen Darmflora. Andere sind darin normalerweise nicht vertreten: Sie werden entweder durch das saure Milieu bei der Magenpassage abgetötet, sind nicht resistent gegenüber Gallensalzen oder werden durch bactericide Verbindungen der Mikroflora an einer Verbreitung im Darm gehindert.

Die natürliche Einwirkung oder der Zusatz von Mikroorganismen zu kohlenhydrat- bzw. ballaststoffhaltigen Lebensmitteln unter bestimmten Kulturbedingungen bewirkt eine zunächst exponentielle, später verlangsamte Vermehrung der Mikroorganismen und ihrer Stoffwechselprodukte. Die meisten Umsetzungen laufen dabei ohne Verbrauch von Sauerstoff ab. Das Hauptcharakteristikum des bakteriellen Stoffwechsels ist die Bildung von organischen Säuren. Die wichtigsten Substrate sind dabei Lactose sowie Kohlenhydrate und/oder Ballaststoffe aus Obst und Gemüse.

Die Lactose der Milch wie auch ein Teil der in Obst und Gemüse vorhandenen Saccharide und Ballaststoffe werden bei den meisten Fermentationsprozessen vorrangig in Milchsäure überführt (**Lactofermentation**). Dieser Prozeß bietet aus ernährungsphysiologischer Sicht mehrere Vorteile:

- Es wird ein angenehm säuerlicher und erfrischender Geschmack erzeugt. Der Genußwert wird hierdurch erhöht und der Verzehr von Milchprodukten gefördert.
- Der pH-Wert der Milch wird herabgesetzt, wodurch die Entwicklung potentiell pathogener und meist säurelabiler Keime gehemmt wird. Milchsäure dient so als mildes und natürliches Konservierungsmittel.
- Durch die Säuerung koaguliert das Milchprotein feinkörnig. Es wird damit in eine leichter verdauliche Form gebracht.
- Lactose wird vor dem Schritt der eigentlichen Milchsäurebildung in ihre monomeren Bausteine Glucose und Galactose zerlegt. Milch wird dadurch für Personen mit Lactoseintoleranz besser verträglich (vgl. Kap. 1.2.5.2).
- Der mikrobielle Abbau der Kohlenhydrate zu Milchsäure wird im Dünndarm fortgesetzt, der Lactosegehalt somit weiter vermindert.
- Bei der milchsauren Vergärung von Gemüse („Sauergemüse") bzw. Obst werden durch Milchsäurebildung analoge Effekte erzielt.

Die durch die verschiedenen Bakterienarten aus Lactose und anderen Kohlenhydraten gebildete Milchsäure kommt in zwei Isomeren, der L(+)- und der D(–)-Milchsäure vor.

$$
\begin{array}{cc}
\text{COOH} & \text{COOH} \\
| & | \\
\text{HC-OH} & \text{HO-CH} \\
| & | \\
\text{CH}_3 & \text{CH}_3 \\
\end{array}
$$

D(–)-Milchsäure L(+)-Milchsäure
    ("Fleischmilchsäure")

D,L-Milchsäure ("Gärungsmilchsäure")   FS 1.1.-1

Die L(+)- Milchsäure stellt das physiologische Produkt des Stoffwechsels von Mensch und Säugetier dar. Sie wird bei der Glycolyse des Blutzuckers in größeren Mengen gebildet und durch die *L-Lactat-Dehydrogenase* (EC 1.1.1.27) vor allem in der Leber verstoffwechselt. Milchsäurebakterien produzieren stammspezifisch L(+)-, D(–)- oder aber D,L-Milchsäure. In den meisten fermentierten Milch- und Gemüseprodukten treten beide Formen bzw. das Racemat nebeneinander auf, wobei der durchschnittliche Anteil der L(+)-Milchsäure bei 50–60 % liegt (Tab. 1.1.-4).

Da beim Menschen eine nur geringe Aktivität von D-Lactat-Dehydrogenase (EC 1.1.1.28) (in Leber und Niere) vorliegt, erfolgt der Abbau von D(–)-Milchsäure stark verlangsamt; ein geringer Teil wird mit dem Harn ausgeschieden. Wegen eines möglicherweise erhöhten Verzehrs von D(–)-Milchsäure mit fermentierten Lebensmitteln wurde daher von der WHO seinerzeit die Empfehlung gegeben, nicht mehr als 100 mg D(–)-Milchsäure/kg Körpermasse täglich mit der Nahrung aufzunehmen. Das entspräche etwa 400 ml reinem oder 500 ml Fruchtjoghurt/Tag. Entgegen früheren Befürchtungen spricht jedoch nichts dafür, daß D(–)-Milchsäure – außer einer geringen Belastung des Säure/Basen-Haushalts des Körpers - D(–)-

Tab. 1.1.-4 Bei der Lactofermentation von Nahrungsmitteln verwendete Bakterien, ihre Hauptsubstrate sowie die von ihnen gebildete isomere Form der Milchsäure (ROBINSON, 1991)

Bakterienarten	Lactose	Substrat Galactose	Saccharose	Isomere Form der Milchsäure
Darmflora-Bakterien				
Lactobacillus acidophilus	x	x	x	D,L
" *casei*	x		x	L(+)
" *plantarum*	x	x	x	D,L
" *lactis*	x	x	x	D(−)
" *brevis*	x		x	D,L
" *fermentum*	x	x	x	D,L
" *kefir*	x			D,L
Streptococcus sp.		x		L(+)
Leuconostoc sp.	x	x	x	D(−)
Bifidobacterium bifidum	x	x	x	L(+)
" *longum*	x	x	x	L(+)
" *breve*	x	x	x	L(+)
Darmflora-fremde Bakterien				
Lactobacillus bulgaricus	x			D(−)
Streptococcus thermophilus	x		x	L(+)

Lactacidosen hervorruft oder gar toxisch wirkt. Deshalb sind diese Empfehlungen bereits 1975 wieder aufgehoben worden. Nur bei der Ernährung des Säuglings gilt weiterhin die Empfehlung, wegen der noch nicht voll ausgereiften Enzymausstattung täglich nicht mehr als 20 mg D(−)-Milchsäure (z. B. ca. 15 ml Joghurt/Tag) zu verabfolgen. Fest steht natürlich, daß L(+)-Milchsäure das ernährungsphysiologisch günstigere Isomer darstellt. Mit dem Ziel, dem menschlichen Organismus gut verwertbare Nährstoffe anzubieten, gehen daher die Bestrebungen der Lebensmittelindustrie dahin, bei der Entwicklung von Starterkulturen solche Stämme zu bevorzugen, die L(+)-Milchsäure synthetisieren.

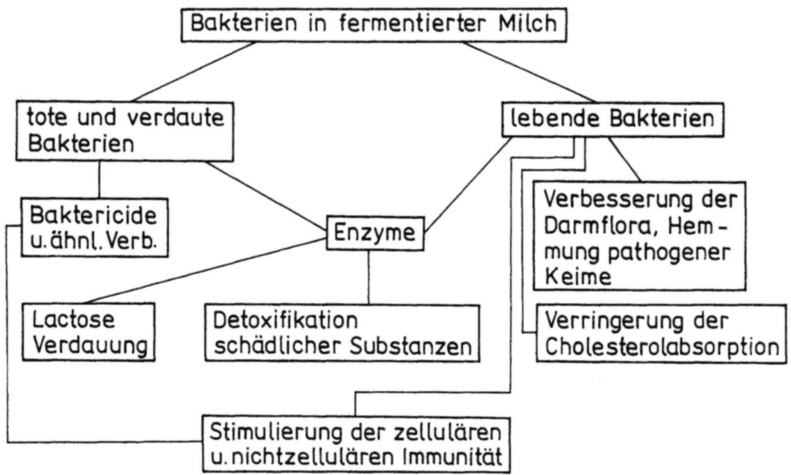

Abb. 1.1.-4 Mögliche Wirkungen von fermentierten Milchprodukten beim Menschen

Hinsichtlich der meisten Vitamine des B-Komplexes ist bei der Sauermilchproduktion eine Abnahme gegenüber der Originalmilch zu beobachten. Dies ist damit zu erklären, daß Lactobazillen diese Vitamine für ihr Wachstum benötigen. Da die Unterschiede selten 20 % übersteigen, ist dieser offensichtlich einzige Nachteil solcher fermentierten Milchprodukte kaum von Bedeutung.

Bei der Lactofermentation von Obst und Gemüse entstehen nicht nur Milchsäure, sondern – bedingt durch die Anwesenheit verschiedener Bakterienarten – auch einige andere niedere Fettsäuren in wechselnder Menge. Es kommt zu einem teilweisen Abbau der Ballaststoffe, vor allem von Pektinen, Hemicellulosen und Cellulosen, während des Fermentationsprozesses von Kohl, Gurken und anderen Gemüsearten. Deren Bekömmlichkeit wird hierdurch – im Vergleich zu den rohen Ausgangsprodukten – erhöht. In Abb. 1.1.-4 sind die möglichen Wirkungen fermentierter Milchprodukte auf Darmflora und Darmstoffwechsel zusammengefaßt.

Wirkung von Mikroorganismen auf die Darmflora

Der Wunsch, die Mikroflora des Dickdarms durch mit der Nahrung zugeführte Keime hinsichtlich ihrer Zusammensetzung zu beeinflussen und diese zum Vorteil der Gesundheit zu verändern, ist schon etwa 100 Jahre alt. Voraussetzungen hierfür sind, daß Bakterien
- in genügend großer Zahl (ca.10^8–10^9 Keime je Tag) ständig und über einen längeren Zeitraum zugeführt werden, da sie ansonsten rasch wieder aus dem Darm verschwinden und auch die Darmwand nicht mehr besiedeln;
- die saure Magenpassage überstehen und weitgehend resistent gegenüber Gallensäuren sind;
- im Dickdarm fermentierbare Kohlenhydrate als Substrat für Wachstum und Vermehrung vorfinden.

Lactobazillen, insbesondere die für die Joghurtproduktion verwendeten *Lactobacillus bulgaricus*- und *Streptococcus thermophilus*-Stämme, sind keine ständigen Mitglieder der Darmflora. Sie überleben die Magen-Darm-Passage nur, wenn sie regelmäßig oberhalb einer kritischen Menge (10^7 Keime/g) zugeführt werden. Eine Anwesenheit dieser Keime im Darm ist nur während ihrer Zufuhr nachzuweisen. Andere Lactobazillen (z. B. *L. casei*, *L. plantarum*, *L. acidophilus*), die bei der Herstellung fermentierter Lebensmittel ebenfalls Verwendung finden, sind dagegen im Dickdarm der meisten Menschen präsent. Wenngleich sie von der Gesamtzahl der Keime weniger als 1 % ausmachen, wird ihnen dennoch eine Rolle bei der Aufrechterhaltung der Stabilität der gesamten Flora und der „ökologischen Barriere", die das Anwachsen von pathogenen Keimen erschwert oder verhindert, zugeschrieben. Dies soll z. B. über die Wirkung auf das Immunsystem des Organismus (u. a. durch Bildung von Lysozym oder baktericiden Verbindungen) erfolgen.

Probiotika

Bei den Probiotika handelt es sich um Nahrungsmittel mit lebenden Bakterien, vorzugsweise Lactobazillen und Bifidobakterien, die im Wirtsorganismus die Zusammensetzung der natürlichen Darmflora günstig beeinflussen, die Kolonisation pathogener Keime verhindern, das Auftreten von Verdauungsstörungen (z. B. bei

Lactasemangel, Kap. 1.2.5.2) unterbinden und/oder eine optimale Verwertung der Nahrung ermöglichen sollen. Sie werden im Handel angeboten.

Der anspruchsvolle Begriff assoziiert beim Verbraucher eine generelle gesundheitsfördernde Wirkung sowohl bei prophylaktischer als auch bei curativer Anwendung. Bei unkritischer Betrachtung können derartige Produkte schnell als allgemein wirkende Wunderheilmittel angesehen und angepriesen werden, was sie nicht sind. Jedoch konnte gezeigt werden, daß bei einer Störung der normalen Darmflora (z. B. nach Antibiotikabehandlung oder bei größeren Streßsituationen) derartige Produkte zu einem schnelleren Wiederaufbau der zunächst veränderten oder dezimierten Darmflora beitragen. Regelmäßige Zufuhr von Lactobazillen-Lebendkulturen mit Joghurt führte u. a. zu einer Verbesserung von zellvermittelten immunologischen Abwehrmechanismen (Steigerung der Macrophagenaktivität sowie der γ-Interferon-Synthese in Lymphocyten). In anderen Studien wurde die gesteigerte Zellproliferation von Colonadenomen bei Patienten wieder normalisiert. Die nur begrenzte Wirkung von probiotischen Nahrungen besteht vermutlich darin, daß eine dauerhafte Besiedlung der verzehrten Bakterien infolge der Dominanz der strikt anaeroben Darmflora nicht stattfinden kann, sondern an einen regelmäßigen Verzehr derselben gebunden ist.

Für eine gezielte prophylaktische oder curative Wirkung von mit der Nahrung zugeführten Bakterien sollten daher die biochemischen (interessierende Enzymaktivitäten, Metabolitsekretion) und morphologisch-physiologischen Eigenschaften (Resistenz, immunologische Parameter) der verwendeten Stämme genau bekannt sein und beim Einsatz mehrerer Species oder Stämme aufeinander abgestimmt werden. Die verwendeten Keime sollten normaler Bestandteil der Darmflora sein. Nur dann ist die Möglichkeit gegeben, daß sie über den Dünndarmbereich (Lactosespaltung) hinauswirken. Obwohl es in zahlreichen Ländern bereits eine große Palette insbesondere fermentierter Milcherzeugnisse gibt, von denen viele mit dem Attribut „Probiotika" versehen werden, steht die Entwicklung gezielt auf bestimmte Funktionen des Dünndarms wirkender Produkte erst am Anfang. Eine erfolgreiche Durchsetzung der probiotischen Zielstellung auf diesem Wege ist bisher noch nicht zu erkennen.

Senkung der Cholesterolabsorption durch die Darmflora

Sie kann nach neueren Untersuchungen auf zwei Wegen erfolgen:
- Über eine direkte Assimilation des Cholesterols durch die Bakterien;
- durch die Fähigkeit mancher Bakterienstämme (z. B. von *Lactobacillus acidophilus*), Gallensäuren von dem an sie gebundenen Glycin oder Taurin abzutrennen (zu „dekonjugieren") und durch die so herabgesetzte emulgierende Wirkung der Gallensalze die direkte Absorption des Cholesterols zu erschweren.

In beiden Fällen erfolgt eine erhöhte Cholesterolausscheidung mit den Faeces.

Anticarcinogene Wirkung

In den Faeces von Mäusen und Ratten sind u. a. drei Enzyme (*β-Glucuronidase*, EC 3.2.1.31; *Azoreduktase und Nitroreduktase*) nachgewiesen worden, die offenbar Procarcinogene in Carcinogene umzuwandeln vermögen. Ihre Aktivität wird durch die Zufuhr von Lactobazillen (z. B. *L. acidophilus, L. casei*) offenbar auch beim Menschen reduziert, wodurch die Entstehung von carcinogenen Substanzen (z. B. von

Nitrosaminen) erschwert wird. Des weiteren können Macrophagen des Darmes von Mäusen durch bestimmte Lactobazillen *(L. casei)* aktiviert werden; erstere gelten als Hemmfaktoren für das Tumorwachstum.

Ob derartige Aktivitäten einer vermehrt auftretenden Lactobazillenflora in der Lage sind, die Entstehung und Entwicklung von Colonkrebs wirksam zu verhindern – eine Langzeit-Einwirkung vorausgesetzt –, wird derzeit noch diskutiert.

1.1.3
Energie

Der Mensch nimmt seine Energie mit der Nahrung in Form einer Vielzahl von Nährstoffen auf, die sehr grob in Proteine, Lipide (Fette, fettähnliche Substanzen) und Kohlenhydrate eingeteilt werden. Daneben wird noch eine große Anzahl weiterer sehr unterschiedlicher Verbindungen verzehrt, von denen nur die Ballaststoffe einen quantitativ bedeutenden Anteil ausmachen.

Die Nährstoffe dienen sowohl dem Aufbau des Organismus und seiner Organe (Wachstum) als auch dem Erhalt der Körpersubstanz. Außerdem werden ständig kurz- und langlebige Nährstoff (Energie)-Reserven wie Leber- und Muskelglycogen sowie Fettspeicher angelegt, deren Energie zur Durchführung von mechanischer Arbeit (Herztätigkeit, Atmung, Muskeltätigkeit) und zur Aufrechterhaltung aller notwendigen Stoffwechselfunktionen (Stoffsynthese und -abbau, Osmose, Nerventätigkeit) dient.

Bei jeder Energietransformation entsteht Wärme. Ihr Anteil reicht von nahezu 100 % (reine Wärmeerzeugung) über 75 % bei Muskeltätigkeit bis zu nur 10 % bei der Umwandlung von Nahrungsfetten in körpereigene Fette. Der größte Teil der gebildeten Wärme dient der Aufrechterhaltung der Körpertemperatur und wird durch die Temperaturdifferenz zwischen Körper und Außentemperatur abgegeben.

Tab. 1.1.-5 Physikalische Brennwerte ausgewählter Nahrungsbestandteile in kJ bzw. kcal/g Trockensubstanz (SOUCI et al., 1994)

Nahrungsbestandteil	kJ/g	kcal/g
Kohlenhydrate		
Polysaccharide	17,6	4,20
Disaccharide	16,3	3,91
Monosaccharide	15,7	3,74
Kohlenhydrate, Durchschnitt	17,3	4,15
Alkohole		
Ethanol	30,0	7,10
Zuckeralkohole	15,7	3,75
Fette		
tierisches Fett, Durchschnitt	39,2	9,38
Halbfettmargarine (40 % Fett)	15,9	3,81
planzliches Fett, Durchschnitt	39,8	9,52
Nahrungsfett, Durchschnitt	39,0	9,30
Proteine		
Fleischprotein	22,4	5,35
Eiprotein	23,4	5,58
Milchprotein	24,2	5,78
Getreideprotein	19,0	4,55
Hülsenfruchtprotein	18,5	4,42
Proteine, Durchschnitt	23,7	5,65

Energiewert der Nährstoffe

Die in den verzehrten Lebensmitteln enthaltenen einzelnen Nährstoffe haben unterschiedliche Energiewerte. Eine Auswahl der physikalischen Brennwerte verschiedener Stoffe ist in Tab. 1.1-5 zusammengestellt. Für Berechnungen zum Energiegehalt von Lebensmitteln sind die Durchschnittswerte für Kohlenhydrate (17,3 kJ $\triangleq$ 4,1 kcal), Proteine (23,6 kJ $\triangleq$ 5,7 kcal) und Nahrungsfette (39 kJ $\triangleq$ 9,3 kcal) je g von Wichtigkeit.

In den physiologischen Brennwert geht nur diejenige Energie ein, die der Körper auch tatsächlich nutzen kann. Bei der Absorption verlorengehende oder mit dem Harn ausgeschiedene Anteile werden in Abzug gebracht; letztere entstammen im wesentlichen dem Proteinstoffwechsel. Einen Vergleich beider Brennwerte vermittelt Tab. 1.1.-6. Die physiologischen Brennwerte für Proteine gelten streng genommen nur für den nicht mehr wachsenden Organismus, bei dem Auf- und Abbau der Proteine im Gleichgewicht stehen.

Tab. 1.1.-6 Vergleich des physikalischen und physiologischen Brennwertes verschiedener Nährstoffe

Nährstoff	Physikal. Brennwert (kJ/g)	Verdauliche Energie (%)	Harnverluste (kJ/g)	Physiol. Brennwert (kJ/g)
Kohlenhydrate	17,3	99	–	17,1
Fette	39,0	95	–	37
Proteine	23,7	92	5,23	16,5
Alkohol	30,0	100	–	30

Die Energiewährung des Organismus

Die bei der Oxidation der Fette, Kohlenhydrate und Proteine freiwerdende Energie wird zunächst in sog. energiereichen Verbindungen gespeichert; deren wichtigste ist das Adenosintriphosphat (ATP). Ein Mol ATP enthält 30,5 kJ (7,3 kcal) gebundene Energie; zu seiner Produktion werden jedoch 78 kJ (18,7 kcal) aus Fetten, 73 kJ (17,5 kcal) aus Kohlenhydraten und 87 kJ (20,8 kcal) aus Proteinen benötigt. Die Differenz wird als Wärme freigesetzt. Aus dem Verhältnis von Energiespeicherung in ATP und der Energiefreisetzung aus der Nährstoffoxidation errechnet sich die energetische Effizienz, mit der ATP gebildet wird. Sie ist bei Proteinen ungünstiger (ca. 39 %) als bei Kohlenhydraten und Fetten (ca. 45 %). Diese energiereichen Verbindungen ermöglichen durch Energiewandlung die Muskelarbeit (mechanische Energie), Synthesen und osmotische Prozesse (chemische Energie), Nervenerregungen (elektrochemische Prozesse) u. a. energieverbrauchende Vorgänge. Auch bei diesen Umsetzungen wird Energie in Form von Wärme frei; der Wirkungskoeffizient, also das Verhältnis von übertragener mechanischer oder chemischer zu gespeicherter Energie im ATP, ist noch geringer als beim Aufbau des ATP. So werden bei der Wandlung von ATP in mechanische Energie 75 % als Wärme freigesetzt.

Energiebedarf

Der Energiebedarf des Menschen, der aus der Aufnahme der Grundnährstoffe Proteine, Fette und Kohlenhydrate gedeckt werden muß, ist abhängig vom Alter, Körpergewicht,

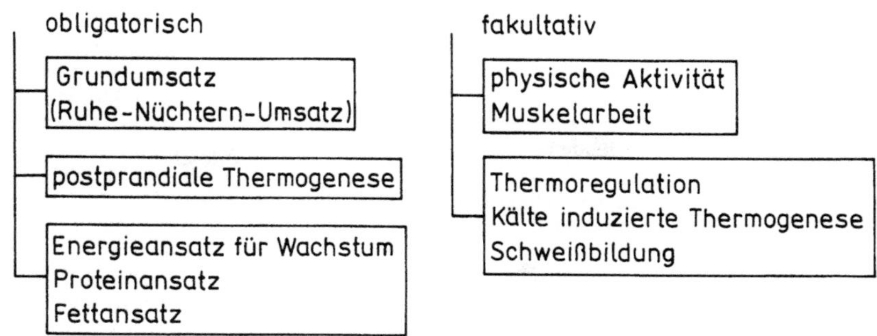

Abb. 1.1.-5 Einteilung des Energieumsatzes beim Menschen

Geschlecht und von weiteren Einflußgrößen (z. B. Arbeitsschwere, Umgebungstemperatur). Er ist in die in Abb. 1.1.-5 dargestellten Teilbereiche untergliedert.

Grundumsatz. Der Grundumsatz (GU) ist derjenige Anteil des Energiebedarfes, der benötigt wird, um alle Körperfunktionen in ruhender (liegender) Körperhaltung etwa 12 h nach der letzten Nahrungsaufnahme in bekleidetem Zustand bei thermoneutraler Umgebungstemperatur zu erfüllen. Ein fast synonymer Begriff ist der **Ruhe-Nüchtern-Umsatz** (RNU), der unter gleichen Bedingungen wie der Grundumsatz, jedoch im Sitzen, gemessen wird. Er wird mit einem Durchschnittswert von 4,2 kJ (1 kcal) je kg Körpermasse und Stunde angegeben. Dies entspricht 7000 kJ (1680 kcal) für einen 70 kg schweren Mann und 5500 kJ (1320 kcal) für eine 55 kg schwere Frau.

Die Höhe des GU hängt außer von der Körpermasse von einer Reihe anderer Einflußgrößen ab. Da der GU im Durchschnitt ca. 60 % des gesamten Energieumsatzes ausmacht, stellt er eine zur Ermittlung des gesamten Energiebedarfs wichtige Größe dar.

Postprandiale (nahrungsinduzierte) Thermogenese. Als postprandiale Thermogenese bezeichnet man denjenigen Vorgang der Wärmebildung, der beim Um- und Wiederaufbau der Nahrungsbestandteile zu körpereigenen Substanzen entsteht. Diese früher als *„spezifisch-dynamische Wirkung"* bezeichnete Energieabgabe ist für die einzelnen Nährstoffe unterschiedlich. Für eine normale Mischkost werden ein Durchschnittswert von etwa 10 % der Grundumsatzenergie ermittelt.

Muskelarbeit. Sie vermag den Energiebedarf am stärksten zu erhöhen. Während leichte Körperbewegungen den GU um 20–30 % anheben, steigern schwere körperliche Arbeit oder Leistungssport den Energieumsatz um das doppelte bis dreifache des GU. Der tatsächliche Energieverbrauch wird in kJ je min angegeben, es wird für Arbeitsleistungen also immer nur die hierfür zugrundeliegende Zeit berücksichtigt. Eine Zusammenstellung von Energieverbrauchsmengen für unterschiedliche Arbeitsschweregrade zeigt Tab. 1.1.-7.

Thermoregulation. Da bei der Energietransformation in mechanische Arbeit ca. 75 % als Wärme entstehen, muß überschüssige Wärme, die nicht zur Regulierung der

Tab. 1.1.-7 Energieverbrauch in Abhängigkeit von der Arbeitsschwere

Arbeitsschwere	Beispiel	Energieverbrauch (kJ/min)
leichte Arbeit	sitzende Beschäftigung	< 20
mittelschwere Arbeit	Laufen, Tätigkeit mit mittelschwerem manuellem Aufwand	20–30
schwere Arbeit	Tätigkeiten mit schwerem manuellem Aufwand (Maurer, Masseur, versch. Leistungssportarten)	30–40
schwerste Arbeit	Tätigkeiten mit sehr schwerem manuellem Aufwand (Teilarbeiten eines Hochofenarbeiters, Hochleistungssportler)	> 40

Körpertemperatur benötigt wird, durch Schweißbildung und -verdunstung aus dem Körper entfernt werden. Ein Wärmemangel (nicht ausreichende Wärmebildung zur Aufrechterhaltung der Körpertemperatur) kann durch erhöhte Muskelarbeit, Muskelzittern oder bessere Isolierung des Körpers bzw. höhere Umgebungstemperatur ausgeglichen werden.

Energieansatz. Während der Wachstumsperiode wird ein weiterer Teil der benötigten Energie in Form von Körpereiweiß und Körperfett als Körpermasse – zusammen mit Wasser und Mineralstoffen – gebunden („angesetzt"). Da der Mensch je Tag nur wenige Gramm (Säugling ca. 20 g, Kind ca. 10–15 g) wächst, ist der tägliche Anteil am Energiebedarf recht gering und beträgt nur etwa 2–5 % des Tagesbedarfes.

Grundumsatz, nahrungsinduzierte Thermogenese und leichte körperliche Arbeit kennzeichnen diejenige Energiemenge, die unter normalen Lebensbedingungen ohne körperliche Anstrengungen verbraucht wird. Sie beträgt etwa das 1,3fache des GU.

Energiebedarfswerte. Aus den einzelnen Faktoren des Energiebedarfs (GU, nahrungsinduzierte Thermogenese, Zuschläge für Arbeit und Freizeit) wurden unter Berücksichtigung von Geschlecht, Alter und Körpergewicht Energiebedarfswerte aufgestellt. Die wichtigsten Faktoren, die den Energiebedarf des Menschen beeinflussen und ihn regulieren, sind: Alter, Geschlecht, Körpermasse, Klima und besondere physiologische Leistungen.

Die von den einzelnen Ländern herausgegebenen Energiebedarfswerte in Abhängigkeit von Geschlecht, Alter und Arbeitsschwere können nur Durchschnittswerte der beträchtlich streuenden Individualwerte darstellen. Ein Auszug der diesbezüglichen von der DGE veröffentlichten Angaben ist in Tab. 1.1.-8 zusammengestellt.

Überversorgung

Nahrungsaufnahme und Körpergewicht werden durch ein kompliziertes System reguliert, in dem nervöse (Hunger- und Sättigungszentrum im Hypothalamus, sympathisches Nervensystem), hormonelle (Insulin, Glucagon, Thyroxin, Katecholamine, Serotonin) und periphere biochemische Faktoren (Blutglucose) zusammenwirken. Einem den individuellen Bedarf längere Zeit übersteigenden Energieverzehr vermag der Körper auf verschiedene Weise zu begegnen.

Tab.1.1.-8 Angaben zum durchschnittlichen Energiebedarf von Kindern und Erwachsenen (DGE-Empfehlungen 1991)

Zielgruppe/ Tätigkeit	Energiebedarf (MJ/Tag)	
	m	w
Säuglinge	2,3–3,3	
Kinder		
1–3 Jahre	5,4	
4–6 "	7,5	
7–9 "	8,4	
10–12 "	9,5	9,0
13–14 "	10,5	9,6
Jugendliche		
15–18 Jahre	12,5	10,0
Erwachsene		
19–24 Jahre	11,0	9,0
25–50 "	10,0	8,5
51–64 "	9,0	7,5
> 65 "	8,0	7,0
Zusätzlich benötigte Energie		
mittelschwere Arbeit	+ 2,5	
schwere Arbeit	+ 5,0	
schwerste Arbeit	+ 6,7	
Schwangere ab 4. Monat	+ 1,2	
Stillende	+ 2,7	

- **Erhöhte Thermogenese.** Ein größerer Teil der verzehrten Energie wird in Wärme umgewandelt und abgestrahlt. Dies geschieht z. B. bei dem vermehrten Verzehr von Protein. Erhöhte Schilddrüsenaktivität aktiviert ebenfalls den Stoffwechsel und damit die Energieabgabe.
- **Erhöhte Muskelaktivität.** Sie steigert deutlich den Energieverbrauch. Unruhige, nervöse Menschen zeigen gegenüber ruhigen, behäbigen eine vergrößerte Energieabgabe.

Diese beiden Faktoren entscheiden vor allem über die Effizienz der Energieverwertung: *„Schlechte Futterverwerter"* bauen über diesen Mechanismus relativ leicht überschüssig aufgenommene Energie wieder ab, ohne diese speichern zu müssen. Ihnen fällt es relativ leicht, eine überhöhte Energieaufnahme rasch wieder zu kompensieren und ihre Körpermasse ohne größere Anstrengung konstant zu halten.

Demgegenüber ist jeder, der seine Thermogenese nicht einer seinen Bedarf übersteigenden Energiezufuhr anpassen kann und die Energieüberschüsse auch über eine gesteigerte Muskeltätigkeit nur schwer abzubauen vermag, durch eine effiziente Verwertung seiner Nahrungsenergie charakterisiert. Er wird auch als *„guter Futterverwerter"* bezeichnet. Die den Bedarf übersteigende Nahrungsenergie wird hier zum großen Teil als Körperfett gespeichert. Da hierdurch auch das Unterhautfett verstärkt wird, ist die Wärmeabgabe über die stärker isolierenden Hautschichten erschwert und eine Körpermasseregulation bei Überernährung wird immer schwieriger.

Hält die Überversorgung mit Nahrungsenergie – insbesondere mit Fett – länger an und sind die Regulationsmechanismen zur Konstanthaltung der Körpermasse überfordert, dann wird diese Energie im Körper gespeichert und zwar vorrangig als Fett.

Fettspeicherung sowie Größe und Anzahl der Fettzellen nehmen zu, es werden Fettdepots angelegt. Man unterscheidet zwischen visceralem Fett (Darm, Nieren, Geschlechtsorgane, Bauchhöhle) und Unterhautfett (über die gesamte Körperoberfläche verteilt, insbesondere Hüften, Bauchhaut, Oberschenkel).

In Kombination mit anderen biochemischen Dysregulationen, wie z. B. einem verlangsamten Abbau von Körperfett, entwickelt sich über ein manifestes Übergewicht eine Adipositas (Fettsucht, vgl. auch Kap. 1.2.1).

Unterversorgung

In den Industrieländern wird Mangelernährung in nur geringem Maße beobachtet. Sollte trotzdem eine Unterversorgung auftreten, dann sind hierfür wohl eher selbstgewählte oder empfohlene einseitige Kostformen oder Alkoholabusus verantwortlich.

In den Entwicklungsländern hingegen sind Nahrungsmangel und damit Unterernährung weit verbreitet. Diese bewirken aber auch eine Reihe von Adaptationsprozessen, die für Menschen der Dritten Welt charakteristisch sind.

Geringere Körpermasse. In den meisten Entwicklungsländern haben die Menschen eine niedrigere durchschnittliche Körpermasse als in den Industrieländern. Dies ist generell gekoppelt an eine reduzierte Körperhöhe und vielfach ein Zeichen für vermindertes Körperwachstum in der Kindheit und/oder Jugend. Weniger Körpermasse aber bedeutet einen erniedrigten Energiebedarf für den GU und die zu erledigenden leichteren Tätigkeiten. Der Vorteil der geringen Körpermasse besteht somit darin, mit weniger Energie auszukommen. Schwere körperliche Arbeit kann von diesen Menschen wegen ihrer geringeren aktiven Körpermasse nicht in dem Umfang und auch nur relativ kurzzeitig (raschere Erschöpfung) geleistet werden.

Geringere Leistung. Nach Untersuchungen zur Energieabgabe in Abhängigkeit von der Zeit ist es für den Arbeitenden besonders ökonomisch, eine vorgegebene Arbeit über die gesamte zur Verfügung stehende Zeit zu verteilen. Er benötigt dann weniger Energie, als wenn er rascher arbeitet, um sich sodann für den Rest der Zeit auszuruhen.

Es gibt somit eine Reihe von adaptiven Regulationsmechanismen, die einem Energiemangel begegnen können und ein Überleben bei chronischer Unterversorgung ermöglichen. Dies geht jedoch zumeist zu Lasten der Leistungsfähigkeit und auch der Gesundheit der Betroffenen.

1.1.4
Proteine

Die Proteine machen mehr als die Hälfte der Trockensubstanz von lebenden Zellen aus. Ihre Zufuhr mit der Nahrung ist daher von grundlegender Bedeutung. Im Eiweiß des menschlichen Organismus werden etwa 20 Aminosäuren angetroffen.

Aus der Sicht der Ernährungsphysiologie ist zwischen **nicht essentiellen** und **essentiellen** Aminosäuren zu unterscheiden. Erstere werden vom Körper selbst in ausreichender Menge synthetisiert. Letztere müssen mit dem Nahrungsprotein zugeführt werden; es sind dies:

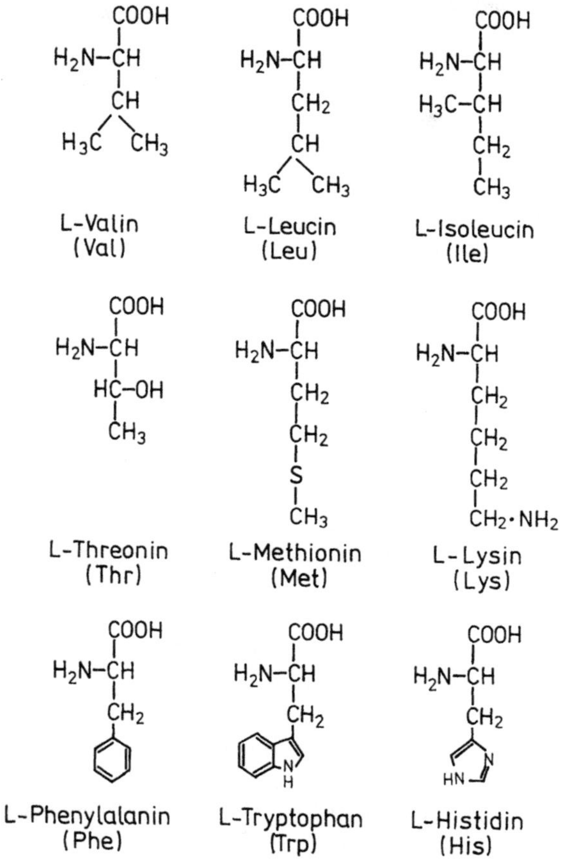

L-Valin
(Val)

L-Leucin
(Leu)

L-Isoleucin
(Ile)

L-Threonin
(Thr)

L-Methionin
(Met)

L-Lysin
(Lys)

L-Phenylalanin
(Phe)

L-Tryptophan
(Trp)

L-Histidin
(His)

FS 1.1.-2

Die „**halbessentiellen**" Aminosäuren nehmen eine Zwischenstellung ein, da sie entweder nur in einem bestimmten Lebensalter essentiell sind (Histidin für den Säugling), nicht in ausreichender Menge bei erhöhtem Bedarf synthetisiert werden können (Arginin) oder aber aus anderen essentiellen Aminosäuren gebildet werden (Cystein und Cystin aus Methionin, Tyrosin aus Phenylalanin). Noch nicht geklärt ist, ob die Bildung von Cystein und Tyrosin ausschließlich über ihre Vorläufer erfolgt oder ob ein gewisser Anteil hiervon nicht doch mit der Nahrung aufgenommen werden muß.

Verbindungen von 2 bis ca. 20 Aminosäuren werden als Peptide bezeichnet. Sie entstehen entweder als intermediäre Abbauprodukte bei der Verdauung oder werden als hormonwirksame Substanzen, so z. B. als Regulatoren für die Nahrungsaufnahme und -verwertung, synthetisiert.

Insgesamt werden von einem erwachsenen Menschen pro Tag etwa 400 g Protein ab- und wieder aufgebaut; dies ist das 5–6fache der verzehrten Proteine. Das Nahrungsprotein ersetzt nur diejenigen Aminosäuren bzw. denjenigen Aminosäurestickstoff, der beim Proteinabbau, z. B. über die Harnstoff-Synthese, verloren geht. Eine über den Bedarf hinausgehende Aufnahme wird gleichfalls größtenteils als Harnstoff wieder ausgeschieden.

D-Aminosäuren

Die für den menschlichen Organismus nicht physiologischen D-Isomeren der Aminosäuren können – außer bei der chemischen Synthese in Form von Racematen – bei der Fermentation von Lebensmitteln (Käse, Joghurt, Würzen) entstehen. Sie werden im Milligrammbereich mit der Nahrung aufgenommen, verdaut und absorbiert. Einige werden über die entsprechende Ketosäure in die L-Form transaminiert. Eingehendere Untersuchungen zum Aminosäurestoffwechsel beim Menschen und zu Langzeitwirkungen fehlen. Negative gesundheitliche Auswirkungen ihres Verzehrs sind bisher nicht bekannt.

Ernährungsphysiologischer Wert und Bedarf

Proteine besitzen für den Menschen einen unterschiedlichen ernährungsphysiologischen Wert, der von der Aminosäurezusammensetzung (essentielle Aminosäuren) und der Verdaulichkeit abhängt. Er wird z. B. als „**biologische Wertigkeit (BW)**" angegeben. Als Protein mit der höchsten BW hat sich das Volleiprotein herausgestellt. Dies bedeutet, daß der Mensch von allen Nahrungsproteinen am wenigsten Eiprotein benötigt, um einen Ausgleich zwischen Stickstoffzufuhr und -ausscheidung zu erlangen. Eine Übersicht über die biologische Wertigkeit von wichtigen Nahrungsproteinen gibt Tab. 1.1.-9.

Die Bedeutung der biologischen Wertigkeit ist oft überschätzt worden. So werden große Unterschiede einzelner Proteine bei normaler Ernährung mit „Mischprotein" (tierisch/ pflanzlich) weitgehend ausgeglichen. Bei einseitiger vegetarischer Kost können jedoch Probleme auftreten. So weisen viele pflanzliche Proteine wegen eines geringeren Gehaltes an einzelnen oder mehreren essentiellen Aminosäuren eine geringere biologische Wertigkeit als die meisten tierischen Proteine auf. Doch kann auch unter pflanzlichen Proteinen ein wirksamer Ausgleich unterschiedlicher Aminosäure-Gehalte erfolgen. So ergänzen sich z. B. Cerealienproteine (relativ geringer Lysin-, relativ hoher Methionin- und Cystein-Gehalt) und Leguminosenproteine (umgekehrte Gehalte an diesen Aminosäuren) sehr gut. Angaben über den

Tab.1.1.-9 Biologische Wertigkeit (BW) einiger wichtiger Nahrungsproteine des Menschen	
Proteinquelle	BW
Pflanzliche Proteine	
Weizenmehl	55
Mais	60
Reis	64
Roggen	76
Hafer	65
Kartoffeln	67
Bohnen	59
Erbsen	64
Soja	73
Tierische Proteine	
Hühnerei	94
Milch	85
Schweinefleisch	74
Rindfleisch	74
Fisch	76
Gelatine	30

Tab. 1.1.-10 Proteinbedarf in Abhängigkeit vom Alter (nach DGE-Empfehlungen und WHO-Report)				
Zielgruppe	DGE		WHO	
	m	w	m	w
		(g/Tag)		
Säuglinge	11–13			
Kinder und Jugendliche				
1–3 Jahre	16		16	
4–6 "	21		20	
7–9 "	27		25	
10–12 "	39		37	36
13–14 "	50		46	39
15–18 "	60		47	37
Erwachsene				
19–24 Jahre	60	47	53	41
25–50 "	59	48		
50–64 "	58	48		
> 65 "	55	47		
Schwangere		58		54
Stillende		63		65

Proteinbedarf des Menschen sind in Tab. 1.1.-10 zusammengefaßt. Die deutlich höheren Werte der DGE gründen sich auf höhere Sicherheitszuschläge zum Minimalbedarf. Sie gewährleisten in jedem Falle – auch bei zeitweise individuell höherem Bedarf oder nach einer vorübergehenden Unterversorgung – die notwendige Proteinzufuhr. Proteine sollten immer etwa bedarfsgerecht zugeführt werden, da sie nur in geringen Mengen gespeichert werden können.

Überversorgung

Eine Proteinüberversorgung führt bei Gesunden zu keinen erkennbaren Nachteilen. Es wird lediglich in den einzelnen Organen labiles Protein vermehrt angelegt. Der Proteinumsatz im Körper wird erhöht. Überversorgung führt allerdings zu einer Höherbelastung der Nieren, da die vermehrt gebildeten stickstoffhaltigen Umsatzprodukte mit dem Harn ausgeschieden werden müssen. Bei Nierenerkrankungen kann eine derartige Mehrbelastung nachteilig sein.

Unterversorgung

Eine drastische Unterversorgung mit Protein führt zu tiefgreifenden Stoffwechselveränderungen. Diese sind um so ausgeprägter, je jünger die vom Proteinmangel betroffenen Personen sind.

Protein- und Energiemangel bei Müttern bewirken ein verringertes Geburtsgewicht der Säuglinge. Dieser Befund tritt in Entwicklungsländern z. B. in Bangladesh (bis zu 50 %) oder Indien (30 %) der Geburten auf; er beträgt nur etwa 5 % in den Industrieländern. Da Säuglinge und Kinder über keine nennenswerten Proteinreserven (labiles Protein) verfügen, wirkt sich bei ihnen Proteinmangel schnell und drastisch aus. Die wesentlichen Wirkungen sind Wachstumsverzögerung und Verlangsamung der geistigen Entwicklung. Da Proteinmangel zumeist mit unzureichender Energieaufnahme gekoppelt ist, werden deren Auswirkungen noch verstärkt.

Über Proteinmangel-Erscheinungen hinaus führt ein Defizit an einzelnen essentiellen Aminosäuren zu bestimmten funktionellen Stoffwechselstörungen. Unterversorgung an einer oder mehreren essentiellen Aminosäuren bewirkt generell eine verminderte Proteinsynthese und löst damit Proteinmangelsymptome aus. Auf weitere klinische und gesundheitliche Aspekte des Proteinmangels wird bei der Besprechung des Marasmus und Kwashiorkor eingegangen (vgl. Kap. 1.2.6).

1.1.5
Fette, Cholesterol

Den Fetten kommen im Organismus folgende wesentliche Aufgaben zu:
- Sie stellen die Hauptenergielieferanten für den Menschen dar. Ein Gramm Fett liefert ca. 39 kJ (9,3 kcal) Energie. Es kann in beträchtlichen Mengen gespeichert werden, hauptsächlich im Unterhautfettgewebe und im Bauchraum. Während der normalgewichtige Mann etwa 10 kg und die normalgewichtige Frau ca.12 kg Fett ablagern, wachsen diese Mengen bei Übergewicht und Fettsucht beträchtlich an.
- Die gespeicherten Fette schützen die Bauchorgane, insbesondere die Nieren, vor mechanischen Schäden. Die in die Unterhaut eingelagerten Fette vermindern die Wärmeverluste durch die Haut.
- Fette fungieren ferner als Lieferanten für die nachfolgend beschriebenen Fettsäuren, denen ihrerseits wichtige Funktionen im Stoffwechsel zukommen.

Bei den Fettsäuren der Nahrung handelt es sich im wesentlichen um geradzahlige, unverzweigte, aliphatische Monocarbonsäuren mit 2–26 C-Atomen, wobei die Vertreter mit 16–18 C-Atomen überwiegen. Im Organismus üben sie vor allem drei Funktionen aus. Sie dienen als
- Energielieferanten (s. o.),
- wesentliche Komponenten von Strukturlipiden in Zellmembranen,
- Ausgangssubstanzen einer Reihe hormonähnlich wirkender Verbindungen, so z. B. von Eicosanoiden und Leucotrienen.

In den Triglyceriden sind **gesättigte** (saturated fatty acids, **SFA**) wie auch **ungesättigte Fettsäuren** (unsaturated fatty acids, **UFA**) gebunden. Die UFA ihrerseits lassen sich in **einfach** (monounsaturated fatty acids, **MUFA**) und **mehrfach ungesättigte Fettsäuren** (polyunsaturated fatty acids, **PUFA**) unterteilen. Der Begriff „PUFA" wird dabei im allgemeinen auf alle Fettsäuren mit 2 und mehr Doppelbindungen angewandt, obgleich vereinzelt für die **hoch**ungesättigten Vertreter (so z. B. für Eicosapentaen-, Docosahexaensäure) auch die Bezeichnung **hochungesättigte Fettsäuren** (high unsaturated fatty acids, **HUFA**) in der Literatur zu finden ist. In diesem Buch wird jedoch der derzeit überwiegend übliche Terminus „PUFA" benutzt. Die ungesättigten Nahrungs-Fettsäuren liegen fast ausschließlich in der physiologisch günstigen cis-Konfiguration vor.

Aus ernährungsphysiologischer Sicht werden aufgrund ihrer differenzierten Eigenschaften die in Tab. 1.1.-11 aufgeführten Fettsäuren unterschieden.

Kurzkettige Fettsäuren

Essigsäure hat in der mittels Coenzym A aktivierten Form eine zentrale Funktion im Zwischenstoffwechsel des Organismus. Acetat entsteht vor allem bei der β-Oxidation

Tab. 1.1.-11 Einteilung der Fettsäuren aus ernährungsphysiologischer Sicht

Gruppe	Beispiele	Hauptfunktion
kurzkettige Fettsäuren	Essigsäure, Propionsäure, Buttersäure	Produkte des Zwischenstoffwechsels
mittelkettige Fettsäuren	Caprylsäure, Caprinsäure, Laurinsäure	schnell verfügbare Energielieferanten
langkettige Fettsäuren – gesättigte Fettsäuren	Palmitinsäure, Stearinsäure	Speicherfett, Energielieferanten
– ungesättigte Fettsäuren (UFA) • einfach ungesättigte Fettsäuren (MUFA)	Palmitoleinsäure, Ölsäure	Speicherfett, Energielieferanten
• mehrfach ungesättigte Fettsäuren (PUFA)	Linolsäure, α-, γ-Linolen-, Arachidonsäure	Bestandteile von Membranlipiden u. Eicosanoiden
• hochungesättigte Fettsäuren (PUFA bzw. HUFA)	Eicosapentaensäure, (EPA), Docosahexaensäure (DHA)	Bestandteile von Membranlipiden u. Eicosanoiden

der längerkettigen Fettsäuren und der Decarboxylierung von Kohlenhydrat- und Aminosäuremetaboliten und wird über den Citronensäurecyclus zur Energiegewinnung oxidiert. Andererseits dient es zur Synthese von Fettsäuren und zahlreicher anderer Verbindungen im Stoffwechsel. Des weiteren ist Essigsäure ein Stoffwechselprodukt bei der anaeroben Glycolyse von Kohlenhydraten durch die Bakterien des Darmes.

Propion- und **Buttersäure** sind von Bedeutung als Bestandteile des Milchfettes und mancher Pflanzenöle sowie als Endprodukt der anaeroben Glycolyse von Darmbakterien und der Mundflora (Zahnbakterien).

Diese drei sog. flüchtigen Fettsäuren können vom Menschen aus dem Dickdarm absorbiert und als Substrate zur Energiegewinnung herangezogen werden. Über ihre weitere Bedeutung im Dickdarm wurde in Kap. 1.1.2 berichtet.

Mittelkettige Fettsäuren

Zu den mittelkettigen Fettsäuren zählen diejenigen mit 8–12 C-Atomen (**Capryl-, Caprin-, Laurinsäure**). Aus diesen Säuren zusammengesetzte Fette werden auch als mittelkettige Triglyceride (MKT) bezeichnet. Sie sind zu geringem Anteil in fast allen Fetten und Ölen, in größeren Mengen in Palmfetten und Butter anzutreffen.

Mittelkettige Fettsäuren werden aus der Darmmucosa über das Pfortaderblut direkt zur Leber transportiert und dort verstoffwechselt. Da ihre Absorption sehr rasch und auch bei nur geringer Gallen- und Lipasekonzentration erfolgt, werden MKT gezielt bei Fettabsorptionsstörungen und als rasch wirkende Energiespender, z. B. bei Rekonvaleszenten und in postoperativen Zuständen, eingesetzt.

Langkettige, gesättigte Fettsäuren

Die gesättigten Fettsäuren, insbesondere **Palmitin-** und **Stearinsäure** (C_{16}, C_{18}), sind – neben den von ihnen abzuleitenden einfach ungesättigten Verbindungen

Tab. 1.1.-12 Wichtige Alken- und Polyalkenfettsäuren

Systematischer Name	Trivialname	Formel	Kurzschreibweise	Familie	Vorkommen
Hexadec-9 (Z)-ensäure	Palmitoleinsäure	$C_{15}H_{29}COOH$	$C_{16:1}$ (9)	ω-7	Fischöle, Mikrobenfette, Warmblüterfette
Octadec-9 (Z)-ensäure	Ölsäure	$C_{17}H_{33}COOH$	$C_{18:1}$ (9)	ω-9	alle Nahrungsfette
Octadeca-9 (Z), 12 (Z)-diensäure	Linolsäure	$C_{17}H_{31}COOH$	$C_{18:2}$ (9,12)	ω-6	Pflanzenöle
Octadeca-9 (Z), 12 (Z), 15 (Z)-triensäure	α-Linolensäure	$C_{17}H_{29}COOH$	$C_{18:3}$ (9,12,15)	ω-3	Pflanzenöle
Octadeca-6 (Z), 9 (Z), 12 (Z)-triensäure	γ-Linolensäure	$C_{17}H_{29}COOH$	$C_{18:3}$ (6,9,12)	ω-6	Fleisch, Hirn, tierische Fette, Heringsöl
Eicosa-5 (Z), 8 (Z), 11 (Z), 14 (Z)-tetraensäure	Arachidonsäure (AA)	$C_{19}H_{31}COOH$	$C_{20:4}$ (5,8,11,14)	ω-6	tierische Fette
Eicosa-5 (Z), 8 (Z), 11 (Z), 14 (Z), 17 (Z)-pentaensäure (EPA)	Timnodonsäure	$C_{19}H_{29}COOH$	$C_{20:5}$ (5,8,11,14,17)	ω-3	Algen, Plankton, Fische u. a. Seetiere; Landsäugetiere nur in Spuren
Docosa-4 (Z), 7 (Z), 10 (Z), 13 (Z), 16 (Z), 19 (Z)-hexaensäure (DHA)	Clupanodonsäure	$C_{21}H_{31}COOH$	$C_{22:6}$ (4,7,10,13,16,19)	ω-3	
Docos-13 (Z)-ensäure	Erucasäure	$C_{21}H_{41}COOH$	$C_{22:1}$ (13)	ω-9	Rapsöl, Senföl

Es bedeutet: Z = cis

Palmitoleinsäure und Ölsäure – die mengenmäßig häufigsten Fettsäuren der meisten pflanzlichen und tierischen Fette, einschließlich der menschlichen Speicherfette.

Langkettige, ungesättigte Fettsäuren

Von besonderer ernährungsphysiologischer Bedeutung sind die ungesättigten Fettsäuren (Tab. 1.1.-12., 1.1.-13), da ihnen im Stoffwechsel bestimmte Funktionen zukommen. Man unterteilt sie in drei Gruppen: Je nachdem, ob die erste Doppelbindung 3, 6 oder 9 C-Atome **vom Methylende des Moleküls** entfernt ist, unterscheidet man zwischen ω-3-, ω-6- und ω-9-Fettsäuren.

Zur **ω-9-Gruppe** gehört die in Pflanzenölen weit verbreitete **Ölsäure** (eine einfach ungesättigte Fettsäure, MUFA). Ihr wird in jüngster Zeit hinsichtlich der Entstehung einiger Herz-Kreislauf-Krankheiten eine protektive Rolle zugeschrieben, auch wenn sie keine essentielle Fettsäure darstellt. Ein weiterer Vertreter ist die vor allem in Rapsöl vorkommende **Erucasäure**. Gegen diese werden von der Ernährungswissenschaft Bedenken erhoben. Derzeitig dürfen in der europäischen Gemeinschaft nur Rapssorten angebaut werden, deren Öl einen Gehalt an 5 % Erucasäure nicht übersteigt.

Bekannte Vertreter der **ω-6-Gruppe** sind einige mehrfach ungesättigte Fettsäuren (PUFA). Es sind dies zum einen die in Pflanzenölen weit verbreitete **Linolsäure**. Des weiteren sind die **γ-Linolensäure** sowie die **Arachidonsäure** zu nennen. Da eine Doppelbindung in ω-6-Stellung vom menschlichen Organismus nicht eingebaut werden kann, werden diese 3 Verbindungen den essentiellen Fettsäuren zugerechnet. Jedoch können die beiden letztgenannten zumindest in bestimmten Mengen aus Linolsäure synthetisiert werden. Offen ist noch, ob dies immer bedarfsgerecht möglich ist. Die genannten Fettsäuren beeinflussen als Bestandteile von Phospholipiden in zell- und subzellulären Membranen und Nervenfortsätzen (Synapsen) deren Fluidität.

Bei der **ω-3-Gruppe** liegt die erste Doppelbindung zwischen dem 3. und 4. C-Atom. Auch für den Einbau dieser Doppelbindung besitzt der Mensch kein Enzym. Zu dieser Gruppe werden **α-Linolensäure**, ferner die hochungesättigten Verbindungen

Tab. 1.1.-13 Essentielle Fettsäuren sowie Fettsäuren mit essentiellem Charakter

Trivialname (vgl. hierzu Tab. 1.1.-12)	Struktur	
Linolsäure	H_3C—18—···—12=—9=—···—COOH—1	FS 1.1.-3
α-Linolensäure	H_3C—18—15=—12=—9=—···—COOH—1	FS 1.1.-4
γ-Linolensäure	H_3C—18—···—12=—9=—6=—···—COOH—1	FS 1.1.-5
Arachidonsäure (AA)	H_3C—20—17=—14=—11=—8=—5=—···—COOH—1	FS 1.1.-6
Timnodonsäure (EPA)	H_3C—22—19=—16=—13=—10=—7=—4=—···—COOH—1	FS 1.1.-7
Clupanodonsäure (DHA)	H_3C—20—···—14=—11=—8=—5=—···—COOH—1	FS 1.1.-8

Eicosapentaensäure (EPA) und **Docosahexaensäure** (DHA) gerechnet. Während α-Linolensäure weit verbreitet in Pflanzenölen vorkommt, sind EPA und DHA vor allem in Fisch- bzw. Seetierölen anzutreffen. Sie werden von Meerespflanzen (z. B. Algen) aus α-Linolensäure synthetisiert und über die Nahrungskette weitergegeben. Nach neueren Erkenntnissen wird auch diesen ω-3-Fettsäuren eine essentielle Rolle für den Stoffwechsel des Menschen zuerkannt. EPA und vor allem DHA sind Bestandteile der Zellmembranlipide.

Eicosanoide

Aus den essentiellen Fettsäuren werden verschiedene hormonähnliche Substanzen, sog. Eicosanoide, wie *Prostaglandine, Thromboxane, Thrombocycline*, gebildet, die vor allem auf das Blutgerinnungssystem und die Gefäßelastizität einwirken. Die aus EPA und DHA (ω-3-Gruppe) gebildeten Eicosanoide zeigen zu den aus ω-6-Fettsäuren (Arachidonsäure) entstandenen analogen Verbindungen teilweise eine antagonistische Wirkung, womit sich z. B. ihre blutdrucksenkenden Eigenschaften erklären lassen. Da die Umwandlung von α-Linolensäure in EPA im tierischen und menschlichen Organismus nur sehr langsam erfolgt, ist diese antagonistische Wirkung von mit der Nahrung aufgenommenen hochungesättigten Fettsäuren etwa 10fach höher als diejenige von α-Linolensäure. Hier setzt der Therapieversuch an, mit Hilfe von Seefischölen Bluthochdruck und auch andere pathologische Veränderungen des Lipidstoffwechsels zu behandeln. Bei Verabfolgung von hochungesättigten Fettsäuren besteht allerdings ein gesteigerter Bedarf an Antioxydantien (Tocopherole, Selen, Glutathion), da sie sehr leicht zur Bildung von Peroxiden und Hydroperoxiden neigen; letzere können bekanntlich Radikale bilden und in den Zellen toxisch (z. B. cancerogen) wirken.

Trans-Fettsäuren

Bei der enzymatischen Hydrierung (Mikroflora im Pansen der Wiederkäuer) oder katalytischen Härtung (Margarineherstellung) von ungesättigten Fettsäuren entstehen sog. trans-Fettsäuren, die in Milchfett zu durchschnittlich 8 %, in Rinderfett zu 5–6 % und in Margarinen zu durchschnittlich 8 % enthalten sind. Mit einer in Westeuropa üblichen Nahrung werden statistisch 3–5 g/Tag aufgenommen. Trotz einer – im Vergleich zu ihren cis-Isomeren – festeren Konsistenz werden trans-Fettsäuren gleich gut wie cis-Fettsäuren verdaut, absorbiert und energetisch verwertet.

Ihre Wirkung auf den *Cholesterolstoffwechsel* und damit indirekt auf Herz-Kreislauf-Krankheiten ist beim Menschen wie auch am Versuchstier noch nicht abgeklärt. Ein möglicher Cholesterol-steigernder Effekt hängt u. a. von der Zusammensetzung und verabreichten Menge der trans-Fettsäuren, von der Zusammensetzung der anderen Fettsäuren und weiteren Nahrungsbestandteilen ab und ist für übliche tägliche Verzehrsmengen (5 g) kaum nachzuweisen. Jedoch ist erwiesen, daß sich essentielle cis-Fettsäuren nicht durch ihre trans-Formen ersetzen lassen.

Toxische Wirkungen, vor allem hinsichtlich einer Auslösung oder Förderung von Carcinomen, wurden in Mehr-Generations-Versuchen an Versuchstieren nicht beobachtet.

Lipoproteine

Als Lipoproteine werden Aggregate von Proteinen und Lipiden bezeichnet, die vor allem in der Darmschleimhaut und der Leber gebildet werden und in erster Linie Transportfunktionen für die Lipide in Blut und Lymphe ausüben. Lipoproteine werden nach ihrer Dichte eingeteilt.

Aus dem absorbierten Nahrungsfett werden in der Dünndarmmucosa nach Resynthese der Lipide die **Chylomikronen** gebildet. Aufgrund ihrer Partikelgröße trüben sie die Lymphe und das periphere Blut. Sie bestehen zu ca. 90 % aus Triglyceriden und werden zu den peripheren Organen (vor allem Muskulatur und Fettgewebe) transportiert. Dort geben sie einen wesentlichen Teil ihrer Lipide ab. Die verbleibenden kleineren Partikel (remnants) werden entweder im Plasma unter der Einwirkung von HDL_3 (der fettärmsten HDL-Fraktion) zu HDL_2 (einer fettreicheren Fraktion) umgewandelt oder in der Leber weiter abgebaut. Chylomikronen haben nur eine kurze Lebensdauer (< 1 Stunde).

Zu den Lipoproteinen werden des weiteren die sog. „**very low density lipoproteins**" (VLDL), die „**low density lipoproteins**" (LDL) und die „**high density lipoproteins**" (HDL) gerechnet.

Die VLDL entstammen zum großen Teil der endogenen Lipidsynthese. Sie werden in der Leber gebildet und an das Blut abgegeben. Durch Lipoproteinlipasen der Leber und des Serums werden sie zu den fettärmeren und cholesterolreichen LDL abgebaut, die dann in peripheren Geweben oder von der Leber aufgenommen und verstoffwechselt werden. Der hohe Cholesterolanteil in den LDL ist für dessen vermehrte Ablagerung in den Arterienwänden verantwortlich (Arteriosklerose).

Die HDL entstammen der Leber. Speziell das Lipid- und Cholesterol-ärmste HDL_3 ist geeignet, nicht nur aus dem Serum, sondern auch aus peripheren Geweben Cholesterol abzutransportieren, einer Arteriosklerose mithin entgegenzuwirken. Abgebaut werden die HDL in der Leber. Diagnostisch ist das Verhältnis von HDL (*erwünscht*) zu LDL (*unerwünscht*) im Serum von Bedeutung für die Beurteilung von Fettstoffwechselstörungen.

Cholesterol

Cholesterol ist in allen tierischen Fetten enthalten und kommt in freier und gebundener (veresterter) Form vor. Im Blut beträgt dieses Verhältnis etwa 1 : 2. Beide Formen sind Bestandteil von Zellmembranen und für die Syntheseleistungen der Organe von Bedeutung. Die mit der Nahrung aufgenommene (exogen zugeführte) Cholesterolmenge beträgt – je nach Nahrungszusammensetzung – bis zu 800 mg/Tag. In den westlichen Industrieländern liegt diese Menge bei durchschnittlich 500 mg/Tag, in den Entwicklungsländern hingegen – infolge der geringeren Aufnahme an tierischen Fetten – wesentlich darunter. Cholesterol ist kein essentieller Nahrungsbestandteil. Es vereinigt sich mit dem im Körper synthetisierten (endogenen) Cholesterol (ca. 1,5 g/Tag). Beim Cholesterolgehalt unterscheidet man zwischen dem im Blut und der Lymphe zirkulierenden und dem in Strukturlipiden der Zellmembranen fixierten Anteil.

Cholesterol ist – in freier wie auch veresterter Form – in verschiedenen Lipoproteinfraktionen gebunden. Es hat sich gezeigt, daß das in der LDL-Fraktion der Lipoproteine vorhandene Cholesterol (LDL-Cholesterol) offensichtlich stärker oxida-

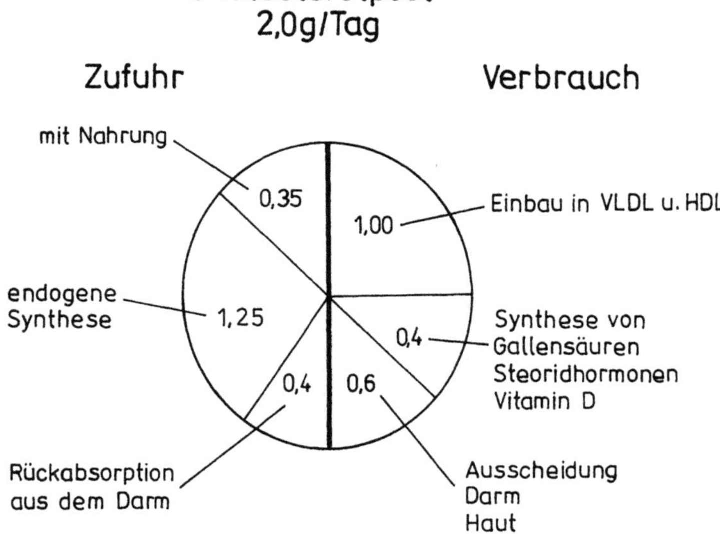

Abb. 1.1.-6 Cholesterolzufuhr und -verbrauch je Tag (GREILING u. GRESSNER, 1984)

tionsanfällig ist, es damit zur Ablagerung in den Gefäßen neigt und so atherogen wirken kann. Ein hoher LDL-Cholesterolgehalt im Blutserum stellt somit einen Risikofaktor für atherosklerotische Gefäßschäden und damit für Herz-Kreislauf-Erkrankungen dar.

Der Cholesterolumsatz des Menschen (ca. 2 g/Tag) wird durch ein Gleichgewicht aus Cholesterol-zuführenden (Nahrung, Synthese in Leber und Darm) und -verbrauchenden Prozessen (Einbau in Lipoproteine, Ausscheidung im Darm, Abbau zu Gallensäuren, Steroidhormonen, Vitamin D_3) aufrechterhalten (Abb 1.1-6). Hauptsyntheseort ist die Leber (85 %). Dort erfolgt auch der wesentliche Umsatz des Cholesterols. Es sind dies sein Einbau in die Lipoproteine und die Synthese von Gallensäuren.

Ob die Bildung des Cholesterols durch die Höhe der exogenen Zufuhr mit der Nahrung beeinflußt werden kann, ist noch immer umstritten. Es gilt als wahrscheinlich, daß die Cholesterolabsorption oberhalb einer Aufnahme von 0,5 g/Tag nur noch unwesentlich zunimmt. Trotzdem wurde in vielen Fällen nachgewiesen, daß eine überhöhte Cholesterolzufuhr zur Erhöhung des Blutspiegels beiträgt.

Bedarf

Beim Bedarf an Fetten ist zu unterscheiden zwischen minimalem Bedarf und wünschenswerter Zufuhr. Ersterer ergibt sich aus der notwendigen Bereitstellung von essentiellen Fettsäuren und der optimalen Absorption von fettlöslichen Vitaminen. Letztere wird von einer ernährungsphysiologisch ausgewogenen Bereitstellung von Energie als Nahrungsfett abgeleitet. Darüber hinaus sind Fette wichtig als Ausgangsstoffe und Träger für Flavourverbindungen bei der Speisenzubereitung.

Tab. 1.1.-14 Empfohlene Zufuhr an essentiellen Fettsäuren (Linolsäure, nach DGE-Empfehlungen 1991)

Zielgruppe	Essentielle Fettsäuren (g/Tag)
Säuglinge	2–3
Kleinkinder (1–6 Jahre)	4–5
Kinder (7–12 Jahre)	6–7
Jugendliche (13–18 Jahre)	9–10
Erwachsene	10
Schwangere	11
Stillende	14

Die tägliche Fettaufnahme sollte nur etwa 30 % der Gesamtenergie decken, davon mindestens 50 % in Form pflanzlicher Fette. Damit soll vor allem einem überhöhten Verzehr an gesättigten Fettsäuren, die generell in den tierischen Fetten in größerer Menge auftreten, entgegengewirkt werden.

Die von der DGE empfohlene Menge an zugeführten *essentiellen Fettsäuren* ist Tab. 1.1.-14 zu entnehmen. Diese liegen etwa 30 % über den ermittelten Bedarfswerten für Linolsäure. Exakte Werte für den gesonderten Bedarf an anderen essentiellen Fettsäuren, insbesondere an α- und γ-Linolensäure und weiteren als essentiell angesehenen höher ungesättigten ω-3-Fettsäuren (EPA, DHA), liegen noch nicht vor. Dabei wird ein günstiges Verhältnis von ω-6 : ω-3-Fettsäuren gefordert (5 : 1), was einer wünschenswerten Zufuhr an ω-3-Fettsäuren von 1–2 g/Tag entspricht.

Überversorgung

In fast allen Industrieländern werden die empfohlenen Fettverzehrsmengen deutlich überschritten. Wesentlichen Anteil hieran haben die sog. „verborgenen Fette„ in Fleisch, Wurst und Backwaren, die über 50 % des Fettverzehrs ausmachen. Der überhöhte Fettverzehr ist vor allem verantwortlich für eine positive Energiebilanz und damit für die Entwicklung von Übergewicht und Fettsucht.
Gleichzeitig sind in vielen Fällen die Nüchtern-Serumwerte für Triglyceride und für Cholesterol erhöht. Diese gelten wiederum als Risikofaktoren für eine Reihe von Herz-Kreislauf-Krankheiten (z. B. Arteriosklerose) und für ernährungsabhängige Hyperlipidämien (vgl. Kap. 1.2.3). Die Höhe des Cholesterolspiegels im Blutserum wird von folgenden Faktoren beeinflußt:
- Menge des mit tierischen Fetten zugeführten Cholesterols. In der Regel überwiegt jedoch die endogene Cholesterolsynthese, so daß das mit der Nahrung aufgenommene Cholesterol wohl den geringeren Beitrag hierzu leistet.
- Quantität und Qualität der verzehrten Nahrungsfette. Die Aufnahme von gesättigten Fettsäuren mit der Nahrung erhöht den Cholesterolspiegel, von mehrfach ungesättigten Fettsäuren erniedrigt ihn.
- Ballaststoffzufuhr. Ballaststoffe (insbesondere lösliche, wie z. B. Pektine, Hemicellulosen) können durch Cholesteroladsorption deren Absorption im Intestinaltrakt herabsetzen.
- Körperliche Arbeit. Diese hat sich als Cholesterol-senkender Faktor insbesondere bei regelmäßiger Ausübung herausgestellt.
- Medikamente. Sie vermögen entweder die endogene Synthese in der Leber oder die Absorption von Cholesterol zu hemmen sowie den Cholesterolspiegel zu senken. Mit ihrer Gabe sind jedoch vielfach auch Nebenwirkungen verbunden.

Der Mechanismus der alimentär bedingten Cholesterolsenkung im Blut ist noch nicht schlüssig abgeklärt. Als wesentlicher Faktor zur Entstehung der Arteriosklerose werden hochtoxische Oxidationsformen des Cholesterols, z. B. 25-Hydroxycholesterol, diskutiert, die mit der Nahrung aufgenommen und vorzugsweise mit den LDL an die betroffenen Organe transportiert werden.

Unterversorgung

Fettmangel – also nicht ausreichende Fettzufuhr – ist zunächst gleichbedeutend mit unzureichender Energiezufuhr und deren Folgen. Darüber hinaus hat dies eine *herabgesetzte Absorption der fettlöslichen Vitamine A, D, E* und *K* zur Folge. Des weiteren kann es zu einem Mangel an essentiellen Fettsäuren kommen, wenn nicht ausreichend Fette oder aber nur solche mit vorrangig gesättigten Fettsäuren verzehrt werden.

1.1.6
Kohlenhydrate

Kohlenhydrate sind mengenmäßig die am meisten verzehrten Nährstoffe. Sie machen je nach Ernährungsgewohnheit und Ernährungsstatus 40 % (Industrieländer) bis 80 % (Entwicklungsländer) des gesamten Energieverzehrs aus und dienen in erster Linie der Bereitstellung der vom Organismus benötigten Energie. Ihre Speicherfähigkeit im Organismus (als Glycogen) ist sehr begrenzt.

Bedeutsame Nahrungskohlenhydrate

Glucose ist das zentrale Kohlenhydrat des Energie- und Substratstoffwechsels. Sie ist der Grundbaustein aller für die Ernährung wichtigen Polysaccharide (Stärke, Glycogen, Cellulose), sowie wesentlicher Bestandteil der meisten anderen Di- und Oligosaccharide. Glucose liefert nach Verzehr als Monosaccharid, z. B. als Traubenzucker, rasch verfügbare Energie.

Fructose wird in freier Form mit verschiedenen Obstarten und Honig, in gebundener Form als Disaccharid (Saccharose) verzehrt. Sie hat als Diabetikerzucker Bedeutung erlangt.

Saccharose ist im allgemeinen Sprachgebrauch der *Zucker* schlechthin. Er wird mit Obst, vor allem jedoch als *Weißzucker* (Zuckerrübe, Zuckerrohr) verzehrt und dient als schnell verfügbarer Energiespender.

Lactose ist das erste und während der ausschließlichen Stillperiode einzige Kohlenhydrat in der Säuglingsernährung.

Stärke ist das Hauptreservekohlenhydrat der Pflanzen. Sie stellt den größten Anteil an verzehrten Kohlenhydraten und ist damit wesentlicher Energieträger der menschlichen Nahrung.

Cellulose dient in der Ernährung als Ballaststoff, der mit der pflanzlichen Nahrung vor allem in Form von Zellwänden aufgenommen wird. Hier ist sie mehr oder weniger stark mit **Hemicellulosen** und **Lignin** vergesellschaftet („inkrustiert"), was ihr Stabilität und mechanische Festigkeit verleiht.

Pektine werden vor allem mit Obst und Gemüse sowie in Form von Gelierhilfsstoffen aufgenommen. Sie gehören zu den löslichen Ballaststoffen und sind als solche ernährungsphysiologisch von besonderem Interesse.

Daneben gibt es eine Anzahl weiterer mit der Nahrung zugeführter Kohlenhydrate, die jedoch infolge ihres meist nur geringen Anteils für die Ernährung des Menschen von untergeordneter Bedeutung sind und hier nicht weiter erwähnt werden.

Schließlich rechnet man zu den Kohlenhydraten im erweiterten Sinne eine Reihe von Zuckeraustauschstoffen (vgl. Kap. 3.5.3.2); hierzu gehören u. a. auch **Zuckeralkohole**. Diese Verbindungen sind z. T. nur begrenzt absorbier- und verwertbar.

Verwertung

Nach der Absorption werden die Monosaccharide entweder zur Energiegewinnung verwendet, für die Synthese von körpereigenen Substanzen umgebaut oder aber als Glycogen in Leber und Muskulatur gespeichert. Zentrales Monosaccharid ist die Glucose. Andere Monosaccharide sind im peripheren Blut nur in Spuren nachweisbar, sie werden entweder in Glucose oder Glucosederivate um- oder abgebaut.

Zur Aufrechterhaltung des Glucosestoffwechsels wird der Blutglucosespiegel mittels hormoneller Regelkreise, zu denen u. a. Insulin und Glucagon gehören, weitgehend konstant gehalten. So wird bei Nahrungsaufnahme für einen schnellen Abstrom der Glucose, besonders in die Leber, gesorgt. Bei unzureichender Zufuhr werden Glycogenreserven mobilisiert, oder die Gluconeogenese (z. B. aus Aminosäuren) wird forciert. Sind diese Regelkreise gestört, steigt der Glucosespiegel im Blut ständig an (Diabetes).

Glucose tritt – über Insulinrezeptoren gesteuert – aus dem Blut in das Fettgewebe ein und liefert das Glycerolphosphat für die Fettsynthese. Die bei Versuchstieren nachgewiesene Fettsäuresynthese aus überschüssiger Glucose findet beim Menschen nach neueren Untersuchungen nur bei sehr hohem Kohlenhydratangebot (> 8300 kJ oder 2000 kcal/Tag) statt. Dies wird jedoch unter praktischen Ernährungsbedingungen kaum erreicht (vgl. Kap. 1.2.1).

Neben ihrer Bedeutung als Energieträger und -speicher haben Kohlenhydrate weiterhin folgende Aufgaben zu erfüllen: Sie sind wichtig zur Aufrechterhaltung des Wasser- und Elektrolythaushaltes, üben eine proteinsparende Wirkung insbesondere bei Proteinmangel aus (verminderte Aminosäureoxidation) und wirken durch Verhinderung einer überhöhten Fettsäureoxidation der unphysiologisch hohen Bildung von harnpflichtigen Ketonkörpern entgegen. Deshalb sollte stets eine ausreichend hohe Glucosemenge zur Energiegewinnung zur Verfügung stehen, um einer überhöhten Nierenbelastung entgegenzuwirken. Schließlich übernehmen sie spezifische Funktionen als Bestandteil von Schleimstoffen, Blutgruppensubstanzen u. a.

Wegen ihrer raschen Absorption werden Glucose sowie glucosehaltige Di- und Oligosaccharide (Saccharose, Maltosesirupe, Maltodextrine) nach Spaltung in ihre Monomere als rasch wirkende *Energiespender* für Sportler, Kinder, Senioren, Kranke und Rekonvaleszenten sowohl oral (Diät, Sondennahrung) wie auch in Form von Infusionslösungen verwendet. Für Diabetiker sind sie nur sehr eingeschränkt geeignet.

Bedarf

Die minimale Menge an Kohlenhydraten, die der Aufrechterhaltung der Energieversorgung glucoseabhängiger Organe dient, wird mit 100 g/Tag für den

Erwachsenen angegeben. Der Kohlenhydratbedarf von Leistungsportlern zur Deckung eines rasch verfügbaren Energiebedarfs ist besonders hoch. Auch Kranke und Rekonvaleszenten sollten den größeren Anteil (über 60 %) ihres Energiebedarfs durch Kohlenhydrate decken. Säuglinge benötigen entsprechend der Zusammensetzung der Muttermilch etwa 40–50 % der aufgenommenen Energiemenge als Kohlenhydrat. Dieser Anteil ist bei den Kuhmilchverdünnungen und adaptierten Milchnahrungen durch Zusatz eines zweiten Kohlenhydrates (Schleim, Zucker) zu gewährleisten.

Überversorgung

Von den Kohlenhydraten trägt in erster Linie die Saccharose in den meisten entwickelten Industrieländern zu einem überhöhten Energieverzehr bei. Generell sind es Süßigkeiten sowie Zucker in süßen Lebensmitteln und Getränken, die eine *Überversorgung an Energie* und die Ausbildung einer *Zahncaries* fördern. Zur Umwandlung von Kohlenhydraten in Fett wird in Kap. 1.2.1 eingegangen. Ob ständig hoher Zuckerverzehr allein auch die Ausprägung eines Diabetes Typ II begünstig oder gar verursacht, ist noch nicht geklärt (vgl. auch Kap. 1.2.2). Der Zuckerkonsum ist in den letzten Jahrzehnten ständig angestiegen und beträgt z. Z. in Mitteleuropa im Durchschnitt etwa 90–100 g/Tag. Eine Reduzierung dieser Menge, auch unter Einsatz von Süßstoffen oder nicht cariogenen Zuckeraustauschstoffen, ist daher anzustreben.

Unterversorgung

Eine chronische Unterversorgung mit Kohlenhydraten in entwickelten Industrieländern ist selten. Sie kann bei extrem kohlenhydratarmen Diätformen oder bei hochgradigem Alkoholabusus eintreten und führt dann über eine gesteigerte Lipolyse zu deutlich erhöhter Ausscheidung von Ketonkörpern mit dem Harn (Ketonurie). Chronischer Kohlenhydratmangel führt zu *Hypoglycämie*. Wenn insgesamt Energiemangel vorliegt, bedeutet dies u. a. auch, daß Gehirn und Nervensystem in ihrer Funktion beeinträchtigt sind.

Darüber hinaus können kohlenhydratarme, aber fett- und proteinreiche Diäten Hyperlipidämien mit gleichzeitigem Anstieg des Serumcholesterols und der freien Fettsäuren, ferner ein erhöhtes Arteriosklerose-Risiko, Blutdrucksenkung durch hohe Wasser- und Elektrolytausscheidung sowie eine erhöhte Nierenbelastung durch den verstärkten Anfall stickstoffhaltiger Ausscheidungsprodukte bewirken.

In Entwicklungsländern mit einer charakteristischen kohlenhydratreichen Nahrung bedeutet Kohlenhydratmangel gleichzeitig auch unzureichende Energieversorgung mit den entsprechenden Krankheitssymptomen (vgl. Kap. 1.1.3 und 1.2.6).

1.1.7
Ballaststoffe

Ballaststoffe (insbesondere **Cellulose, Hemicellulosen, Pektine, Lignin, mikrobielle Polysaccharide**) sind Stütz- und Strukturelemente zumeist pflanzlicher Zellen und keine essentiellen Nährstoffe (Tab. 1.1.-15). Sie werden bei der Magen-Darm-Passage im *Dünndarmbereich* nicht gespalten, da vom menschlichen Intestinaltrakt hierfür

Tab. 1.1.-15 Ballaststoffe in der Nahrung

Inhaltsstoffe von Obst, Gemüse, Getreideerzeugnissen	Potentielle Ballaststoffe	Lebensmitteltechnol. relevante Dickungs- und Geliermittel	
		pflanzlicher Herkunft	mikrobieller Herkunft
Pektin*	Lactose*	Agar-Agar*	Xanthan*
Protopektin	unverkleisterte (rohe) Stärke	Alginat*	Dextran*
Cellulose	retrogradierte Stärke	Guar*	Alginat*
Hemicellulosen*	modifizierte Stärke	Pektin*	andere mikro-
Inulin	Zuckeralkohole*	Johannisbrot-	bielle Poly-
Lignin	(z. B. Sorbitol,	kernmehl*	saccharide
Cutin, Wachse,	Maltitol)	Gummi ara-	
Gerbstoffe, bestimmte	Raffinose*	bicum*	
Glycoproteine u. a.		Traganth*	
		Carrageenan*	

* wasserlöslich

keine Enzyme synthetisiert werden. Ballaststoffe werden demzufolge nicht absorbiert und gelangen in den *Dickdarm*. Dort werden sie zu einem erheblichen Teil von den Enzymen der Mikroorganismen-Flora abgebaut und auch verstoffwechselt (vgl. Kap. 1.1.2). Auf diese Weise werden z. B. Cellulose bis zu 45 %, Hemicellulose bis zu 70 %, Pektine bis zu 100 % und Ballaststoffe in Mischkost bis zu etwa 70 % umgesetzt. Lignin bleibt zum größten Teil unverändert.

Aus ernährungsphysiologischer Sicht unterscheidet man zwischen **wasserunlöslichen** (Cellulose, Lignin) und **wasserlöslichen** (Pektine, Hemicellulosen) **Ballaststoffen** bzw. zwischen „**Faser**"- und „**Quellstoffen**". Im Magen-Darm-Trakt üben die Ballaststoffe eine Reihe wichtiger und für den Organismus nützlicher Funktionen aus.

Wasserunlösliche Ballaststoffe bewirken vor allem ein intensiveres Kauen der Nahrung und damit eine gründliche Durchmischung. *Wasserlösliche* Ballaststoffe zeichnen sich durch eine hohe Quellfähigkeit (auf das Mehrfache der Eigenmasse) und damit hohe Wasserbindung aus. Im Darm bilden sie eine wasserreiche, vielfach visköse Schutzhülle auf der Mucosa aus, was eine Verlangsamung der Nährstoffabsorption zur Folge hat. Für beide Ballaststofftypen ist charakteristisch:
- Sie führen eine Erhöhung der Verweilzeit der Nahrung im Magen und des Sättigungsgefühls herbei.
- Sie bewirken eine verzögerte Magenentleerung und Füllung des Darmes.
- Durch ihre Gegenwart wird die Verdauung und Absorption der Nährstoffe über einen längeren Zeitraum verteilt.
- Sie regen die Peristaltik an, verkürzen die Dauer der Dickdarmpassage und wirken dabei einer Verhärtung des Stuhles und einer Verstopfung (Obstipation) entgegen.
- Die Besiedlung des Darminhaltes mit darmfreundlichen Mikroorganismen und das Stuhlvolumen werden erhöht.
- Durch den Abbau von Ballaststoffen, verbunden mit der Bildung von kurzkettigen organischen Säuren (Essig-, Propion-, Butter-, Milchsäure), werden der pH-Wert des Darminhaltes gesenkt und dadurch sog. Fäulniskeime in ihrer Entwicklung gehemmt.

– Die mikrobiell gebildeten kurzkettigen Fettsäuren werden zu einem großen Teil im Dickdarm absorbiert und damit energetisch verwertet.
– Es werden im Darm vorhandene NH_4-Ionen (z. B. aus dem mikrobiellen Abbau von Proteinen) verstärkt in Bakterienproteinen gebunden und damit der Stoffwechsel der Leber entlastet.
– Verschiedene Mineralstoffe, wie z. B. Calcium und Eisen, werden adsorbiert (unerwünscht), aber auch toxische Schwermetalle, wie z. B. Cadmium und Blei, gebunden (erwünscht) und damit ihre Absorption verringert.
– Insbesondere die löslichen Ballaststoffe adsorbieren Cholesterol und vermindern damit seinen Abtransport in das Blut.

Aus Abb.1.1.-7 sind die wichtigsten Funktionen der Ballaststoffe während der Magen-Darm-Passage zu entnehmen.
Neben den polysaccharidähnlichen Ballaststoffen gelangen auch Proteine (Enzyme, Darmepithel, nicht verdautes Nahrungsprotein) in den Dickdarm. Diese

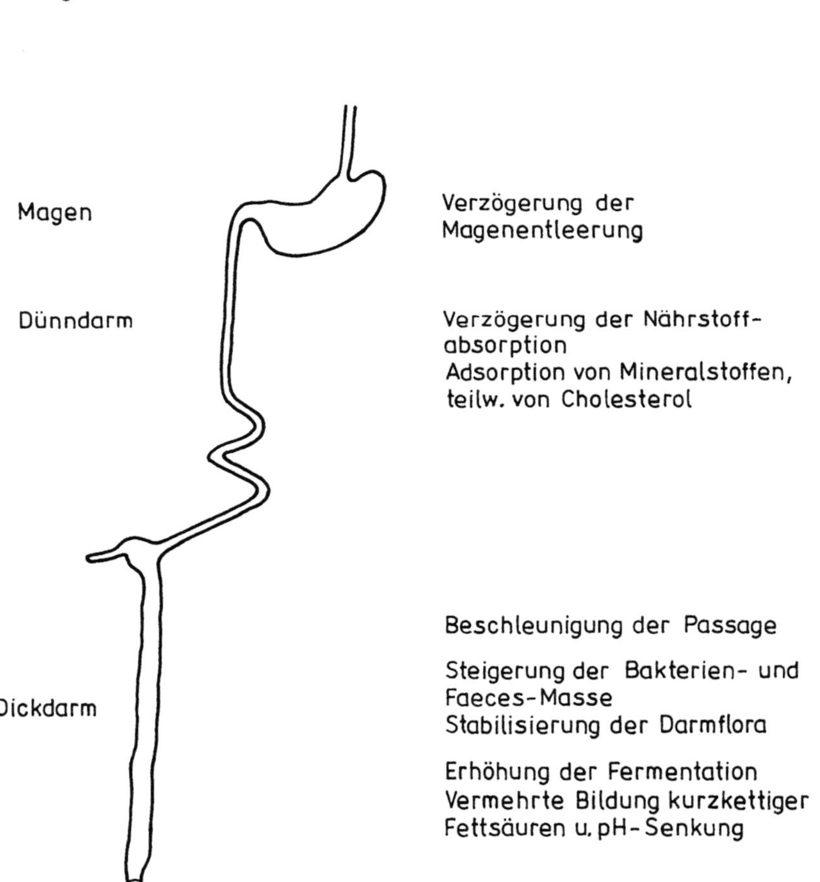

Abb. 1.1.-7 Funktionen der Ballaststoffe während der Magen-Darm-Passage

werden ebenfalls durch die Darmflora teilweise abgebaut. Hierbei entstehen aus Aminosäuren (durch Decarboxylierung und andere katabole Prozesse) biologisch aktive Amine und Polyamine, die absorbierbar sind und eine Reihe von unerwünschten physiologischen Reaktionen auslösen können (vgl. auch Kap. 1.1.11). Hier werden für den Organismus günstige Wechselwirkungen mit den Ballaststoffen und ihren Abbauprodukten gesehen. So soll z. B. die Absorption von biogenen Aminen gebremst werden. Des weiteren wird angenommen, daß die Ballaststoffe selbst oder ihre Abbauprodukte – insbesondere Butyrat – hemmend auf die Entwicklung von Dickdarmkrebs einwirken. Ob biogene Amine oder Polyamine krebsauslösend oder -fördernd sind und welche Rolle dabei die Ballaststoffe spielen, ist noch nicht abgeklärt.

Schließlich werden zu den Ballaststoffen auch einige niedermolekulare, im Dünndarm nicht absorbierbare Verbindungen gerechnet („**potentielle Ballaststoffe**"). Sie werden im Dickdarm ebenfalls mikrobiell umgesetzt. Hierzu gehören vor allem Oligosaccharide verschiedener Pflanzen, von denen die bekanntesten solche der „Raffinose-Familie" in Leguminosen sind. Die mit diesen Gemüsen aufgenommene Menge an derartigen Substanzen ist jedoch nicht erheblich. Sie werden jedoch für die nach Verzehr auftretende Flatulenz (Darmgasbildung), die durch ihren mikrobiellen Abbau entsteht und mitunter zu Beschwerden führt, verantwortlich gemacht. Auch ein Teil der Lactose ist hierzu zu rechnen. Sie erreicht den Dickdarm, sofern sie nicht vollständig in ihre Monomeren gespalten und absorbiert wurde. Diese Lactose wird durch Bakterien-Enzyme abgebaut. Größere Mengen können wegen der ausgeprägten osmotischen Wirkung zu Durchfällen führen. Andere Verbindungen, so z. B. rohe Stärke und verschiedene Zuckeralkohole (Zuckeraustauschstoffe), werden entweder prinzipiell langsamer absorbiert oder sehr verzögert bzw. gar nicht gespalten und gelangen demzufolge ebenfalls in den Dickdarm. Sie werden dort mikrobiell abgebaut und können – zumindest am Anfang einer Verzehrsperiode – als osmotisch aktive Substanzen laxierend wirken.

Bedarf

Da Ballaststoffe keine essentiellen Nährstoffe sind, gibt es hierfür auch keine echten Bedarfsangaben. Jedoch liegen seitens der Ernährungswissenschaft Empfehlungen für eine wünschenswerte Zufuhr vor. Sie bewegen sich für die Industrieländer zwischen 20 und 30 g/Tag, von denen etwa 50 % auf lösliche Ballaststoffe (Pektine, Hemicellulosen) entfallen sollten. In den Entwicklungsländern sind derartige Empfehlungen ohne Bedeutung, da bei überwiegend pflanzlicher Kost Ballaststoffmengen verzehrt werden, die deutlich über diesen Empfehlungen liegen.

Überversorgung

Unter den Bedingungen einer gemischten oder vegetarischen Ernährung ist eine überhöhte Ballaststoffaufnahme, die zu gesundheitlichen Beeinträchtigungen führt, kaum zu erreichen. Vegetarier und die Mehrheit der Bevölkerung der Entwicklungsländer verzehren Ballaststoffmengen, die teilweise ganz erheblich über den Empfehlungen liegen. Etwa darauf zurückzuführende Erkrankungen sind bisher nicht aufgetreten. Es sind lediglich vereinzelt Fälle bekannt geworden, wo nach exzessivem Verzehr z. B. von Kleieprodukten Darmerkrankungen (Verstopfungen, Reizungen, Entzündungen, Blutungen) aufgetreten sind.

Unterversorgung

In den vergangenen Jahrzehnten ist durch drastische Veränderungen der Ernährungsgewohnheiten in den Industriestaaten – Abnahme des Verzehrs von Kohlenhydraten wie Cerealien (Brot, Nährmittel) und Kartoffeln, Zunahme des Konsums von tierischen Produkten wie Milch, Fleisch und Eiern – die Ballaststoffaufnahme deutlich zurückgegangen. Gleichzeitig haben einige Krankheiten zugenommen, die hiermit in einen ursächlichen Zusammenhang gebracht werden. Dies sind in erster Linie krankhafte Veränderungen am Dickdarm durch *Obstipation* (Verstopfung), bedingt durch einen festen, ballaststoff- und wasserarmen Stuhl. Bei anderen Krankheiten, so z. B. Hämorrhoiden, Dickdarmentzündung und Dickdarmkrebs, liegt wohl eher ein multifaktorielles Geschehen über lange Zeiträume vor. Zu geringe Ballaststoffzufuhr stellt jedoch mit Sicherheit einen der einflußnehmenden Faktoren dar.

Eine Erhöhung des Ballaststoffverzehrs im gegenwärtigen Ernährungsregime der Industrieländer ist dringend geboten. Ein Trend in diese Richtung zeichnet sich bereits ab. So bevorzugt ein großer Teil der Verbraucher ballaststoffreichere Brotsorten und Frühstückscerealien. Der Konsum von Obst und Gemüse ist in der Tendenz ansteigend.

1.1.8
Vitamine

Vitamine wirken als Bestandteile von Enzymen, als Redoxverbindungen oder in hormonähnlichen Funktionen. Sie werden nach ihrer Wasser- bzw. Fettlöslichkeit und hinsichtlich ihrer funktionellen Aufgaben unterschieden (Tab. 1.1.-16).

Tab. 1.1.-16 Physiologische Charakterisierung der Vitamine

Vitamin		Chem. Bezeichnung des Wirkstoffs	Speicherung in Organen	Hauptwirkformen
A		Retinol Retinal (Aldehyd)	Leber, Fettgewebe	Sehvorgang
D	D_2 D_3	Ergocalciferol Cholecalciferol	" "	Knochen- wachstum
E		$\alpha, \beta, \gamma, \delta$ -Tocopherol	"	Anti- oxidans
K	K_1 K_2 K_3	α-Phyllochinon β-Phyllochinon Menadion	Leber	Membran- permeabilität
B_1		Thiamin	–	Coenzym
B_2		Riboflavin	Leber	Coenzym
B_6		Pyridoxin, Pyridoxal, Pyridoxamin		Coenzym
B_{12}		Cobalamin	Leber	Coenzym
Folsäure		Folacin	Leber	Coenzym
Niacin		Nicotinsäure, Nicotinsäureamid	–	Coenzym
Pantothensäure		Pantothensäure	–	Coenzym
Biotin		Biotin	–	Coenzym
C		Ascorbinsäure, Dehydroascorbinsäure	Muskulatur	Antioxidans

Sog. **Provitamine** werden im Körper in Vitamine überführt und verbessern damit die Vitaminversorgung (z. B. Carotene in Vitamin A, 7-Dehydrocholesterol in Vitamin D_3).

Im folgenden werden nur die z. Z. biotechnologisch gewonnenen Vitamine A, D, B_2, B_{12} und C besprochen (vgl. Kap. 3.9).

Retinol (Vitamin A)

Retinol ist in seiner oxidierten Form (Retinal, Vitamin A-Aldehyd) Bestandteil der Sehstäbchen und Zäpfchen in der Retina des Auges. Es wirkt weiterhin an der Differenzierung der Epithelzellen insbesondere von Schleimhäuten mit, stimuliert die zelluläre und humorale Immunität und erhöht dadurch die Widerstandskraft gegenüber Infektionskrankheiten. Schließlich ist es an Detoxifikationsreaktionen beteiligt. Viele optimale Wirkungen des Vitamin A sind an eine ausreichende Proteinversorgung gebunden. Das Vitamin wird vom Menschen auch aus Carotenen, insbesondere β-Caroten, synthetisiert. Dabei wird etwa 1/6 der Carotenmenge in Vitamin A umgewandelt.

Calciferole (Vitamin D)

Hierzu zählen eine Reihe von Sterolabkömmlingen, deren wichtigste Vertreter das Ergocalciferol (Vitamin D_2, aus Ergosterol der Hefen) und das Cholecalciferol (Vitamin D_3) sind. Letzteres kann auch vom menschlichen Organismus über die Stufen

Cholesterol → 7-Dehydrocholesterol (Leber) → Ablagerung in der Haut → UV-Licht (Sonne) → Cholecalciferol

gebildet werden. Die mit der Nahrung aufgenommenen und im Dünndarm absorbierten Verbindungen Ergocalciferol und Cholecalciferol werden in Leber und Niere hydroxyliert und damit in die eigentliche Wirkform überführt.

Vitamin D reguliert in Verbindung mit dem Parathormon der Nebenschilddrüse den Calciumspiegel des Serums über die Absorption des Nahrungscalciums im Dünndarm sowie durch Mobilisierung des Calciums aus den Knochen (bei geringem Calciumangebot). Außerdem ist es im wachsenden Organismus für die Mineralisierung des vorgebildeten Knorpels im Knochenwachstum essentiell.

Riboflavin (Vitamin B_2)

Riboflavin wird von Pflanzen und den meisten Mikroorganismen synthetisiert. Es kann bis zu 6 Wochen im Organismus gespeichert werden. Die eigentlichen Wirkformen des Riboflavins im Körper sind das *Flavin-mononucleotid (FMN)* und das *Flavin-adenin-dinucleotid (FAD)*.

Die als Coenzyme wirksamen Flavine dienen zur Wasserstoffübertragung bei zahlreichen Reaktionen. Sie sind z. B. in die mitochondriale Atmungskette eingeschaltet.

Cobalamin (Vitamin B_{12})

Cobalamin wirkt bereits im Nanogrammbereich als Coenzym zahlreicher Enzymsysteme. Seine Biosynthese erfolgt ausschließlich durch Bakterien. Der

Mensch nimmt das Vitamin über tierische Lebensmittel (in die es durch die Darmflora der betreffenden Tiere gelangt), Leguminosen (von den Knöllchenbakterien gebildet) und fermentierte Nahrungsmittel (z. B. Sauerkraut, Bier) auf.

L-Ascorbinsäure (Vitamin C)

L-Ascorbinsäure wird von den meisten Tierarten aus Glucose synthetisiert und ist nur für den Menschen, für Primaten, Meerschweinchen und einige Vogelarten essentiell. Ihre oxidierte Form, die Dehydroascorbinsäure, ist ebenfalls voll vitaminwirksam. L-Ascorbinsäure ist ein starkes Reduktionsmittel.

Ascorbinsäure und Dehydroascorbinsäure wirken bei Hydroxylierungen und Oxidations-Reduktions-Reaktionen. Die wichtigsten Hydroxylierungen betreffen diejenigen von Prolin und Lysin bei der Collagensynthese sowie die von Steroidhormonen (Resistenzerhöhung gegen Infektionen). Ferner ist Vitamin C an zahlreichen Redox-Reaktionen des Körpers aktivierend beteiligt. Bei Infektionen ist der Ascorbinsäurestoffwechsel erhöht.

Überversorgung

Eine Überversorgung durch einzelne Vitamine der Nahrung ist nur in Einzelfällen für die Vitamine A und D bekannt geworden. Da diese vor allem in der Leber und im Fettgewebe gespeichert und nur langsam wieder abgebaut werden, kann es bei sehr hohem Verzehr von bestimmten Fetten und Lebern arktischer Tiere zu Vergiftungen kommen. Sie spielen jedoch in der praktischen Ernährung keine Rolle.

Unterversorgung

Vitaminmangel ist in der Weltbevölkerung noch immer weit verbreitet. Während in den Industrieländern ein Mangel an dem einen oder anderen Vitamin – durch einseitige Ernährung oder auch Alkoholabusus – nur in begrenztem Ausmaß festgestellt wird, sind in Entwicklungsländern hiervon Millionen Menschen, vor allem auch Kinder, betroffen. Vitaminmangel geht hier meist mit generellem Nahrungsmangel, aber auch mit ungünstigen Ernährungsgewohnheiten und Tabus einher. Nach WHO-Erkenntnissen müssen mit höchster Priorität vor allem ein Mangel an Vitamin A, aber auch ein solcher an den Vitaminen D, B_1, B_2 und Niacin bekämpft werden.

Retinol-Mangel äußert sich zuerst als *Nachtblindheit*: Die nicht ausreichende Bildung des Rhodopsins (lichtempfindliches Pigment der Retina) führt zu einem Nachlassen der Sehkraft und kann bis zur Erblindung führen. Es wird geschätzt, daß jährlich weltweit etwa 1 Million Kinder von ernsthaften Sehstörungen durch Vitamin A-Mangel befallen werden und die Hälfte davon erblindet. Es kommt ferner zu schuppigen Verhornungen insbesondere der Schleimhäute, die schließlich zu Infektionen führen. Auf diese Infektionen ist ein hoher Anteil der Kindersterblichkeit in Entwicklungsländern zurückzuführen.

Calciferol-Mangel bewirkt Störungen der Mineralisation der Knochen. Bei Kindern kommt es zum bekannten Erscheinungsbild der Rachitis: In das Knorpelgewebe der Epiphysen der Röhrenknochen wird kein Calcium eingelagert, so daß der Knochen nicht weiterwächst. Ursache hierfür ist meist eine verminderte

Calciumabsorption aus dem Darm. Das entsprechende Krankheitsbild der Erwachsenen, die Osteomalacie, ist gekennzeichnet durch eine allmähliche Demineralisation, also ein Weichwerden der Knochen mit charakteristischen Verformungen. In den Entwicklungsländern der Tropen und Subtropen ist die Sonneneinstrahlung auf die Haut, insbesondere bei Kindern und Frauen der islamischen Bevölkerung, durch religiöse Vorschriften stark eingeschränkt. So weist ein großer Teil der Kinder Nordafrikas Anzeichen von Vitamin D-Mangel auf.

Eine **Riboflavin-Unterversorgung** ist international überall dort anzutreffen, wo Getreide das Hauptnahrungsmittel darstellt und gleichzeitig Milch als gute Riboflavinquelle für Erwachsene mit Lactoseintoleranz nur eingeschränkt in Frage kommt. Riboflavin-Unterversorgung wird daher als der in der Welt am weitesten verbreitete Vitaminmangel angesehen. Es kommt jedoch selten zu lebensbedrohlichen Mangelzuständen. Bisher fehlen jedoch systematische weltweite Erhebungen hierzu. Als klinische Mangelerscheinungen werden *Hautveränderungen* und *Anämien* beschrieben.

Vitamin B$_{12}$- Mangel (das Krankheitsbild ist die perniciöse Anämie) ist fast ausschließlich an das Fehlen des absorptionsvermittelnden sog. Intrinsic-Faktors gebunden und praktisch nur durch parenterale Verabfolgung des Vitamins zu beheben.

Der klassische und seit langem bekannte **Ascorbinsäure-Mangel** äußert sich im Auftreten von *Scorbut*. Diese Erkrankung tritt in ihrer ausgeprägten Form nur noch sehr selten und sporadisch auf. Eine latente Unterversorgung kann jedoch bei künstlich ernährten Säuglingen und bei mangelndem Verzehr von frischem Obst, Gemüse und Kartoffeln auftreten. Auch Alkoholiker und starke Raucher zeigen wegen eines größeren Bedarfes ein erhöhtes Risiko für Vitamin C-Mangel. Klinische Erscheinungen sind Zahnfleischbluten, Haemorrhagien unter der Haut sowie Knochen- und Gelenkveränderungen.

Schlußfolgerungen

In den Industrieländern tritt Vitaminmangel kaum in Erscheinung. Jedoch können Alkoholabusus mit stark reduziertem Nahrungsmittelverzehr oder selbst auferlegte und sehr einseitige Kostformen (z. B. als Reduktionsdiäten) neben einem Nährstoff- auch einen Vitaminmangel hervorrufen. In den Entwicklungsländern sind hierfür andere Gründe zu nennen: Eine Reihe von Grundnahrungsmitteln weist von Natur aus einen nur geringen Vitamingehalt auf. Verschiedene vitaminreiche Produkte (Obst, Gemüse) werden bei einkommensschwachen Gruppen in zu geringer Menge verzehrt. Das hohe Ausmahlen von Getreide und das Weggießen des Kochwassers bei der Zubereitung von Nahrungsmitteln vermindern oft drastisch die Aufnahme vor allem wasserlöslicher Vitamine. So treten vor allem in den Entwicklungsländern neben der besonders verbreiteten Vitamin A- und B$_2$-Unterversorgung auch Mangelerscheinungen an anderen Vitaminen auf. Um diese Situation erfolgreich bekämpfen zu können, gibt es mehrere sich gegenseitig ergänzende Strategien:

Aufklärung und Erziehung sollen auf lange Sicht dazu beitragen, sich richtig und vollwertig zu ernähren. In den Entwicklungsländern müssen die empfohlenen Nahrungsmittel allerdings zur Verfügung stehen und die Kaufkraft der Bevölkerung deren Erwerb zulassen. Eine Erhöhung des Vitamingehaltes der Rohstoffe könnte durch Maßnahmen der **Züchtung** oder **Kultivation** (z. B. des Pflanzenmaterials) herbeigeführt werden. Auch durch **Höherveredelung** pflanzlicher und tierischer Grundstoffe (z. B. durch Fermentation) kann der Gehalt an einzelnen Vitaminen angehoben werden.

Die **Verabreichung von Vitaminpräparaten** empfiehlt sich dort, wo akute Mangelzustände möglichst rasch behoben werden sollen und eine wirksame Vitaminisierung von Nahrungsmitteln nicht möglich ist. Sie zielt sowohl auf eine schnelle Behebung von Vitamin-Mangelzuständen, als auch auf eine langfristige Prophylaxe gegen Vitamin-Mangel, wie sie in manchen Ländern z. B. zur Rachitisvorbeugung bei Säuglingen angewendet wird.

Vitaminisierungen von Nahrungsmitteln sind dort das Mittel der Wahl, wo über wenige Lebensmittel, die von einem wesentlichen Teil der Bevölkerung verzehrt werden, die Aufnahme bestimmter Vitamine verbessert werden soll. In den Industrieländern ist dies zuerst durch Supplementierung von Margarine mit Vitamin A (beginnend in den 20er Jahren in Dänemark), später auch mit Vitamin D und E geschehen. Dies hat zur Beseitigung von endemischem Vitamin A-Mangel beigetragen. Inzwischen ist die Vitaminisierung von Speisemargarine allgemein eingeführt. Für Öle und Fette, Getreide, Zucker, selbst für Natriumglutamat existieren Programme u. a. zur Anreicherung mit Vitamin A, B_1, B_2 und Niacin. Biotechnologisch hergestellte Vitamine könnten auch hier ihren Platz finden.

Auch fermentierte Lebensmittel können bei speziellen Ernährungsregimes, wie z. B. für Rekonvaleszenten oder bei der Bereitstellung einheimischer Erzeugnisse in den Entwicklungsländern, zur Deckung des Bedarfes an Vitaminen, vor allem derjenigen des B-Komplexes, beitragen.

1.1.9
Mineralstoffe

Mineralstoffe sind in vielfältiger Weise in Struktur und Funktion des menschlichen Organismus präsent. Von den sog. **Mengenelementen** (vgl. Tab. 1.1.-17) sind jeweils

Tab. 1.1.-17 Physiologische Funktionen der Mengenelemente

Element	Hauptfunktion
Natrium	Hauptkation der extrazellulären Flüssigkeiten (Blut, Lymphe) und Regulator des osmotischen Druckes und der Wasserbilanz, beeinflußt die Zellpermeabilität sowie die Kohlenhydrat- und Aminosäureabsorption
Kalium	Hauptkation des zellulären Flüssigkeitsraumes; reguliert osmotischen Druck und Flüssigkeitsbilanz; beeinflußt elektrochemische Muskelreizbarkeit
Calcium	Hauptbestandteil der Knochen, Faktor der Blutgerinnung, Aktivierung von Enzymen; beeinflußt Muskelkontraktion einschließlich Herzfunktion
Magnesium	Bestandteil in Knochen sowie der intrazellulären Flüssigkeit, Cofaktor vieler Enzyme; beeinflußt Muskel- und Nervenreizbarkeit
Phosphat	Hauptbestandteil von Knochen; Schlüsselverbindung der Energieübertragung (ATP)
Sulfid, Sulfat	Bestandteil aller Proteine (schwefelhaltige Aminosäuren); aktiviert Enzyme, fördert Entgiftungsreaktionen
Chlorid	Hauptanion der extrazellulären Flüssigkeiten (Blut, Lymphe); Regulator des osmotischen Druckes und der Wasserbilanz, Salzsäureproduktion des Magens

Tab. 1.1.-18
Physiologische Funktionen der Spurenelemente

Element	Hauptfunktionen
Chrom	essentieller Bestandteil des Glucosetoleranzfaktors
Eisen	wird vor allem als zweiwertiges Element absorbiert, die Hauptmenge ist im Hämoglobin gebunden, reguliert Redox-Vorgänge in allen Zellen; beteiligt am Energieumsatz (Cytochrome, Tricarbonsäurecyclus)
Fluor	Herabsetzung der Löslichkeit des Zahnschmelzes, Hemmung der bakteriellen enzymatischen Säurebildung
Jod	Bestandteil der Schilddrüsenhormone, damit Wirkung auf Energieumsatz sowie Protein- und Nucleinsäurestoffwechsel
Cobalt	Bestandteil von Vitamin B_{12} und nur in dieser Form essentiell
Kupfer	Cofaktor zahlreicher Enzyme, vor allem von Redoxenzymen
Mangan	Bestandteil oder Cofaktor verschiedener Enzyme, die beim Proteinabbau, der Gluconeogenese und der Bildung von Mucopolysacchariden mitwirken
Molybdän	essentieller Bestandteil der sogenannten Molybdänenzyme (Flavinenzyme, z. B. Xanthinoxidase)
Nickel	Ribonucleinsäuren enthalten relativ hohe Nickelkonzentrationen (Strukturstabilisierung)
Selen	Bestandteil der Glutathionperoxidase, hemmt Peroxidation ungesättigter Fettsäuren; Synergist von Vitamin E
Silicium	wahrscheinlich zur Strukturstabilität, vor allem in Knochen und Bindegewebe, erforderlich
Zink	spezifischer Bestandteil einer Reihe von Enzymen (Dehydrogenasen, alkalische Phosphatase, Peptidasen, Enolase); beeinflußt Wachstum und Geruchssinn
weitere Spurenelemente	Eine Reihe weiterer Spurenelemente wurde in menschlichen Organen nachgewiesen, da sie mit der Nahrung verzehrt, absorbiert und retiniert werden. Bis jetzt konnten spezifische Stoffwechselleistungen jedoch noch nicht festgestellt werden. Hierzu gehören Arsen, Aluminium, Bor, Lithium, Strontium, Vanadium, Zinn sowie die toxischen Schwermetalle Blei, Cadmium und Quecksilber.

mehr als 35 g im erwachsenen menschlichen Körper enthalten. Die **Spurenelemente** (vgl. Tab. 1.1.-18) sind im Bereich von wenigen Milligramm (z. B. Cobalt) bis zu wenigen Gramm (Eisen) nachzuweisen. Eine Lebensnotwendigkeit ist bisher nur für einen Teil der Spurenelemente festgestellt worden. Alle Mineralstoffe liegen in ionisierter Form im Körper vor. Metallische Ablagerungen sind Anzeichen von Intoxikationen (z. B. Kupfer). Die meisten Mineralstoffe unterliegen im Organismus einer Homoiostase, d. h. ihre Konzentration in den Körperflüssigkeiten wird trotz der Schwankungen bei der Aufnahme über unterschiedliche Regulationen weitgehend konstant gehalten. Die Mengen- und Spurenelemente haben mehrere Funktionen zu erfüllen. Diese sind in den Tab. 1.1.-17 und 1.1.-18 zusammengestellt.

Absorption

Die Mineralstoffe werden generell in anorganischer Form im Dünndarm absorbiert. Ballaststoffe können Mineralstoffe adsorbieren und dadurch deren Verfügbarkeit beeinträchtigen. Dies gilt in noch stärkerem Maße für Phytinsäure, die mit Mineralstoffen schwer lösliche Chelatkomplexe bildet.

Überversorgung

Seitdem **Kochsalz** in zunehmendem Maße nicht nur als Gewürz, sondern auch als bewährtes Konservierungsmittel eingesetzt wird, ist sein Verzehr in allen Industrie- und vielen Entwicklungsländern stark angestiegen. Damit liegt die tägliche Natriumaufnahme, mit derzeit zwischen 4 und 6 g allein aus dem Kochsalz, deutlich über den Aufnahmeempfehlungen der DGE (2 g/Tag). Hinzu kommen noch die mit den Nahrungsmitteln natürlicherweise verzehrten Natriummengen. Bei salzsensitiven Personen wird ein blutdrucksteigernder Effekt während eines hohen Kochsalzangebotes gefunden. Ihr Anteil an der Gesamtbevölkerung ist jedoch nicht bekannt (vgl. Kap. 1.2.3.2). Da Natrium und Kalium nicht in nennenswerten Mengen gespeichert werden, wird die Homoiostase über die Exkretion mit dem Harn geregelt. Hoher Kochsalzverzehr bedeutet daher stets auch eine Belastung der Nierenfunktion. Insgesamt wird eine Reduktion des Kochsalzverzehrs auf 6–8 g pro Tag empfohlen, um möglichen gesundheitlichen Risiken zu begegnen.

Die toxischen Schwermetalle **Blei, Cadmium, Quecksilber** und **Arsen** können sowohl als Aerosole aus der Luft (Blei, Cadmium) als auch mit der Nahrung in angereicherter Form aufgenommen werden. Die dabei auftretenden Vergiftungen führen in schweren Fällen zum Tode. Ballaststoffe sind hier vorteilhafte „Metallfänger".

Unterversorgung

Von einer größere Bevölkerungsteile umfassenden Unterversorgung sind weltweit vor allem Calcium, Eisen und Jod betroffen.

Latenter **Calciummangel** bewirkt ein gestörtes Verhältnis von Knochenabbau zu -aufbau: Es wird mehr Calcium aus den Knochen abtransportiert als erneuert. Dies ist ein Hauptgrund für die Ausbildung einer Osteoporose. In den Industrieländern gilt ein Teil der Bevölkerung als mit Calcium unterversorgt. In den Entwicklungsländern ist dieser Anteil jedoch weit größer. Ursache hierfür ist der geringe Verzehr an calciumreichen Nahrungsmitteln (Milchprodukte) und ein durchschnittlich hoher, die Calciumabsorption beeinträchtigender Phytinverzehr.

Eisenmangel ist der am meisten verbreitete Mineralstoffmangel auf der Welt, da er gleichermaßen in den Industrie- und Entwicklungsländern auftritt. Vor allem betroffen sind die Gruppen mit dem höchsten Eisenbedarf, und zwar Kinder, Jugendliche und menstruierende Frauen. Als Folge des Eisenmangels werden eine gestörte Synthese des Hämoglobins und damit eine verminderte Bildung der Erythrozyten ausgelöst. Bei Kindern kommen Wachstumsstörungen hinzu. Als Therapie hat sich die orale Verabreichung von zweiwertigen Eisensalzen bewährt, deren Absorption durch die gleichzeitige Verabreichung von Ascorbinsäure noch gesteigert werden kann.

1.1.10
Alkohol

Alkohol wird im Körper fast vollständig durch Diffusion absorbiert und schnell und gleichmäßig über den extra- und intrazellulären Körperwasserbestand verteilt. Er kann im Körper nicht gespeichert werden. Der größte Teil wird in der Leber verstoffwechselt und zur Energiegewinnung verbraucht. Auf dem Wege der einfachen

Diffusion werden 5–10 % der aufgenommenen Menge mit dem Harn, der Atemluft und dem Schweiß ausgeschieden.

Der limitierende Schritt des Alkoholabbaus ist seine Oxidation zu Acetaldehyd mittels *Alkoholdehydrogenase* (EC 1.1.1.1). Er begrenzt den Alkoholabbau auf durchschnittlich 100 mg/kg KM x h. Dieser Mittelwert ist jedoch mit großen individuellen Schwankungen (60–200 mg) behaftet. So bauen Frauen den Alkohol durchschnittlich langsamer als Männer ab. Acetaldehyd wird schnell zu Acetat oxidiert und weiter über Acetyl-Coenzym A dem Citratcyclus zur Energiegewinnung zugeführt.

Alkohol ist mit 29,3 kJ (7,0 kcal)/g oder 20,5 kJ (4.9 kcal)/ml ein energiereicher Nährstoff. Alkoholische Getränke können daher einen wesentlichen Teil des Energiebedarfs bestreiten. So liefern 1 l Bier (5 % Alkohol) mit 1100 kJ bereits rund 16 %, 1 l Wein zwischen 35 und 40 % der durchschnittlichen Grundumsatz-Energie.

Regelmäßiger Alkoholgenuß bewirkt als zusätzlicher Energielieferant oft eine Überversorgung mit Energie. Obwohl Alkohol selbst praktisch vollständig im Körper verbrannt wird, trägt er indirekt – durch verstärkte Fettdepotbildung aus Nahrungsfetten – zu Übergewicht und Adipositas bei.

Stoffwechselstörungen, Alkoholmißbrauch

Übermäßiger Alkoholgenuß über längere Zeit führt zu Stoffwechselstörungen und Suchterscheinungen. Die in Tab. 1.1.-19 dargestellte Entwicklung des Alkoholkonsums bis in die 90er Jahre deutet auf eine ständig wachsende, wenn auch nicht genau bekannte Zahl von Alkoholabhängigen und -süchtigen hin..

Da die Leber das zentrale Organ für den Alkoholabbau darstellt, treten vor allem hier nachhaltige Störungen in Struktur (vor allem Fetteinlagerungen) und Funktion (Hemmung von Enzymsystemen des Leberstoffwechsels) auf. Wenn mehr als 50 % aller Leberzellen betroffen sind, spricht man von einer **Fettleber.** Eine **Fibrose** der Leber entsteht schließlich, wenn abgestorbene Leberzellen durch Bindegewebe ersetzt werden. Ein Umbau dieser Bindegewebseinlagerungen hat eine manifeste **Verhärtung (Zirrhose)** der Leber zur Folge.

Da ein erhöhter Alkoholkonsum oft mit einer Fehlernährung lebenswichtiger Nährstoffe (Proteine, Vitamine, Mineralstoffe) einhergeht, kommt es zusätzlich zu einer Verzögerung der Abbaurate des Alkohols. Seine toxische Wirkung nimmt zu. Chronischer Alkoholabusus kann strukturelle Gehirnveränderungen bewirken und über einen Abbau von Hirnsubstanz auch zum Tode führen.

Tab. 1.1.-19 Verbrauch alkoholischer Getränke (in l pro Kopf) in der Bundesrepublik Deutschland (FEUERLEIN, 1989, Statist. Jahrbuch Ernährung, Landwirtschaft und Forsten, 1994)

Getränk	1950	1960	1970	1980	1990	1993
Bier	38,1	95,6	141,1	145,7	142,2	132,3
Wein und Sekt	5,1	16,0	19,5	26,6	26,1	22,5
Branntwein	3,0	5,1	7,9	8,8	7,4	7,2
Reiner Alkohol (umgerechnet)	3,3	7,8	11,4	12,7	11,6	10,7

1.1.11
Antinutritive Verbindungen

In den vergangenen Jahren wurde insbesondere in pflanzlichen Lebensmitteln eine zunehmende Zahl von Substanzen entdeckt und charakterisiert, die als sog. antinutritive Verbindungen oder **Streßfaktoren** zusammengefaßt werden. Diese können die Verdauung der Nährstoffe verzögern, den normalen Ablauf des Stoffwechsels beeinträchtigen bzw. – generell – die Verfügbarkeit von Nährstoffen, vor allem von Proteinen, Vitaminen und Mineralstoffen, herabsetzen. Einige wirken direkt als Zellgifte und sind toxisch. Hinsichtlich ihrer Struktur gehören sie den verschiedensten chemischen Verbindungsklassen an. In Tab. 1.1.-20 sind wichtige, in Lebensmitteln oder deren Rohstoffen auftretende antinutritive Verbindungen hinsichtlich ihrer physiologischen Wirkung zusammengefaßt. Hiervon seien nachfolgend einige besonders hervorgehoben:

Phytinsäure (in den betreffenden pflanzlichen Erzeugnissen meist als Ca-Mg-Salz vorkommend) muß durch geeignete Phosphatasen, die entweder den pflanzlichen Lebensmitteln selbst oder den Mikroorganismen des Darminhaltes entstammen, gespalten werden. Hierdurch werden das Phosphat wie auch das Inositol verwertbar. Ungespaltene Phytinsäure schränkt die Verfügbarkeit von mit der Nahrung zugeführten zwei- und mehrwertigen Kationen, vor allem von Calcium, Magnesium, Eisen und Zink, durch Ausbildung von unlöslichen Verbindungen ein. Rein vegetarische Kost wird deshalb hinsichtlich einer ausreichenden Versorgung mit diesen Mineralien als problematisch beurteilt. Neben diesen antinutritiven Eigenschaften der Phytinsäure sind jedoch auch günstige Effekte beobachtet worden. Die Bildung unlöslicher Verbindungen reduziert z. B. deutlich die Absorption toxischer Schwermetalle (z. B. Blei, Cadmium) bei entsprechender Umweltbelastung. Ferner verringert Phytinsäure die Aktivität stärkespaltender Enzyme, u. a. durch teilweise Bindung des für die Amylaseaktivität essentiellen Calciums, und bewirkt dadurch eine Verlangsamung des postprandialen Glucosespiegels. Eine diätetische Diabetestherapie kann auf diese Weise durch gezielte Phytinsäuregaben unterstützt werden.

Oxalat bindet vor allem Calcium, Eisen und Zink und verhindert damit deren Absorption. Der häufige Verzehr oxalatreicher Gemüse erhöht deshalb den Bedarf an diesen Mineralstoffen.

Nitrat und **Nitrit** werden bei hoher Belastung der Böden mit nitrathaltigen Düngemitteln in pflanzlichen Erzeugnissen angetroffen oder gelangen beim Pökeln von Fleisch in das Lebensmittel. Sie vermögen vor allem im Magen bei Abwesenheit von Antioxidantien (Vitamin C) krebserzeugende Nitrosamine zu bilden (vgl. Kap. 1.2.7 und 3.7). Nach Absorption fördern sie die Bildung von Methämoglobin und können vorübergehend den Sauerstofftransport im Blut behindern. Insbesondere bei Säuglingen und Kindern sollte deshalb der Verzehr von nitrit- und nitrathaltigen Nahrungsmitteln unterbleiben.

Enzyminhibitoren können, z. B. mit Leguminosen in größeren Mengen verzehrt, die Aktivität der entsprechenden Enzyme des Verdauungstraktes und dadurch die Nährstoffabsorption hemmen. Infolge der Hitzelabilität der meisten Enzyminhibitoren verlieren diese bei gegarten Lebensmitteln an Bedeutung.

Gossypol wird bei der Lebensmittelherstellung normalerweise vollständig entfernt (Baumwollsaatöl) und daher nicht verzehrt. Es hemmt einige Enzyme (z. B. die

Tab. 1.1.-20 Physiologische Wirkungen antinutritiver Verbindungen in Lebensmitteln

Verbindung	Vorkommen	Physiologische Wirkung	Wirkung auf die Ernährung
Phytinsäure	Cerealien, Leguminosen	Komplexbildner	reduziert Verfügbarkeit von Mineralstoffen, insbesondere Ca u. Zn
Oxalat	Spinat, Rharbarber, Amaranth	bildet unlösliche Ca-Salze	reduziert Verfügbarkeit von Ca und Fe
Nitrat, Nitrit	Spinat, Möhren, Pökelsalz	Bildung von Nitros-aminen u. Methämoglobin	cancerogen (Darm), behindern O_2-Transport
Enzyminhibitoren	Cerealien, Leguminosen	Hemmung von Enzymen (Amylasen, Proteasen d. Verdauungstraktes)	reduzieren oder verlangsamen Nährstoffabsorption
Thiaminase	fermentierter Fisch	zerstört Thiamin	fördert Thiaminmangel
Gossypol	Baumwollsaat	Enzyminhibitor (LDH), bindet Metalle	toxisch in höheren Kon-zentrationen, fördert Anämien
Gerbstoffe	in der Pflanzenwelt weit verbreitet	binden Proteine, inaktivieren Enzyme	reduzieren Verfügbarkeit von Proteinen u. Eisen
cyanogene Glycoside	bittere Mandeln, Bataten, Maniok, Sorghum-Hirse, Lima-bohnen, Bambusspitzen	Freisetzung von HCN	potentielles Zellgift
Phytohämagglutinine	Hülsenfrüchte, Getreidearten	agglutinieren Erythrocyten, blockieren Mucosazellen	verringern die Nährstoff-absorption
Solanin	Kartoffeln, Tomaten	Cholinesterase—Hemmer, hitzelabil	gastrointestinale u. neurologische Störungen
Raffinose-Verbindungen	Hülsenfrüchte	keine Hydrolyse im Dünndarm	Flatulenz
Avidin	Eiereiweiß	bindet Biotin, hitzelabil	reduziert Verfügbarkeit von Biotin
Progoitrin	Rapssaat	reduziert Jodabsorption u. Thyroxinsynthese	fördert Kropfbildung (Thyroxinmangel)
Chlorogensäure	Kaffee, junger Wein, Artischok-ken, Kartoffeln, Sonnenblumensamen	Bildung von Metallkomplexen	reduziert Verfügbarkeit von Spurenelementen
Aflatoxine	Schimmelpilze (z. B. *Aspergillus flavus*)	chronische toxische Wirkung, vor allem auf die Leber	Leberkrebs
biogene Amine	exotische Leguminosen, fermentierte Lebensmittel, verdorbene Lebensmittel	Migräne, Hypertonie, Hypotonie, psychische Defekte bei aminsensitiven Personen	hohe Konzentrationen über-fordern Aminooxidasen, große individuelle Toleranz

L-Lactatdehydrogenase, EC 1.1.1.27), vermag Schwermetalle (Eisen) zu binden und fördert damit die Ausbildung von Anämien.

Gerbstoffe wirken adstringierend. Sie können, in größeren Mengen verzehrt, die Proteinverdaulichkeit wie auch die Bioverfügbarkeit von Eisen herabsetzen.

Cyanogene Glycoside setzen bei ihrer Hydrolyse Blausäure frei. Dieses Gift blockiert die Zellatmung. Lebensmittel mit cyanogenen Glycosiden dürfen daher nur nach entsprechender Vorbehandlung verzehrt werden (vgl. Kap. 3.7).

Phytohämagglutinine sind hitzelabile Verbindungen (meist Glycoproteide), die rote Blutkörperchen agglutinieren und daher toxisch wirken. Daneben verringern sie die Nährstoffabsorption. Durch das Garen der Lebensmittel werden sie physiologisch unwirksam.

Solanin (ein Alkaloid) ist ein Cholinesterasehemmstoff, der durch Hitze inaktiviert wird und daher in gegarten Lebensmitteln (Kartoffeln) unwirksam ist. Es verursacht gastrointestinale und neurologische Störungen und kann als Gift eingestuft werden.

Raffinose und Verbindungen der sog. „Raffinose-Familie" sind spezielle Oligosaccharide pflanzlichen Ursprungs, die im Dünndarmbereich wegen einer fehlenden α-Galactosidase nicht hydrolysiert, jedoch teilweise im Dickdarm durch die Mikroflora fermentiert werden. Sie sind hauptverantwortlich für die Flatulenz (Blähungen im Darm), da sie im Dickdarm mikrobiell abgebaut und weiter unter Gasbildung verstoffwechselt werden können. Toxische Wirkungen sind nicht bekannt.

Avidin, ein Protein des Eiklars, bindet in nicht erhitztem Zustand Biotin. Dieses Vitamin ist damit für den Menschen nicht verfügbar. Rohe Eier sollten daher nur begrenzt verzehrt werden.

Progoitrin (Senfölglycosid) bildet nach enzymatischer Hydrolyse im Dünndarm das kropffördernde Goitrin (vgl. Kap. 3.7). Es setzt die Jodabsorption herab und senkt die Thyroxinsynthese. Die mit den Kohlarten verzehrten Mengen sind ernährungsphysiologisch unbedeutend.

Chlorogensäure ist ein Hauptvertreter der Hydroxyzimtsäuren. Sie vermag die Verfügbarkeit von Spurenelementen durch Bildung von nicht absorbierbaren Metallkomplexen einzuschränken.

Aflatoxine stellen die bekannteste Gruppe von Mycotoxinen (Pilzgiften) dar, die in den vor allem im Boden vorkommenden Pilzarten *Aspergillus flavus* und *A. parasiticus* gebildet werden. Dagegen wurden sie in verwandten Arten, die zur Fermentation von Lebensmitteln Verwendung finden *(A. oryzae)*, nie gefunden. Angeschimmelte Lebensmittel sollen generell nicht verzehrt werden. Aflatoxine sind hitzestabil, von den verschiedenen Derivaten ist Aflatoxin B$_1$ am meisten toxisch (Leberkrebs).

Biogene Amine nehmen einen Sonderstatus unter den antinutritiven Verbindungen ein. Sie sind einerseits körpereigene Hormone mit entsprechenden Funktionen, z. B. Neurotransmitter bei der Übertragung von Nervenreizen (Adrenalin, Noradrenalin, Histamin), oder wirken bei der Zelldifferenzierung (Spermin, Spermidin). Andererseits kommen sie natürlicherweise in pflanzlichen und tierischen Lebensmitteln vor und werden sowohl durch zahlreiche Mikroorganismen als auch vor allem bei mikrobiellem Befall in Lebensmitteln gebildet. Sie können dadurch in Konzentrationen auftreten, die bei Verzehr derartiger Lebensmittel durch die in Dünndarm und Blut vorhandenen Monoaminooxidasen (EC 1.4.3.4) nicht mehr vollständig abgebaut werden und nach Absorption physiologisch ungünstige bis toxische Reaktionen hervorrufen. Wesentliche Wirkungen von mit der Nahrung zugeführten biogenen Aminen beim Menschen sind u. a. Migräne, Hypertonie (vor allem durch Tyramin) oder Hypotonie (Serotonin, Histidin, Tryptamin). Hierbei ist eine sehr unterschiedliche individuelle Empfindlichkeit auf die Aminzufuhr festzustellen, die vor allem auf eine differenzierte Aktivität der verschiedenen Aminooxidasen zurückgeführt wird.

Da Mikroorganismen am stärksten die Aminbildung in Lebensmitteln beeinflussen, ist bei der Auswahl von Starterkulturen zur Fermentation auch deren potentielle Aminbildung zu berücksichtigen. Insbesondere sollen sie keine Histidin-Decarboxylase (EC 4.1.1.22) zur Histaminbildung enthalten.

1.2
Ernährungsabhängige Erkrankungen

Eine andauernde Über- oder Unterversorgung mit bestimmten Nährstoffen führt zum Auftreten von Krankheiten. Eine genetische und/oder konstitutionelle Prädisposition ist oft Grundlage oder beeinflussender Faktor dieses Geschehens.

Generell kann man unterscheiden zwischen Erkrankungen, die
- durch Fehlernährung verursacht,
- durch Ernährungseinflüsse verschlimmert oder
- durch spezielle Diäten behandelt werden, ohne durch Fehlernährung selbst ausgelöst worden zu sein (Diättherapie).

Zur **ersten Gruppe** gehört das sog. Metabolische Syndrom. Dies ist ein multikausales Krankheitsgeschehen mit sich gegenseitig beeinflussenden Risikofaktoren, welche diese Krankheiten auslösen, verstärken oder auch abschwächen. Zum Metabolischen Syndrom werden folgende Erkrankungen gerechnet:
- *Adipositas* (Fettsucht, Kap. 1.2.1),
- *Diabetes mellitus* Typ 2 (Kap. 1.2.2),
- eine Reihe von Kreislauferkrankungen, zu denen vor allem ein oft mit den vorgenannten Krankheiten gekoppelter *Bluthochdruck* und die *Arteriosklerose* gerechnet werden. Ferner sind hier die nicht genetisch bedingten *Hyperlipidämien* eingeschlossen, die keine eigenständige Krankheit darstellen, als Risikofaktor für die Arteriosklerose jedoch Bedeutung haben.

Weitere wichtige ernährungsbedingte Krankheiten sind u. a.
- *Caries* (Kap. 1.2.4),
- Mangelkrankheiten (z. B. *Unterernährung*, Kap. 1.2.6) sowie Vitamin- und Mineralstoffmangel (Kap. 1.1.8 und 1.1.9)
- durch Alkoholmißbrauch ausgelöste *Leberkrankheiten* (Fettleber, Leberzirrhose, Kap. 1.1.10)

Zur **zweiten Gruppe** sind z. B. alle *Infektionskrankheiten* zu zählen, die – vor allem bei Unterernährung an Energie, Protein, Vitaminen und Mineralstoffen – den Körper und sein geschwächtes Immunsystem stärker belasten als bei normaler Nährstoffzufuhr. Sie werden hier nicht behandelt.

Der **dritten Gruppe** sind Krankheiten zuzurechnen, die z. B. durch genetische Defekte an Enzymsystemen ausgelöst werden. Sie können nur durch eine gezielte Diättherapie behandelt werden (z. B. *Coeliakie, Lactoseintoleranz*, Kap. 1.2.5).

1.2.1
Adipositas

Die Erscheinungsbilder dieser Krankheit sind Übergewicht und Fettansatz. Ursache ist immer eine sich über längere Zeit (Monate bis Jahre) entwickelnde gestörte Energiebilanz. Dies bedeutet, daß von den Betroffenen mehr Energie aufgenommen wird, als für die Aufrechterhaltung des täglichen Energiebedarfs und für zusätzliche Arbeit gebraucht wird. Der Überschuß wird in Form von Fett gespeichert. Von dieser Erkrankung sind in den Industrieländern 5–20 % der erwachsenen Bevölkerung betroffen. Eine wesentliche, in vielen Fällen sogar dominierende Rolle spielen offensichtlich genetische Faktoren. Überlagert werden diese jedoch durch Umwelteinflüsse, wie Kauf- und Eßverhalten, psychisch bedingte Reize (Freude am Essen, Streß, Kummer) und Bewegungsarmut (wachsende Motorisierung, Automatisierung am Arbeitsplatz). Durch immer neue und verlockende Angebote der Lebensmittelindustrie und des Handels, unterstützt von einer wirksamen Werbung, wird der Verbraucher über Gebühr zum Essen und Trinken verführt. Demgegenüber ist in den vergangenen Jahrzehnten die physische Betätigung – insbesondere im Arbeitsleben – deutlich zurückgegangen. Während den Menschen somit eine überhöhte Nahrungs- und Energieaufnahme leicht gemacht wird, ist die Möglichkeit zur Abgabe eines Energieüberschusses erschwert worden.

Fettspeicherung

Proteine werden bei überhöhter Zufuhr im allgemeinen durch gesteigerte Oxidation rasch abgebaut. Ihre Überführung in Körperfett über aktiviertes Acetat ist zwar prinzipiell möglich, jedoch für den Organismus sehr unökonomisch und daher in der Regel auszuschließen.

Überschüssige **Kohlenhydrate** können vom menschlichen Organismus prinzipiell in Fettsäuren und damit in speicherfähige Triglyceride umgewandelt werden (Lipacidogenese). Dieser Weg wird jedoch bei Aufnahme in physiologisch vernünftigen Anteilen (200–400 g/Tag) nur zu etwa 1,5–2 % der angebotenen Menge beschritten. Erst oberhalb einer Kohlenhydratzufuhr von 500 g (ca. 8400 kJ oder 2000 kcal), wie sie normalerweise nur selten vorkommt, steigt dieser Transformationsprozeß bis auf 50 % an. Bei unphysiologisch hohem Kohlenhydratverzehr (oberhalb 750 g $\triangleq$ 12500 kJ oder 3000 kcal) werden noch höhere Anteile als Fett gespeichert. Kohlenhydrate tragen hiernach unter normalen Ernährungsbedingungen nur einen geringen Anteil zur Fettspeicherung und damit zur Entwicklung der Adipositas bei.

Die Fettakkumulation erfolgt vielmehr im wesentlichen direkt aus den – auch energetisch viel günstiger umwandelbaren – **Nahrungsfetten.** Da in den Industrieländern von großen Teilen der Bevölkerung 40–50 % der aufgenommenen Energie in Form von Fett verzehrt werden, dienen bei einem den Energiebedarf übersteigenden Konsum fast ausschließlich diese als *Quelle der Fettspeicherung* im Körper.

Folgen eines überhöhten Fettansatzes

Das zu speichernde Fett wird in Fettzellen abgelagert, die dadurch entweder größer werden (**Hypertrophie**) oder zusätzlich an Zahl zunehmen (**Hyperplasie**). Es besteht ein korrelativer Zusammenhang zwischen der Fettzellgröße und der Höhe des Übergewichtes.

Ein Hauptcharakteristikum des Stoffwechsels der Fettzellen ist ihre **Insulin-Antwort** (insulin response). Sie nimmt ab mit der Größe der Fettzelle, und diese zunehmende Insulinresistenz ist mitverantwortlich für den gestörten Fettzellstoffwechsel.

Adipöse entwickeln generell eine Insulinresistenz, die u. a. ihren Ausdruck findet in
- einer zunächst gesteigerten Insulinproduktion im Pankreas,
- einem sich entwickelnden Diabetes mellitus (Typ 2),
- einer Hyperlipidämie einschließlich Hypercholesterolämie, in vielen Fällen auch in
- einem sich entwickelnden Bluthochdruck.

Säuglinge, die während des ersten Lebensjahres infolge Überernährung einen erhöhten Fettgehalt entwickeln, bauen diesen im Folgejahr wesentlich langsamer wieder ab als Säuglinge mit einem „normalen" Körperfettgehalt. Aus dieser Situation entwickelt sich dann bis zum 14. Lebensjahr in den meisten Fällen ein deutliches Übergewicht. Diese Kinder haben eine ca. 30fach höhere Wahrscheinlichkeit, im Alter adipös zu werden. In den Folgejahren begünstigt eine geringere körperliche Aktivität diese Entwicklung. Mit steigendem Übergewicht nimmt die Mortalitätsrate zu. Bei andauernder deutlicher Verminderung des Körpergewichtes Adipöser in Richtung Normalgewichtsbereich wird die Lebenserwartung wieder erhöht.

Übergewicht und Fettsucht begünstigen die Entstehung einer Reihe weiterer Erkrankungen oder Funktionsstörungen:
- Diabetes mellitus, Typ 2,
- Herz-Kreislauferkrankungen einschließlich Hypertonie,
- Hyperlipidämie,
- Schwangerschaftsrisiko einschließlich eingeschränkter Fertilität,
- erhöhtes Unfall- und Operationsrisiko,
- psychische Veränderungen (z. B. Kontaktarmut, Depressionen),
- niedrigere Lebenserwartung.

Als zusätzlicher Risikofaktor hat sich die erhöhte Akkumulation von Körperfett im Bauchraum (*androide* oder *Stammfettsuchtsform*) erwiesen. Sie ist mit deutlich größeren gesundheitlichen Risiken verbunden als diejenige einer vergleichbaren Fetteinlagerung in die Haut (gynoide Fettsucht).

Prophylaxe und Therapie

Zur Verhinderung einer Fettsucht sind körperliche Bewegung und maßvolle Nahrungsaufnahme die optimalen prophylaktischen Maßnahmen. Wesentliche Stütze einer jeden Adipositas-Therapie ist die diätetische Behandlung. Ein Zuviel an gespeicherter Energie (Fett) muß durch eine **energiereduzierte Kost** abgebaut werden. Dabei überrascht, mit wie vielen unterschiedlichen Diäten dies versucht wird und wie wenig erfolgreich diese Bemühungen insgesamt sind.

Die Hauptgründe für den geringen Dauererfolg der meisten Diättherapien sind:
- Vielfach unzureichende Diagnose,
- Fehlen eines auf die diagnostischen Befunde orientierten Diätplanes,

Tab. 1.2.-1 Charakterisierung der Reduktionsdiäten

Diätform	Erläuterungen, Beispiele
1. Gruppe: bilanzierte Diäten	energiereduzierte, nährstoffbilanzierte Diäten zur langfristigen, allmählichen Gewichtsabnahme
2. Gruppe: Formula-Diäten	vorgefertigte, nährstoffbilanzierte Diäten, auch als hochgradig energiereduzierte Kost (VLCD)
3. Gruppe: Diäten, in denen ein oder mehrere Nährstoffe stark reduziert oder weggelassen sind	hochgradige Reduktion von Proteinen, Kohlenhydraten oder Fetten
4. Gruppe: Diäten, die eine oder mehrere Komponenten in großer Menge enthalten	ballaststoffreiche Diäten, die dadurch energiereduziert sind
5. Gruppe: „Wunderdiäten"	"Hollywood Diät" (Schnelle anfängliche Gewichtsabnahme ohne Dauererfolg)

– unzureichendes „Durchstehvermögen" der Patienten,
– ständig wechselndes, reichhaltiges Angebot an Diätformen, wobei rasch einsetzende und dauerhafte Erfolge versprochen und – nach kurzfristigen Anfangserfolgen
– nicht gehalten werden.

Die zahlreichen Diäten zur Reduzierung des Körpergewichtes kann man gemäß Tab. 1.2.-1 klassifizieren.

Die **erste Gruppe** von Diäten beinhaltet Kostformen, die wenig von den hergebrachten Ernährungsgewohnheiten abweichen. Hier werden die *Energiezufuhr generell reduziert*, Alkohol weitgehend weggelassen und die essentiellen Nährstoffe (Vitamine, Mineralstoffe, essentielle Fettsäuren, Proteine) in bedarfsdeckender Menge angeboten. Nahrungsfett wird stark reduziert. Hierfür bieten sich vor allem energiereduzierte Lebensmittel, die einen verminderten Fettgehalt aufweisen, als Bestandteile der Diät an. Mit ihrem Einsatz über einen monatelangen Zeitraum soll eine langsame, aber stetige und dauerhafte Körpergewichtsreduktion erreicht werden. Adaptive Stoffwechselprozesse bewirken jedoch, daß das Gewicht nicht linear, sondern mit der Zeit immer langsamer abnimmt.

Der Vorteil dieser Diät liegt darin, daß nur wenige Eßgewohnheiten geändert werden müssen. Aus ernährungswissenschaftlicher Sicht bietet sie – in Verbindung mit gesteigerter körperlicher Tätigkeit – die größte Aussicht auf einen Langzeiterfolg.

Zur **zweiten Gruppe** gehören nährstoffbilanzierte, energiearme Diäten, um vor allem bei hochgradiger Adipositas eine rasche Gewichtsabnahme zu erreichen. Hierzu zählen auch die sog. *„very low caloric diets"* (VLCD). Dies sind sehr energiearme Diätformen mit einem Tagesenergiewert von 1500–3200 kJ (350–750 kcal). Ein Nachteil besteht in der großen Uniformität dieser Nahrung über einen längeren Zeitraum, weshalb die Akzeptanz nicht sehr groß ist.

Eine Sonderform stellt die sog. *Trennkost* dar, bei der die Hauptnährstoffe zu den Mahlzeiten weitgehend getrennt angeboten werden. Eine spezielle Wirkung dieser Verzehrsform ist kaum nachzuweisen.

Die **dritte Gruppe** ist dadurch gekennzeichnet, daß bestimmte Nährstoffe im Angebot ganz weggelassen oder stark reduziert werden. Die meisten dieser Diäten sind

– weil nicht richtig nährstoffbilanziert – generell unseriös, aber sie zeigen oft schnelle Anfangserfolge. *Proteinreduzierte Diäten* sind besonders problematisch, da die Proteinreserven des Menschen gering sind und bei längerer Anwendung gesundheitliche Schädigungen auftreten können. Sehr gebräuchlich und variantenreich sind Kostformen, in denen die *Kohlenhydrate* entweder ganz fortgelassen oder *stark eingeschränkt* werden. Derartige Diäten enthalten vielfach 70 % der Gesamt-Energie (und mehr) als Fett. Sie bewirken eine verstärkte Ausscheidung von Natrium und damit eine drastische Diurese (Wasserverlust) bei nur geringfügigem Abbau der Fettreserven; es werden verstärkt Ketonkörper gebildet und ausgeschieden. In den ersten Tagen wird demzufolge ein starker Gewichtsverlust registriert, der jedoch alsbald stagniert.

Fettarme Reduktionsdiäten – mit 20–25 % der Energie als Fett und weniger als 8000 kJ (1800 kcal)/Tag – stellen eine echte, aber noch nicht generell akzeptierte Alternative zur kohlenhydratarmen Diät dar. Ihre sensorische Akzeptanz wird allerdings bei Vorhandensein von wenig Fett (< 20 % der Gesamtenergie als Fett) als langfristige Diät problematisch. So müssen z. B. Eßgewohnheiten verändert werden. Angesichts der Befunde, wonach Kohlenhydrate nicht oder nur begrenzt in Fette umgewandelt werden, erscheint eine solche Kostform am ehesten geeignet, eine langfristige Gewichtsabnahme herbeizuführen, bei der das verminderte Körpergewicht auch gehalten werden kann.

Zur **vierten Gruppe** der Reduktionsdiäten zählen in erster Linie die *ballaststofffreichen Kostformen*. Da Ballaststoffe nur zum Teil über die Darmflora verwertet werden, wird der Energiegehalt der Nahrung durch sie verdünnt. Gleichzeitig werden das Sättigungsgefühl erhöht und die gesamte Energieaufnahme gesenkt.

Als **letzte Gruppe** der Diätformen bleiben noch die sog. Wunderdiäten (*„magic diets"*). Ihre Verkünder versprechen eine schnelle und bleibende Gewichtsabnahme durch Einschmelzen bzw. Verbrennen des überschüssigen Körperfettes und locken mit phantasievollen Namen wie z. B. Hollywood-Diät, Lebensdiät, Lebensmittel mit sog. negativen Kalorien u. a. m.. Die meisten dieser Kostformen entbehren jeder wissenschaftlichen Grundlage. Sie können am ehesten eine anfängliche Gewichtsabnahme infolge Wasserverlust herbeiführen. Generell muß jedoch bei Langzeitanwendung vor nicht vorhersehbaren Schäden für die Gesundheit gewarnt werden.

Zusammenfassende Bewertung

Nach bisherigen Erkenntnissen lassen sich die verschiedenen Therapieformen wie folgt einschätzen:
- Bei hochgradiger Adipositas ist eine anfangs rasche Gewichtsabnahme mittels einer VLCD-Diät angezeigt. Diese sollte sodann von einer fettarmen, energiereduzierten, nährstoffbilanzierten Reduktionskost, welche knapp den Grundumsatz deckt, abgelöst werden.
- Bei nur mäßiger Adipositas ist eine hinsichtlich der essentiellen Nährstoffe bilanzierte fettreduzierte Reduktionskost allen anderen Kostformen vorzuziehen.
- Sportliche Tätigkeit (insbesondere Laufen, Schwimmen, Radfahren, auch Heimtrainer) sowie Freizeitarbeit unterstützten jede der o. a. diätetischen Maßnahmen.

Als allgemeine Erfahrung gilt, daß mit der Normalisierung des Körpergewichtes viele krankhaft veränderte Parameter (z. B. Bluthochdruck, gestörte Glucosetoleranz, überhöhte Blutfettwerte) wieder in den Normalbereich zurückkehren oder sich diesen annähern.

1.2.2
Diabetes mellitus

Die Zuckerkrankheit (*Diabetes mellitus*) beruht auf einer Störung des Kohlenhydrat-, speziell des Glucosestoffwechsels. Ursache hierfür ist eine unzureichende Wirkung des Pankreashormons Insulin, des zentralen Regulators der Glucoseverwertung. Grundsätzlich ist zwischen dem streng insulinpflichtigen Diabetes Typ 1 und dem insulinunabhängigen Typ 2 zu unterscheiden.

Typ 1 tritt vor allem bei Kindern und Jugendlichen auf und zeigt eine nur geringe Beeinflussung durch Umweltfaktoren (Ernährung, Lebensstandard).

Typ 2 ist in höherem Maße als Typ 1 vererbbar, erweist sich aber zugleich als typische Zivilisationskrankheit. Er ist eng mit Übergewicht und Adipositas korreliert. Das in Abb. 1.2-1 gezeigte Schema vermittelt die Entwicklung des Diabetes Typ 2: Durch eine zumindest zeitweilige Überernährung wird eine *Vergrößerung der Fettzellen* und wahrscheinlich auch *ihrer Anzahl* induziert. Dies bewirkt einen höheren Bedarf an Insulinrezeptoren an den Fettzellen, was wiederum eine vermehrte Insulinausschüttung zur Folge hat und schließlich die Insulinproduktion des Pankreas überfordert. Es kommt zu einer sog. Down-Regulation der Insulinrezeptoren auch in der Leber, die Ansprechbarkeit der Rezeptoren auf Glucose ist vermindert. Dies führt – in Verbindung mit einem relativen Insulinmangel – zur Insulinresistenz. Nunmehr müssen erhöhte Insulinmengen aufgewendet werden, um den Blutglucosespiegel nach Kohlenhydratzufuhr wieder zu senken. Diese und andere sich anschließende sog. Postrezeptorendefekte bewirken dann die bekannte Hyper-

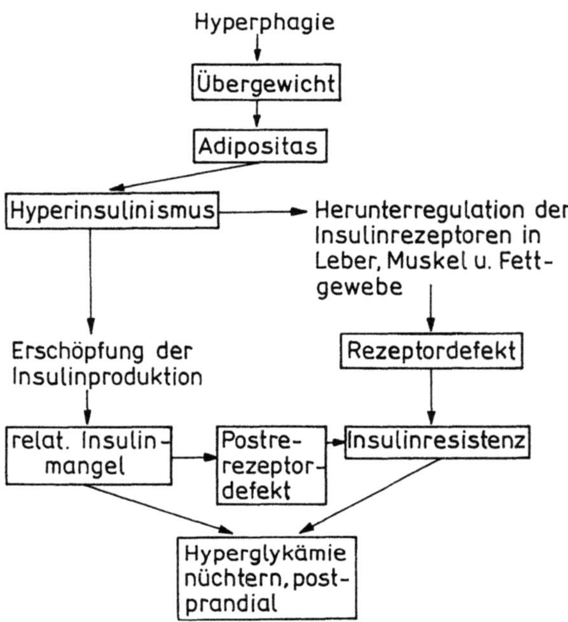

Abb. 1.2.-1 Ablauf der Entwicklung eines Diabetes Typ 2

glycämie. Schließlich stellt sich in vielen Fällen ein neues Gleichgewicht des Glucose-stoffwechsels mit Hyperglycämie und Glucosurie (Ausscheidung mit dem Harn) ein.

Altersdiabetiker (Typ 2) leiden mit zunehmendem Alter in höherem Maße an Arteriosklerose als Nichtdiabetiker. Dieser Befund ist außerdem sehr häufig mit Bluthochdruck und Hyperlipidämie (Triglyceride, Cholesterol) verbunden und erklärt damit auch das gesteigerte Auftreten von Coronarerkrankungen. Retino-pathien (Veränderungen der Netzhaut des Auges) entstehen insbesondere bei lang-andauerndem Diabetes aufgrund einer Verschlechterung der Sauerstoffversorgung des Auges, was bei einem Teil der Betroffenen bis zur Erblindung führt.

Die Diabeteshäufigkeit liegt z. Z. in den Industrieländern zwischen 2 und 5 %, in den Entwicklungsländern darunter. In den Industrieländern fällt die deutliche Zunahme seit den 50er und 60er Jahren auf, was fast ausschließlich zu Lasten des Diabetes Typ 2 geht.

Prophylaxe und Therapie

Ein wesentlicher Faktor der Diabetesprophylaxe bei übergewichtigen Personen (über 40 Jahre) ist eine energiereduzierte Diät. Ferner wirkt eine vermehrte *physische Aktivität* (Sport, Gartenarbeit usw.) der Diabetesentwicklung entgegen.

Zur Therapie des entwickelten Diabetes Typ 2 werden zwei wesentliche Strategien verfolgt:
1. Normalisierung der Hyperglycämie mit Diät- und medikamentöser Therapie (kurzfristig) und
2. Beseitigung der Adipositas als Hauptursache (langfristig).

Die Diabetikerkost muß daher bilanziert sein hinsichtlich
- der generellen Energiezufuhr, insbesondere für den übergewichtigen Diabetiker,
- der Kohlenhydratzufuhr unter Beachtung des Austausches einzelner Kohlen-hydrate und
- des Verzehrs von Ballaststoffen.

Dabei sollten die Hauptnährstoffe in der Diät wie folgt vertreten sein:
> 50 % der Energie in Form von Kohlenhydraten mit einem nur sehr geringen Anteil an niedermolekularen Zuckern (Saccharose, Glucose) und einem möglichst hohen Anteil an Ballaststoffen;
< 35 % der Energie in Form von Fetten,
< 15 % der Energie in Form von Eiweiß.

Hauptenergiequelle sind also *polymere Kohlenhydrate* (insbesondere Stärke). Diese werden vom Diabetiker im allgemeinen toleriert, da Glucose aus ihnen langsamer frei-gesetzt wird als aus Zucker. Hierdurch steigt der Blutglucosespiegel langsamer als nach entsprechendem Zuckerverzehr an, die Insulinbildung wird weniger gefordert. Der Insulinbedarf ist dadurch herabgesetzt. Für das Süßen stehen eine Reihe von *Zuckeraustauschstoffen* zur Verfügung (vgl. Kap. 3.5.3.2), deren Verzehr in mittleren Mengen (i. allg. bis 30 g) und über den Tag verteilt den Blutzuckergehalt nicht oder nur unwesentlich erhöht. Des weiteren werden hierfür *Süßstoffe* verwendet, die praktisch frei von Energie und ohne Einfluß auf den Insulinbedarf sind.

Ballaststoffe vermögen durch verzögerte Magenentleerung die Absorption von Glucose aus Zucker- und Stärkeprodukten zu verlangsamen. Darüber hinaus können vor allem *lösliche Ballaststoffe* durch adsorptive Vorgänge im Dünndarm die Glucosespaltung verzögern.

Schließlich ist der bevorzugte Verzehr von solchen Fetten anzustreben, die einen hohen Anteil an mehrfach ungesättigten Fettsäuren enthalten (Pflanzenöle). Der Verbrauch sehr fett- und cholesterolreicher Nahrungsmittel (Eier, fettreiche Wurst- und Käsesorten) ist dagegen generell einzuschränken, um einer erhöhten Cholesterolämie entgegenzuwirken.

1.2.3
Herz-Kreislauf-Erkrankungen

In den Industrieländern gehören Herz-Kreislauf-Erkrankungen zu den am meisten verbreiteten Krankheiten. Hierzu zählen vor allem Arteriosklerose und Hypertonie (Bluthochdruck). Wesentliche Risikofaktoren für die Arteriosklerose sind die ernährungsabhängigen Hyperlipidämien (Stoffwechselstörungen der Blutlipide). Sie können durch eine generelle Überernährung insbesondere an Fetten gefördert, aber auch durch gezielte diätetische Maßnahmen in ihrer Entwicklung gehemmt werden.

1.2.3.1
Arteriosklerose

Arteriosklerose ist eine Sammelbezeichnung für krankhafte morphologische und biochemische Veränderungen an den Arterienwänden. Durch Einlagerungen von Lipiden einschließlich Cholesterol in sog. Plaques kommt es zu einem Elastizitätsschwund, in vielen Fällen auch zu einer Verhärtung der Arterien. In erster Linie sind die Wände der großen Arterien in Brust- und Bauchraum und in den Extremitäten betroffen. Die Folge davon sind Gefäßverengungen und damit Erhöhungen des Blutdruckes.

Adipositas und Diabetes, bereits besprochene Krankheiten des metabolischen Syndroms, tragen über eine generelle Kreislaufbelastung zur Entwicklung einer Arteriosklerose bei. Weitere Risikofaktoren (Hypercholesterolämie, Hypertonie, Hyperlipidämie, Bewegungsarmut) erhöhen das Manifestwerden der Arteriosklerose und die Schwere ihrer Ausbildung. Arteriosklerotische Veränderungen werden durch mehrere auf die Arterienwand einwirkende Faktoren ausgelöst (Tab 1.2.-2).

Neben der zunehmenden Entwicklung einer Arteriosklerose gibt es auch rückläufige Prozesse. Wichtiger Faktor ist der Cholesterol-Abtransport aus der Peripherie des

Tab. 1.2.-2 Faktoren, die durch Schädigung der Intima eine arteriosklerotische Veränderung auslösen können

Faktor	Wirkung auf die Gefäßwand
arterielle Hypertonie	Wandverdickung, Intima-Läsion
Lipide, Lipoproteine	Einlagerung in Intima
Entzündungsfaktoren, z. B. Oxidationsprodukte des Cholesterols	Schädigung der Intima
Cholesterolkristalle	Einlagerung in Intima

Organismus (Intima) zur Leber und seine dortige Verstoffwechselung durch spezifische Lipoproteine.

Prophylaxe und Therapie

Kernpunkt der Arteriosklerose-Prophylaxe ist die Vermeidung oder zumindest Reduktion der auf die Krankheit einwirkenden Risikofaktoren. Hierzu zählen in erster Linie die diätetisch zu beeinflussenden Faktoren wie Hyperlipidämie und Übergewicht, aber auch Zigarettenrauchen und körperliche Inaktivität.

Die diätetischen Maßnahmen zielen auf eine energieverminderte Kost ganz allgemein (Gewichtsreduktion), insbesondere aber auf eine *fettarme Kost* (25–30 % des Energieanteils) ab. Diese soll jedoch zugleich relativ *reich an ungesättigten Fettsäuren* sein, um überhöhte Werte an Blutlipiden, vor allem an Cholesterol, in Richtung der Normalwerte (200 mg Cholesterol/100ml) abzusenken.

1.2.3.2
Hypertonie

Hypertonie (Bluthochdruck) ist eine behandlungswürdige Erkrankung, wenn die Werte des mittleren systolischen Blutdruckes 140 mm Hg bzw. diejenigen des mittleren diastolischen Blutdruckes 95 mm Hg überschreiten. Besondere Bedeutung wird hierbei dem diastolischen Wert beigemessen, da seine Erhöhung den Kreislauf stärker belastet und das Auftreten von Herz-Kreislauf-Erkrankungen befördert.

Die Hypertonie wird in ihrer Entwicklung durch eine Reihe von Risikofaktoren begünstigt. Es sind dies:
- Übergewicht (60 % der Hypertoniker),
- Alkohol (soll für 5–10 % der primären Hypertonien verantwortlich sein),
- Hypercholesterolämie,
- Rauchen,
- zu hoher Kochsalzverbrauch (zumindest bei NaCl-sensitiven Personen).

Erhöhte Blutdruckwerte setzen die Lebenserwartung herab. Diese Wirkung ist umso deutlicher ausgeprägt, je jünger die Patienten sind (Tab 1.2.-3).

Therapie

Im Vordergrund einer schnellen und dauerhaften Behandlung des Bluthochdruckes steht die *medikamentöse Therapie*.

Tab. 1.2.-3 Verkürzung der Lebenserwartung durch erhöhten Blutdruck (Deutsche Liga, 1992)

Alter	Blutdruck	Lebenserwartung	
		Männer	Frauen
Jahre	(mm Hg)	(Jahre)	
45	120/80	32	37
	130/90	29	35,5
	140/95	26	32
	150/100	20,5	28,5
55	120/80	23,5	27,5
	130/90	22,5	27
	140/95	19,5	24,5
	150/100	17,5	23,5

Zu ihrer wirksamen Unterstützung sollten jedoch auch folgende diätetischen Maßnahmen einbezogen werden:
- Abbau eines bestehenden Übergewichtes durch energiereduzierte Kost;
- Beschränkung der Kochsalzaufnahme auf 6–8 g/Tag;
- Begrenzung des Alkoholkonsums auf maximal 40 g (Frauen 20 g);
- bei Diabetes und/oder Hyperlipidämie Einhaltung der betreffenden Diätempfehlungen.

1.2.3.3
Hyperlipidämien

Bei den Hyperlipidämien (HLP) – auch als **Lipoproteinämien** bezeichnet – handelt es sich um Stoffwechselstörungen, von denen in den Industrieländern z. Z. zwischen 10 und 20 % der Bevölkerung betroffen sind. Die Erkrankung ist dadurch charakterisiert, daß – bedingt durch genetische Veranlagung und/oder Fehlernährung oder durch andere Krankheiten ausgelöst – eine deutliche Erhöhung der Triglyceride und/oder des Cholesterols im Blutserum erfolgt. Durch diese Störung werden mehrere funktionelle und morphologische Organschädigungen hervorgerufen oder gefördert, so z. B. die Arteriosklerose. Auch das Infarktrisiko ist erhöht.

Therapie

Die Therapie der Hyperlipidämien beinhaltet folgende Maßnahmen:
1. Ausschaltung bzw. Dämpfung der assoziierten Risikofaktoren Übergewicht, Bluthochdruck und Rauchen;
2. Erkennung und Korrektur von möglichen Ursachen der Erhöhung der Blutlipide (Krankheiten, Medikamente);
3. Diät, die eine Senkung der Blutlipide befördert;
4. Erhöhung der physischen Aktivität.

Ein Schwerpunkt der Therapie bleibt eine **geeignete Diätführung**. Hinsichtlich ihrer Qualität soll sie ähnlich einer Diabetesdiät zusammengestellt sein (Tab. 1.2.-4): Der Fettverzehr muß reduziert, d. h. auf etwa 30 % der Energiezufuhr gesenkt werden. Der Anteil an *mehrfach ungesättigten Fettsäuren* soll hoch sein, was z. B. durch einen bevorzugten Verzehr von Delikateßmargarine, pflanzlichen Ölen und Fisch erreicht werden kann. Eine derartige Diätumstellung ermöglicht auch die recht geringe

Tab. 1.2.-4 Empfohlene Diätzusammensetzung bei Hyperlipidämien	Nahrungsbestandteile	Menge/Tag
	Kohlenhydrate	50–60 % des Energiegehaltes
	Proteine	10–20 % " "
	Fette	< 30 % " "
	gesättigte Fettsäuren	< 10 % " "
	mehrfach ungesättigte Fettsäuren	10 % " "
	Ballaststoffe	30–35 g
	Alkohol	< 10 g
	Cholesterol	< 300 mg
	Kochsalz	< 8 g

Aufnahme von weniger als 300 mg Cholesterol/Tag, wodurch die alimentäre Cholesterolbelastung gering gehalten wird. Ein möglichst hoher Ballaststoffgehalt dient der Erhöhung des Sättigungsgefühls sowie einer Verringerung der Cholesterolabsorption.

1.2.4
Caries

Caries ist keine Stoffwechselkrankheit des Menschen, wie in früheren Jahren angenommen wurde. Sie wird ausschließlich durch bakterielle Einwirkungen auf die Oberfläche der Zähne ausgelöst. Voraussetzung für die Entstehung von Caries ist die Ausbildung einer die Zähne oder Zahnareale über längere Zeit bedeckenden Schleimschicht (Zahnplaque). Diese ermöglicht eine Besiedlung der Zähne mit Bakterien (insbesondere mit Lactobazillen und Streptokokken) über einen längeren Zeitraum. Kohlenhydrate müssen als Nährsubstrat in die Schleimschicht eingelagert sein. Sie werden entweder direkt (Mono- und Disaccharide) oder nach vorhergehender enzymatischer Hydrolyse durch die Bakterien in Essig-, Propion-, Butter- oder Milchsäure umgewandelt. Diese setzen den pH-Wert an den Zähnen herab. Bereits eine Unterschreitung desselben auf unter 5,7 (kritischer Wert) bewirkt eine allmähliche, auch punktuell einsetzende Demineralisierung des Zahnschmelzes (Dentin) durch Herauslösen von Calcium. In den entstehenden „Löchern" setzen die Bakterien ihre Tätigkeit durch allmähliches Zersetzen der organischen Grundsubstanz fort. Geeignete Substrate (vor allem Saccharose) können von den Bakterien durch Transglycosidierung zu Polysacchariden (Glucan, Cariogenan) umgeformt werden, und sie dienen dann als Reservesubstanzen der Mundflora.

In der Regel werden die freigesetzten Säuren durch den schwach alkalischen Speichelfluß bereits im Mund neutralisiert, so daß sie nicht minerallösend wirksam werden können. Nur dort, wo der Speichel nicht unmittelbar die Zähne erreicht (z. B. an den Plaques), unterbleibt diese Neutralisation. Dem Speichel kommt noch eine zweite Funktion zu: Er enthält Phosphat und Fluorid und bewirkt damit eine Remineralisierung der Zähne. Insbesondere das Fluorid trägt zur Härtung des Dentins bei. Eine Caries kann sich im allgemeinen nur dort entwickeln, wo die Entmineralisierung nicht durch eine Remineralisierung kompensiert wird.

Lange Zeit ist Saccharose als das entscheidende cariogene Lebensmittel angesehen worden. Inzwischen hat sich aber gezeigt, daß die Cariesbildung nicht allein von der Saccharosekonzentration im Mund abhängig ist. So üben bereits Konzentrationen von 1 % aufgrund der Säurebildung die gleiche cariogene Wirkung aus wie 5%ige und konzentriertere Lösungen. Da geringe Glucosemengen aber auch während des Kauvorganges aus Stärke (von Back- und Teigwaren) entstehen, müssen Brot und andere stärkehaltige Lebensmittel – vor allem nach Enzym- und Hitzeaufschluß der Stärke – ebenfalls als cariogen angesehen werden. Nach wie vor dürfte aber Saccharose der am meisten zu beachtende cariogene Faktor sein.

Als entscheidend für die cariogene Wirkung haben sich weniger die Art des verzehrten Kohlenhydrates als vielmehr seine *Verweildauer* im Mund herausgestellt. Zuckerhaltige Getränke (Fruchtsäfte, Limonaden) sind deshalb weniger cariogen, während hochviskose Lebensmittel (Honig, Sirupe, Marmeladen, sehr frische Backwaren) relativ lange im Mund anwesend sind und daher gut verwertbare

Nährsubstrate für die Mikroflora darstellen. Ein häufiger Verzehr derartiger Produkte (mehrmals am Tage) erhöht deren cariogene Wirkung.

In den vergangenen Jahrhunderten hat die Caries immer mehr zugenommen, bis sie in den industrialisierten Ländern in diesem Jahrhundert bei weit über 90 % aller Erwachsenen nachgewiesen wurde. Ursache waren vor allem die sich ändernden Ernährungsgewohnheiten (mehr und vor allem häufiger Verzehr von süßen Speisen und anderen länger im Mund verweilenden, kohlenhydrathaltigen Lebensmitteln) sowie nicht ausreichende Kenntnisse über die Entstehung der Caries und ihrer Ursachen.

Prophylaxe

Caries ist heute eine weitgehend vermeidbare Erkrankung der Zähne. Dabei kommt einer gezielten und wirksamen Prophylaxe (regelmäßige Reinigung der Zähne) die größte Bedeutung zu. Auch intensives Kauen der Nahrung fördert die mechanische Selbstreinigung der Zähne sowie einen verstärkten Speichelfluß, was ebenfalls sehr günstig für die Zahngesundheit ist (Abpufferung der vorhandenen Säuren und Remineralisierung des Dentins). Einer cariesfördernden Säurebildung wird auch durch Vermeidung von Zwischenmahlzeiten entgegengewirkt, die vor allem aus saccharosehaltigen Lebensmitteln und anderen durch die Mundflora fermentierbaren Kohlenhydraten besteht.

Nach dem gegenwärtigen Stand des Wissens kann eine potentielle Cariogenität kohlenhydrathaltiger Lebensmittel zusammengestellt werden. In abnehmender Aktivität geordnet sind dies: klebrige Bonbons, Marmelade, Trockenfrüchte, Bananen, frische Backwaren, Süßspeisen, Feinbrote, zuckerhaltige Getränke, Frischobst, Vollkornbrot.

Weitere Nahrungsbestandteile (Proteine, Fette, Ballaststoffe, antibiotisch wirkende Verbindungen) können sich hemmend auf die Cariesentstehung auswirken. Durch Verwendung **nicht cariogener Süßungsmittel** (vgl. Kap. 3.5.3) kann die Säurebildung mehr oder weniger unterbunden werden.

1.2.5
Spezielle Darmerkrankungen

Von den verschiedenen Krankheiten des Dünndarms, die diätetisch zu behandeln sind, werden im folgenden die Coeliakie und Lactoseintoleranz besprochen.

1.2.5.1
Coeliakie

Die Coeliakie (Synonyme: „Einheimische oder **nicht tropische Sprue**") wird durch eine toxische Wirkung von Weizengluten (ca. 90 % des Weizenproteins) auf die Darmmucosa verursacht. Gluten besteht seinerseits aus den beiden Hauptkomponenten Glutenin und **Gliadin**, wobei letzteres als krankheitsauslösendes Agens erkannt wurde. Gliadin ist wiederum in ca. 40 unterschiedliche Proteine zu unterteilen, die aufgrund ihrer Wanderungsgeschwindigkeit im elektrischen Feld in 4 Gruppen eingeteilt werden. Sämtliche Gliadinuntereinheiten zeigen diese toxischen

Eigenschaften. Die Proteine des Roggens, der Gerste und des Hafers lösen – wenn auch meist in abgeschwächter Form – ebenfalls das Krankheitsbild der Coeliakie aus, nicht hingegen diejenigen von Mais und Reis. Die Glutenunverträglichkeit äußert sich fast immer in Diarrhoen, allgemeiner Mattigkeit und Gewichtsverlust, oft begleitet von weiteren unspezifischen Merkmalen (Flatulenz, Anorexie, Übelkeit, Erbrechen, Oberbauchschmerzen u. a. m.). Die Krankheit tritt in der Mehrzahl der Fälle im ersten Lebensjahr auf, doch sind Erstmanifestationen auch im mittleren und höheren Alter möglich. Die Erkrankungshäufigkeit wird mit weniger als 0,1 % der Geburten angegeben. Nachgewiesen ist eine gewisse genetische Veranlagung.

Die Dünndarmbiopsie – die einzige sichere Diagnosemethode – zeigt eine funktionell und morphologisch geschädigte Dünndarmschleimhaut. Diese Beeinträchtigung hat eine Reduktion der membrangebundenen Enzyme der Bürstensäume und damit eine Verminderung der Spaltung und Absorption von Kohlenhydraten und Aminosäuren, aber auch Lipiden zur Folge.

Bis heute fehlt eine einheitliche, molekularbiologisch begründete Theorie darüber, welche primären Wirkungen von den Gliadinen und ihren Spaltprodukten als eigentlichen Auslösern der Coeliakie ausgehen. Insbesondere sind deren spezifischen Peptidbindungen noch nicht bekannt. Doch ist wahrscheinlich, daß enzymatisch schwer spaltbare Peptidbindungen wie Glu-Glu, Glu-Pro, Glu-Phe und Pro-Glu hierbei von Bedeutung sind.

Die Immunhypothese sieht den primären Angriffspunkt der Gliadine in der veränderten Immunreaktion des Dünndarms. So wird eine T-Lymphozyten-abhängige Immunreaktion mit den Gliadinen als primärer Pathomechanismus diskutiert, der dann die Enterozytenschädigung hervorruft. Eindeutige Befunde fehlen jedoch.

Therapie

Offenbar ermöglicht nur eine vollständige Eliminierung der Gliadine aus der Nahrung eine Besserung und Heilung der Krankheit. Der Verzehr von Getreideproteinen (auch in kleinen Mengen), außer von Reis und Mais, muß lebenslang unterbleiben. Dann normalisieren sich die Struktur und Funktion der Darmmucosa und die Absorptionsstörungen gehen zurück. Zu dieser seit Jahren empfohlenen Therapie gibt es auch heute keine echte Alternative.

1.2.5.2
Lactoseintoleranz

Lactose (Milchzucker) wird von allen Säugetieren nur während der Säugeperiode mit der Milch aufgenommen. Da dieser Zucker in anderen Nahrungsmitteln praktisch nicht vorkommt, wird er nach der Entwöhnung nicht mehr verzehrt. Die Folge ist ein drastischer Rückgang der Lactaseaktivität in den Mucosazellen des Dünndarms. Der Mensch verzehrt jedoch auch als Erwachsener, d. h. sein ganzes Leben lang, Milch und Milchprodukte. Trotzdem geht bei einem großen Teil der Weltbevölkerung der Lactasegehalt in der Dünndarmwand zurück bzw. ganz verloren (Tab. 1.2.-5). Man spricht in diesen Fällen von Lactoseintoleranz. Sie kann – erblich bedingt – bereits im

Tab. 1.2.-5 Verbreitung der Lactoseintoleranz bei Erwachsenen (Weltbevölkerung) (DAHLQUIST, 1993; ELMADFA, 1990)

Population	Anteil der Lactoseintoleranz in der Bevölkerung (%)
Europa	
Deutsche	3
Engländer	6
Schweden	3
Schweizer	11
Nordamerika	
Weiße	13
Indianer	67
Schwarzafrikaner	70
Afrika	
Bantu (Uganda)	90
Nicht-Bantu (Uganda)	25
Asien	
Chinesen	86
Australien	
Europäer	0
Aboriginals	80
Neu-Guineaner	100

Säuglingsalter auftreten und ist dann lebensbedrohend, da es sich bei Lactose um das einzige mit der Muttermilch zugeführte Kohlenhydrat handelt.

Die Unverträglichkeit wirkt sich dahingehend aus, daß die nicht spalt- und absorbierbare Lactose in den Dickdarm gelangt und dort
- infolge erhöhter Osmolarität Diarrhoen hervorruft;
- von der Darmflora fermentiert wird (Kap 1.1.2), wodurch zwar die als günstig beurteilten kurzkettigen organischen Säuren entstehen, in Verbindung mit den Diarrhoen aber auch verstärkt Darmgasbildung und Gärungsdyspepsien auftreten können;
- bei langandauernder Störung die Darmmucosa geschädigt wird (Absorptionsdefekte).

Hier muß ungehend auf eine *lactosefreie Diät* umgestellt werden. Eine – weltweit erwünschte – Steigerung des Milchverzehrs läßt sich auch dadurch ermöglichen, daß entweder der Lactosegehalt in den Milchprodukten herabgesetzt (Herstellung von *Sauermilcherzeugnissen*, vgl. Kap. 3.2.4) oder aber die *Lactose* noch vor dem Verzehr der Milch *enzymatisch zerlegt* wird (vgl. Kap. 3.7.2).

1.2.6
Unterernährung

Unterernährung ist wohl die schwerwiegendste ernährungsabhängige Krankheit in vielen Entwicklungsländern. Sie wird durch Unterversorgung mit energieliefernden Nährstoffen ausgelöst. Am auffälligsten tritt sie bei Säuglingen und Kleinkindern in Erscheinung, doch ist sie auch bei Erwachsenen keine Seltenheit. Sie äußert sich in verschiedenen klinischen Formen. Die wichtigsten sind (Tab. 1.2.-6) Marasmus, Kwashiorkor und – eine Kombination von beiden – Protein-Energie-Unterernährung (PEM).

Tab. 1.2.-6 Wesentliche Merkmale von Marasmus und Kwashiorkor

Merkmale	Marasmus	Kwashiorkor	Marasmischer Kwashiorkor (PEM)
Generelle Merkmale			
Appetit	gut	schlecht	schlecht
Wachstum	klein	gering	keines
körperliche Aktivität	gering	gering	sehr gering
Klinisch-pathologische Merkmale			
Muskelschwund	stark	vorhanden	stark
Fettgewebeschwund	stark	geringer	stark
Ödeme	keine	hochgradig	vorhanden
Hautschädigungen	kaum	deutlich	deutlich
Absorptionsstörungen	vorhanden	ausgeprägt	ausgeprägt
Diarrhoe (Durchfall)	häufig	häufig	häufig
Biochemische Merkmale			
Serumalbumin	erniedrigt	sehr niedrig	sehr niedrig
essentielle Aminosäuren im Serum	erniedrigt	erniedrigt	sehr erniedrigt
Proteinabbau	erhöht	erhöht	erhöht
Glucosegehalt im Serum	erniedrigt	erniedrigt	erniedrigt
Leberfett	normal	erhöht	erhöht
Insulinresponse	normal	erniedrigt	erniedrigt
Immunreaktion	erniedrigt	erniedrigt	erniedrigt

Marasmus

Marasmus (Kräfteschwund, hochgradige Abmagerung, allgemeiner Verfall) ist diejenige Form einer chronischen Unterernährung, bei der generell zu wenig Nahrungsenergie zugeführt wird. Dies bewirkt einen allgemeinen Abbau der Körpersubstanz, insbesondere des Fettgewebes und der Muskulatur. Bei Säuglingen und Kleinkindern tritt diese Form der Unterernährung auf, wenn die Mütter nur kurze Zeit stillen und danach nicht ausreichend Nahrungsmittel zur Verfügung stehen. Die Kinder magern hochgradig ab, sie erhalten ein greisenhaftes Aussehen. Der Verfall wird dadurch beschleunigt, daß infolge einer verbreiteten Immunschwäche verstärkt schwere infektiöse Durchfälle auftreten. Dazu kommt bei chronischem Nahrungsmangel auch eine Störung der geistigen Entwicklung, da in der frühen Kindheit das Wachstum des sich entwickelnden Gehirns beeinträchtigt wird.

Bei Erwachsenen tritt Marasmus als hochgradige Abmagerung in Perioden mit absolutem Nahrungsmangel auf (z. B. Dürreperioden, Überschwemmungen, Kriegseinwirkungen).

Kwashiorkor

Eine ebenfalls auf Unterernährung beruhende und vom Marasmus abzugrenzende Krankheit, die vorzugsweise bei Kindern auftritt, ist der Kwashiorkor („roter Junge"). Hier werden stets ein erhöhter Proteinabbau, und zwar vorrangig aus der Muskulatur, sowie eine verminderte Proteinsynthese beobachtet. Der gestörte Proteinstoffwechsel, gepaart mit einem veränderten Kohlenhydrat- und Fettstoffwechsel sowie einem nicht intakten Wasser- und Elektrolythaushalt, bewirken als auffälligste Merkmale Ödembildung und eine Fettleber bei gleichzeitig starker Abmagerung der Muskulatur.

Ein Proteindefizit tritt jedoch fast immer zugleich als Folge einer generellen Energieunterversorgung auf. Deshalb werden als eigentlicher Auslöser für die Ödembildung und weitere krankhafte Veränderungen des Kwashiorkor auch andere Ursachen diskutiert, ohne daß bisher eine strenge Kausalität gefunden werden konnte. Es sind dies

- Kaliummangel, kombiniert mit einer erhöhten Natriumretention für die Ödembildung (wird häufig nachgewiesen);
- Schädigung durch Aflatoxine (sie erscheint möglich, ist jedoch nicht in allen Fällen bei auftretendem Kwashiorkor nachgewiesen);
- Schädigung durch Radikale (sie stützt sich u. a. auf einen reduzierten Glutathiongehalt im Blut, was einer toxischen Wirkung freier Radikale Vorschub leistet). Dazu kommen in den meisten Fällen Darmstörungen (Durchfälle, Absorptionsstörungen), die den Krankheitsverlauf beschleunigen.

Protein-Energie-Unterernährung (PEM)

Marasmus und Kwashiorkor sind nicht immer streng voneinander abzugrenzen, da sie oft als sog. Mischformen auftreten. Deshalb ist ein Begriff gewählt worden, der beide Krankheiten einschließt: „Protein-Energie-Unterernährung" („protein energy malnutrition", PEM). Die Erkrankung wird in eine leichte, mittlere und schwere Form unterteilt. Die schwere Form entspricht etwa der Kombination eines ausgeprägten Marasmus und Kwashiorkor. Durch den unterschiedlich stark auftretenden Mangel an Energie, Protein, essentiellen Fettsäuren und Mineralstoffen während des Krankheitsverlaufes treten die entsprechenden Stoffwechselveränderungen verschieden stark in Erscheinung (Muskelschwund, Ödeme, Leberverfettung, Haut- und Haarveränderungen, Diarrhoen, Infektionen, Verzögerung der geistigen Entwicklung).

Die WHO schätzt, daß gegenwärtig etwa 500 Millionen Säuglinge und Kinder von leichten bis mittleren Formen des PEM betroffen sind. Etwa 1–3 % hiervon, also 5–15 Millionen Kinder, sollen an der schweren Form der PEM leiden. Dazu kommen noch die PEM bei Erwachsenen, deren Zahl mindestens genau so hoch liegt.

Therapie

Die diätetische Behandlung muß sich auf den Grad und die Symptome der drei Formen der Unterernährung einstellen. In besonders schweren Fällen sollte bei Säuglingen einer vollwertigen Ernährung auf Milchbasis – am günstigsten ist Frauenmilch – eine parenterale Versorgung mit Elektrolyten vorgeschaltet werden, um zunächst den gestörten Ionenhaushalt bei Diarrhoen und Ödemen zu bessern. In leichteren Fällen sind bei Säuglingen und Kleinkindern leichtverdauliche Milchnahrungen angezeigt. Generell ist bei diesen Krankheiten von einer Schädigung des Verdauungstraktes auszugehen. Deswegen sollte jede diätetische Behandlung sehr vorsichtig beginnen, um Verdauungs- und Absorptionsstörungen durch eine zu rasche, zu reichliche und nicht adäquate Nahrungszufuhr zu vermeiden. Der fördernde Einfluß fermentierter Milchprodukte bei entsprechender Auswahl geeigneter Bakterien (Lactobazillen, Bifidobakterien) wird z. Z. untersucht. Bei Erwachsenen ist eine kontrolliert verabreichte leicht verdauliche Vollwertkost die Nahrung der Wahl.

1.2.7
Krebs und Ernährung

Die molekularbiologischen Ursachen der Krebsentstehung sind bis heute noch nicht im einzelnen bekannt. Deshalb gibt es auch nur wenig gesichertes Wissen über eine Beeinflussung von Carcinomen, auch derjenigen des Magen-Darm-Traktes.

Die Entstehung von Krebszellen muß als ein multifaktorielles Geschehen angesehen werden. Neben Einflußfaktoren wie Strahlenbelastung und Umweltgiften kommt hierbei auch der Ernährung, und zwar sowohl bei Entwicklung und Wachstum von Carcinomen, aber auch im Sinne krebshemmender prophylaktischer Maßnahmen besondere Bedeutung zu. So sind in der Nahrung krebsauslösende und -fördernde wie auch -hemmende Komponenten anzutreffen (Tab. 1.2.-7).

Tab. 1.2.-7 Fördernde und hemmende Faktoren der Krebsentwicklung in der Nahrung

Fördernde Faktoren	Hemmende Faktoren
primäre, krebsauslösende Faktoren	Ballaststoffe
- Mycotoxine (Aflatoxine)	Radikalfänger
- Nitrosamine	- nutritive Antioxidantien
- Benzpyrene	● Vitamine, insbesondere Vit. A, E, C
- weitere Stoffe, die bei der Herstellung	● Mineralstoffe (Selen, Zink, Mangan)
der Lebensmittel entstehen können	● Glutathion
- freie Radikale, z. B. aus ungesättigten Fettsäuren	- nicht nutritive Antioxidantien
sekundäre, krebsverstärkende Faktoren	● Phenole, Indole
- fermentierbare Ballaststoffe	● synthetische Antioxidantien
- Nahrungsfett	
- spezielle sekundäre Gallensäuren	

Krebsauslösende Faktoren in der Ernährung

Sie werden entweder durch bestimmte unerwünschte Schimmelpilze in Lebensmitteln gebildet (Aflatoxine) oder entstehen während der Verarbeitung bzw. Verdauung von Nahrungsmitteln.

- **Aflatoxine,** insbesondere Aflatoxin B1, werden von dem Schimmelpilz *Aspergillus flavus* gebildet und finden sich vor allem in verschimmelten Nüssen, aber auch in anderen angeschimmelten Lebensmitteln. Im Tierversuch rufen sie Leberkrebs hervor. Auch beim Menschen gibt es epidemiologisch belegbare Zusammenhänge zwischen dem gehäuften Verzehr von mit Schimmelpilzen befallenen Nüssen und dem Auftreten von Leberkrebs.

- **Nitrosamine** entstehen durch Reaktion von Nitriten mit natürlich vorkommenden Aminen:

$$\begin{array}{c} R^1 \\ R^2 \end{array}\!\!>\!\!NH + HON\!=\!O \longrightarrow \begin{array}{c} R^1 \\ R^2 \end{array}\!\!>\!\!N\!-\!NO + H_2O$$

Bildung von Nitrosaminen   FS 1.2.-1

Nitrite werden dem Menschen mit der Nahrung zugeführt, so z. B. in Pökelsalzen oder als reduzierte Nitrate (Überdüngung im Pflanzenanbau). Bei gleichzeitiger

Zufuhr liegt im Magen ein günstiges Reaktionsmilieu für ihre Bildung vor. Vitamin C als Antioxidans verhindert sowohl intra- als auch extrazellulär die Bildung von Nitrosaminen, indem es die Reduktion von NO_2 zu N_2O_3 – eine Voraussetzung der Nitrosaminbildung – blockiert. Nitrosamine werden vor allem als Carcinogene des Magenkrebses angesehen.

- **Benzpyrene** entstehen vor allem beim Erhitzen von Lebensmitteln, insbesondere beim Braten und Grillen. Ob hier eine krebsauslösende Konzentration erreicht wird, ist allerdings fraglich. Die verzehrte Menge ist gewöhnlich so gering (maximal 1 µg/Tag), daß beim Menschen eine Krebsgefährdung (500 µg/Tag) nicht zu befürchten ist.
- Eine weitere Gruppe krebsauslösender Faktoren entsteht während des Stoffwechsels im Körper. Hierzu sind vor allem die sog. **freien Radikale** (z. B. aus mehrfach ungesättigten Fettsäuren) zu rechnen. Antioxidativ wirkende Substanzen („Radikalfänger") bremsen diese Vorgänge (s. u.).
- Weitere primäre Krebsfaktoren werden als **Stoffwechselprodukte der Darmflora** vermutet. Möglicherweise bilden Darmbakterien bei starker Vermehrung auch krebsauslösende Verbindungen, die absorbiert werden können. Eine Beschleunigung der Darmpassage, wie sie beispielsweise durch Ballaststoffe ausgelöst wird, wirkt sich demzufolge krebshemmend aus. In diesem Falle wird die Zeit für die Absorption carcinogener Substanzen verkürzt.

Nach bisherigen Erkenntnissen sind diese krebsauslösenden Faktoren in der Nahrung jedoch nur zu einem geringen Anteil für die hohe Inzidenz von Krebserkrankungen verantwortlich zu machen. Wesentlich größer ist die Gefahr durch andere Noxen, wie z. B. durch ständiges Rauchen oder bei Einwirkung harter UV- Strahlen (langes Sonnenbaden).

Nahrungsvermittelte carcinogene Substanzen werden bevorzugt immer dann wirksam, wenn

- längere Verweilzeiten der Nahrung mit derartigen Verbindungen im Magen-Darm-Trakt eine Carcinombildung fördern. Hier sind der Magen, insbesondere der Magenausgang, der letzte Teil des Dünndarms und der absteigende Teil des Dickdarms solchen Einwirkungen besonders ausgesetzt.
- sie nach Absorption im Darm längere Zeit z. B. in der Leber oder zum Zwecke der Ausscheidung in den Nieren verweilen.

Krebshemmende Stoffe in der Ernährung

In zunehmendem Maße wird eine vorbeugende oder heilende Einflußnahme von bestimmten Nahrungsmittelinhaltsstoffen auf die Entstehung von Carcinomen diskutiert. Erste diesbezüglich erzielte Forschungsergebnisse lassen eine solche seit längerem gehegte Vermutung als wissenschaftlich verfolgenswert erscheinen. Im Vordergrund stehen dabei natürlich vorkommende Antioxidantien. Eine wesentliche Aufgabe dieser Verbindungen ist die Beseitigung von freien Radikalen als potentielle krebsfördernde Faktoren in den Körperzellen. Dabei wird zwischen *nutritiven* und *nicht nutritiven Antioxidantien* unterschieden: Zu den Erstgenannten zählen die Vitamine A, E, C, Carotene, ferner bestimmte Mineralstoffe wie Selen, Mangan, Zink sowie Glutathion. Bei Letzteren handelt es sich um spezielle sekundäre Pflanzenstoffe mit chemopräventiven Eigenschaften. Hier sind vor allem die in

Blättern, Früchten oder Samen (Obst, Gemüse, Tee) vorkommenden Phenol-
abkömmlinge (insbesondere Flavonoide, Cumarin-, Zimtsäure-Derivate u. a.) zu
nennen. Anhand von In-vitro-Tests, Zellkultur- und Tierversuchen konnte ein
krebshemmender Effekt durch solche Verbindungen bereits nachgewiesen werden.
Für den Menschen liegen noch keine eindeutigen Befunde zur Krebsprophylaxe und
-therapie durch Verzehr von Lebensmitteln mit hohem Gehalt an solchen natürlichen
Antioxidantien vor.

Wie in Kap. 1.1.2 bereits ausgeführt, werden neuerdings bestimmten, im
Dickdarmbereich anzutreffenden Lactobazillen ebenfalls anticarcinogene
Eigenschaften zugeschrieben. In Übereinstimmung damit wird von verschiedenen
Autoren vermutet, daß der regelmäßige Verzehr von fermentierten Milchprodukten
die Carcinogenese im Colon hemmt.

Für die Zukunft wird eine Beeinflussung der Krebsentstehung durch diätetische
Maßnahmen nicht ausgeschlossen. Zu dieser Problematik werden international ein-
gehende Untersuchungen angestellt.

1.3
Internationale Ernährungssituation; Schlußfolgerungen

1.3.1
Industrieländer

Die Eß- und Ernährungsgewohnheiten in den industrialisierten Ländern Europas,
Amerikas und Asiens haben sich in den letzten rund 200 Jahren herausgebildet. Vor
dieser Zeit bestand die Nahrung für einen großen Teil der ländlichen und städtischen
Bevölkerung vorwiegend aus pflanzlichen (d. h. kohlenhydratreichen) und wenig
oder nicht verarbeiteten Produkten. Diese Kost wurde durch relativ geringe Mengen
tierischer Nahrungsmittel (Milch, Fleisch, Eier) ergänzt und war daher fettarm und
ballaststoffreich. Es mußten somit große Mengen verzehrt werden, um einen der
Arbeitsschwere entsprechenden Energiebedarf zu decken.

Im 18. Jahrhundert setzt sich ein Rhythmus von 3 Hauptmahlzeiten in der Stadt
wie auch auf dem Lande durch, deren umfangreichste die Abendmahlzeit ist. Das 19.
Jahrhundert bringt eine Reihe tiefgreifender, überwiegend positiver Veränderungen:
- Eine zunehmend unter dem Einfluß wissenschaftlicher Erkenntnisse sich ent-
  wickelnde Landwirtschaft liefert wachsende und stabilere Erträge.
- Der rasch anwachsende Handel und Verkehr, vor allem durch die Eisenbahn, be-
  wirken eine größere Unabhängigkeit von lokalen Nahrungsengpässen (Dürre,
  Frost, Hagel).
- In der sich entwickelnden Lebensmittelindustrie wird die Erzeugnispalette
  wesentlich erweitert; zahlreiche Lebensmittel werden mittels Konservierung halt-
  barer gemacht.
- Durch Einführung neuer transportabler Energieträger (Gas, Elektrizität) wird die
  Küchentechnik grundlegend verändert; die heute üblichen Restaurants entstehen.
- Für große Teile der Bevölkerung verbessert sich der soziale Status. Dies drückt
  sich u.a. in einem steigenden Verzehr von Fleischprodukten, Fett, Zucker und
  Alkohol aus. Die Eßgewohnheiten auf dem Lande (Bauern, Landarbeiter) nähern
  sich denjenigen der städtischen Bevölkerung an.

- In einigen Ländern beginnt die staatliche Überwachung der Lebensmittelherstellung, und es entsteht eine Lebensmittelgesetzgebung.
- Es erscheinen die ersten wissenschaftlich begründeten Diätlehren.
- Zwischen den einzelnen sich industrialisierenden Ländern wie auch innerhalb derselben bleiben große soziale Unterschiede bestehen. In verschiedenen Bevölkerungsgruppen wird noch immer eine Unterversorgung an Energie und bestimmten Nährstoffen angetroffen.

Im 20. Jahrhundert finden diese Entwicklungen in beschleunigtem Tempo ihren Fortgang, unterbrochen durch die beiden Weltkriege und eine jeweils relativ kurze Nachkriegsperiode. In der Lebensmittelindustrie werden das Sortiment erweitert sowie die Herstellung und hygienische Ausstattung der Produkte durch Automation und geschlossene Linien perfektioniert. Alt bewährte wie auch neue Verfahren der Produktion bestehen nebeneinander; letztere nehmen einen sich schnell erweiternden Anteil ein. Ein sich rasch ausdehnender internationaler Handel sorgt für ein breites und preiswertes Angebot an exotischen Erzeugnissen (z. B. Obstarten, Kaffee, Kakao).

Nach dem Zweiten Weltkrieg setzt vor allem in Europa, Japan und in den USA eine Entwicklung ein, die durch folgende Fakten gekennzeichnet ist:
- Überwindung der Mangelernährung (abgesehen von einigen regional unterentwickelten Gebieten);
- Ansteigen des Verzehrs von Produkten tierischer Herkunft, insbesondere von Fleisch und Milchprodukten sowie Eiern. Dies bedeutet eine teilweise drastische Zunahme der Fett- und Proteinzufuhr;
- Ansteigen des Konsums an Zucker sowie an alkoholischen Getränken;
- Ansteigen des Obstverzehrs;
- Abnahme des Verbrauches an Getreideprodukten und Kartoffeln und damit von Kohlenhydraten und Ballaststoffen.

Die Entwicklung der gesamten Energie- und Proteinversorgung in wichtigen Industriestaaten sind nach FAO-Quellen in den Tabellen 1.3.-1 und 1.3.-2 zusammengestellt. Bei diesen Daten handelt es sich um Landes-Durchschnittswerte auf der Basis der von der Bevölkerung gekauften Lebensmittel, d. h. der zur Verfügung gestellten Nährstoffmengen. Hierbei sind die nach dem Kauf durch Verderb und Zubereitung entstehenden Verluste nicht berücksichtigt. Diese machen jedoch insbesondere in den Wohlstandsgesellschaften einen zwar schwer quantifizierbaren, aber wesentlichen Anteil aus.

Trotz dieser Einschränkungen lassen die Daten folgende Interpretationen zu: Obgleich die empfohlenen Mengen der Energie- und Proteinaufnahme – im statistischen Durchschnitt – in allen aufgeführten Ländern bereits 1961 erreicht oder überschritten worden sind, ist ein weiteres Ansteigen derselben zumindest bis 1989 unverkennbar (Ausnahme: Großbritannien). Da sich der Energie- und Proteinbedarf in dieser Zeit kaum verändert, infolge Rückganges der Schwerarbeit eher sogar abgenommen hat, besteht für größere Bevölkerungsgruppen ein erhöhtes gesundheitliches Risiko durch Überernährung und damit Übergewicht. Bei der Proteinversorgung fällt neben der generellen Zunahme ein prozentual immer höher werdender Anteil an tierischem Protein auf. Er macht in einigen Ländern bereits 2/3 des Proteinverzehrs aus.

Tab.1.3.-1 Durchschnittliche Energieversorgung der Bevölkerung ausgewählter Länder und Regionen der Industrieländer von 1961–1992. Angaben in kcal und MJ/Kopf/Tag (gerundet) (FAO-Yearbook Production, 1992, 1994)

Land/Region	1961–63 (kcal)	(MJ)	1969–71 (kcal)	(MJ)	1979–81 (kcal)	(MJ)	1992 (kcal)	(MJ)
Industrieländer	3060	12,8	3220	13,5	3330	13,9	3420	14,3
Europa	3100	13,0	3240	13,5	3390	14,2	3350	14,0
Deutschland	2950	12,3	3190	13,3	3320	13,9	3340	14,0
DDR	3100	13,0	3300	13,8	3600	15,0	–	–
Frankreich	3300	13,8	3280	13,7	3440	14,4	3630	15,1
Großbritannien	3300	13,8	3330	13,9	3170	13,3	3320	13,9
Italien	2990	12,5	3390	14,2	3560	14,9	3560	14,9
Polen	3230	13,5	3390	14,2	3520	14,7	3300	13,8
Tschechoslowakei	3370	14,1	3400	14,2	3420	14,3	3160	13,2
UdSSR	3150	13,2	3320	13,9	3360	14,0	–	–
USA	3200	13,8	3380	14,1	3490	14,6	3730	15,6
Japan	2520	10,5	2710	11,3	2790	11,7	2910	12,2

Tab. 1.3.-2 Durchschnittliche Proteinversorgung der Bevölkerung ausgewählter Länder und Regionen der Industrieländer von 1961–1992. Angaben in g Protein und davon % tierisches Protein/Kopf/Tag (FAO-Yearbook Production, 1992, 1994)

Land/Region	1961–63 ges. (g)	%tier.	1969–71 ges. (g)	%tier.	1979–81 ges. (g)	%tier.	1992 ges. (g)	%tier.
Industrieländer	90,6	49,3	95,2	54,0	98,9	57,0	103,0	58,3
Europa	88,4	48,3	92,3	53,0	99,5	57,3	102,0	58,4
Deutschland	80,5	59,0	87,1	61,5	93,0	63,0	100,2	64,1
DDR	82,0	51,8	90,7	55,6	103,5	60,1	–	–
Frankreich	101,3	55,8	100,1	61,8	108,3	65,2	116,0	67,1
Großbritannien	91,9	60,6	91,4	61,2	87,7	60,5	91,2	57,3
Italien	83,2	36,7	96,0	43,0	106,3	50,1	108,7	53,5
Polen	94,8	45,5	100,4	51,9	109,7	56,8	99,3	52,7
Tschechoslowakei	90,9	46,1	95,8	53,3	99,1	59,0	87,0	54,9
UdSSR	97,5	39,2	101,6	45,2	102,8	49,3	–	–
USA	97,7	69,2	102,0	69,6	101,3	66,9	112,9	65,1
Japan	73,6	34,0	82,4	44,3	87,2	51,8	97,8	57,0

1.3.2
Bundesrepublik Deutschland

Für die Bundesrepublik Deutschland liegt mit der nationalen Verzehrsstudie und den Ernährungsberichten der Deutschen Gesellschaft für Ernährung (DGE) ein umfangreiches Material zur Ernährungssituation vor. Nachfolgend werden daraus einige wesentliche Charakteristika hinsichtlich der Verzehrsgewohnheiten in Deutschland beispielhaft für zahlreiche Industriestaaten genannt.

Eine wesentliche Erkenntnis ist, daß generell **zu viel Energie** aufgenommen wird (Abb. 1.3.-1). Mit zunehmendem Alter wird in beiden Geschlechtern der empfohlene Wert immer stärker überschritten, entsprechend steigt der Anteil an Übergewichtigen an (Abb. 1.3.-2). Lediglich die Jugendlichen weiblichen Geschlechts unterschreiten

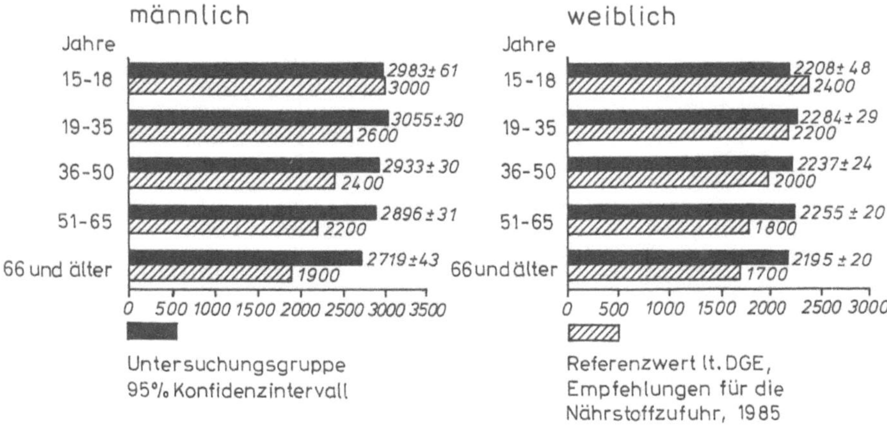

Abb. 1.3.-1 Vergleich der täglichen Energieaufnahme (kcal/Tag) mit entprechenden Referenzwerten (Nationale Verzehrsstudie 1991)

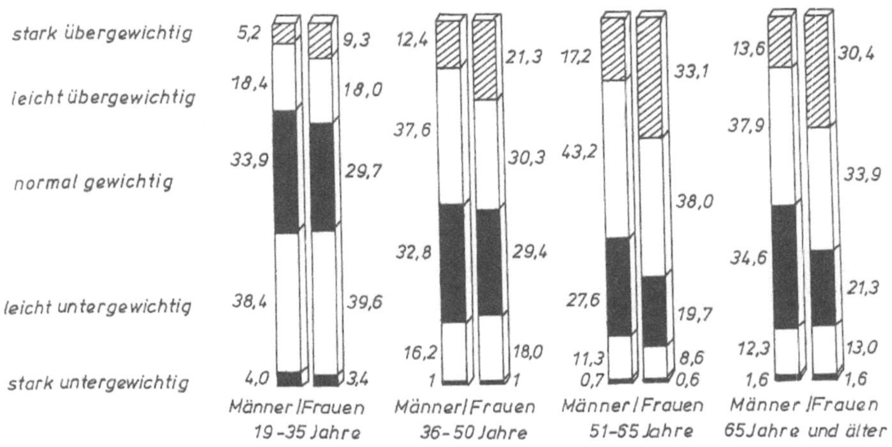

Abb. 1.3.-2 Übergewichtigkeit bei Männern und Frauen in Abhängigkeit vom Alter (Nationale Verzehrsstudie 1991)

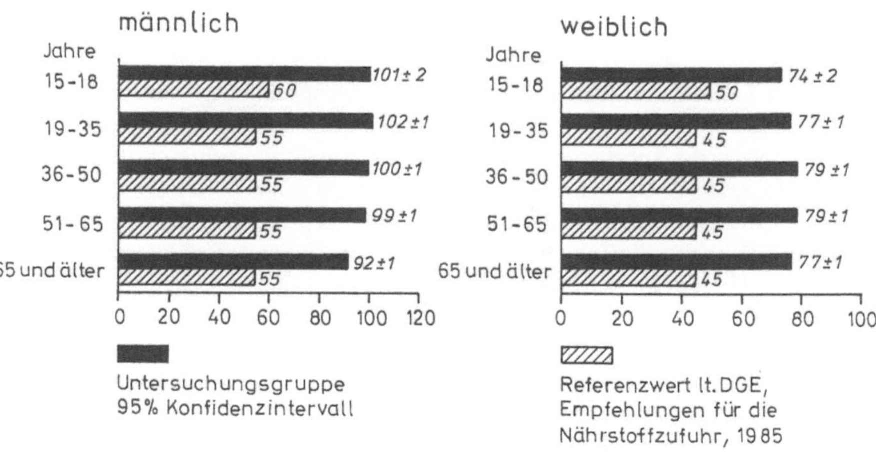

Abb. 1.3.-3 Vergleich der täglichen Proteinaufnahme (g/Tag) mit den entsprechenden Referenzwerten (Nationale Verzehrsstudie 1991)

im Durchschnitt die Werte der empfohlenen Energieaufnahme. Hier findet sich auch der größte Anteil an Untergewichtigen.

Insgesamt zeigen die Daten der Energieaufnahme eine deutliche Diskrepanz zu den in Tab. 1.3.-1 aufgeführten FAO-Werten. Diese unterschiedlichen Befunde verdeutlichen das Mißverhältnis zwischen einer sorgfältig durchgeführten Ernährungserhebung auf der Basis der tatsächlich verzehrten Lebensmittel (DGE-Werte) und statistischen Angaben zum Lebensmittelverbrauch unter Zugrundelegung von Produktions- und Handelsbilanzen (FAO-Werte).

Ein weiteres Merkmal ist, daß **zu fett** (und zu eiweißreich) gegessen wird. Die Empfehlungen der DGE (Abb. 1.3.-3) werden hinsichtlich des Proteins von allen

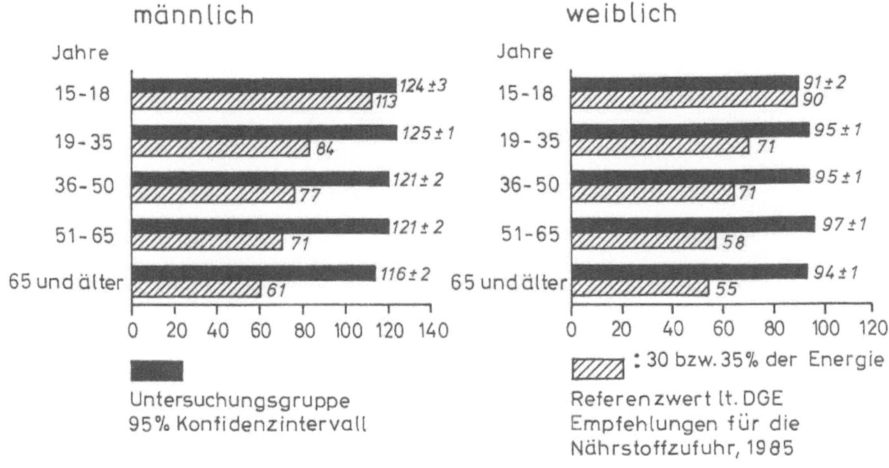

Abb. 1.3.-4 Vergleich der täglichen Fettaufnahme (g/Tag) mit empfohlenen Referenzwerten (Nationale Verzehrsstudie 1991)

Altersgruppen und hinsichtlich des Fettes von allen erwachsenen Männern und Frauen deutlich überschritten (Abb. 1.3.-4). Hierfür sind vor allem der hohe Anteil an tierischen Lebensmitteln, in erster Linie an Fleischprodukten, verantwortlich. So stammen fast 80 % des Fettverzehrs aus tierischen Erzeugnissen, die gleichzeitig den Cholesterolverzehr anheben und den relativen Anteil an mehrfach ungesättigten Fettsäuren senken. Als Orientierung gilt die vereinfachte Dreierregel: Etwa zu je einem Drittel gesättigte, einfach ungesättigte und mehrfach ungesättigte Fettsäuren verzehren. Die generelle Zunahme des Fettanteils an der gesamten Energieaufnahme in Industrieländern innerhalb der letzten 40 Jahre zeigt Abb. 1.3.-5.

Der **Kohlenhydratanteil** in der Nahrung bleibt dagegen hinter den Empfehlungen der DGE zurück. Dies betrifft insbesondere die Stärke, da von den für Kohlenhydrate verbleibenden 45 % Energiezufuhr auch noch etwa 9–10 % auf die im Übermaß verzehrte Saccharose (Weißzucker) entfallen.

Es gibt deutliche regionale Verzehrsunterschiede für verschiedene Lebensmittelgruppen. So steigt der Konsum von Fleischprodukten, Nährmitteln und Alkohol von Nord nach Süd merklich an, der von Fischwaren, Milchprodukten und Kartoffeln fällt dagegen deutlich ab. Gravierende Unterschiede in der Nährstoffversorgung wurden jedoch nicht festgestellt.

Die z. Z. bestehenden Ernährungsgewohnheiten leisten einer Reihe von ernährungsabhängigen Erkrankungen Vorschub. Diese Gefahr nimmt bei den meisten Krankheiten mit steigendem Alter zu. Hierzu zählen z. B. Adipositas, Bluthochdruck, Diabetes mellitus Typ 2, Arteriosklerose, Caries.

Im Prinzip gilt für die meisten industrialisierten Länder Europas, Amerikas und in zunehmendem Maße auch Asiens, vornehmlich Japans: Es wird im Durchschnitt *zu viel, zu fett, zu süß (und zu eiweißreich)* gegessen, und es werden Nahrungsmittel verschwendet.

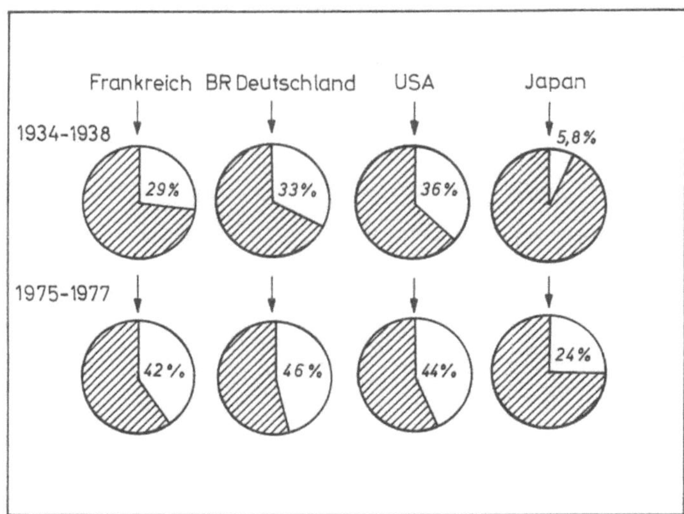

Abb. 1.3.-5 Veränderung des Fettenergieanteils in % zu der gesamten Energieaufnahme 1934–1938 und 1975–1977 in verschiedenen industrialisierten Ländern (World Rev. Nutr. Diet, 1984)

Die drastische Umstellung der Ernährungsgewohnheiten in einer Zeitspanne von nur wenigen Jahrzehnten ist sicher einmalig und stellt ein noch nicht abgeschlossenes globales Ernährungsexperiment dar. Der schnelle Übergang von einer kohlenhydrat- und ballaststoffreichen sowie fettarmen zu einer fettreichen und ballaststoffarmen Ernährungsform bedeutet z. B. für das Verdauungssystem des Menschen eine erhebliche Herausforderung mit entsprechenden Anpassungsproblemen.

1.3.3
Entwicklungsländer

In den Entwicklungsländern ist die Landwirtschaft Hauptproduktions- und Erwerbsquelle. Die traditionellen Anbaumethoden für die wichtigsten Agrarprodukte (Getreide, Hülsenfrüchte, Gemüse) können jedoch vielfach mit dem stark ansteigenden Wachstum der Bevölkerung nicht Schritt halten. Die Folge ist Unterernährung für große Bevölkerungsteile. Hinsichtlich der Versorgung dieser Menschen mit Nahrungsmitteln bzw. Nährstoffen in den letzten 30 Jahren ergibt sich folgendes Bild.

Versorgung mit Energie

Wie bei den Industriestaaten wurden für die Erarbeitung des nachfolgend aufgeführten Zahlenmaterials nicht die tatsächlich verzehrte, sondern die zum Verzehr zur Verfügung gestellte Energie zugrunde gelegt. Die tatsächlich aufgenommene Energie liegt somit unter den angegebenen Werten.

Die Versorgung mit Nahrungsenergie hat sowohl insgesamt als auch in den verschiedenen geographischen Regionen im Mittel leicht zugenommen (Tab. 1.3.-3). Dabei ist in den einzelnen Ländern nach dem Zweiten Weltkrieg der Konsum von Nahrungsenergie durch die Bevölkerung unterschiedlich verlaufen. In den 60er und 70er Jahren hat es für viele Entwicklungsländer – insbesondere im amerikanischen und asiatischen Raum – noch deutliche Fortschritte im Pro-Kopf-Verzehr gegeben (z. B. Bolivien, Columbien, Pakistan, Philippinen). Diese Entwicklung hat sich in den 80er Jahren deutlich abgeflacht. Die Zahl der Länder, in denen für die Bevölkerung im Durchschnitt weniger als 8,3 MJ (2000 kcal)/Tag zur Verfügung stehen, ist in den vergangenen Jahren konstant geblieben (12 Länder), die Zahl der Betroffenen jedoch ist wegen des Bevölkerungszuwachses angestiegen. Es gibt jedoch auch in den Ländern mit höherer Energiebereitstellung einen wesentlichen Bevölkerungsanteil, dessen Energieversorgung deutlich unter dem Durchschnitt liegt.

In den vergangenen Jahren hat eine größere Polarisierung der Energieversorgung stattgefunden: Sowohl der ärmste und sozial am schlechtesten gestellte als auch der relativ gut versorgte Teil der Bevölkerung sind auf Kosten eines Anteils mit etwa mittlerem Konsum (8,3–10,8 MJ oder 2000–2600 kcal) größer geworden. Am stärksten betroffen von der unzureichenden Versorgung sind die afrikanischen Länder südlich der Sahara. Wesentlichen Anteil an dieser besorgniserregenden Entwicklung hat die Bevölkerungsexplosion in den meisten Entwicklungsländern mit jährlichen Wachstumsraten um 3 %. Wenn nicht staatliche Maßnahmen zur Eindämmung dieser Entwicklung getroffen werden (wie z. B. in China), ist erfahrungsgemäß ein Rückgang der Geburtenrate erst nach deutlicher Verbesserung der wirtschaftlichen und Ernährungssituation der Betroffenen zu erwarten.

Tab. 1.3.-3 Durchschnittliche Energieversorgung der Bevölkerung ausgewählter Entwicklungsländer von 1961–1992. Angaben in kcal und MJ/Kopf/Tag (gerundet) (FAO-Yearbook Production, 1992, 1994)

Land/Region	1961–63 (kcal)	(MJ)	1969–71 (kcal)	(MJ)	1979–81 (kcal)	(MJ)	1992 (kcal)	(MJ)
Entwicklungsländer	1930	8,1	2100	8,8	2330	9,7	2470	10,3
afrikanische Entwicklungsländer	2030	8,5	2080	8,7	2150	8,9	2280	9,5
Mosambique	1740	7,3	1790	7,5	1800	7,5	1680	7,0
Nigeria	2470	10,3	2160	9,0	2310	9,7	2310	9,7
Somalia	1720	7,2	1710	7,1	1940	8,1	1500	6,3
Sudan	1840	7,7	2170	9,1	2210	9,2	2200	9,2
Zaire	2220	9,2	2210	9,2	2130	8,9	2060	8,6
lateinamerikanische Entwicklungsländer	2370	9,9	2510	10,5	2700	11,3	2690	11,2
Bolivien	1790	7,5	1970	8,2	2120	8,9	2090	8,7
Brasilien	2310	9,7	2500	10,5	2700	11,3	2820	11,8
Peru	2230	9,3	2280	9,5	2100	8,8	1880	7,9
asiatische Entwicklungsländer	1820	7,6	2020	9,4	2250	9,4	2430	10,2
Bangladesh	1970	8,2	1960	8,2	1970	8,2	2020	8,4
Indien	2000	8,4	2020	8,5	2110	8,8	2390	10,0
Pakistan	1800	7,5	2180	9,1	2150	9,0	2310	9,7
am wenigsten entwikkelte Länder	1930	8,1	1980	8,3	2050	8,6	2050	8,6

Versorgung mit Protein

Als besorgniserregend in vielen Entwicklungsländern ist die Bereitstellung von Protein zu beurteilen (Tab. 1.3.-4). Von Ausnahmen abgesehen gehen dabei Protein- und Energieversorgung parallel. In vielen Ländern, abermals vor allem in den afrikanischen Ländern südlich der Sahara, hat sich die Proteinversorgung in den letzten 30 Jahren nicht verbessert, in manchen Ländern eher verschlechtert. Ein Proteinverzehr von 30 g/Tag und weniger ist als generell unzureichend zu beurteilen. Da vielfach auch der Anteil an tierischem Protein nur 10–25 % beträgt (mit Ausnahme einiger lateinamerikanischer Länder), ist in diesen Fällen eine **Unterversorgung** für den größten Teil der Bevölkerung zu erwarten. Auch hier zeichnet sich eine Polarisierungstendenz ähnlich wie bei der Versorgung mit Energie ab.

Versorgung mit Mineralstoffen und Vitaminen

Unzureichend versorgt ist die Bevölkerung vieler Entwicklungsländer auch mit bestimmten Mineralstoffen und Vitaminen. Die durchschnittlichen Werte hinsichtlich der Versorgung einiger Länder betragen heute verschiedentlich nur 1/4 bis 1/3 des Bedarfs, was zu ausgedehnten Mangelerscheinungen, insbesondere bei Calcium, aber auch bei den Vitaminen A, B_1 und B_2 führt.

Besonders betroffene Gebiete

Die größten Probleme bei der Lebensmittelbereitstellung bestehen in den Ländern des mittleren und südlichen Afrika. In 10 von 12 Ländern ist mit einer Versorgung von < 8,3 MJ (2000 kcal)/Kopf zu rechnen. Doch auch in Südost-Asien und Zentralamerika werden ähnliche Verhältnisse angetroffen. Von der FAO wird hier für die nähere Zukunft keine einschneidende Verbesserung der Ernährungssituation erwartet.

Trotz dieser schwierigen Lage ist in den meisten Entwicklungsländern die Lebenserwartung der Bevölkerung im Zeitraum von 1980 bis 1990 um 4–5 Jahre angestiegen. Ein Faktor, der optimistisch stimmt, ist die gleichfalls in allen Regionen zu beobachtende gesunkene Säuglings- und Kindersterblichkeit um 10–20 %. Dies ist zugleich Ausdruck einer sich langsam bessernden Hygiene und Bildung.

Mangelkrankheiten

Die wesentlichste Konsequenz der Unterernährung ist das Auftreten von Mangelkrankheiten. An erster Stelle sind in diesem Zusammenhang Erkrankungen infolge Protein-Energie-Mangels (PEM) und/oder eines Defizits an den Vitaminen A, B_1, B_2 sowie an Calcium, Eisen oder Jod zu nennen (vgl. auch Kap. 1.2.6).

1.3.4
Zusammenfassende Einschätzung

Eine optimale Ernährung stellt die Grundlage für Gesundheit, Wohlbefinden, Leistungfähigkeit und Lebensfreude des Menschen und damit für seine Lebensqualität bis in das hohe Alter hinein dar. Betrachtet man jedoch die derzeitige inter-

Tab. 1.3.-4 Durchschnittliche Proteinversorgung der Bevölkerung ausgewählter Entwicklungsländer von 1961–92. Angaben in g Protein und davon % tierisches Protein/Kopf/Tag (FAO-Yearbook Production, 1992, 1994)

Land/Region	1961–63 ges. (g)	%tier.	1969–71 ges. (g)	%tier.	1979–81 ges. (g)	%tier.	1992 ges. (g)	%tier.
Entwicklungsländer	49,0	16,9	51,7	18,2	56,2	19,8	60,0	22,2
afrikanische Entwicklungsländer	53,9	19,2	54,1	19,9	53,8	21,2	54,1	19,6
Mosambique	35,5	11,9	34,8	14,5	32,5	13,9	30,8	12,0
Nigeria	58,5	11,5	55,4	10,5	43,5	21,6	43,0	12,3
Somalia	58,6	49,4	59,3	63,1	63,6	58,2	43,5	40,0
Sudan	55,9	33,6	61,1	31,6	63,2	39,7	65,4	33,1
Zaire	37,0	27,5	38,4	25,8	34,9	19,8	32,9	19,2
lateinamerikanische Entwicklungsländer	61,6	38,5	64,1	38,9	67,0	42,5	66,8	42,8
Bolivien	47,4	28,9	48,1	29,1	53,9	26,3	52,5	35,2
Brasilien	57,2	31,3	61,5	32,4	60,4	37,5	65,9	41,1
Peru	60,8	34,4	60,9	34,3	54,8	36,4	49,3	40,1
asiatische Entwicklungsländer	45,5	11,9	48,5	13,4	53,0	14,7	58,2	18,9
Bangladesh	43,2	16,3	42,5	15,3	43,5	11,3	42,9	11,0
Indien	51,4	11,6	51,0	11,6	51,4	12,8	58,1	16,3
Pakistan	54,9	24,4	61,6	21,4	59,0	23,2	56,0	31,6

nationale Ernährungssituation, dann werden – trotz des bedeutenden Erkenntnisgewinnes in allen Bereichen der Natur- und Geisteswissenschaften im auslaufenden Jahrhundert – erschreckende Defizite und Diskrepanzen sichtbar. So werden in Industrieländern zunehmend Überernährung sowie Fehlernährung beobachtet. Dies ist überwiegend auf wachsenden Wohlstand, unvernünftige Eßgewohnheiten und Bewegungsarmut, aber auch auf psychisch bedingte Faktoren, wie z. B. kommerziell gesteuertes Kaufverhalten, Repräsentationsbedürfnis, bloße Freude am Essen u.a.m., zurückzuführen. Infolgedessen bilden sich bei einem großen Teil ansonsten gesunder Bevölkerungsgruppen ernährungsbedingte Krankheiten aus, die nicht nur menschliches Leid bei den Betroffenen hervorrufen, sondern auch der Gesellschaft wirtschaftlichen Schaden zufügen. Dagegen besteht in weiten Gebieten unserer Erde ein permanenter Mangel an Lebensmitteln, insbesondere an solchen mit hohem nutritiven Wert, der sich u. a. in Unterernährung mit ihren zumeist katastrophalen gesundheitlichen Schäden auswirkt. Wesentliche Ursachen hierfür sind politische Wirren und Mißstände, Fehl- und Mangelerträge aus klimatischen oder agrarökonomischen Gründen, unzureichende sozialökonomische Bedingungen, zu rasches Wachstum der Bevölkerung, Unkenntnis über Ernährungsfragen infolge zu niedrigen Bildungsstandes, traditionell oder religiös bedingte einseitige Verzehrsgewohnheiten u.a.m.

Überernährung/Fehlernährung

In den **Industrieländern** führen Über- und Fehlernährung zum verstärkten Auftreten von Zivilisationskrankheiten. Risikofaktoren hierfür sind
- zu hoher Konsum von energiereichen Lebensmitteln ganz allgemein, vorrangig von tierischen Fetten (zu Ungunsten von Pflanzenölen und damit von ungesättigten Fettsäuren), Cholesterol-reichen Lebensmitteln, Zucker, (tierischem) Eiweiß (nur bedingt), Alkohol, Kochsalz (grob zu charakterisieren mit „zu viel, zu fett, zu süß")
- zu geringer Konsum von Ballaststoffen
- Bewegungsarmut
- andauernder psychischer Streß
- Rauchen.

Die vorangehend beschriebenen fehlerhaften Verzehrsgewohnheiten sind mitverantwortlich für das verstärkte Auftreten von
- Adipositas,
- Erkrankungen des Gelenk-, Stütz- und Bewegungsapparates,
- Diabetes mellitus,
- Herz-Kreislauf-Erkrankungen wie Hyperlipidämie, Hypertonie, Arteriosklerose und als Folge davon Herzinfarkt und Apoplexie,
- Magen-Darm-Erkrankungen wie Obstipation, Hämmorhoiden, Tumoren,
- Gicht,
- speziellen Nieren- und Lebererkrankungen.

Unterernährung

Vor allem in den **Entwicklungsländern** führen bei einem großen Teil der Bevölkerung

- ein zu geringer Verzehr an
  - Energie-liefernden Lebensmitteln ganz allgemein,
  - Proteinen,
  - Fetten,
  - Vitaminen,
  - Mineralstoffen sowie
- die Anwesenheit von „antinutritiven Verbindungen" in verschiedenen Nahrungsmitteln

zu ernährungsbedingten Mangelkrankheiten und gesundheitlichen Störungen.

Die Bereitstellung von Nahrungsenergie ist generell nicht ausreichend. Bei häufig zu geringem Proteinangebot überwiegt *pflanzliches* Eiweiß, das meist einen niedrigeren Gehalt an essentiellen Aminosäuren aufweist als tierisches Protein. Milch, Fleisch und Fisch sind oft zu wenig im Kostplan enthalten. Der Fettverzehr ist gleichfalls recht gering (energetischer Aspekt). Die zumeist pflanzlichen Fette enthalten jedoch allgemein einen höheren Anteil an ungesättigten Fettsäuren als tierische Fette. Bei den Vitaminen A, B_1, B_2, Niacin, Folsäure und D sowie einigen Mineralstoffen, vor allem Calcium und Eisen, ist eine Unterversorgung festzustellen.

Da die Bevölkerung in diesen Ländern überwiegend auf pflanzliche Nahrungsmittel angewiesen ist, werden zu einem nicht geringen Anteil auch antinutritiv wirkende Verbindungen mitverzehrt, die den Ernährungswert der Nahrung herabsetzen, teilweise sogar zu Erkrankungen Anlaß geben können.

Ernährungs- und Umweltbewußtsein

Die in den letzten Jahren insbesondere in den Industrieländern ständig ansteigenden Umweltprobleme haben bei vielen Menschen ein sehr sensibles Umwelt- wie auch Ernährungsbewußtsein herbeigeführt. Dieser internationale Trend hat dazu beigetragen, daß der Verbraucher zunehmend höhere Ansprüche an die „Naturbelassenheit" der Lebensmittel stellt. So wünscht er, daß z. B. chemisch-synthetisch hergestellte Lebensmittelzusatzstoffe durch solche natürlicher Herkunft ersetzt werden. Dies betrifft z. B. Aromen und Geschmacksstoffe, Konservierungsmittel, Farbstoffe, Gewürze u. a. m. Bei der Entwicklung neuer Zusatzstoffe sind diese Forderungen seitens der Lebensmittelindustrie zu berücksichtigen. In besonderem Maße gilt dies für sog. „maßgeschneiderte" Produkte eines Sortiments wie auch für traditionelle Erzeugnisse in den Ländern der Dritten Welt.

1.3.5
Maßnahmen unter Einsatz biotechnologischer Verfahren

Die vorangehend genannten Probleme stellen eine Herausforderung an die Ernährungs- und Lebensmittelwissenschaft, insbesondere aber an die Lebensmittelbiotechnologie dar. Letztgenannte ist dem Menschen seit Urzeiten dienlich und gelangt auch in Zukunft verbreitet zum Einsatz. Ihr besonderer Vorzug besteht darin, daß sie die im Verlaufe der Evolution ausgebildeten natürlichen, biochemisch gesteuerten Reaktionsabläufe auch bei der Entwicklung neuer Verfahren nutzt und zugleich weitgehend umweltschonend wirksam wird. Die nachfolgend erörterten Möglichkeiten zur Verbesserung der Ernährungssituation beziehen sich daher – dem Anliegen dieses Buches entsprechend – im wesentlichen auf den Einsatz biotechnologischer Verfahren (mit dem Schwerpunkt *Lebensmittel*biotechnologie).

Über- und Fehlernährung

Wenn der Überernährung in entwickelten und Industrieländern begegnet werden soll, dann können dafür im Prinzip folgende Wege beschritten werden:

1. Ernährungsaufklärung,
2. vernünftige Begrenzung der Energiezufuhr,
3. Einschränkung des Verzehrs bei fortgeschrittenem Übergewicht,
4. Befolgung von Diätplänen,
5. Bevorzugung von energiearmen Lebensmitteln bzw. von solchen mit ernährungsphysiologisch günstigen Eigenschaften („maßgeschneiderte Erzeugnisse", „Leichtprodukte"),
6. Erhöhung des Ballaststoffanteils in der Nahrung,
7. sportliche Betätigung.

Vorrangig stellt sich die Aufgabe, das Ernährungsverhalten vor allem in Sinne des Verzehrs einer ausgewogenen Mischkost bei gleichzeitiger Energiereduzierung zu beeinflussen. Dabei ist es ein Grundanliegen moderner Ernährungsaufklärung, dem Verbraucher nicht etwa die Freude am Essen zu verleiden.

Ein verstärktes Angebot an ernährungsphysiologisch günstig zusammengesetzten, **maßgeschneiderten Lebensmitteln** („Designer-Lebensmittel") dürfte geeignet sein, sowohl den ernährungsbewußten als auch den „Normal"-Verbraucher bei der Zusammenstellung des Kostplanes zu unterstützen. Derartige Erzeugnisse sollten sich durch folgende Eigenschaften auszeichnen:

- Generell verringerter Energiegehalt (Austausch energiereicher durch energieärmere Bestandteile, wie z. B. „körpergebende Substanzen", Wasser, Luft),
- verringerter Fettgehalt (Verwendung von Fettaustauschern),
- höherer Anteil an ungesättigten Fettsäuren im Fett des betreffenden Lebensmittels,
- niedriger Cholesterolgehalt,
- verringerter Zuckergehalt (Verwendung von Zuckeraustausch- und Süßstoffen),
- verringerter Kochsalzgehalt (Verwendung von natürlichen Aroma- und Geschmacksstoffen),
- verringerter Alkoholgehalt (alkoholarme und -freie Getränke).

Als maßgeschneiderte Erzeugnisse sind auch die **Leichtprodukte** („light products", „light foods") anzusehen. Bei diesen handelt es sich nach allgemeinem Verständnis um Lebensmittel, die

- leicht verdaulich und bekömmlich,
- mit einem geringeren Nährstoffgehalt ausgestattet,
- energiereduziert,
- zuckerreduziert und/oder
- alkoholarm

sind.

Tab. 1.3.-5 Leichtprodukte

Lebensmittel	Reduktion von
Milch	Fett
Fruchtquark, -joghurt	Fett
Butter	Fett
alkoholfreie Getränke (Limonaden, Cola-Getränke)	Zucker
alkoholische Getränke	
– Bier	Stammwürze, Alkohol
– Wein, Sekt	Alkohol
Marmeladen, Konfitüren	Zucker, Trockensubstanz
Fleischwaren, insbesondere Wurst	Fett
Mayonnaise	Fett, Eigelb
Schlagschäume	Fett, Zucker
Eiscremes	Fett, Zucker
Schokolade	Fett, Zucker
Hartkaramellen, Desserts	Zucker
Fertiggerichte mit maximal 1250 kJ (300 kcal) je Gericht	diverse Inhaltsstoffe

Der Begriff „Leichtprodukt" ist allerdings bisher lebensmittelrechtlich nicht eindeutig definiert. Leichtprodukte müssen eine zumeist energieärmere Zusammensetzung aufweisen als vergleichbare Standardprodukte, ohne daß jedoch die Qualität abfällt. Die Rezeptur ist mithin so zu modifizieren, daß sich der sensorische Gesamteindruck nicht oder aber möglichst wenig vom herkömmlichen Erzeugnis unterscheidet.

Die Energiereduktion erfolgt gewöhnlich durch Austausch von energiereichen Bestandteilen (vor allem Fett, Zucker, aber auch Alkohol) gegen jeweils energieärmere oder -freie Inhaltsstoffe (z. B. Fettaustauscher, Stärke und Stärkemodifikate, Eiweiß, Zuckeraustausch- und Süßstoffe, Ballaststoffe, Wasser, Luft). Auch unverdauliche „Bulksubstanzen" werden gelegentlich als Zusatzstoffe verwendet (z. B. Inulin).

Diese qualitätsgerechte Produktmodifikation erleichtert auf einfache Weise eine Einschränkung des Verzehrs von Energie ganz allgemein, insbesondere von Fett, Zucker sowie Kochsalz. Die Einführung von Leichtprodukten schafft somit eine gute Ausgangsbasis für die Ausprägung eines gesteigerten Ernährungsbewußtseins. In Tab. 1.3.-5 sind einige auf dem Markt befindliche Leichtprodukte zusammengestellt.

Unterernährung

Zur Vermeidung bzw. wirksamen Bekämpfung der auf Unterernährung beruhenden gesundheitlichen Schäden oder Krankheiten gibt es im Prinzip mehrere Wege:
1. Geburtenkontrolle, einschließlich Überwindung traditionell sowie religiös bedingter Vorbehalte und Zwänge.
2. Anhebung des allgemeinen Bildungsniveaus, einschließlich Ernährungsaufklärung.
3. Steigerung der landwirtschaftlichen Effektivität zur ausreichenden Produktion von Lebensmitteln (Bewässerungsprogramme, Anhebung der Bodenfruchtbarkeit, Verbesserung der Landtechnik, der Pflanzenproduktion und Tieraufzucht).
4. Produktion von ausreichend verfügbaren, preisgünstigen und nutritiv hochwertigen Lebensmitteln, Lebensmittelzusatz- und -hilfsstoffen.

5. Höherveredelung von Lebensmitteln und Lebensmittel-Rohstoffen (z. B. durch fermentative Prozesse).
6. Produktion von nutritiv und organoleptisch hochwertigen Lebensmitteln, auch aus nicht-herkömmlichen Rohstoffen, ferner von Strukturaten und Simulaten.
7. Einsatz von Supplementen (z. B. von Proteinen oder Fetten, essentiellen Aminosäuren, Vitaminen, Mineralstoffen) zur nutritiven Aufwertung von landesüblichen Produkten.

Diese prinzipiellen Möglichkeiten sind nur bei größten Anstrengungen in allen Bereichen des politischen und gesellschaftlichen Lebens der betroffenen Länder und ihrer Bevölkerung realisierbar.

Die Biotechnologie kann bei der Lösung der anstehenden Probleme folgende Beiträge leisten:

1. Steigerung der landwirtschaftlichen Produktion durch Verbesserung der
   - Bodenfruchtbarkeit,
   - Pflanzenzüchtung,
   - Tierzüchtung und Tierernährung,
2. Verbesserung der Lebensmittelproduktion durch
   - Ausbau traditioneller Verfahren bei der Herstellung fermentierter Lebensmittel, insbesondere
     - Weiter- und Höherveredelung von herkömmlichen sowie von neuartigen Rohstoffen,
     - Erhöhung der biologischen Wertigkeit von bestimmten pflanzlichen Proteinen,
     - Abbau antinutritiver Verbindungen,
     - verbesserter Aufschluß der Rohstoffe (zwecks Anhebung der Verdaulichkeit),
     - weitere Vervollkommnung der Lebensmittelqualität, der verfahrenstechnischen Reproduzierbarkeit sowie der lebensmittelhygienisch-toxikologischen Unbedenklichkeit durch Einsatz von (z. B. phagenresistenten) Starterkulturen,
   - Gewinnung und Einsatz von ggf. auch für die Humanernährung geeignetem, mikrobiellem Protein (Speisespilze, Hefen, Schimmelpilze, Algen) mit speziellen Eigenschaften unter Nutzung von traditionellen und neuartigen Verfahren,
3. Supplementierung von Lebensmitteln mit
   - essentiellen Aminosäuren,
   - Vitaminen,
4. Biokonservierung von Lebensmitteln.

Bei der fermentationstechnischen Gewinnung von mikrobiellem Protein, speziell für die Humanernährung, geht es um die Erschließung neuer und im Prinzip unerschöpflicher Nahrungsquellen, die jedoch – von Ausnahmen abgesehen (vgl. Kap. 3.3.1) – als „nicht herkömmlich" zu bezeichnen sind. Voraussetzung für die Nutzung bzw. Einführung derartiger Verfahren sind jedoch:

- Technisch-technologische Realisierbarkeit vor Ort (d. h. im Entwicklungsland selbst),
- Vertretbarkeit aus ökonomischer Sicht,
- Konsens mit der Ernährungswissenschaft (nutritiver Wert, lebensmittelhygienisch-toxikologische Unbedenklichkeit),

– gute Qualität der Endprodukte und Akzeptanz durch den Verbraucher. Diese Forderungen sind bei den meisten der bisher entwickelten Produkte jedoch noch nicht erfüllt.

Die Supplementierung von Lebensmitteln mit essentiellen Aminosäuren konnte sich vor allem aus ökonomischen Gründen international noch nicht durchsetzen. Eine Aufwertung mit Vitaminen und Mineralstoffen wurde hingegen bereits mit Erfolg vorgenommen. Zur Sicherstellung eines ausreichenden Angebotes an Mineralsstoffen ist übrigens die Ausschaltung der antinutritiven Verbindung „Phytinsäure" durch fermentativen oder enzymatischen Abbau von Bedeutung.

Verdauung und Stoffwechsel

Ein morphologisch und funktionell gesunder Organismus ist auf eine störungsfreie Tätigkeit des Intestinaltraktes angewiesen. Das gut ausbalancierte System desselben reagiert normalerweise recht elastisch auf akute, von außen kommende Störungen. Umso folgenschwerer können sich längerfristige Abweichungen auswirken, so z. B. bei andauernder Über-, Unter- oder Fehlernährung.

Zur Gewährleistung einer optimalen Verdauung sowie eines intakten Stoffwechsels sollen die Nahrungsmittel
– gut verdauliche Hauptnährstoffe enthalten,
– reich an Ballaststoffen sein,
– frei sein von Nahrungsbestandteilen, welche die Darmflora beeinträchtigen,
– frei sein von toxischen Substanzen und Antibiotika,
– arm sein an antinutritiven Verbindungen.

Der Förderung einer intakten Magen-Darm-Funktion dienen
– Sauermilchprodukte (Begünstigung und/oder Bereicherung der Darmflora),
– Sauergemüse (Zufuhr von Ballaststoffen, Bereicherung der Darmflora).

Zur Verhinderung von Verdauungsstörungen können Spezialnahrungen sowie Verdauungshilfsmittel (z. B. Enzympräparate) hilfreich sein.

Lebensmittel und diätetische Erzeugnisse für spezielle Zielgruppen

Die Angehörigen einer Reihe von Zielgruppen sind auf bestimmte Diätformen bzw. Lebensmittel angewiesen. Hierzu gehören Patienten mit erblich bedingten oder durch falsche Ernährung erworbenen Krankheiten, in prä- oder postoperativen Zuständen, Rekonvaleszenten, Säuglinge, Kleinkinder, Senioren, Leistungssportler u.a.m. Geeignete Diäten sollen dazu beitragen, die normalen Funktionen des Körpers aufrechtzuerhalten oder wieder in Gang zu setzen, eine körperliche Schwächung zu verhindern, Energie- und Nährstoffdefizite abzubauen oder aber den Organismus zu Höchstleistungen (z. B. im Sport) zu befähigen.

Für die vorrangehend genannten Zielgruppen wird ein Sortiment verschiedenster Erzeugnisse benötigt (wobei eine Unterteilung in bestimmte Verbrauchergruppen schwierig ist). Es sind dies u. a.:

1. Rasch wirkende Energielieferanten (leicht spalt- bzw. absorbierbare Kohlenhydrate, wie z. B. Glucose, Maltose, Saccharose, Maltodextrine, Fette mit mittelkettigen Fettsäuren),
2. essentielle Aminosäuren und kurzkettige Peptide für die Krankenernährung (enterale, bei freien Aminosäuren auch parenterale Verabfolgung),
3. mehrfach ungesättigte Fettsäuren (Applikation ggf. in verkapselter Form),
4. bestimmte Enzympräparate bei Ausfall intestinaler Enzymfunktionen sowie zur Inaktivierung antinutritiver Verbindungen,
5. Vitaminpräparate,
6. fermentierte Lebensmittel.

Biokonservierung, natürliche Flavour-Substanzen

Der Verbraucher bevorzugt infolge eines angestiegenen Ernährungs- und Umweltbewußtseins Lebensmittel, bei denen
– natürliche Konservierungsmittel sowie
– natürliche Geschmacks- und Aromastoffe
als technologisch bedingte oder wertgebende Hilfs- und Zusatzstoffe Verwendung finden.

Schlußbemerkungen

Wie bereits ausgeführt, ist bei der Bewältigung der international anstehenden Ernährungsprobleme in besonderem Maße die Biotechnologie angesprochen. Verschiedene diesbezüglich erzielte Ergebnisse sind bereits bis zur Produktionsreife gelangt, andere befinden sich noch im Stadium des Labor- und kleintechnischen Maßstabes oder aber es liegen lediglich Vorstellungen über prinzipielle Lösungswege vor. Unter Berücksichtigung der vorangehend erörterten Möglichkeiten sind auf dem Lebensmittel- und Ernährungssektor bisher folgende Teilbereiche mit Erfolg biotechnologisch bearbeitet worden:
– Biokonservierung von Lebensmitteln,
– fermentierte Lebensmittel,
– Proteine und Proteinhydrolysate,
– Fette und Fettsäuren,
– Kohlenhydrate, Modifikate, süßende Verbindungen („sweeteners"),
– Ballaststoffe,
– Enzyme,
– Aroma- und Geschmacksstoffe,
– Vitamine,
– Pflanzenzüchtung,
– Tierzüchtung.

Hierzu wird in den nachfolgenden Kapiteln berichtet. Im Vordergrund der Ausführungen steht dabei – entsprechend der Zielstellung dieses Buches – die *Lebensmittel*biotechnologie. Zur Biotechnologie auf den Gebieten der Pflanzen- und Tierzüchtung werden verschiedene bisher entwickelte Verfahren lediglich kurz erörtert.

KAPITEL 2

Ausgewählte Methoden und Verfahren der Biotechnologie

Zahlreiche herkömmliche Fermentationsprozesse in der Lebensmittelproduktion (z. B. Käse, Rohwurst, Sauergemüse) laufen nicht steril ab, da unter den speziellen Kulturbedingungen (z. B. niedriger pH-Wert, hoher Salzgehalt) eine Besiedlung des Rohstoffes mit einer speziellen, aus der Umwelt stammenden Reifungsflora geradezu erwünscht ist und die Entwicklung von unerwünschten Mikroorganismen weitgehend unterdrückt wird. Die Anzucht von Starterkulturen für die Herstellung bekannter fermentierter Lebensmittel, vor allem aber von Reinkulturen für die Produktgewinnung (z. B. Enzyme, organische Säuren, Aminosäuren), erfolgt jedoch unter sterilen Bedingungen, d. h. frei von Fremdkeimen. Dies gilt in besonderem Maße für langsam wachsende Mikroorganismen und Zellkulturen. Durch Anwendung geeigneter Sterilisationsmaßnahmen müssen daher Fremdkeime von Nährmedien, Pufferlösungen, Luft und Arbeitsgeräten entfernt werden. Dies kann durch Abtötung der Keime mit physikalischen (z. B. Hitze, γ-Strahlen) und chemischen Mitteln (z. B. Alkohol, β-Propiolacton) sowie durch Eliminierung mittels Filtrationstechnik erfolgen.

Für die Gewinnung mikrobieller Stoffwechselprodukte werden sowohl aus natürlichen Lebensräumen isolierte Mikroorganismen als auch Stamm-Material von Kultursammlungen herangezogen. Die Isolierung erfolgt von solchen Standorten, die sich durch spezifische Nährstoffe (z. B. Amylasebildner in Abwasser von Stärkefabriken) oder besondere Umweltbedingungen (z. B. thermophile Mikroorganismen in erhitztem Heu) auszeichnen. Man geht davon aus, daß an diesen Standorten mit hoher Wahrscheinlichkeit eine Anreicherung von adaptierten Keimen vorliegt.

Die Zentrale Sammlung und Hinterlegungsstelle für Mikroorganismen und Zellkulturen in Deutschland befindet sich in Braunschweig, Marscheroder Weg 1b. Sie verfügt über einen Bestand von ca. 7000 Bakterien und Pilzen.

2.1
Kultivation von Mikroorganismen

2.1.1
Wachstum, Vermehrung und Produktbildung

Bei technischen Fermentationen sollen die eingesetzten Mikroorganismen unter vorgegebenen Bedingungen zu intensiver Biomassebildung und/oder zu hoher Produktsynthese veranlaßt werden.

Wachstum und Vermehrung

Beide Vorgänge stehen in engem Zusammenhang. Bezogen auf eine einzelne Mikrobenzelle ist Wachstum die irreversible Zunahme von Zellsubstanz, während Vermehrung deren identische Replikation durch Teilung oder Sprossung beinhaltet. Bei biotechnologischen Prozessen ist die Gesamtpopulation einer Mikrobenkultur von Interesse. Als Wachstum werden in diesem Falle sowohl die Zunahme der Zellzahl als auch deren Gesamtmasse angesehen. Die Zellvermehrung von Bakterien, Hefen und Schimmelpilzen verläuft unterschiedlich (Abb. 2.-1).

Bakterien vermehren sich nach dem Streckungswachstum der Mutterzelle durch einfache Querteilung in zwei Tochterzellen. Der Teilungsvorgang erfolgt unter günstigen Bedingungen nach ca. 20 min (z. B. *Escherichia coli*), gewöhnlich aber nach einer längeren Zeit (z. B. 40 min bei *Bacillus megaterium*). Actinomyzeten sind filamentös wachsende Bakterien. Die Filamente sind etwa 0,5–1 µm stark (z. B. Streptomyzeten) und weisen Spitzenwachstum sowie Verzweigungen auf. Auf Nähragar unterscheidet man Substrat- und Luftmycel. Letzteres entwickelt beim Übergang zur Sporulation spiral-, quirl- und andersartige Strukturen sowie Farbstoffe.

Hefen vermehren sich durch Knospung (z. B. *Saccharomyces cerevisiae*) oder Querteilung (z. B. *Schizosaccharomyces pombe*). Unter bestimmten Kulturbedingungen unterbleibt nach der Teilung die Trennung der Zellen, so daß Pseudomycel ausgebildet wird (z. B. *Endomycopsis bispora*). Die Zellteilung erfolgt gewöhnlich nach 1–2 Stunden.

Mycelbildende Pilze (z. B. *Aspergillus*- und *Penicillium*-Arten) weisen nur an den Hyphenspitzen Wachstum auf, so daß im Mycel Zellen mit erheblichem Altersunterschied vorliegen. Eine Reihe von Pilzarten (z. B. Aspergillen) bilden unter verschiede-

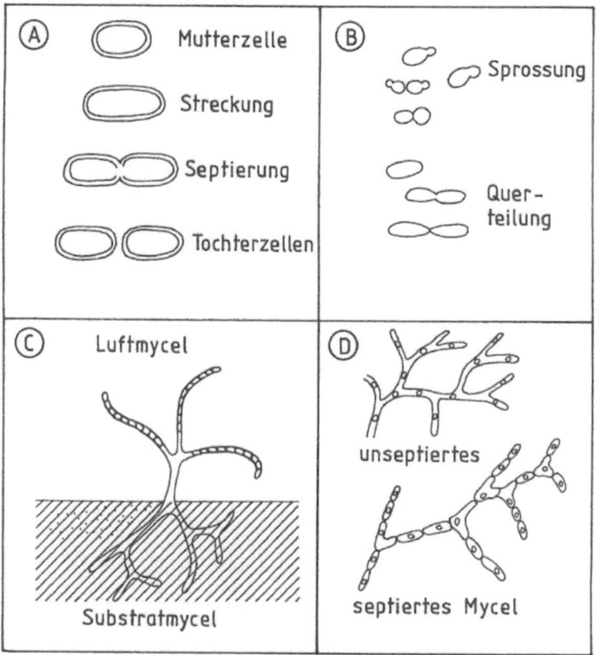

Abb. 2.-1 Zellvermehrung verschiedener Mikroorganismengruppen (DIEKMANN u. METZ, 1991)
A – Querteilung bei Bakterien,
B – Sprossung und Querteilung bei Hefen,
C – Substrat- und Luftmycel bei Streptomyzeten,
D – Längenwachstum und Verzweigung bei septierten und unseptierten Mycelpilzen

nen Bedingungen in Submerskultur pellet- bzw. ballenartige Mycelstrukturen aus. Diese sind biotechnologisch von besonderem Interesse, da sie eine leichte Mycelabtrennung vom Kulturmedium ermöglichen und in einigen Fällen eine wesentlich intensivere Produktbildung veranlassen. Durch gezielte Maßnahmen (z. B. hohe Sporeneinsaat, geringe Schüttelfrequenz, Anzucht einer Myceldecke) kann die Bildung von Mycelstrukturen angeregt werden.

Wachstumskinetik und Produktbildung

Die Kultivierung von Mikroorganismen kann diskontinuierlich (*Batch-Kultur*), semikontinuierlich (*Feeding-* oder *Fed batch-Kultur*) und kontinuierlich erfolgen.

Die **diskontinuierliche Kultur** ist ein geschlossenes System, bei dem während der Fermentation nichts hinzugefügt oder entnommen wird. Durch den Stoffwechsel der Mikroorganismen ändern sich ständig Nährbodenzusammensetzung, Biomasse und Konzentration der gebildeten Stoffwechselprodukte.

Nach Beimpfung einer sterilen Nährlösung mit Mikroorganismen (z. B. Bakterien) und Kultivierung unter geeigneten Bedingungen verläuft das Wachstum im allgemei-

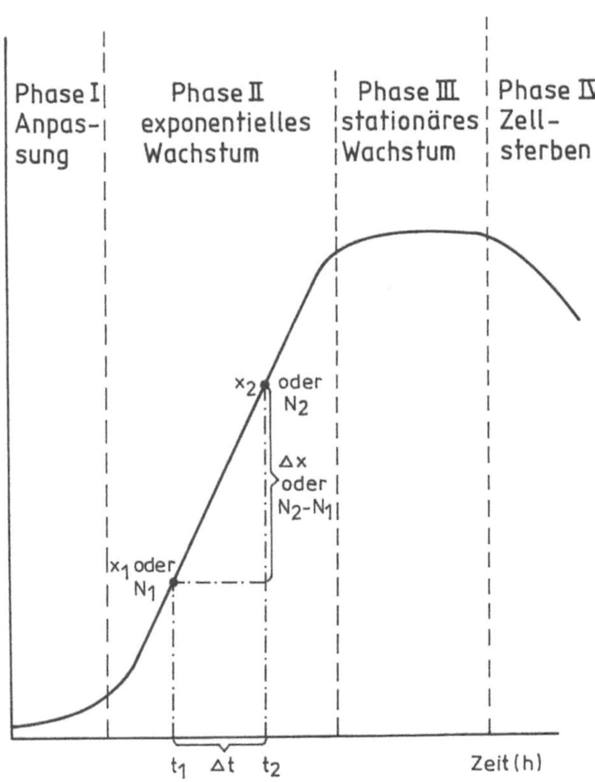

Abb. 2.-2 Wachstumsverlauf bei Mikroorganismen in diskontinuierlicher Kultur

nen in 4 Phasen (Abb. 2.-2). In der 1. Phase (*lag-Phase*) adaptieren sich die Mikroorganismen an das neue Milieu. Art der Vorkultur, Alter der Zellen, Medienzusammensetzung u. a. Faktoren haben Einfluß darauf, wie lange die Zellen benötigen, ihre Transportsysteme für Substrate sowie die zum Substratabbau und Stoffwechsel erforderlichen Enzyme zu bilden. Je größer die Inoculummenge ist, desto kürzer ist auch die lag-Phase. Aus ökonomischen Gründen bemüht man sich darum, diese Phase möglichst kurz zu halten.

In der 2. Phase (*log-Phase*) erreicht das Wachstum unter optimalen Kulturbedingungen größtmögliche Geschwindigkeit, d. h. die maximale spez. Wachstumsrate μ_{max} ($\mu = \ln x_2 - \ln x_1 : t_2 - t_1$; Zunahme der Zellmasse pro Zeiteinheit). Der Anstieg der Biomasse (x) oder der Zellzahl (N) verläuft gewöhnlich so intensiv, daß eine logarithmische Auftragung der Meßwerte auf der Ordinate einer graphischen Darstellung erforderlich wird. Solange keine Nährsubstratlimitation eintritt, bleibt die spezifische Wachstumsrate konstant. Die μ_{max}-Werte sind vom Mikroorganismus (z. B. Pilze 0,1–0,34; Bakterien 0,69–3,0 h^{-1}) und von den Kulturbedingungen abhängig. Da zur Spaltung längerkettiger Substrate Energie aufgewendet werden muß, ist die spezifische Wachstumsrate mit niedermolekularen Substraten (z. B. Glucose) größer als mit höhermolekularen (z. B. Stärke).

Die 3. Phase (*stationäre Phase*) beginnt, sobald Substratmangel eintritt oder durch den Stoffwechsel toxische Substanzen angereichert worden sind, die das Wachstum hemmen. Da in dieser Phase zahlreiche technisch interessante Produkte in großen Mengen gebildet werden, wird versucht, die Kultur so lange wie möglich in diesem Zustand zu halten. In der 4.Phase (*Absterbephase*) ist die Enegiereserve der Biomasse erschöpft, und die Zellen sterben durch Autolyse ab.

Eine Weiterentwicklung der diskontinuierlichen ist die **semikontinuierliche** (**Feeding-** oder **Fed batch-**) **Kultur**. Sie wird für die Gewinnung zahlreicher Stoffwechselprodukte zunehmend genutzt. Da die Bildung derselben vielfach durch hohe Konzentrationen an Kohlenhydraten (z. B. Glucose) bzw. Stickstoffverbindungen (z. B. NH_4^+) katabolisch reprimiert wird, beginnt man die Fermentation mit geringen Konzentrationen an diesen kritischen Nährbodenkomponenten. Während der Produktionsphase werden sie dann diskontinuierlich zudosiert. Die Zufütterung des Substrates wird gewöhnlich durch Messung verschiedener Parameter (z. B. pH-Wert, pO_2, pCO_2) gesteuert. So wird beispielsweise die Glucosezugabe bei der Bildung organischer Säuren über den pH-Wert reguliert.

Bei einer **kontinuierlichen Kultur** wird in einem offenen System sterile Nährlösung ständig dem Fermentationsansatz zugeführt. Gleichzeitig wird eine äquivalente Menge Kulturmedium mit geringen Mengen verwertbarer Nährstoffe, aber angereichert mit Stoffwechselprodukten, aus dem Fermentationsansatz abgeleitet. Das Arbeitsvolumen des Fermentors bleibt dadurch konstant. Das Fließgleichgewicht (*steady state*) einer Kultur wird erreicht, wenn sich die Konzentration aller Komponenten im Fermentor nicht mehr ändert. Die Biomassemenge ist dann von der Substratkonzentration abhängig. Diese kontinuierliche Kultur wird als *Chemostat* bezeichnet. Wird hingegen die Biomasse als Steuergröße gewählt, erfolgt die Nährlösungszufuhr so, daß stets eine konstante Biomassemenge in der Kultur vorliegt (*Turbidostat*). Kontinuierliche Verfahren im Labormaßstab wurden u. a. für Einzellerprotein, Starterkulturen und den Celluloseabbau entwickelt.

2.1.2
Kultivationsarten

Mikroorganismen benötigen für Wachstum, Vermehrung und Produktsynthese neben essentiellen Nährstoffen geeignete Milieubedingungen. Diese werden in der Natur in großer Vielfalt, z. T. aber auch extrem einseitig, geboten. Außerdem erfolgt das Wachstum meist in Gesellschaft anderer Mikroorganismen. Bei Produktbildungs- und Stoffwandlungsprozessen in der Lebensmittelbiotechnologie werden überwiegend Reinkulturen unter mehr oder weniger definierten, für den Stamm zumeist optimierten Kulturbedingungen eingesetzt. In Abhängigkeit von den Voraussetzungen, unter denen die Fermentation durchgeführt wird, unterscheidet man zwischen den nachfolgend aufgeführten Kultivationsarten.

Aerobe Kultur

Da die meisten Mikroorganismen zur Atmung Sauerstoff benötigen, wird diese Kulturform am häufigsten genutzt.

Submersverfahren. Bei dieser sehr häufig verwendeten Kultivationsart werden die Mikroorganismen in der Kulturflüssigkeit mittels Rühreinrichtung, Belüftung und spezieller Pumpsysteme suspendiert, um eine möglichst homogene Verteilung und eine optimale Nährstoffversorgung zu gewährleisten. Mikrorganismen aller Hauptgruppen werden zur Herstellung konventioneller wie auch neuerer Produkte (z. B. Aminosäuren, Enzyme, Aminosäuren, organische Genußsäuren) submers kultiviert. Die Betriebsweise kann diskontinuierlich, halbkontinuierlich oder kontinuierlich erfolgen.

Emers-(oder Oberflächen-)Verfahren. Es wird ein homogenes Wachstum von Mikroorganismen an der Oberfläche flüssiger, halbfester oder fester Substrate angestrebt. Die zumeist mehrschichtig vorliegende Biomasse weist im Hinblick auf die Nährstoffversorgung und den Stoffwechsel innerhalb der Schichten erhebliche Unterschiede auf. Zahlreiche Fermentationsprodukte in der Lebensmittelindustrie wurden ursprünglich im Emersverfahren hergestellt. Da dieses jedoch hinsichtlich des Stofftransportes, der Prozeßsteuerung und des Arbeitsaufwandes einige Unzulänglichkeiten aufweist, wurde es im Laufe der Zeit zunehmend durch das Submersverfahren ersetzt. Beispiele für gegenwärtig noch praktizierte Oberflächenverfahren sind:
- Wachstum von Schimmelpilzen auf mit Nährlösungen angefeuchteten Substraten (z. B. Weizenkleie, Reis) zur Produktion von Enzymen, Koji u. a. Produkten (Festphasenfermentation),
- Pilzdecken auf Flüssigkeitsoberflächen zur Gewinnung von Citronensäure und Enzymen,
- Anzucht von Bakterienschichten auf Flüssigmedien zur Herstellung von Essig.

Festphasenfermentation. Diese ist als Sonderform der Emerskultur anzusehen. In der Lebensmittelproduktion spielt sie nach wie vor eine Rolle. Man versteht darunter Fermentationsprozesse, bei denen Mikroorganismen auf festen Substraten wachsen und dabei den Feststoff abbauen. Sie nutzen das im Substrat enthaltene Wasser, welches im allgemeinen etwa 30–80 % des Substratgewichtes ausmacht. Bei einem Wassergehalt unter 12 % findet kein Mikrobenwachstum mehr statt. An diese Bedingungen sind Schimmelpilze und Hefen am besten angepaßt. Zur Durchführung derartiger Fermentationen sind Spezialfermentoren entwickelt worden, in denen das Substrat nicht oder mit unterschiedlicher Intensität durchmischt wird. Die Festphasenfermentation findet breite Anwendung bei der Herstellung außereuropäischer fermentierter Lebensmittel (z. B. Sojasauce, Miso, Tempeh).

Anaerobe Kultur

Diese technologisch relativ anspruchslose Kultivationsart erfordert Luftausschluß und wird im technischen Maßstab vorwiegend im Submersverfahren durchgeführt. Beispiele dafür sind die seit langem bekannten Verfahren zur Herstellung von Bier, Wein, Alkohol und Milchsäure. Aber auch einige Festphasenfermentationen in der Lebensmittelindustrie laufen nach diesem Prinzip ab (z. B. Hefe- und Sauerteiggärung bei der Backwarenherstellung, Rohwurst- und Käsereifung).

Kultivation fixierter Mikroorganismen

Da die Anzucht produktbildender Mikroorganismen im Verlaufe des Fermentationsprozesses zumeist kosten- und energieaufwendiger ist als die Produktisolierung, hat man Verfahren zu ihrer Mehrfachnutzung entwickelt. Dies kann u. a. durch Fixierung (*„Immobilisierung"*) der Zellen in oder auf verschiedenen Trägermaterialien (z. B. Kieselgur, Ton, Cellulose, Kunststoffe, Holzspäne) geschehen. Als Immobilisierungsmethoden kommen Adsorption, Vernetzung, covalente Bindung sowie Einschluß in Betracht. Als Beispiel für eine solche Kultivierungsmethode sei die Essigherstellung angeführt, bei der die Mikroorganismen an Buchenholzspänen adsorbiert sind.

Verschiedene Kulturformen

In Abhängigkeit von der Anzahl und Art der während der Fermentation anwesenden Mikroorganismenarten unterscheidet man zwischen folgenden Kulturformen:

Steril geführte Kultur. Die meisten neueren biotechnologischen Verfahren zur Gewinnung von Primär- und Sekundärmetaboliten werden unter Ausschluß von Fremdkeimen durchgeführt. Dies gilt insbesondere für Fermentationsprozesse, die auch unerwünschten Keimen eine gute Entwicklungsmöglichkeit bieten würden.

Unsteril geführte Kultur. Unter speziellen Kulturbedingungen (z. B. anaerob, extreme Temperatur-, pH- und Nährmedienverhältnisse) haben unerwünschte Mikroorganismen neben den Produktionsstämmen nur geringe Entwicklungsmöglichkeiten. Hier kann auf eine sterile (d. h. ökonomisch aufwendigere) Kulturführung verzichtet werden. Derartige Verfahren und Fermentoren werden z. B. für die Gewinnung von mikrobiellem Protein, Milchsäure und Sauerkraut genutzt.

Monokultur. Zur Gewinnung reiner Produkte (z. B. Aminosäuren, organische Säuren, Enzyme) werden überwiegend Kulturen spezieller Mikroorganismen eingesetzt.

Mischkultur. Die Produktion zahlreicher Lebensmittel (z. B. Sauerkraut, Käse, Sauermilchprodukte, Rohwurst, Backwaren) erfordert zur Entwicklung typischer Konsistenz-, Aroma- und Geschmackseigenschaften die Stoffwechseltätigkeit *mehrerer* Mikroorganismen-Arten. Die Mischkultur bildet sich im allgemeinen ohne Zusatz von Mikroorganismen auf der Basis der natürlichen Mikroflora aus. Sie ist vom Substrat u. a. Kulturbedingungen abhängig.

2.1.3
Fermentationsprozeß

Bei der Erarbeitung eines Fermentationsverfahrens wird angestrebt, durch Auswahl geeigneter Bioreaktoren, Nährmedien, Kulturbedingungen, einer leistungsfähigen Meß- und Regeltechnik sowie paßfähiger Schritte der Maßstabsvergrößerung einen reproduzierbaren Prozeßablauf zu gewährleisten, welcher eine kostengünstige, umweltschonende Herstellung eines gewünschten Produktes in hoher Qualität und Ausbeute ermöglicht. Hierzu sind häufig zahlreiche Versuchsreihen im Labor-, Technikums- und Produktionsmaßstab notwendig, für die zunehmend rechnergestützte Optimierungsstrategien eingesetzt werden. Einige wesentliche Aspekte dieses Prozesses werden nachfolgend behandelt.

Bioreaktoren

Bioreaktoren ermöglichen die Regelung und reproduzierbare Einstellung optimaler Lebensbedingungen für Mikroorganismen. Um diversen Ansprüchen gerecht zu werden, ist eine Vielzahl von Fermentortypen in unterschiedlicher Ausführung und Größe entwickelt worden (vgl. Abb. 2.-3, 2.-4). Generell wird angestrebt, mit minimalem Aufwand an Investitionen und Betriebskosten ein Maximum an Produktausbeute zu erreichen.

Bioreaktoren für anaerobe Prozesse erfordern keine besondere Gestaltung. Gärprozesse für die Alkoholgewinnung können in einfachen Gefäßen, von der Kulturflasche bis zum Gärkessel mit mehreren 100 m^3 Fassungsvermögen, unter Luftausschluß durchgeführt werden. Dies wird meist schon durch maximale Behälterfüllung erreicht. Die Temperierung erfolgt vorwiegend durch die Umgebungstemperatur bzw. durch Berieselung der Reaktorwände mit Kühlwasser. Für die Durchmischung sorgt bereits die Gasbildung, wie z. B. CO_2 im Falle der alkoholischen Gärung. Neben Submersfermentoren können auch Festbettreaktoren zum Einsatz gelangen, bei denen an Träger fixierte Mikroorganismen von der Substratlösung umspült werden.

Bioreaktoren für aerobe Prozesse, die bei Emers- und Submersfermentationen überwiegend verwendet werden, lassen sich nach der Art der Gasverteilung in 4 Gruppen einteilen (Abb. 2.-3). In der Industrie ist für die Produktherstellung mit frei beweglichen Mikroorganismen der *zwangsbelüftete Rührkessel* am weitesten verbreitet. Die wesentlichen Gründe dafür sind in seiner großen Flexibilität und universellen Einsetzbarkeit zu sehen. Die Produktionsfermentoren variieren in ihrem Höhen-Durchmesser-Verhälnis zwischen 2:1 bis 6:1 und im Bruttovolumen zwischen 1 bis 500 m^3. Zwecks homogener Durchmischung des Fermentorinhaltes sowie für eine möglichst intensive Dispergierung der Luft im Kulturmedium werden bevorzugt

Gasverteilung durch	Fermentertypen	Beispiele
(I) bewegte Einbauten	1. Rührwerkskessel 2. Umwurfsystem mit Leitrohr 3. Selbstansaugender Rührer	Typ 1
(II) Pumpen	4. Blasensäule mit Zwangsumlauf 5. Treibstrahl-schlaufe 6. Freistrahlbelüfter	Typ 5
(III) Vordruck des Gases	7. Blasensäule 8. Airlift 9. Pressure cycle reactor 10. Mammut-Schlaufen-Reaktor 11. Siebbodenkaskade	Typ 8
(IV) Kontinuierliche Gasphase	12. Rieselfilmreaktor 13. Oberflächen-Reaktor 14. Schaufelrad-Reaktor	Typ 13

Abb. 2.-3 Grundtypen von Bioreaktoren für aerobe Fermentationen (CRUEGER u. CRUEGER, 1989)

Scheiben- und Propeller-Rührer eingesetzt. Für Reaktionen, in denen sehr viskose Nährmedien verwendet werden bzw. für die viel Sauerstoff erforderlich ist, eignen sich vor allem *Rühr-* und *Schlaufenreaktoren*. Zur Produktion von mikrobiellem Protein wird häufig der sog. *Tauchstrahlfermentor* eingesetzt, bei dem mit Luft vermischtes Medium mit hoher Geschwindigkeit auf die Flüssigkeitsoberfläche gepumpt wird.

Für **immobilisierte Mikroorganismen** kommen die in Abb. 2.-4 aufgeführten Reaktortypen zur Anwendung. Diese müssen so konstruiert sein, daß die Diffusionsgeschwindigkeit des Substrates zum Biokatalysator (externer Massentransfer) hoch genug ist, um eine Limitation der Reaktion zu vermeiden. Der interne Massentransfer wird durch die Immobilisierungsmethode bestimmt. *Festbettreaktoren* ermöglichen wegen der hohen Packungsdichte der immobilisierten Systeme den höchsten Substratumsatz pro Zeiteinheit. Beim *Fließbettreaktor* wird der Biokatalysator durch den Substratstrom in Schwebe gehalten. Im *Wirbelschichtreaktor* wird eine gute Rückmischung durch Einbauten sowie Gasdurchsatz gesichert, jedoch ist die Umsetzung nicht vollständig. *Membranreaktoren* sind so konstruiert, daß Biokatalysator und Substrat durch eine Ultrafiltrations- oder Dialysemembran

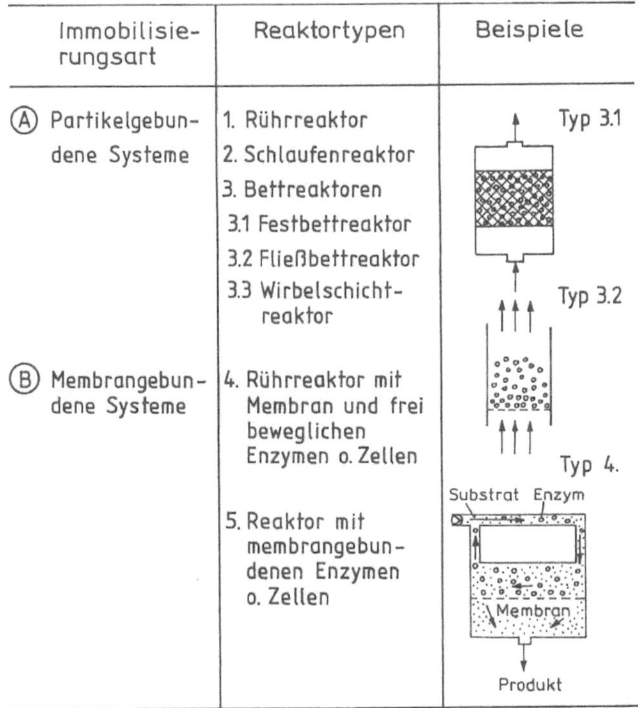

Abb. 2.-4 Reaktoren für immobilisierte Biokatalysatoren (Enzyme oder Mikroorganismen)

zurückgehalten werden, während die entstehenden niedermolekularen Produkte durch Poren das System verlassen. Bei Bioreaktoren mit membrangebundenen Biokatalysatoren wird das Substrat beim Membrandurchtritt umgesetzt.

Nährmedien

Für verschiedene Anwendungszwecke wurde eine große Zahl von Nährmedien entwickelt. Im allgemeinen sind diese durch einen hohen Wasseranteil gekennzeichnet. In der Lebensmittel- und Biotechnologie sind aber gelegentlich auch spezifische Bedingungen (z. B. hoher Feststoff-, Zucker- und Salzgehalt) von Bedeutung. Aus Kostengründen setzt man in der Fermentationsindustrie überwiegend komplexe Medienbestandteile ein. Dies sind in zunehmendem Maße industrielle Abfallprodukte, die in ihrer Zusammensetzung stark schwanken können. Für eine hohe Produktausbeute macht sich daher oft eine Ergänzung der Medienzusammensetzung erforderlich. Dies erfolgt vorwiegend mittels statistischer Methoden unter Einsatz von Computerprogrammen.

Als **Kohlenstoff-** und **Energiequelle** werden sehr häufig Stärke und Dextrine, Melasse, Sulfitablauge, Cellulose, Malzextrakt, Molke, tierische und pflanzliche Fette und Öle sowie Alkohole in Mengen von 1–2 % genutzt. Bei den **Stickstoff-Quellen** handelt es sich sowohl um organische als auch um anorganische Verbindungen. Sehr häufig eingesetzte organische Substanzen sind Pepton, Fleischextrakt, Hefeextrakt,

Maisquellwasser, Soja- und Erdnußmehl. Ammoniumsalze sind die billigsten anorganischen N-Quellen.

Hinsichtlich der erforderlichen **Mineralstoffe** unterscheidet man zwischen Makro- und Mikroelementen. Von den Makroelementen (mg/l) werden vor allem P, K, Na, S, Mg und Ca benötigt. Bei den Mikro- oder Spurenelementen (µg/l) sind besonders Fe, Zn, Cu, Mn, Co, Mb und B zu nennen. Da sie nur in geringen Mengen gebraucht werden, ist ihr Zusatz bei Verwendung von Leitungswasser meist nicht erforderlich.

Die von den einzelnen Mikroorganismen benötigten **Vitamine** werden im Labormaßstab den Medien häufig als Coenzyme oder deren Vorstufen in µg-Mengen zugegeben. Die wichtigsten sind Thiamin, Biotin, Riboflavin, Pyridoxin, Nicotinsäure, Cobalamin und Folsäure. In der Praxis verwendet man in der Regel vitaminreiche organische Substanzen (z. B. 0,1 % Hefeextrakt).

Da flüssige Kulturmedien bei intensiver Rührung und Belüftung zur Schaumbildung neigen, gibt man zu Beginn bzw. während der Fermentation häufig **Antischaummittel** zu. Für lebensmitteltechnologisch relevante Ansätze kommen vor allem pflanzliche sowie tierische Öle und Fette (z. B. Sonnenblumen-, Soja-, Fischöl, Schweineschmalz) in Mengen von 0,02–0,05 % in Betracht.

Kulturbedingungen

Zur Gewährleistung intensiven Wachstums und möglichst hoher Produktsynthesen sind neben der Optimierung der Nährsubstrate weitere wichtige Kultivationsparameter den jeweiligen Erfordernissen der Mikroorganismen anzupassen.

pH-Wert. Für jeden Mikroorganismus gibt es einen mehr oder weniger breiten pH-Bereich, innerhalb dessen er wachsen kann. Größtmögliches Wachstum erfolgt im Optimalbereich, der z. B. für Pilze, Milchsäure- und Essigsäurebakterien etwa bei pH 4–5 liegt. Die meisten Bakterien, wie z. B. Bazillen, wachsen hingegen im Neutralbereich am besten.

Temperatur. Hinsichtlich des optimalen Temperaturbereiches unterscheidet man prinzipiell zwischen 3 Hauptgruppen: Psychrophile, mesophile und thermophile Stämme (Tab. 2.-1). Die größte Gruppe sind die Mesophilen, zu denen die meisten Produktionsstämme gehören. Psychrophile haben vor allem als Schadorganismen bei der Kühllagerung von Lebensmitteln eine Bedeutung. Thermophile Stämme sind z. B. für die Enzym- und Alkoholproduktion wegen der nicht erforderlichen Fermentorkühlung sowie wegen der geringeren Infektionsanfälligkeit von Interesse. Thermophile Arten gibt es z. B. bei den Bakterien der Gattungen *Bacillus*, *Clostridium* und *Thermoactinomyces*, bei den Hefegattungen *Torulopsis*, *Candida* und *Saccharomyces* sowie bei einigen Schimmelpilzen.

Tab. 2.-1 Temperaturbereiche für das Wachstum von Mikroorganismen	Gruppe	Temperaturbereich (°C)		
		Minimum	Optimum	Maximum
	Psychrophile	–10–0	15–20	20–30
	Mesophile	10–30	20–37	35–50
	Thermophile	25–50	50–65	60–95

Tab. 2.-2 Varianten der mikrobiellen Energiegewinnung mit und ohne Sauerstoff

Gruppen	Charakterisierung	Beispiele
aerobe Mikro-organismen	Energiegewinnung durch Atmung; O_2 der Luft ist Akzeptor von Substratwasserstoff, Wachstum nur bei O_2-Anwesenheit, kontinuierl. Belüftung erforderlich	viele Mikroorganismen, z. B. *Bacillus subtilis*, *Endomycopsis bispora*, *Aspergillus niger*
fakultativ an-aerobe Mikro-organismen	Energiegewinnung durch Gärung und Atmung; organ. Substanzen oder Luft-O_2 sind Akzeptoren für Substratwasserstoff; Wachstum in Gegenwart oder Abwesenheit von O_2 (Umschalt-mechanismus)	die meisten Produktionsstäm-me industrieller Gärungen, z. B. Milchsäurebakterien, *Saccharomyces cerevisiae*
obligat anaerobe Mikroorganismen	Energiegewinnung durch Gärung; organische Substanzen sind Akzeptoren für Substratwasserstoff; Wachstum nur ohne O_2, Zusatz O_2-bindender Stoffe (z. B. Pyrogallol) zum Medium	Intestinalflora

Belüftung. Für den Stoffwechsel wird Energie benötigt. Diese beziehen die Mikroorganismen zumeist aus biochemischen Reaktionen mit Sauerstoff (Aerobier) oder ohne Sauerstoff (Anaerobier). Einige Eigenschaften dieser Gruppen sind in Tab. 2.-2 zusammengefaßt. Aerobe Mikroorganismen wachsen auf der Oberfläche fester Nährböden (**Emerskultur**) oder in Flüssigmedien (**Submerskultur**). Letztere erfordern zusätzliche Luftzufuhr, weil der im Wasser gelöste Sauerstoff (max. 8 mg/l) sehr rasch verbraucht wird. In der Praxis wird dies durch Schütteltische bzw. Belüftungseinrichtungen bei Fermentoren realisiert. Der O_2-Bedarf der Mikroorganismen ist unterschiedlich. *E. coli* benötigt z. B. bei einer Zellkonzentration von 25 g/l etwa 30 g O_2/l x h, *Saccharomyces cerevisiae* hingegen ca. 44 g O_2/l x h.

Mischen. Mischvorgänge dienen bei der Kultivierung von Mikroorganismen sowohl der Verteilung als auch dem Stoffübergang. Infolge der verstärkten relativen Bewegung zwischen Zellen und Medium werden der Stoffaustausch an der Zelloberfläche (Nährstoffaufnahme, Abgabe von Stoffwechselprodukten) gefördert, gleichzeitig aber die Bildung von Zellaggregaten (Zusammenlagerung von Keimen) gehemmt. Entscheidende Bedeutung hat der Mischprozeß für eine möglichst rasche und gleichmäßige Verteilung von Energie und Nährstoffen im Medium. Dies gilt z. B. für eine schnelle Wärmeabführung aus dem Kulturgefäß nach der Sterilisation des Mediums bzw. für die Luftzufuhr, bei der es auf eine möglichst intensive Zerteilung großer Luftblasen ankommt.

Meß- und Regeltechnik

Zur Gewinnung von Informationen über den Verlauf des Fermentationsprozesses sowie zu dessen Regelung und Steuerung im Hinblick auf eine optimale Produktausbeute ist die meßtechnische Erfassung einer Reihe von analytischen Daten erforderlich. Die Registrierung dieser Meßwerte ist heute sowohl im Labor als auch im technischen Maßstab weitgehend mit Hilfe spezieller Sensoren möglich oder muß teilweise im Analysenlabor vorgenommen werden.

Zur Grundaustattung eines Fermentors zählen im allgemeinen Einrichtungen zur Messung von Temperatur, Belüftung, Drehzahl, Druck, pH-Wert, Gelöst-O_2, Schaumstand und Füllvolumen. Von Fall zu Fall können weitere Meß- und Analysensysteme zur Bestimmung des Redoxpotentials, des gelösten CO_2 im Medium, der Trübung (als Maß für das Wachstum), der NADH-abhängigen Fluoreszenz (als indirektes Maß für die Biomassemenge bzw. O_2-Versorgung) sowie des O_2- und CO_2-Gehaltes im Abgas angeschlossen werden. Auch die Koppelung eines Fermentors mit Analysenautomaten zur Bestimmung von Enzymaktivitäten sowie von weiteren Produkten und Substanzen ist möglich, wenn ein kontinuierlicher Probenstrom abgezogen werden kann. Obwohl es bereits eine Vielzahl von spezifischen Meßsonden (z. B. Enzymsonden) gibt, bereitet ihr direkter Einsatz im Fermentor häufig Probleme, da sie nicht ausreichend sterilisierbar sind. Neuere Fermentoranlagen werden meistens mit Hilfe von Prozeßrechnern betrieben, die folgende Funktionen übernehmen:

- *Kontrolle der Betriebsparameter*
  - Erfassung von Temperatur, Druck, pH-Wert, Schaumstand, Drehzahl, Gasmenge u. a. Parametern.
  - Nach vorgegebenem Temperatur-Zeit-Programm erfolgt die Fermentorsterilisation sowie die Alarmierung bei Abweichungen von eingestellten Parametern.
- *Datenspeicherung und -verarbeitung*
  - On-line erfaßte Daten werden gespeichert und nach Bedarf in Form von Tabellen, Protokollen und Kurven ausgedruckt.
- *Regelung und Steuerung*
  - In Abhängigkeit von den Meßwerten und dem vorgegebenen Programm werden bestimmte Betriebsparameter automatisch an aktuelle Bedürfnisse der Mikroorganismen während der Fermentation angepaßt.

Maßstabsvergrößerung (scale up)

Geht man von geometrisch analogen Fermentorkonstruktionen bei der Überführung eines Verfahrens von der Labor- über die Technikums- in die Produktionsstufe aus, so zeigt sich, daß trotz Konstanthaltung aller vorgegebenen Kultivationsparameter erhebliche Abweichungen in der Biosyntheseleistung auftreten können. Somit ist im allgemeinen in jeder Dimension eine Optimierung der Parametereinstellung erforderlich. Obwohl es für die verschiedenen Fermentationsverfahren kein allgemeingültiges Scale-up-Prinzip gibt, hat sich bisher die Orientierung an einem konstanten Energieeintrag pro Reaktionsvolumen bzw. einer konstanten O_2-Transferrate recht gut bewährt.

Fermentationsablauf im technischen Maßstab

Fermentationsverfahren zur Gewinnung von Primär- und Sekundärmetaboliten im technischen Maßstab verlaufen über mehrere Stufen (Abb. 2.-5).

In *Stufe I* wird gewöhnlich das über längere Zeit in Form von Konserven gelagerte Stamm-Material über eine Schrägagarkultur aktiviert. Zur Impfgut-Vermehrung in Schüttelkolben dient *Stufe II*. Hier sind die Medienzusammensetzung sowie die ande-

Stufe	Arbeitsgang	Charakterisierung
I	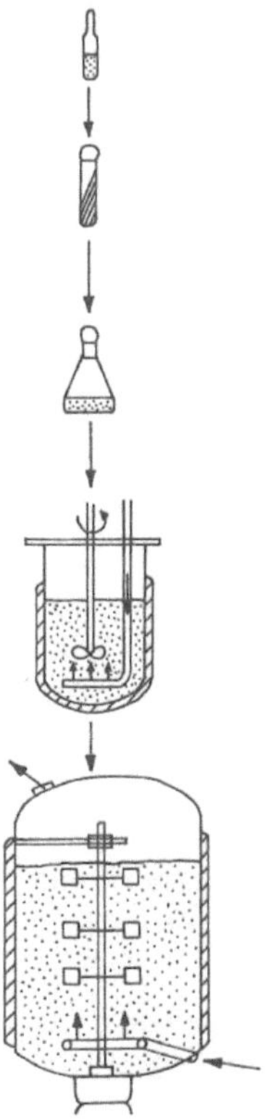	Konserve (zB. Konidien in sterilem Seesand) Arbeitskultur (zB. Schrägagarmedium)
II		Impfgutvermehrung (zB. Schüttelkultur in Erlenmeyerkolben)
III		Vorkultur (zB. 1-3 Ansätze in Rührfermentern)
IV		Arbeitskultur (zB. 1-450 m³ Fermenter) Batch- oder kontinuierliche Fermentation

Abb. 2.-5 Arbeitsablauf für Fermentationsansätze zur Produktherstellung im Rührfermentor

ren Kulturbedingungen des Verfahrens zu optimieren. Die Gewinnung des Impfmaterials kann submers oder emers erfolgen, je nachdem, ob eine Flüssigkultur oder eine Konidienabschwemmung (z. B. bei Schimmelpilzen) als Inoculum zum Einsatz kommen. Die Impfgutqualität ist entscheidend für den Produktionserfolg. Daher sind nicht nur eine ausreichende Impfmaterialmenge, sondern auch das Alter u. a. physiologisch wichtige Faktoren (z. B. Induktion der Synthese entsprechender Enzyme) von wesentlicher Bedeutung.

Stufe III umfaßt, in Abhängigkeit von der geplanten Fermentorgröße in der Produktionsstufe, ein bis mehrere Fermentoransätze in Rührgefäßen aus Glas bzw. rostfreiem Stahl. Als Richtwert gilt im allgemeinen eine Inoculummenge von 0,1–5% bei Bakterien sowie von 5–10 % bei Actinomyzeten und Pilzen. Bei zu geringen Mengen kommt es zu Wachstumsverzögerungen und ggf. auch zu Ausbeuteverlusten. Je nach angestrebter Produktmenge werden in der Produktionsstufe (*Stufe IV*) Fermentationsansätze in Fermentoren mit 1–450 m³ vorgenommen. So werden z. B. bei der Gewinnung von hochgereingten Enzymen und Biofeinchemikalien für klini-

Tab. 2.-3 Einstellung wichtiger Fermentationsparameter im Rührfermentor

Parameter	Maßnahmen, Eigenschaften
Medium	Ermittlung optimaler Komponentenzusammensetzung, Chargen-schwankungen möglich; Einfluß von Sterilisationsmaßnahmen, pH-Wert, Belüftung u. a. auf qualitative Veränderungen
Temperatur	Optimum für Wachstum und Produktsynthese getrennt ermitteln (kann unterschiedlich sein); Kultur mesophiler Mikroorganismen verläuft zwischen 20–45 °C optimal, bei thermophilen Mikroorganismen oberhalb 45 °C
Belüftung	optimale Belüftungsraten liegen im allgemeinen zwischen 0,25–1 vvm (Volumen Luft pro Volumen Flüssigkeit und Minute)
Rührung	bei Scheibenrührern nimmt Rührergeschwindigkeit (Umdrehungen/Minute = Upm) mit steigendem Fermentorvolumen ab. 20–200 l: 250–450 Upm 1–20 m³: 120–180 Upm 40–150 m³: 120–150 Upm ca. 450 m³: 60–120 Upm
Druck	2–5 x 10^4 Pa Überdruck im Luftraum mindern Kontaminationsgefahr, hydrostatischer Druck im Großfermentor beeinflußt O_2- und CO_2-Löslichkeit

sche Zwecke (Diagnostik, Therapie) sowie für das lebensmittelanalytische und biochemische Labor Fermentoren bis zu 20 m³, zur Produktion technischer Enzyme und Aminosäuren solche bis zu 150 m³ und zur Gewinnung von mikrobiellem Protein Behälter bis zu 450 m³ und darüber benötigt. Sowohl die Nährmedienzusammensetzung und -herstellung als auch die Fermentationsbedingungen sind für jeden Stamm zu optimieren (Tab. 2.-3).

2.2
Isolierung und Aufarbeitung mikrobieller Produkte (downstream processing)

Die von den Mikroorganismen während der Fermentation gebildeten Produkte werden entweder in der Zelle angereichert (z. B. Proteine, intrazelluläre Enzyme) oder von diesen in das Kulturmedium ausgeschieden (z. B. extrazelluläre Enzyme, Gärungsprodukte). Einige Beispiele für Produktkonzentrationen, die am Ende einer Fermentation im Kulturmedium vorliegen können, zeigt Tab. 2.-4. Es ist das Ziel verschiedener Verfahren zur Produktisolierung und -aufarbeitung, die gewünschten Stoffe in hoher Ausbeute und Qualität zu gewinnen. In Abhängigkeit von der im Fermentorablauf vorliegenden Konzentration des Zielproduktes sowie den stoff-

Tab. 2.-4 Beispiele von Metabolitkonzentrationen im Kulturmedium am Fermentationsende

Metaboliten	Beispiele	Konzentration (g/l)
organische Säuren	Citronensäure, Milchsäure	40–100
Aminosäuren	L-Lysin	60–80
	L-Tryptophan	12
Enzyme	L-Asparaginase aus *E. coli*	0,04–0,06
	Glucoamylase aus *A. niger*	5–20
Vitamine	B_{12}	0,02–0,06
	Riboflavin	0,10–7,0

Abb. 2.-6 Verfahrensablauf zur Isolierung und Aufarbeitung verschiedener mikrobieller Produkte (WEIDE et al., 1991)

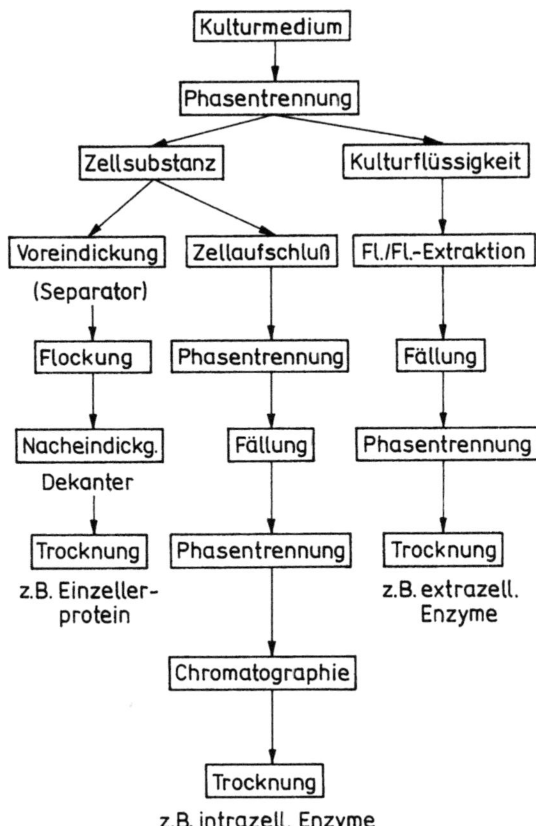

lichen Eigenschaften des Kulturmediums sind verschiedene Verfahrensschritte der Aufarbeitung erforderlich. Einige Einflußfaktoren dabei sind:
- Eigenschaften der Zellen (z. B. Größe, Adsorptionsvermögen, Struktur),
- Konzentration und Größe von Substratresten,
- Eigenschaften des Zielproduktes (z. B. Molmasse, chemischer Aufbau, Löslichkeitsverhalten, Stabilität hinsichtlich Temperatur, pH-Wert u. a. Milieubedingungen),
- Menge des Zielproduktes.

Neben bewährten konventionellen Grundoperationen der chemischen Verfahrenstechnik (z. B. Extraktion, Fällung, Trocknung) werden zunehmend neue Verfahren, die den besonderen Anforderungen des biologischen Materials angepaßt sind, großtechnisch zur Anwendung gebracht (z. B. Membrantrennprozesse, Chromatographie). Den Verfahrensablauf zur Isolierung und Reinigung verschiedener Zielprodukte zeigt schematisch Abb. 2.-6.

Feststoffabtrennung

Die Produktgewinnung wird gewöhnlich mit der Trennung des Zellmaterials und der Substratreste von der Kulturflüssigkeit eingeleitet. Dazu bedient man sich verschiedener Verfahren (Flockung, Flotation, Zentrifugation, Filtration). Bei Bakterien und

Tab. 2.-5 Methoden zum Aufschluß mikrobieller Zellen

Gruppen	Methoden	Wirkung
physikalische	Mahlen	Scherwirkung
Methoden	Dekompression	Scherwirkung und Kavitation[1]
	Einfrieren und Auftauen	Scherwirkung der Eiskristalle
	Ultraschall	Scherwirkung und Kavitation
chemische	Säurebehandlung	Hydrolyse der Zellwand
Methoden	Behandlung mit	Auflösung von Zellwandbestandteilen,
	Detergenzien, Extraktion	Wasserentzug, Strukturveränderungen
	mit Aceton, Toluol u. a.	der Zellwand, Autolyse
biologische	Enzyme	Abbau von Zellwandbestandteilen
Methoden	Phagen	Auflösung der Zelle

[1] Bildung von Unterdruckhohlräumen

Hefen erfolgt dies vorzugsweise mittels Zentrifugation. Durch Flockung kann insbesondere die Abtrennung von Bakterien gefördert werden. Bei der Gewinnung von mikrobiellem Protein wird das Flotationsverfahren häufig als Vorstufe genutzt. Mycelbildende Mikroorganismen werden bevorzugt durch Filtration abgetrennt. Bei der Auswahl des für einen speziellen Trennprozeß erforderlichen Verfahrens spielen verschiedene Faktoren, wie z. B. Viskosität, Partikelgröße, Medienmenge, Dichteunterschiede der zu trennenden Komponenten, eine Rolle.

Aufschluß von Mikrobenzellen

Zur Freisetzung von in Mikroorganismenzellen vorliegenden Metaboliten stehen verschiedene Methoden zur Verfügung (Tab. 2.-5). Die Methode der Wahl ist von der Art des Mikroorganismus, der Zellwandbeschaffenheit, dem physiologischen Zustand, den Eigenschaften des freizusetzenden Metaboliten, der Menge des zu verarbeitenden Materials, den Kosten und anderen Faktoren abhängig. Während man im Labor z. B. enzymatischen Aufschluß, Ultraschall, Frieren/Tauen verwendet, haben sich im technischen Maßstab die mechanischen Methoden Naßmahlen und Dekompression durchgesetzt.

Produktanreicherung

Diese Prozesse beinhalten vorrangig die Enfernung von Wasser und führen nicht zu einer Produktreinigung. Sie erfolgt durch Erwärmung (Vakuum-Umlaufverdampfer, Dünnschichtverdampfer, Zentrifugalverdampfer), Extraktion (Zweiphasensysteme, superkritische Lösungen wie z. B. CO_2), Filtration (vorrangig Membranfiltration, z. B. Dialyse, Ultrafiltration, Umkehrosmose, Elektrodialyse, Mikrofiltration) und Fällungsoperationen (Aussalzen mit Natrium- bzw. Ammoniumsulfat oder Ausfällen mit Alkohol, Aceton u. a.).

Feinreinigung

Zur Gewinnung hochgereinigter Produkte werden vor allem **chromatographische Verfahren** eingesetzt. Sie sind zwar teuer, aber sehr schonend für das biologische Material. Ihre Vorteile liegen in der hohen Selektivität und Ausbeute, der Automatisierungsmöglichkeit sowie der Wiederverwendbarkeit der Trägermaterialien. Im

Tab. 2.-6 Charakteristik und Anwendungsmöglichkeiten verschiedener Chromatographieverfahren (WEIDE et al., 1991)

Bezeichnung	Trennprinzip	Anwendungsbeispiele
Gelchromatographie	Molekülgröße	Fraktionierung und Entsalzung von Proteinen
Adsorptionschromatographie	adsorptive Bindung	Reinigung von Enzymen und Aminosäuren
Ionenaustauschchromatographie	Ladungsunterschiede	Reinigung von Enzymen und Aminosäuren
Verteilungschromatographie	unterschiedliche Löslichkeit	Reinigung von Antibiotika
Affinitätschromatographie	biospezifische Adsorption/Desorption	Reinigung von Enzymen, Inhibitoren, Nucleinsäuren und Polysacchariden

Pilot- und Industriemaßstab werden mit ihrer Hilfe u. a. hochgereinigte Enzyme, Aminosäuren und Arzneimittel hergestellt. Meist werden mehrere Methoden nacheinander zur Anwendung gebracht. Die Abtrennung der gewünschten Produkte von den Begleitstoffen erfolgt nach unterschiedlichen Prinzipien (Tab. 2.-6).

Durch **Abkühlen** von Lösungen bzw. **Teilentzug von Lösungsmitteln** lassen sich infolge Übersättigung Substanzen auskristallisieren.

Weitere Methoden der Feinreinigung, die vor allem im Labor zur Anwendung gelangen, sind **Elekrophorese, Isoelektrische Fokussierung, high performance liquid chromatography (HPLC), fast protein liquid chromatography (FPLC)** und andere.

Trocknung

Die Trocknung biotechnologisch gewonnener Produkte wird in Abhängigkeit von der Produkteigenschaft (z. B. Thermolabilität), der anfallenden Menge und dem gewünschten Zustand des Endproduktes in verschiedenen Trocknertypen (z. B. Konvektions-, Kontakt-, Gefriertrockner) durchgeführt.

Ausbeute

Die bei der Aufarbeitung und Reinigung auftretenden Ausbeuteverluste hängen von verschiedenen Faktoren ab. Wesentlichen Anteil haben die Anzahl der Aufarbeitungsstufen sowie die Empfindlichkeit des Produktes. So betragen z. B. die Verluste bei mikrobiellem Protein ca. 5 %, bei technischen Enzymen 10–30 %, bei Aminosäuren 40–80 % und bei intrazellulären Enzymen bis zu 90 %. Der für die Reinigungsoperationen erforderliche Anteil an den Gesamtherstellungskosten (Fermentation und Aufarbeitung) kann erheblich schwanken. Im günstigsten Falle kann er bei 20 % liegen (z. B. extrazelluläre technische Enzyme), im ungünstigsten Falle bei 90 % (z. B. intrazelluläre Metaboliten).

Immobilisierung von Biokatalysatoren

Werden bei der Lebensmittelproduktion freie lösliche Enzyme eingesetzt, gehen diese nach Beendigung des Fermentationsprozesses mit dem Produkt verloren. Da die Gewinnung der meisten Enzyme – insbesondere, wenn es sich um intrazelluläre oder hochgereinigte Präparate handelt – kostenaufwendig ist, hat man nach Möglichkeiten ihrer Mehrfachverwendung gesucht. Dieses Ziel konnte durch Fixierung der **Enzyme** an oder in Trägermaterialien erreicht werden. Im Vergleich zu löslichen Präparaten haben trägerfixierte (immobilisierte) Enzyme den Vorteil, daß sie nach Abschluß des Fermentationsprozesses vom Reaktionsprodukt abgetrennt und nach ihrer Regenerierung erneut verwendet werden können. Sie sind außerdem häufig stabiler und ermöglichen eine kontinuierliche Prozeßgestaltung.

Um die Kosten für die Herstellung gereinigter Enzympräparate einzusparen sowie komplexe Enzympräparate für die Katalyse von Mehrschrittreaktionen zur Verfügung zu haben, ist man seit einiger Zeit dazu übergegangen, auch **ganze Zellen** von Mikroorganismen, Pflanzen und Tieren zu immobilisieren und diese gewissermaßen als trägerfixierte Enzyme einzusetzen.

Zur Immobilisierung von Enzymen sowie enzymatisch aktiven Zellpräparaten wird eine Vielzahl von anorganischen oder organischen Trägermaterialien verwendet (*anorganische Materialien*: z. B. poröses Glas, Silicagel, Aluminiumoxid; *natürliche Polymere*: z. B. Cellulose, Alginat, Agarose, Carrageen; *synthetische Polymere*: z. B. Polyacrylamid, Nylon). Die gängigsten Immobilisierungsmethoden sind Adsorption, ionische Bindung, covalente Bindung, Einschluß in natürliche und künstliche Polymere, Quervernetzung und Mikroverkapselung.

2.3
Kultivation von pflanzlichen Zellen und Geweben

Die In-vitro-Kultur pflanzlicher Zellen und Gewebe ist ein seit einigen Jahren stark im Wachstum begriffenes Gebiet der Biotechnologie. Es hat für die Züchtung und

Abb. 2.-7 Varianten der In-vitro-Kultur pflanzlicher Zellen und Gewebe

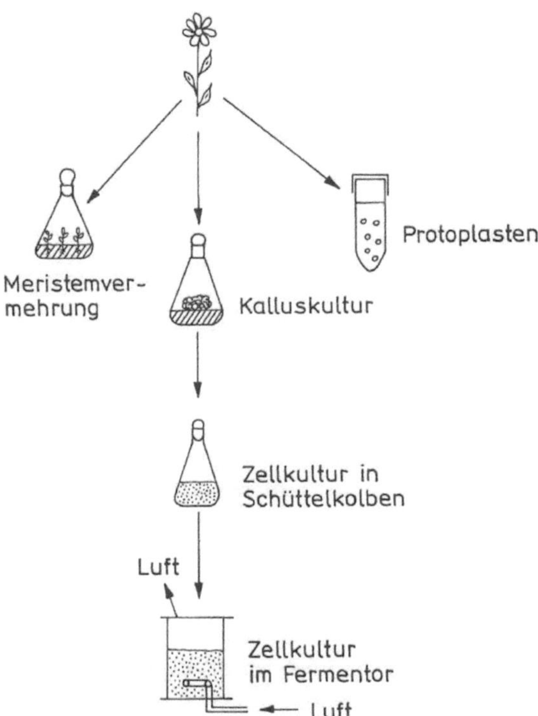

Erhaltung neuer Kulturpflanzen, zur Gewinnung wichtiger Produkte des Sekundärstoffwechsels sowie zur Aufklärung von Stoffwechselwegen besondere Bedeutung. Wesentliche Grundlage dafür ist die Totipotenz der undifferenzierten Pflanzenzelle, die – je nach den vorgegebenen Kulturbedingungen – zu unterschiedlichen morphologischen und funktionellen Leistungen befähigt ist (Abb. 2.-7).

2.3.1
Kultivation im Labormaßstab

Als Ausgangsmaterial zur Aufzucht der verschiedenen Kulturformen können kleine Teile lebenden Gewebes aus verschiedenen Bereichen einer Pflanze (z. B. Wurzel, Sproß, Blätter, Früchte, Antheren) dienen. Werden diese „Explantate" (vitales Pflanzengewebe) unsteril angezogenen Pflanzen entnommen, ist zunächst die Eliminierung oberflächlich anhaftender Mikroorganismen erforderlich. Dies geschieht durch Behandlung mit verschiedenen Chemikalien, z. B. mit 2–30 %iger Natriumhypochloritlösung über 2–30 Minuten.

Kulturformen

Meristemkultur. Bei dieser Kultur überträgt man keimfreie Meristemzellen, z. B. von Sproßspitzen, auf ein Agarnährmedium. Bei Zusatz spezifischer Mengen der Pflanzenhormone Cytokinin und Auxin werden Sprosse und Wurzeln initiiert und so aus den Zellen ganze Pflanzen regeneriert. Durch geeignete Selektionsmaßnahmen können ertragreichere, nutritiv und ernährungsphysiologisch hochwertige sowie gegenüber Krankheiten, Schädlingen und anderen Umwelteinflüssen resistentere Pflanzen gewonnen werden. Diese gewissermaßen im Laboratorium gezüchteten Pflanzen werden sodann in das Freiland überführt.

Kalluskultur. Wenn man ein Stück Explantat auf Agarmedium überträgt, wuchert es bei speziellen Kulturbedingungen zu einer undifferenzierten Zellmasse aus; man bezeichnet diese als *Kallusgewebe*. Es entsteht jedoch nur in Gegenwart von Pflanzenhormonen (Auxine, Cytokinine, Gibbereline). Durch regelmäßiges Passagieren eines Teiles dieses Kallusgewebes auf frisches Medium kann die Gewebekultur einer speziellen Pflanzenart unbegrenzt erhalten werden.

Suspensionskultur. Wird ein Stück Kallusgewebe in flüssiges Nährmedium übertragen und unter Schütteln kultiviert, zerfällt es in Einzelzellen und mehr oder weniger große Zellaggregate. Durch Passagieren lassen sich auch diese Suspensionskulturen über längere Zeit erhalten. Als geeignete Kultivationsbedingungen haben sich im allgemeinen 25–30 °C und eine Schüttelfrequenz von 50–200 U/min erwiesen. Bei Bedarf ist zu belichten. Intensität und Rythmus hängen von der Art des Pflanzenmaterials ab.

Regeneration und Neuzüchtung

Regeneration ganzer Pflanzen. Sowohl aus Suspensions- als auch aus Kalluskulturen können bei entsprechenden Bedingungen ganze Pflanzen regeneriert werden. Auch hier lassen sich durch Selektion von Zellen leistungs- bzw. qualitätsverbesserte

Abb. 2.-8
Protoplastenherstellung aus
Pflanzenzellen mit Hilfe zell-
wandlytischer Enzyme

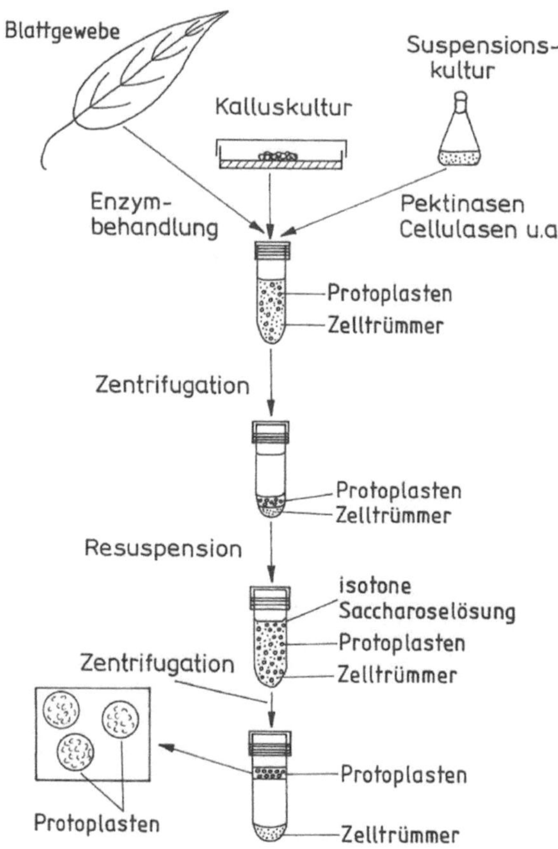

Pflanzen gewinnen. Durch erhöhte Zusätze von Cytokinin zum Medium werden die Sproßbildung und durch Steigerung der Auxinkonzentration die Bewurzelung von Kallusgewebe induziert (Organogenese). Die Kulturbedingungen für die Organogenese variieren von Art zu Art und sind noch nicht für alle Kallustypen bekannt.

Protoplasten. Unter Anwendung von zellwandlysierenden Enzymen (Cellulasen, Hemicellulasen, Pektinasen) können aus Suspensions- und Kalluskulturen sowie intakten Pflanzenteilen Protoplasten hergestellt werden (Abb. 2.-8). Diese Zellen ohne Zellwand sind vor allem für züchterische Zwecke von großer Bedeutung, weil unter speziellen Bedingungen Protoplasten von Pflanzen mit unterschiedlichen Eigenschaften fusioniert werden können (Mischung des Erbmaterials). Ferner ist nach Einwirkung geeigneter Mutagene die Selektion genetisch veränderter Stammlinien möglich. Werden nach mutagener Behandlung, Protoplastenfusion und/oder anderen Manipulationen die Protoplasten auf ein passendes Nährmedium übertragen, bildet sich nach 5–10 Tagen eine neue Zellwand aus und die normale Zellteilung beginnt. Diesbezügliche Möglichkeiten unter Einsatz von Zell-, Gewebe- und Organkulturen sowie Protoplasten sind aus Abb. 2.-9 ersichtlich.

Abb. 2.-9
Manipulationsmöglichkeiten
mit pflanzlichen Zellen,
Geweben und Organen

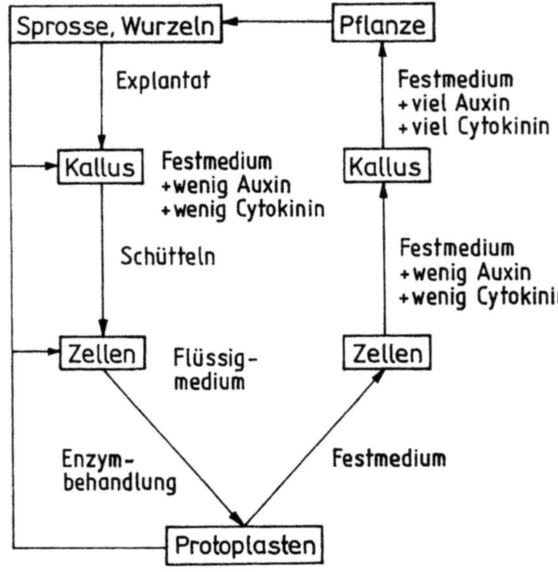

Nährmedien

Zur erfolgreichen Kultivation pflanzlicher Zellen und Gewebe müssen den Nährmedien vielfach sehr spezifische Substanzen in einem engen Konzentrationsbereich

Tab. 2.-7 Zusammensetzung einiger häufig verwendeter Nährmedien für die pflanzliche Zellkultur
(KNORR, 1987)

Bestandteile	WHITE (mg/l)	MURASHIGE u. SKOOG (mg/l)	GAMBORG et al. (mg/l)
$CaCl_2$ x 2 H_2O		440	150
$CoCl_2$ x 2 H_2O		0,025	0,025
$CuSO_4$ x 5 H_2O		0,025	0,025
$FeSO_4$ x 7 H_2O	2,5	27,8	27,8
Na_2SO_4	200		
$Ca(NO_3)_2$ x 4 H_2O	300		
H_3BO_3	1,5	6,2	3
KH_2PO_4	26,5	170	150
KJ	0,75	0,83	0,75
KNO_3	80	1.900	3.000
$MgSO_4$ x 7 H_2O	720	370	500
$MnSO_4$ x 4 H_2O	7	22,3	0,25
NH_4NO_3		1.650	
$ZnSO_4$ x 7 H_2O	3	8,6	2
$(NH_4)_2SO_4$			134
KCl	65		
Inositol		100	100
Nicotinsäure	0,5	0,5	1
Pyridoxin x HCl	0,1	0,5	1
Thiamin	0,1	0,1	10
Saccharose	20.000	30.000	20.000
Glycin	3	2	
Ca-Panthothenat	1		
Na_2EDTA x 2 H_2O		37,3	37,3

zugesetzt werden. Die Medien enthalten neben C- und N-Quellen vor allem Mineralsalze, Vitamine, Aminosäuren und Pflanzenhormone (Tab. 2.-7).

Eine besondere Rolle bei pflanzlichen Zell-, Gewebe- und Organkulturen spielen Auxine, Cytokinine und Gibbereline. Bevorzugt verwendete Auxine sind Indolyl-3-essigsäure (IES), 1-Naphtylessigsäure (NES) und 2,4-Dichlorphenoxyessigsäure (2,4-D). Bei den Cytokininen sind 6-Benzylaminopurin (BAP), Dimethyl-allylaminopurin und Zeatin zu nennen. Zur Gewinnung einer Kalluskultur sind beide Hormonarten in geringen Konzentrationen erforderlich. Bei Erhöhung der Cytokininkonzentration wird im Kallus die Sproßbildung initiiert, wohingegen die Steigerung der Auxinmenge zur Ausbildung der Wurzeln führt. Das typische Wachstumsmedium enthält 1–30 mg/l IES und 0,04–10 mg/l eines Cytokinins.

2.3.2
Kultivation im technischen Maßstab

Pflanzliche Zell- und Gewebekulturen werden großtechnisch zur Biomasse- und Sekundärstoffgewinnung sowie zur Züchtung infektionsfreier und leistungsverbesserter Kulturpflanzen genutzt (Tab. 2.-8).

Tab. 2.-8 Gewinnung einiger Sekundärstoffe mittels pflanzlicher Zellkultur (WEIDE et al., 1991)

Substanz	Pflanzenart	Ausbeute	
		(g/l)	(% i.TS)
Ginsengoide (Saponine)	*Panax ginseng*		27
Anthrachinone	*Morinda citrifolia*	2,0–2,5	15–18
Shikonin	*Lithospermum erythrorhizon*	1,4–3,7	12–20
Verbascoid	*Syringia vulgaris*	1,4	16
Rosmarinsäure	*Coleus blumei*	3,6	15
Benzylisochinolin-Alkaloide	*Berberis stolonifer*	1,2–2,7	7–15
Cinnamoylputrescine	*Nicotiana tabacum*	1,0	10

Produktion von Sekundärstoffen

Zur Sicherung einer ökonomisch rentablen Produktion muß im allgemeinen ein bestimmtes Differenzierungsniveau der Zellen erreicht sein, da völlig undifferenzierte Zellen zur Synthese komplizierter Sekundärstoffe nicht in der Lage sind. Das erste großtechnisch praktizierte Verfahren mit pflanzlichen Zellkulturen wurde 1982 von der Fa. Mitsui Petrochemical Industries eingeführt. Danach wird mit Zellinien von *Lithospermum erythrorhizon* in einem zweistufigen Verfahren *Shikonin* hergestellt, welches sowohl als Lebensmittelfarbstoff als auch als Wundheilmittel Verwendung findet.

Einer umfassenden industriellen Nutzung pflanzlicher Zellkulturen stehen derzeitig noch immer relativ geringe Raum-Zeit-Ausbeuten, teure Medienbestandteile, erhöhte Sterilitätsanforderungen sowie die Produktisolierung aus den Zellen entgegen. In vielen Fällen ist daher der Anbau einheimischer Pflanzen vorteilhafter. Anders ist die Situation bei Produkten, die aus seltenen, schwer kultivierbaren bzw. exotischen Pflanzen gewonnen werden. Hier ist bei weiterer Optimierung der

Produktivität von Pflanzenzellinien und der Kulturbedingungen mit Fortschritten zu rechnen.

Ein besonderes Problem stellt die Empfindlichkeit der kultivierten Pflanzenzellen gegenüber mechanischer Einwirkung dar. Aus diesem Grunde werden für derartige Fermentationsansätze gewöhnlich Fermentoren mit geringer Scherbeanspruchung bei Mischprozessen (z. B. **Airliftfermentoren**) eingesetzt. Da die gebildeten Sekundärstoffe im allgemeinen von der Pflanzenzelle nicht ausgeschieden werden, ist zu ihrer Freisetzung ein Zellaufschluß erforderlich. Dies kann mit Hilfe der in der Lebensmitteltechnik üblichen Ausrüstung erfolgen. Die übrigen Aufarbeitungsverfahren sind identisch mit denjenigen, die auch bei Mikroorganismen zur Anwendung gelangen.

Gewinnung infektionsresistenter und ertragsgesteigerter Kulturpflanzen

Durch mikrobielle Pflanzenschädlinge (Viren, Mycoplasmen, Bakterien, Pilze) können bei der Haltung von Nutz- und Zierpflanzen erhebliche Verluste entstehen. Sofern die Infektion durch Bakterien und Pilze verursacht wird, lassen sich die Mikroorganismen mit Hilfe des **Mikropropagations-Verfahrens** eliminieren. Es handelt sich hierbei um eine pflanzliche Organkultur, bei der infektionsfreie apikale Sproßspitzen der betreffenden Kulturpflanzen steril auf ein Wuchsmedium mit Cytokinin-Zusatz übertragen werden. Nach 3–5 Wochen entwickeln sich unter entsprechenden klimatischen Bedingungen kleine Sprosse. Werden diese geteilt, lassen sich alle 4–8 Wochen aus diesen Sproßteilen neue, pathogenfreie Pflänzchen auf Cytokinin-haltigem Kulturmedium züchten. Ähnlich kann man mit Wurzelspitzen verfahren. In diesem Falle muß das Pflanzenhormon Auxin dem Medium zugesetzt werden. Die Gewinnung virusfreier Pflanzen ist schwieriger. In diesem Falle wird apikales Meristemgewebe einer Hitzebehandlung (z. B. 5–10 min bei 50–60 °C) unterworfen, um die Virusreplikation zu unterdrücken. In anderen Fällen erfolgt eine Inkubation auf einem Medium, in dem Malachitgrün bzw. Thiouracil als virusabtötende Reagenzien enthalten sind.

Sofern sich Pflanzen vegetativ vermehren können, ist es relativ einfach, mit herkömmlichen Methoden eine größere Anzahl hiervon für die Massenkultur bereitzustellen (z. B. Kartoffeln, Erdbeeren). Ist dies hingegen nur über Samen möglich, muß ein sehr langwieriger Prozeß in Kauf genommen werden (z. B. Sträucher, Bäume, Blumen). In solchen Fällen ist die In-vitro-Kulturtechnik von Pflanzenzellen von unschätzbarem Wert, da sie eine erhebliche Zeitersparnis mit sich bringt. Ausgehend von Explantaten werden über Kallus- und Suspensionskulturen auf Agar- bzw. Flüssigmedien *somatische Embryoide* angezüchtet, die sich nach Auslese unter entsprechenden Bedingungen zu regulären Pflanzen entwickeln.

2.4
Genetische und gentechnische Methoden

Mit dem Einsatz genetischer und gentechnischer Methoden werden in der Lebensmittelbiotechnologie verschiedene Ziele verfolgt:
1. Verbesserung von Produktivität und Qualität traditioneller Fermentationen (z. B. alkoholische Getränke, fermentierte Lebensmittel, Starterkulturen),

2. Verbesserung der Produktivität und Qualität von Lebensmittelhilfs- und -zusatzstoffen (z. B. Enzyme, organische Säuren, Polysaccharide, Aminosäuren, Einzellerprotein),

3. Verbesserung der Qualität von tierischen und pflanzlichen Lebensmittelrohstoffen und Steigerung der Produktivität (biologische Wertigkeit des Proteinanteils von Getreide, Minderung antinutritiver Verbindungen, N-Fixierung durch Kulturpflanzen),

4. Schutz der Pflanzen und Tiere vor Krankheiten und Schädlingen sowie Erhöhung der Resistenz gegenüber störenden Umwelteinflüssen (z. B. Virusinfektionen, Kälte).

2.4.1
Leistungsverbesserung von Mikroorganismen

Stammpflege und -verbesserung spielen bei der Entwicklung mikrobieller Verfahren eine wesentliche Rolle. Die Minimierung der Herstellungskosten durch effektivere Produktbildung, bessere Verwertbarkeit billigerer Rohstoffe, günstigere Filtrationseigenschaften, erhöhte Temperatur- und Säurestabilität sowie Qualitätssteigerungen bestimmter Produkte stehen dabei im Vordergrund. Zur Realisierung dieser Zielstellung werden neben der ständigen Isolierung neuer Wildstämme auch Methoden zur künstlichen Veränderung ihrer Erbeigenschaften herangezogen. Obwohl in 'den letzten Jahren neue Verfahren, wie die Protoplastenfusion und die In-vitro-Rekombinationstechnik, mehr und mehr an Bedeutung gewinnen, werden nach wie vor auch klassische Methoden der Mutagenese und Rekombination zur Stammverbesserung eingesetzt.

2.4.1.1
Mutagene Veränderungen der Erbsubstanz und Screening

Erbsubstanz

Sie besteht bei allen Organismen – ausgenommen einige Viren – aus Desoxyribonucleinsäure (DNA). In der Erbsubstanz sind alle den Aufbau und die Funktion eines Organismus betreffenden Informationen verschlüsselt. Die DNA besteht aus zwei langen, miteinander verbundenen und spiralig verdrillten Molekülketten, der sog. Doppelhelix. Die Moleküle (Nucleotide genannt) setzen sich aus den drei Komponenten Pentose (Desoxyribose), Phosphorsäure und Stickstoffbasen (Purin- und Pyrimidinbasen) zusammen. Für die Verschlüsselung von Erbinformationen im sog. „genetischen Code" sind vier Basen verantwortlich: Adenin (A), Thymin (T), Cytosin (C) und Guanin (G). Zwischen den DNA-Strängen bestehen Bindungen, die nur über die Basenpaare A-T und G-C erfolgen.

In der auf einem DNA-Strang bestehenden Folge von Basen ist die Information für 20 verschiedene Aminosäuren verschlüsselt. Jeweils drei Basen (Triplett) codieren für eine bestimmte Aminosäure; z. B. stehen CCT für Prolin, TTT für Phenylalanin, GAT für Asparaginsäure. Der genetische Code enthält auch die Information, in welcher Reihenfolge die verschiedenen Aminosäuren in einem Protein miteinander verbunden sind. Da er für alle Organismen gleich ist, ergibt sich die Möglichkeit, mit Hilfe gentechnischer Methoden die in einem bestimmten DNA-Abschnitt enthaltene Information zwischen verschiedenen Organismen (Mikroorganismen, Pflanzen, Tiere) auszutauschen.

Die DNA-Stränge enthalten funktionell abgegrenzte Bereiche (Gene), welche die Information (Codierung) für bestimmte Proteine bzw. Teile eines aus mehreren Ketten (Untereinheiten) bestehenden Proteins tragen. Die Aktivität der Gene ist an- und abschaltbar bzw. in der Leistung regulierbar. Die Proteine dienen sowohl dem Aufbau der Organismenzelle (z. B. Zellmembran, Muskelfaser) als auch der Regulation ihres Stoffwechsels (z. B. Enzyme, Hormone). Die Gesamtheit aller Gene einer Zelle (Genom) ist bei niederen Lebewesen (z. B. Bakterien) auf einem einzigen DNA-Doppelstrang (Chromosom) untergebracht, bei höheren Organismen (z. B. Pflanzen, Tiere) hingegen auf mehrere Chromosomen verteilt. Die Ausprägung einzelner Gene kann innerhalb einer Organismenart variieren, woraus sich die Verschiedenheit der Individuen ableitet. Die Übersetzung der in einem DNA-Strang enthaltenen Information in eine definierte Aminosäurekette erfolgt über die Boten-Ribonucleinsäure (messenger- oder mRNA). Sie ist die ebenfalls aus Nucleotiden bestehende Kopie eines DNA-Abschnittes, dessen Information von der Zelle gerade abgerufen wird. Die in der mRNA enthaltene Information wird an speziellen Zellpartikeln (Ribosomen) abgelesen und in die entsprechende Aminosäurefolge eines Proteins übersetzt.

Mutagene Behandlung

Die erbliche Veränderung einer Nucleotidsequenz in der DNA, die auch mit der Ausbildung eines neuen Phänotyps bei dem betroffenen Mikroorganismus verbunden sein kann, wird als Mutation bezeichnet. Die Häufigkeit natürlicher mutagener Vorgänge liegt bei Bakterien zwischen $1{:}10^6$ und $1{:}10^{10}$ sowie bei Pilzen zwischen $1{:}10^7$ und $1{:}10^8$. In Abhängigkeit vom Ausmaß der Veränderungen in der Erbsubstanz unterscheidet man Gen-, Chromosomen- und Genommutationen.

Mutationen können spontan ablaufen aber auch durch verschiedene physikalische und chemische Mittel (**Mutagene**) künstlich ausgelöst werden. Zu den „klassischen" physikalischen Mutagenen zählen vorrangig UV-Licht und ionisierende Strahlen (Röntgenstrahlen, Radioisotope). Wirkungsvolle chemische Mutagene sind z. B. Methyl- und Ethylmethansulfonat (MMS, EMS), Ethylenimin, 1-Nitroso-3-nitro-1-methylguanidin (NNMG). Die meisten Mutagene verursachen mehr als *eine* DNA-Schädigung. Ihr Ausmaß ist unterschiedlich und hängt sehr wesentlich von den Umweltbedingungen ab.

Für die Leistungsverbesserung industriell relevanter Stämme empfiehlt es sich, mehrere Mutagene zur Anwendung zu bringen, da durch eine größere Anzahl von DNA-Schädigungen die gesuchte Mutante auch rascher isoliert werden kann. Infolge ihrer effektiven Wirkung als auch wegen ihrer relativ unkomplizierten Handhabbarkeit werden bevorzugt UV-Strahlen zur Mutagenisierung verwendet. Art und Ort der Mutation unterliegen gewöhnlich dem Zufall (**ungerichtete Mutagenese**).

Aufgrund vertiefter Einsichten in die molekularbiologischen Zusammenhänge bei mutagenen Veränderungen sind inzwischen auch Techniken zur Erhöhung der Mutationsrate spezifischer Gene entwickelt worden (**gerichtete Mutagenese**). Es wurde z. B. festgestellt, daß Gene in der Phase der Transkription eine größere Mutabilität auf-

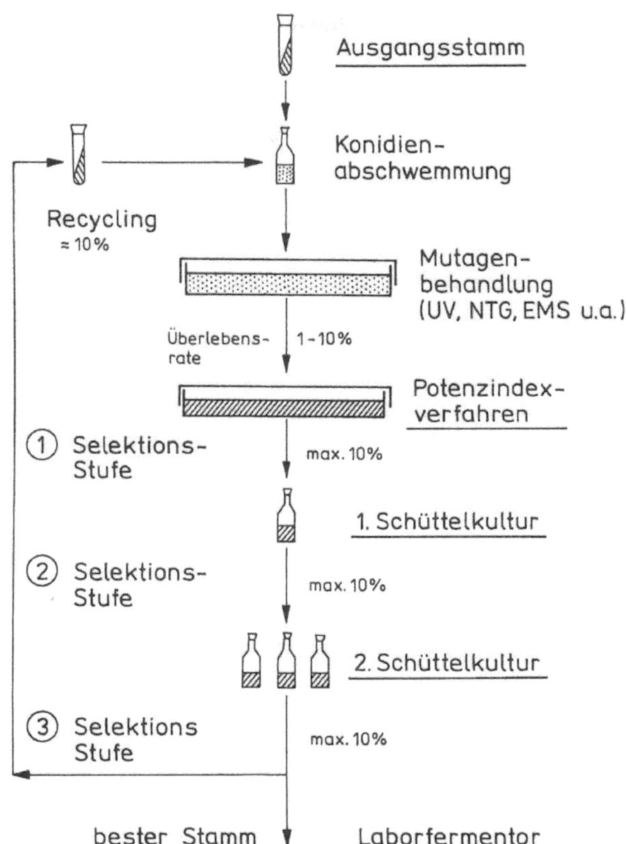

Abb. 2.-10 Mehrstufiges Testverfahren zur Mutantenisolierung bei Mikroorganismen

weisen. Daraus wird abgeleitet, daß eine Mutagenisierung unter den Bedingungen einer maximalen Produktsynthese zu einer Erhöhung der spezifischen Mutantenausbeute führen kann. Dies läßt sich am besten in kontinuierlicher Kultur realisieren.

Screeningmethoden

Zur Isolierung von Mutanten wurden im Laufe der Jahre zahlreiche Methoden entwickelt. Hierbei unterscheidet man grundsätzlich zwischen ungerichteten und gerichteten (rationellen) Screeningmethoden.

Ungerichtete Screeningmethoden. Die traditionelle Verfahrensweise ist die **ungerichtete Mutantenauslese.** Bei dieser wird eine große Anzahl von Mikroorganismen-Kolonien einer systematischen Durchmusterung im Hinblick auf ein gesuchtes Merkmal (z. B. erhöhte Enzymsynthese) unterzogen (Abb. 2.-10). Da theoretisch bei etwa 10^5 behandelten Zellen (im statistischen Mittel) nur jeweils eine mit einer mutagenen Veränderung und bei etwa 10^8 Zellen nur eine Mutante mit erwünschten Eigenschaften vorkommen können, wäre zur Auffindung dieser Mutanten ein erheblicher experimenteller Aufwand erforderlich. Zur Verringerung des Zeit- und Arbeitsaufwandes werden daher gewöhnlich Plattentest-Methoden unter Einsatz von

Agar-Nährböden verwendet. Dabei kommen verschiedene Prinzipien zur Anwendung; eine Variante ist die **Potenzindex-Methode**, bei der außer dem Durchmesser eines produktbedingten Hydrolyse- oder Hemmhofes auch der Koloniedurchmesser in die Bewertung einbezogen werden.

Gerichtete (rationelle) Screeningmethoden. Rationelle Screenigverfahren sind wesentlich zielgerichteter und effektiver als die vorangehend genannten. Man kann sie in direkte und indirekte Methoden unterteilen. Die **direkte rationelle Auslese** beruht darauf, daß durch Zusatz von analogen biosynthetischen Intermediaten oder des Endproduktes zum Agarmedium deregulierte Stämme isoliert werden, bei denen die Katabolit- bzw. Endproduktrepression unwirksam ist und die daher zu einer erhöhten Produktsynthese befähigt sind. Unter Substratlimitations-Bedingungen kann man so auch Mutanten mit einer besseren Substratausnutzung erhalten. Die **indirekte rationelle Auslese** basiert auf der Erfassung und Messung von Eigenschaften, die mit der Synthese des erwünschten Produktes korrelieren. So sind z. B. bei *Thermoactinomyces vulgaris* braun pigmentierte Kolonien proteolytisch aktiver als weiße.

2.4.1.2
Rekombination genetischen Materials durch parasexuelle Prozesse

Im Organismenreich hat sich im Verlaufe der Evolution eine Vielzahl von Möglichkeiten der Neukombination von genetischem Material (Rekombination) in einer Zelle herausgebildet. Wesentliche Voraussetzung dafür ist die Zusammenführung des Erbmaterials auf sexuellem oder parasexuellem Wege. Charakteristisch für sexuelle Vorgänge ist die Verschmelzung ganzer Kerne sowie eine koordinierte Chromosomenverteilung während der Meiose. Man findet sie daher nur bei eukaryotischen Organismen.

Rekombinationsprozesse, bei denen nur Teile der Genome verschmelzen bzw. eine unkoordinierte Verteilung des genetischen Materials erfolgt, werden als parasexuelle Vorgänge bezeichnet. Man findet diese bei pro- und eukaryotischen Organismen. Für parasexuelle Ereignisse bei Eukaryoten ist wesentlich, daß zwar ganze Zellen verschmelzen, die Verteilung der Chromosomen aber unkoordiniert erfolgt. Bei Prokaryoten werden hingegen nur Teilgenome überführt.

Die Rekombination des genetischen Materials kann intra- und interchromosomal ablaufen. Eine **generelle Rekombination** liegt vor, wenn allele DNA-Bereiche (in homologen Chromosomen an homologen Orten lokalisierte Abschnitte mit unterschiedlichen phänotypischen Auswirkungen) durch crossing over ausgetauscht werden. Bei **ortsspezifischer Rekombination** werden nicht-allele Nucleotidsequenzen integriert oder eliminiert. Das genetische Potential einer Zelle kann außerdem durch Aufnahme oder Abgabe von Plasmiden, Viren, Phagen sowie von anderen im Cytoplasma vorkommenden Erbträgern (Plasmon) verändert werden.

Rekombinationsmöglichkeiten bei Prokaryoten

Die Neukombination genetischen Materials erfolgt bei Prokaryoten hauptsächlich durch Transduktion, Transformation und Konjugation.

Werden Gene durch Bakteriophagen von einem Bakterium in ein anderes übertragen, spricht man von **Transduktion**. Transduktionsvorgänge sind bereits bei zahlreichen Bakterienarten, so z. B. bei den Gattungen *Escherichia, Pseudomonas, Bacillus*
und *Salmonella*, nachgewiesen worden.

Eine Übertragung reiner DNA von einer Bakterienzelle auf eine andere wird als
Transformation bezeichnet. Fremd-DNA kann nur von sog. kompetenten (empfangs-
bereiten) Zellen aufgenommen werden. Diese weisen eine veränderte Zellstruktur auf
und scheiden artspezifische Kompetenzfaktoren aus, die für die Bindung von Donor-
DNA-Fragmenten an der Zelloberfläche verantwortlich sind. Einige Gram-positive
Bakterien (z. B. *Bacillus subtilis, Streptococcus pneumoniae*) erreichen den
Kompetenzzustand auf natürliche Weise in bestimmten Phasen des Lebenscyclus.
Bei Gram-negativen Bakterien (z. B. *E. coli*) ist die Kompetenz hingegen nur
künstlich (z. B. mittels $CaCl_2$-Behandlung) herstellbar. Durch Transformation können
sowohl Teile genomischer DNA als auch Plasmide übertragen werden. Derartige
Vorgänge sind inzwischen auch bei Hefen und anderen Eukaryoten beobachtet
worden.

Bei der **Konjugation** erfolgt der DNA-Transfer nur nach vorherigem Kontakt zwei-
er Bakterienzellen unterschiedlicher Polarität über eine Plasmabrücke (Sexualpilus).
Die Polarität entsteht durch An- oder Abwesenheit eines sog. Fertilitätsfaktors (F-
Plasmid). Bei *E. coli* werden etwa 30 Genorte/min übertragen. Das Gesamtgenom
umfaßt ca. 3000 Genorte. Konjugationsvorgänge sind bei zahlreichen Bakterien-
gattungen, wie z. B. bei *Erwinia, Serratia, Pseudomonas*, sowie bei verschiedenen
Streptomyzeten bekannt.

Rekombinationsvorgänge bei Pilzen

Für Pilze ohne sexuelle Vermehrung, vor allem solche aus der Gruppe der *Fungi
imperfecti*, sind parasexuelle Vorgänge lebensnotwendig. Charakteristisch für diese
ist die Fähigkeit vegetativer Hyphen, über **Plasmabrücken** (Anastomosen) Kern-DNA
auszutauschen. Durch Verdoppelung von bereits im Rezipientenstamm vorhandenen
Genen (Genaddition) bzw. durch Aufnahme neuer Gene kann es zur Verstärkung
oder Neuausprägung von Merkmalen kommen. Die parasexuelle Rekombination ist
für Pilze erstmals bei *Aspergillus nidulans* entdeckt worden. Inzwischen wurden derartige Prozesse auch bei vielen anderen Pilzen, wie z. B. *Aspergillus niger, Penicillium
chrysogenum* sowie *Puccinia-* und *Verticillium*-Stämmen, beobachtet.

Ein wesentlicher Fortschritt bei der Verbesserung industriell genutzter
Mikroorganismenstämme wurde durch die Einführung der **Protoplastenfusionstechnik** erreicht. Ihre besondere Bedeutung besteht darin, daß sich mit dieser
Technik genetisches Material von zwei Zellen entfernt oder auch nicht verwandter
Organismen in einer Hybridzelle vereinigen läßt, was durch natürliche sexuelle und
parasexuelle Prozesse nicht möglich ist. Zur Herstellung von Protoplasten werden die
Zellwände beider Elternzellen mittels geeigneter komplexer lytischer Enzympräparate (z. B. Lysozym, Novozym) aufgelöst. Mit Hilfe von Polyethylenglycol (PEG) und
in Gegenwart von Ca^{2+}-Ionen bei einem pH-Wert von 7–9 bzw. mittels Elekrofusion
erfolgt die Verschmelzung der Protoplasten. Die Fusionsprodukte werden mit osmotischen Stabilisatoren gewaschen und auf geeigneten Selektionsmedien zwecks
Regenerierung der Zellwand kultiviert.

Die Protoplastenfusionstechnik ist bisher im Hinblick auf die Verbesserung der Leistung industrieller Mikroorganismen vorrangig für Schimmelpilze und Streptomyzeten genutzt worden. Ein entscheidender Vorteil, den diese Methode gegenüber allen anderen bisher aufgeführten Verfahrensweisen der Rekombination aufweist, ist die Überwindung von Imkompatibilitätsbarrieren zwischen Stämmen verschiedener systematischer Gruppen, wie z. B. Gattungen und Familien. Beispiele für Protoplastenfusionen zwischen Schimmelpilzen sind *Geotrichum candidum* und *Aspergillus nidulans* sowie *Pen. roquefortii* und *Pen. chrysogenum.* Interspezifische Protoplastenfusionen bei Hefen erfolgen z. B. zwischen *Candida tropicalis* und *Saccharomycopsis fibuliger, Saccharomyces cerevisiae* und *Kluyveromyces lactis* sowie *Yarrowia lipolytica* und *Kluyveromyces lactis.*

2.4.1.3
Rekombinante DNA-Technologie (Gentechnik)

Die größten Fortschritte bei der genetischen Veränderung industrieller Mikro-organismen wurden in jüngster Zeit mittels rekombinanter DNA-Technologie erreicht. Im Unterschied zur Mutagenese und Hybridisierung ermöglicht diese gezielte Eingriffe in spezifische Gene, deren Neukombination und ihren Transfer in eine andere Wirtszelle. Durch Erhöhung der Gendosis, Austausch regulatorischer

Abb. 2.-11 Genklonierung bei Bakterien (Grundprinzip)

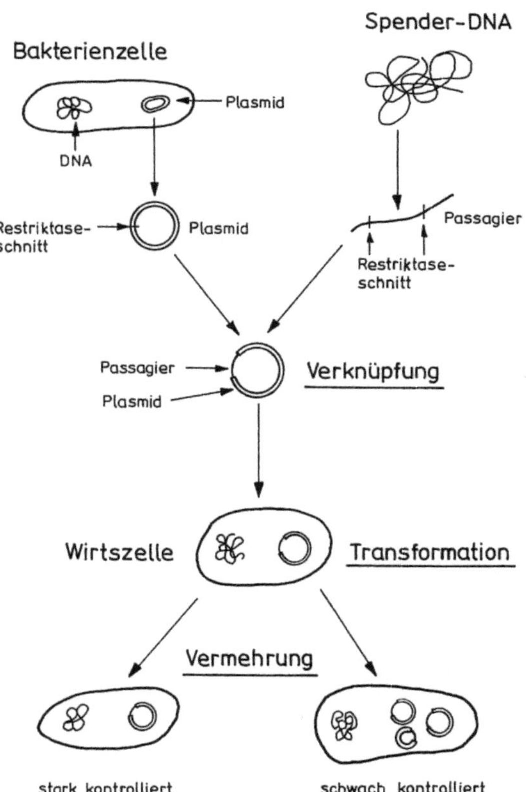

Sequenzen sowie In-vitro-Mutagenese sind ferner Veränderungen der Produktqualität und -quantität möglich. Die Grundtechniken diesbezüglicher Manipulationen sind zuerst am Darmbacterium *E. coli* entwickelt worden. Auf dem Lebensmittelsektor befaßt man sich mit toxikologisch unbedenklichen Keimen, wie z. B. *B. subtilis*, *Str. lactis*, *S. cerevisiae* und *A. niger*. Die In-vitro-Rekombination des genetischen Materials läßt sich für alle Mikroorganismen in folgende Etappen einteilen:
- Gewinnung der gewünschten DNA-Sequenz (Passagier),
- Entwicklung eines geeigneten Vektors,
- Verbindung von Passagier- und Vektor-DNA (Ligation),
- Übertragung der Hybrid-DNA in die Wirtszelle,
- Selektion rekombinanter Klone,
- Charakterisierung ausgewählter Klone mit Fremdgenen,
- Expression von Fremdgenen.

In Abhängigkeit von der Mikroorganismengruppe (Bakterien, Hefen, Schimmelpilze) gibt es bei den einzelnen Teilabschnitten einige Besonderheiten. Die allgemeine Verfahrensweise zur Genklonierung und -expression bei Bakterien ist Abb. 2.-11 zu entnehmen.

Gewinnung der gewünschten DNA-Sequenz

Sie kann auf unterschiedlichem Wege erfolgen. Eine Möglichkeit besteht in der **Isolierung von DNA aus Chromosomen und Mitochondrien.** Hierzu werden die Zellen mit Enzymen (z. B. Lysozym) aufgeschlossen, die DNA mittels Ethanol ausgefällt und kurze, reproduzierbare DNA-Fragmente durch Verdauung mit verschiedenen Restriktions-Endonucleasen (Restriktasen) hergestellt. Die anfallenden DNA-Fragmente werden durch Agarose- bzw. Polyacrylamidgel-Elektrophorese sowie Gradientenzentrifugation in der Ultrazentrifuge vorzugsweise nach der Molmasse getrennt.

Ein zweiter Weg führt über die **enzymatisch synthetisierte DNA.** Die DNA der meisten eukaryotischen Organismen enthält auch nichtcodierende Sequenzen (*Introns*). Da Bakterien diese bei der Transkription der DNA nicht eliminieren können, ist eine Expression der genetischen Information meistens nicht möglich. Für die Klonierung der DNA-Sequenzen aus eukaryotischen Organismen geht man daher häufig von der DNA-Abschrift (mRNA) aus, bei der die Introns bereits eliminiert sind. Mittels verschiedener Enzyme wird von der mRNA eine doppelsträngige DNA-Kopie (komplementäre DNA oder cDNA) synthetisiert (Abb. 2.-12), die nunmehr für Klonierungszwecke einsetzbar ist.

Auch auf **chemisch-synthetischem Wege** ist es möglich, Oligonucleotide gewünschter Zusammensetzung für gentechnische Experimente herzustellen. Es gibt inzwischen DNA-Syntheseautomaten, mit deren Hilfe DNA-Sequenzen mit einer Kettenlänge von mehr als 100 Nucleotiden synthetisiert werden können. Für eine Nucleotid-Addition benötigt man etwa 30 Minuten.

Entwicklung eines geeigneten Vektors

Die Übertragung der Passagier-DNA in eine Wirtszelle erfolgt mittels Vektoren. Diese sollen folgende Eigenschaften aufweisen:

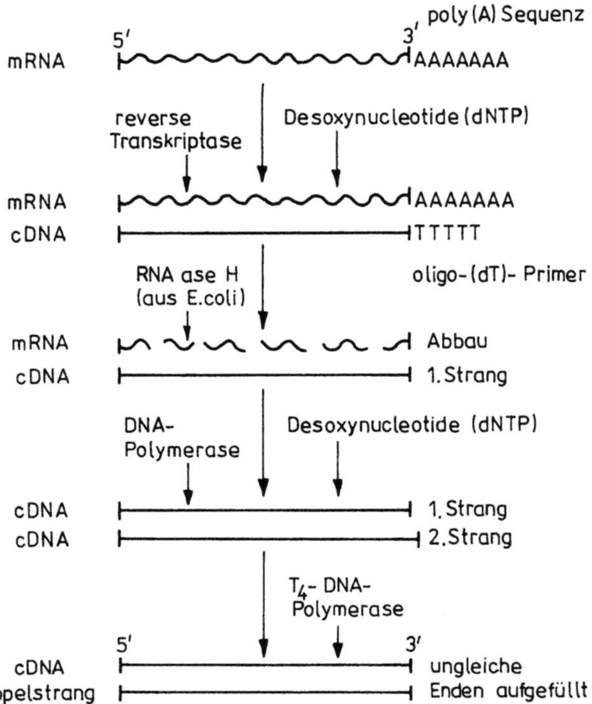

Abb. 2.-12 In-vitro-Synthese von komplementärer DNA (cDNA) aus mRNA

- Aufnahme eines DNA-Fragmentes (*Passagier*) an einer definierten Stelle,
- unversehrte Permeation von Vektor und Passagier in die Zelle,
- Fähigkeit zur selbständigen Replikation in der Wirtszelle durch Anwesenheit eines *Origins* (Startpunkt für DNA-Replikation) von ca. 500 Basenpaaren (bp),
- Anwesenheit von Selektionsmarkern (wie z. B. Antibiotikaresistenz gegenüber Ampicillin oder Tetracyclin, Auxotrophie für Aminosäuren u. a.),
- Vorhandensein von Schnittstellen für verschiedene Restriktasen.

Bakterien. Als Vektoren für Bakterien können Plasmide, Bakteriophagen oder Cosmide genutzt werden. Die einfachsten und am häufigsten verwendeten Überträgersysteme sind **Plasmide.** Sie bestehen aus einem doppelsträngigen DNA-Molekül, das ringförmig geschlossen ist. Sie können eine Größe von 1–100 kb (1–3 % der chromosomalen DNA) aufweisen und in unterschiedlicher Anzahl (bis 100) pro Zelle vorkommen. Eine weitere Erhöhung der Kopienzahl (**Genamplifikation**) auf 1000–3000 pro Zelle ist durch Zugabe von Chloramphenicol sowie durch Beeinflussung des Kontrollgens für die Replikation durch Temperaturveränderung und Mutation möglich.

Plasmide können für eine Reihe von Merkmalen codieren, die vielen Bakterien bestimmte Selektionsvorteile bieten. Zu diesen zählen u. a. die Resistenz gegenüber Antibiotika und die Verwertung ungewöhnlicher Substrate. Zur Durchführung von Genklonierungen verwenden die meisten Autoren kleine Plasmide mit Resistenzmarkern und Spaltstellen für verschiedene Restriktasen (Abb.2.-13). Im

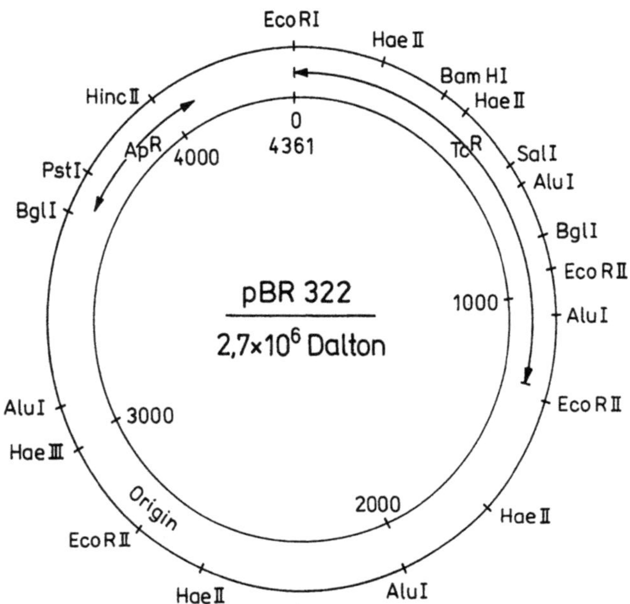

Abb. 2.-13 Einige Restriktionsspaltstellen, Lage der Resistenzgene für die Antibiotika Ampicillin und Tetracyclin sowie des Replikationsstartpunktes (Origin) beim Plasmid pBR 322

Hinblick auf den beabsichtigten Verwendungszweck wurden für Bakterien verschiedene Plasmidtypen entwickelt.

Durch Herausschneiden bestimmter DNA-Bereiche können **Bakteriophagen** genetisch so umgebaut werden, daß sie zur Übertragung fremder DNA geeignet sind. Wegen verschiedener Vorteile werden Bakteriophagen häufig zum Anlegen von Genbanken verwendet.

Bei **Cosmiden** handelt es sich um Hybridmoleküle, die aus Teilen des Phagen Lambda (mit der cos-Region) sowie Plasmiden bestehen und zur Übertragung von DNA-Fragmenten im Bereich von 32–45 kb geeignet sind.

Hefen. Auch bei Hefen werden einige autonome genetische Elemente (Mitochondrien-DNA, 2μ-Plasmid, Killer-Faktor) zur Herstellung von Vektoren eingesetzt. Nach ihrer Zusammensetzung und der Wechselwirkung mit den Rezipientenzellen unterscheidet man zwischen folgenden Hefevektoren: *yeast integrating plasmids* (YIp), *yeast replicon plasmids* (YRp) und *yeast episomal plasmids* (YEp).

Filamentöse Pilze. Bei filamentösen Pilzen hat man inzwischen ebenfalls zahlreiche Plasmide gefunden, die man als autonome oder integrative Vektoren einsetzen kann (Abb. 2.-14). Durch Integration eines Origins und anderer für Selektionsmarker codierende DNA-Sequenzen aus Pilzorganellen in Bakterienplasmide werden **Shuttle-Vektoren** hergestellt, die sowohl in Bakterien als auch in filamentösen Pilzen wirksam sind. Diese Hybridvektoren werden auch als autonome Vektoren bezeichnet, da sie im Cytosol als selbständige Elemente existieren und vermehrungsfähig sind.

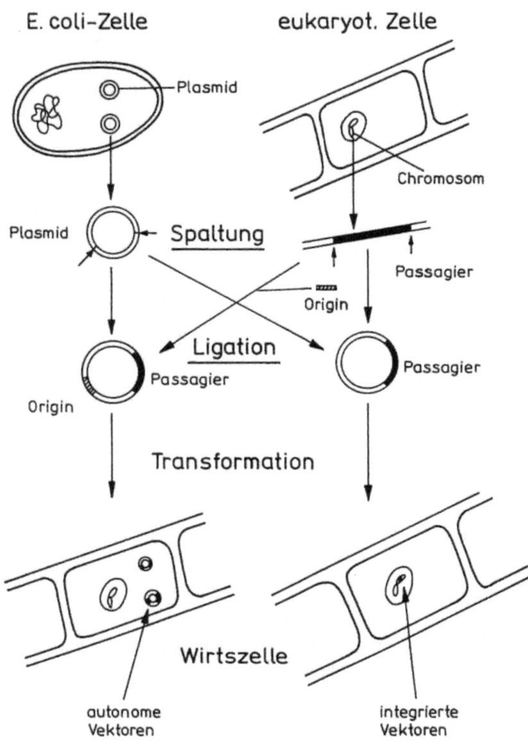

Abb. 2.-14 Transformation eukaryotischer Zellen

Ihre praktische Anwendung hat den Vorteil, daß sie gewöhnlich in jeder Zelle in großer Kopienzahl vorliegen und bei Expression der in diesen Vektoren enthaltenen Gene das gewünschte Produkt in hoher Ausbeute liefern. Ein wesentlicher Nachteil ist, daß autonom replizierbare Vektoren während der Zellvermehrung oftmals verlorengehen und damit die produktbildenden Zellen abnehmen.

Zur Überwindung des Problems der Instabilität wurde ein neuer Lösungsweg entwickelt. Autonome Vektoren können sich in Abwesenheit eines eukaryotischen Origins in den filamentösen Pilzen nicht vermehren, jedoch zu einem geringen Anteil in die genomische DNA des Rezeptors integriert werden. Obwohl die meisten Vektorsysteme bisher für *Aspergillus nidulans* und *Neurospora crassa* vorliegen, gibt es inzwischen auch Vektorkonstruktionen für andere Pilze (z. B. *Mucor circinelloides*, *Ustilaga maydis*, *Acremonium chrysogenum*, *Penicillium chrysogenum*).

Verbindung von Passagier- und Vektor-DNA

Um eine Ligation zu ermöglichen, ist zunächst die Linearisierung des Vektors mit Hilfe geeigneter Restriktionsenzyme erforderlich. Die Verbindung von Passagier- und Vektor-DNA kann auf verschiedene Weise vorgenommen werden. Einige wesentliche Varianten sind aus Abb.2.-15 ersichtlich.

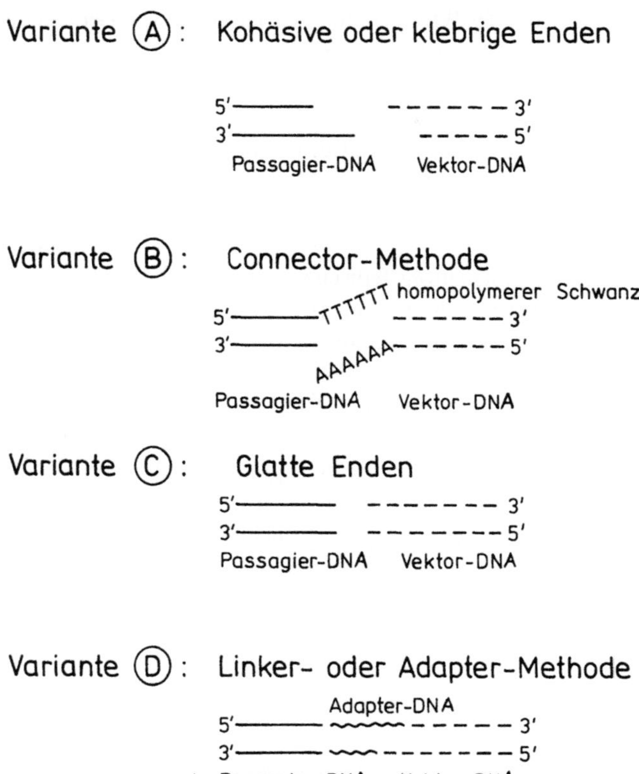

Abb. 2.-15 Kopplungsvarianten für Vektor- und Passagier-DNA

Übertragung der Hybrid-DNA in die Wirtszelle

Von entscheidender Bedeutung für die Klonierung eines Gens ist seine Einschleusung in die Zelle. Da sich der Zellwandaufbau bei Gram-positiven und -negativen Bakterien sowie bei Hefen und Schimmelpilzen erheblich unterscheidet, wurden vielfältige Methoden zur Transformation von Zellen mit „nackter" DNA entwickelt. Voraussetzung für alle ist die Herstellung von aufnahmefähigen (kompetenten) Zellen und Protoplasten. Man unterscheidet hierbei zwischen natürlichen und künstlichen Übertragungsmechanismen.

Da die natürliche Kompetenz bei **Bakterien** im allgemeinen gering ist, wurden Methoden zu ihrer Verbesserung entwickelt. Für *E. coli* und zahlreiche andere Bakterien ist eine Behandlung der Zelle mit mono- und divalenten Kationen (z. B. Li$^+$, Ca^{2+}, Mn^{2+}) von Vorteil. Ihre Wirkung beruht vor allem auf einer begrenzten Destabilisierung der äußeren Zellmembran. Das Verfahren ermöglicht nunmehr Transformationsraten von 10^8 Transformanten pro µg DNA. Bei Streptomyzeten ist eine Überführung freier DNA gewöhnlich erst nach Herstellung von Protoplasten durch Entfernung der Zellwand mittels Lysozym realisierbar.

Eine weitere Möglichkeit stellt die Übertragung von Fremd-DNA mit Hilfe von Bakteriophagen dar (Transduktion). Man verwendet dafür vor allem temperente

Phagen, die ihre DNA in das Wirtsgenom integrieren können. Der bekannteste ist der Phage Lambda. Sehr gute Ergebnisse werden ferner mittels Elektroporation erzielt, bei der durch Elektroschock künstlich Poren erzeugt werden, durch welche die DNA aufgenommen wird.

Hefezellen besitzen eine aus einem Gerüst von Chitin, Mannanen und Glucanen bestehende Zellwand, die für DNA-Moleküle undurchlässig ist. Zur Transformation mit rekombinanter DNA ist ihre Permeation erforderlich. Dazu gibt es z. Z. drei Möglichkeiten:

1. Sphäroplasten-Transformation: Teilweiser enzymatischer Abbau der Zellwand;
2. Ganzzell-Transformation: Induktion der DNA-Aufnahme mit Alkaliionen (z. B. Li^+) in Gegenwart von Polyethylenglycol;
3. Elektrofusionsmethode: Kurzzeitige Einwirkung eines starken elektrischen Feldes auf Sphäroplasten und rekombinante DNA.

Die Transformationsausbeute bei Hefen liegt im allgemeinen zwischen 10^2 und 10^5 pro µg DNA.

Bei **Schimmelpilzen** gibt es prinzipiell ähnliche Transformationsverfahren wie bei Hefen. Bezüglich der Transformationsraten schwanken die Angaben. Im allgemeinen liegen die Werte noch sehr niedrig (1–100 Transformanten pro µg DNA). Mit integrativen Vektoren wurden jedoch auch schon Transformationsraten von 5 x 10^4 pro µg DNA erreicht.

Selektion rekombinanter Klone

Nach der Transformation sind aus Millionen von Wirtszellen diejenigen mit dem gewünschten Gen herauszufinden. Zur **Isolierung rekombinanter Klone** wird entweder die Resistenz gegen bestimmte Antibiotika (z. B. Ampicillin, Tetracyclin) oder die Unabhängigkeit von bestimmten Nährstoffen (z. B. von einzelnen Aminosäuren) genutzt.

Die **Identifizierung von Klonen** mit Passagier-DNA ist entweder durch den direkten Nachweis der Passagier-DNA mit einer komplementären DNA- bzw. RNA-Sonde oder indirekt durch Identifizierung des von ihr codierten Genproduktes möglich. Die Auswahl des Verfahrens ist vom bearbeiteten Objekt abhängig. Beim direkten Nachweis mittels Kolonie-Hybridisierungsmethode erfolgt die Identifizierung der

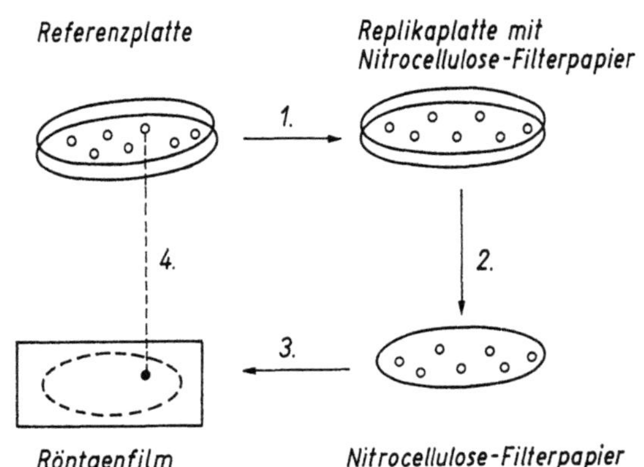

Abb. 2.-16 Identifizierung rekombinierter Klone mittels Kolonie-Hybridisierungstechnik
1 – Kolonieübertragung mittels Stempeltechnik, 2 – Fixierung freigesetzter DNA nach Zellyse, 3 – Auflegen eines Röntgenfilms nach Hybridisierung mit radioaktiv markierter Sonde, 4 – Kolonie-Identifizierung mittels Schwärzung auf dem Röntgenfilm

gesuchten Sequenz u. a. mit einer radioaktiv (z. B. ^{32}P) markierten komplementären DNA- bzw. RNA-Sequenz (Abb.2.-16). Auf einer Petrischale mit 10 cm Durchmesser lassen sich auf diese Weise ca. 500–1000 Kolonien testen.

Zur Identifizierung eines Klons, der ein leicht nachweisbares Produkt bildet, kann der indirekte Nachweis mittels Agardiffusionstest herangezogen werden. Wachsen beispielsweise die Kolonien enzymbildender Mikroorganismen auf einem Agar-Medium, welches das Substrat enthält, dann entstehen um diese Hydrolysehöfe. Sehr vorteilhaft sind für diesen Test chromogene Substrate, bei denen ein Farbumschlag erfolgt. Zum Nachweis von Proteinen ohne enzymatische Aktivität eignen sich immunologische Methoden.

Charakterisierung ausgewählter Klone

Wenn es gelungen ist, positive Klone zu identifizieren, erfolgt eine nähere Charakterisierung des rekombinanten Plasmids mit dem gesuchten Gen. Zu diesem Zweck isoliert man die Plasmid-DNA, schneidet die Fremd-DNA mit Restriktasen heraus und analysiert die Fragmente mittels Gelelekrophorese. Durch Vergleich mit dem Ausgangsplasmid ohne Insert und mit verschiedenen Längenstandards läßt sich auf die Größe der in den Plasmiden eingebauten DNA-Sequenzen schließen. Zur Identifizierung des gesuchten Gens nutzt man die Hybridisierungstechnik nach SOUTHERN. Ähnlich wie bei der Koloniehybridisierung überträgt man die im Agarosegel auftretenden DNA-Banden auf Nitrocellulose-Filterpapier und hybridisiert sodann mit ^{32}P-markierten Sonden, die etwa 20–30 Nucleotide der DNA-Sequenz des gesuchten Gens umfassen. Durch Schwärzung auf dem Röntgenfilm läßt sich die Bande mit dem gesuchten Gen identifizieren. Nach Elution aus dem Gel und verschiedenen Reinigungsschritten können dann Sequenzierung und weitere Manipulationen erfolgen.

Expression von Fremdgenen

Nach Übertragung eines bestimmten Gens in eine andere Wirtszelle ist dessen Expression noch nicht gesichert. Voraussetzung dafür sind verschiedene Faktoren, wie z. B. die Anwesenheit eines funktionsfähigen Promotors sowie der Einbau der Gensequenz an der richtigen Stelle der Codonfolge (Leseraster) und in der richtigen Ableserichtung. Zur Realisierung dieser Bedingungen kann man in folgender Weise vorgehen:

Bei der **direkten Methode** wird das rekombinante Gen unmittelbar hinter einem geeigneten Promotor an das Startcodon ATG eines anderen Strukturgens angekoppelt. Liegt ein eukaryotisches Gen vor, kann dieses ggf. nur nach Eliminierung nichtcodogener Regionen (Introns) abgelesen werden. Wird ein bestimmtes Gen in die Sequenz eines anderen Gens eingesetzt, kann dessen Information u. U. auch von deren DNA-Polymerase mit abgelesen werden (**indirekte Methode**). Die Zelle synthetisiert dann ein Fusionsprotein, welches aus einem bakterieneigenen Protein und dem Fremdprotein besteht. Das Fremdprotein wird nachfolgend z. B. mit Bromcyan vom Fusionsprotein abgespalten. Für die erfolgreiche Expression von Enzymgenen in verschiedenen Wirtsorganismen (Bakterien, Hefen, Schimmelpilzen) gibt es bereits zahlreiche Beispiele. Einige von ihnen werden in Kap. 3.10 aufgeführt.

Abb. 2.-17 Induktion eines
Wurzelhalstumors durch
Agrobacterium tumefaciens
(REINHARD, 1986)

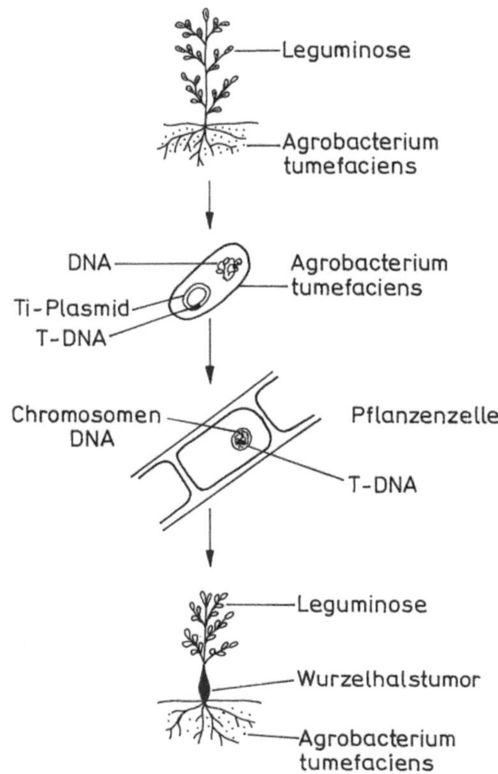

2.4.2
Pflanzenzüchtung

Zur Züchtung neuer Pflanzensorten mit verbesserten Eigenschaften bedient man
sich neben klassischer Züchtungsverfahren zunehmend auch neuer und besonders
effektiver Methoden. Die Zellkultur- und Protoplastenfusionstechnik wurden bereits
in Kap. 2.3.1 behandelt. Nachfolgend wird kurz auf einige gentechnische Methoden
eingegangen. Die mittels dieser Methoden veränderten Pflanzen werden als **transgene Pflanzen** bezeichnet.

Ti-Plasmide als Genüberträger

Bei zweikeimblättrigen Pflanzen können im Bereich des Wurzelhalses sog.
Wurzelhalsgallen entstehen, wenn das Bodenbacterium *Agrobacterium tumefaciens*
in verletztes Gewebe eindringt. Dabei wird ein Plasmid, das sog. Ti (Tumor-induzie-
rende)-Plasmid, in die Pflanzenzelle übertragen. Ein Teil dieses Plasmids, die T-
Region, wird während der Infektion in die DNA der Pflanzenzelle eingebaut und
veranlaßt diese zur Bildung spezieller Aminosäuren (sog. *Opine*) sowie zu einem
unkontrollierten Tumorwachstum (Abb. 2.-17). Die Opine dienen den Bakterien als
C- und N-Quellen.

Abb. 2.-18 Einschleusung eines Fremdgens in Pflanzen mittels Ti-Plasmid-System (REIN-HARD, 1986)

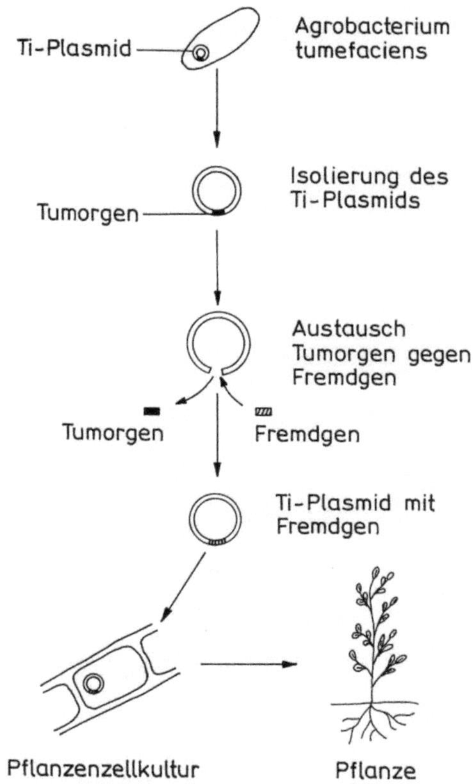

Das Ti-Plasmid kann nunmehr aus *Agrobacterium tumefaciens* isoliert und gentechnisch verändert werden. Es ist gelungen, das für die Tumorbildung verantwortliche Gen der T-Region aus diesem Plasmid zu entfernen und durch ein wünschenswertes Gen zu ersetzen. Dies kann z. B. dasjenige Gen sein, welches für die Synthese des als Insektizid wirkenden *Bac. thuringiensis*-Proteins verantwortlich ist. Ein derart modifiziertes Plasmid wird mittels *A. tumefaciens* in die Pflanzenzellen eingeschleust. Nach Einbau des Fremdgens in das Genom der Pflanzenzellen sind diese zur Synthese des gewünschten Produktes befähigt (Abb. 2.-18). Das Ergebnis der Transformationsexperimente läßt sich durch Vermehrung der Pflanzenzellen im Zellkulturansatz nachweisen. Trotz erster Erfolge sind beim Ti-Plasmid-System noch zahlreiche Probleme zu klären, bevor es in breiter Form zur Anwendung kommen kann. Ein Nachteil des Systems besteht darin, daß *A. tumefaciens* nur zweikeimblättrige (dikotyle) Pflanzen infiziert. Zahlreiche wichtige Nutzpflanzen sind jedoch einkeimblättrige (monokotyle) Pflanzen, in die man derzeit die rekombinante DNA mittels anderer Techniken, so z. B. durch Elektroporation oder Injektion, überführt.

Anti-sense-mRNA-Technik

Mit Hilfe dieser Verfahrensweise können unerwünschte Komponenten und Eigenschaften gemindert bzw. völlig eliminiert werden. Dies wird am Beispiel der

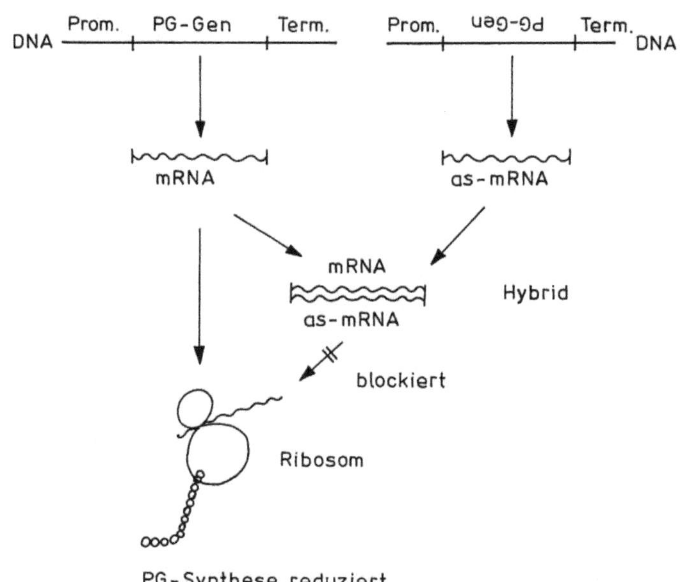

Abb. 2.-19 Anti-sense-mRNA-Technik am Beispiel der Polygalacturonasesynthese in der Tomate

Minderung der Synthese von Polygalacturonase (PG, EC 3.2.1.15) bei Tomaten deutlich. (Dieses Enzym ist für das *Weichwerden der Tomaten* bei der Reifung verantwortlich; weitere Einzelheiten vgl. Kap. 3.10.2.)

Man geht dabei so vor, daß das für die PG codierende Strukturgen kloniert und in umgekehrter Richtung (anti-sense) an den richtig orientierten Promotor angekoppelt wird. Nach Einbringung des Konstruktes mittels Ti-Plasmid in die Zelle einer Tomatenpflanze besitzt diese nun zwei PG-Gene. Das eine wird in richtiger Richtung abgelesen, und es wird die entsprechende mRNA gebildet. Bei dem anti-sense(as)-Gen ist die Nucleotidfolge umgekehrt, so daß die beim Ablesen der DNA gebildete as-mRNA komplementär zu der mRNA vorliegt. Die mRNA vom normal orientierten PG-Gen wird an die as-mRNA gebunden und steht damit für die PG-Synthese nicht zur Verfügung (Abb. 2.-19).

Da gentechnologische Manipulationen an Pflanzen – ebenso wie bei klassischen Züchtungsmethoden – auch zum Auftreten negativer Merkmale und Eigenschaften führen können, werden neue Pflanzensorten einem zweistufigen **Prüfverfahren** unterzogen. Die erste Stufe betrifft die eigentliche Freisetzung und die damit verbundenen Fragen im Hinblick auf Umweltauswirkungen. In der zweiten Stufe werden Langzeitauswirkungen nach der Freisetzung untersucht. In einem dreijährigen Anbautest werden die frucht- und verwendungsspezifischen Eigenschaften geprüft. Dabei müssen die neuen Sorten mindestens in einem wesentlichen Merkmal besser und in keinem schlechter als die Ausgangssorten sein. Bereits hier werden ernährungsphysiologisch und lebensmitteltechnologisch ungeeignete Pflanzensorten eliminiert.

2.4.3
Tierzüchtung

Außer konventionellen Methoden verwendet man in jüngster Zeit verstärkt moderne biotechnologische Verfahren zur gezielten Züchtung von Nutztieren mit erwünschten Eigenschaften und Leistungen.

2.4.3.1
Zellbiologische Methoden

In der Großtierhaltung gehört die **künstliche Besamung** bereits zur alltäglichen Praxis. Spermien ausgesuchter Zuchtbullen mit überprüften wünschenswerten Eigenschaften werden tiefgefroren in sog. Spermienbanken aufbewahrt. Die Befruchtung leistungsstarker Rinder mit hohen Fleisch- bzw. Milcherträgen und erhöhter Resistenz gegenüber Krankheitserregern erfolgt durch den Tierarzt in den Besamungsstationen.

Noch gezielter ist die Einflußnahme des Menschen beim **Embryotransfer.** Eine Kuh kann normalerweise nur insgesamt 10–15 Kälber austragen. Um jedoch möglichst viele Nachkommen einer Leistungskuh aufzuziehen, entnimmt man dieser Embryonen und überträgt sie auf weniger leistungsfähige Leihmütter. Zu diesem Zweck wird das Spendertier mit Hormonen behandelt, damit ca. 5–15 Eizellen gleichzeitig reifen. Etwa 4 Tage nach der künstlichen Befruchtung werden die Embryonen aus dem Uterus herausgespült und tiefgefroren. Diese Embryonen können nun zu einem gewünschten Zeitpunkt in den Uterus einer anderen Kuh eingepflanzt werden. Auf diese Weise sind etwa 200 Nachkommen eines Leistungstieres aufziehbar.

Eine wesentlich schnellere Vermehrung von Nutztieren mit positiven Eigenschaften erlauben **Klonierungsmethoden.** So hat man z. B. bei Rindern identische Mehrlinge aus *einer* Eizelle aufgezogen. Säuger-Eizellen sind im allgemeinen bis zum 8-Zell-Stadium (Blastozyste) totipotent. Löst man diesen Zellverband mit Hilfe proteolytischer Enzyme auf und implantiert die verschiedenen Einzelzellen in die Uteri mehrerer Kühe, entwickeln sich daraus identische Mehrlinge. Eine andere Möglichkeit der Klonierung besteht in der Einführung von Kernen aus Gewebezellen in entkernte Eizellen. Wegen der geringen Größe von Säugereizellen sind diese Maßnahmen schwierig durchzuführen und daher nicht immer erfolgreich.

Mit zellbiologischen Methoden kann man während der Embryonalentwicklung auch **Kreuzungen** verschiedener Tierarten (*Chimären*) vornehmen. Das bekannteste Beispiel ist die sog. „Schafziege" , die vor einigen Jahren erzeugt wurde. Man spült Embryonen im 8-Zell-Stadium aus den Uteri der beiden zu kreuzenden Tierarten aus und zerlegt diese enzymatisch in 8 Einzelzellen. Werden die verschiedenen Eizellen gemeinsam in einer Nährlösung gehalten, bilden sie nach einer gewissen Zeit einen geschlossenen Zellverband. Implantiert man diesen dann in den Uterus eines Tieres, entwickelt sich daraus eine Chimäre.

2.4.3.2
Gentechnische Methoden

Auch Experimente zum Transfer von Fremdgenen wurden bei Säugern durchgeführt. Aus züchterischer Sicht ist die stabile Integration des Transgens in die Keimbahn des

Empfängers und dessen zuverlässige Übertragung an die Nachkommen von Interesse. Die Chancen für einen erfolgreichen Gentransfer steigen, wenn die Manipulation in sehr frühen Stadien der Embryonalentwicklung durchgeführt wird. Die bisher für den Gentransfer bei Nutztieren verwendeten Methoden kann man grundsätzlich in In-vitro- und In-vivo-Techniken unterteilen.

In-vitro-Techniken

Sie beruhen auf physikalischen Verfahren. Die verbreitetste Methode ist die **Mikroinjektion.** Die Fremd-DNA wird mittels Mikrokanüle in den Vorkern einer befruchteten isolierten Eizelle injiziert. Nachdem sich die Eizellen bis zur frühen Blastula entwickelt haben, werden sie in pseudoträchtige Muttertiere überführt, in denen dann die *transgenen Tiere* heranwachsen. Die Erfolgsrate liegt bisher unter 1 %, da es noch Probleme bei der Expression des Fremdgens gibt. Man versucht, diese durch Fusion mit einem gut regulierbaren Gen zu überwinden.

Weniger verbreitet ist die **Elektroporation,** bei der durch kurze elektrische Impulse im Hochspannungsfeld die Membranstruktur an eng begrenzten Stellen zerstört und damit für das Eindringen von Fremd-DNA durchlässig gemacht wird.

In letzter Zeit gewinnt die **Biolistik** an Bedeutung. Bei dieser Methode werden mit Fremd-DNA beschichtete Edelmetallprojektile (z. B. aus Gold, Wolfram) direkt in die Zelle hineingeschossen.

Mittels **Liposomentechnik** wird das zu transferierende Fremdgen in Lipidvesikel verpackt. Dadurch erfolgt einerseits eine Bindung der DNA an die Oberfläche der Akzeptorzelle und andererseits wird diese vor dem Abbau durch DNAsen geschützt.

In-vivo-Techniken

Bei diesen Verfahren erfolgt die DNA-Übertragung unter Nutzung biologischer Vektoren. Die Anwendung **retroviraler Vektoren** ist die älteste und bisher erfolgreichste Methode dieser Gruppe. Die Fremd-DNA wird mit Hilfe des Retrovirus in die Wirtszelle eingebracht und dort gemeinsam mit dem Virus in das Wirtsgenom integriert. Das Fehlen von artspezifischen Retroviren für einige Nutztiere sowie die Gefahr, daß infektiöse Viruspartikel entstehen können, sind Nachteile dieser Methode.

Embryonale Stammzellen (ES) sind nicht ausdifferenzierte Zellen, die aus frühen Embryonalstadien isoliert werden. Nach Einbringen von Fremd-DNA in die in Zellkultur gehaltenen ES werden diese in Blastozysten übertragen, wo sie in den Zellverband integrieren. Nach Implantierung der Blastozyste in den Uterus von Leihmüttern kommt es zur Chimärenbildung. Solche Chimären tragen das Transgen in der Keimbahn und können es an ihre Nachkommen weitergeben.

Die neueste Methode nutzt **Spermien** als Vehikel für die Übertragung rekombinanter DNA. Die Samenzellen werden vor ihrer Verwendung zur Befruchtung einer Eizelle mit der Fremd-DNA beschichtet. Dieser Vorgang kann durch Anwendung von Liposomen noch verbessert werden. Wegen ihres geringen technischen Aufwandes könnte dieses Verfahren nach weiterer Optimierung zur bevorzugten Methode für den technischen Einsatz werden.

Intensive Forschungsarbeiten werden derzeit vor allem hinsichtlich des *gezielten Einbaus von Fremdgenen* (z. B. für Wachstumshormone) in das Genom einer Wirtszelle sowie bezüglich der Regulation der Fremdgenexpression durchgeführt. Um auf die Integrationsstelle des Transgens im Wirtsgenom Einfluß nehmen zu können, wird das Transgen zuvor mit wirtsspezifischen DNA-Sequenzen ausgestattet, welche die homologe Rekombination an den gewünschten Integrationsstellen begünstigen (*gene targeting*).

2.4.4
Risiken der Gentechnik; Sicherheits- und Kontrollmaßnahmen

Es gibt derzeit kaum ein Forschungsgebiet, welches von der Öffentlichkeit so heftig und kontrovers diskutiert wird wie die Gentechnik. Gründe dafür sind, daß mit Hilfe gentechnischer Methoden erstmals die Erbinformation der Organismen entschlüsselt, gezielt in deren Genome eingegriffen sowie Teile davon über Artgrenzen hinweg ausgetauscht werden können. Damit eröffnen sich auf den verschiedensten Gebieten ungeahnte Möglichkeiten des wissenschaftlichen und technischen Fortschritts, die jedoch auch Risiken für Mensch und Umwelt in sich bergen. Neben der Medizin ist die Lebensmittelindustrie gegenwärtig das wichtigste Gebiet gentechnologischer Forschung und Entwicklung. Während jedoch die medizinische Anwendung angesichts der verheerenden Auswirkungen bisher nicht beherrschbarer Erkrankungen – wie z. B. durch Gendefekte ausgelöste Erbkrankheiten – von der Mehrzahl der Bevölkerung weitgehend akzeptiert wird, stoßen gentechnisch hergestellte Lebensmittel bzw. Lebensmittelzusatzstoffe auf große Ablehnung. Ursachen dafür sind, daß in Anbetracht der bereits bestehenden Überproduktion von Lebensmitteln in den Industrieländern einerseits keine Notwendigkeit für eine weitere Produktionssteigerung gesehen wird, andererseits eine Reihe von Risiken mit der Anwendung gentechnischer Verfahren im Lebensmittelsektor verbunden sind. Als wesentliche Gefahren werden von den Kritikern angeführt:
- Gesundheitliche Beeinträchtigungen,
- Schädigung der Umwelt,
- negative ökonomische Auswirkungen,
- soziale Konflikte,
- ethische Probleme.

Gesundheitliche Beeinträchtigungen

Sie werden vor allem im mangelnden Wissen über mögliche Folgen des Einbaus fremder DNA in das Genom eines Organismus gesehen. So könnte beispielsweise die unkontrollierte Integration von Fremd-DNA dazu führen, daß Gene für lebenswichtige Funktionen inaktiviert, aktiviert oder in ihrer Regulation gestört werden. Ferner ist nach Ansicht der Kritiker nicht auszuschließen, daß physiologisch sinnvolle Beziehungen zwischen benachbarten Genen eine Veränderung erfahren. Denn das Genom einer Art stellt nicht nur eine bloße Ansammlung von Genen dar, sondern besteht aus einem wohlausbalancierten System. Die durch Beeinflussung der Erbanlagen entstehenden veränderten Produkte können zu nicht beherrschbaren negativen Beeinträchtigungen des Stoffwechsels von Lebewesen führen. Als Beispiele dafür werden angeführt:

Verschiedene Nahrungspflanzen, wie beispielsweise Kartoffeln, produzieren neben gesundheitsfördernden Stoffen auch **Toxine** (z. B. Solanin), die der Abwehr von Schädlingen oder Krankheitserregern der betreffenden Pflanze dienen. Sie sind in den vom Menschen genutzten Pflanzenteilen zumeist in so geringen Konzentrationen enthalten, daß sie keine Vergiftungserscheinungen hervorrufen. Durch Eingriffe in das Genom der Pflanzen kann die Toxinbildung in diesen Teilen verstärkt werden und damit zu Schädigungen führen.

Auch die Produktion von Arzneimitteln, Lebensmitteln und Lebensmittelzusatzstoffen unter Einsatz gentechnisch veränderter Mikroorganismen birgt nach Meinung der Kritiker das Risiko in sich, daß durch Beeinflussung der mikrobiellen Erbsubstanz neue bzw. veränderte Verbindungen entstehen und zum Verzehr gelangen. Als Beispiel dafür wird die mit Hilfe eines gentechnisch veränderten Mikroorganismus hergestellte Aminosäure **L-Tryptophan** angeführt. So erkrankten in den Jahren 1989–1990 mehrere tausend Menschen – davon ca. 100 in Deutschland – plötzlich an dem „Eosinophilie-Myalgie-Syndrom" (einer Blutkrankheit). Die Suche nach den Ursachen ergab, daß alle Geschädigten bestimmte Medikamente (z. B.Schlafmittel, Antidepressiva) eingenommen hatten, welche das in Japan mit einem gentechnisch veränderten Mikroorganismus hergestellte L-Tryptophan enthielten. Diese nach einem vereinfachten Aufarbeitungsverfahren gewonnene Aminosäure wies trotz eines hohen Reinheitsgrades von 99,6 % noch 30–40 Verunreinigungen auf, von denen offensichtlich einige zu der Erkrankung führten.

Ein im Zusammenhang mit dem Verzehr von Lebensmitteln sehr häufig zu beobachtendes Problem sind **Nahrungsmittelallergien.** Die Mehrzahl der allergischen Reaktionen wird durch bestimmte proteinhaltige Lebensmittel (z. B. Milch und Milchprodukte, Fisch, Fleisch, Nüsse, Weizen- und Sojaprodukte) ausgelöst. Werden nun mit Hilfe gentechnisch veränderter Mikroorganismen gewonnene Lebensmittelzusatzstoffe (z. B. Enzyme) oder transgene Pflanzen, die z. B. mit einem Insekten-abtötenden Protein aus *Bacillus thuringiensis* ausgestattet sind, für die Lebensmittelproduktion genutzt, dann ist das Auftreten von Allergien bei sensitiven Personen nicht mit Sicherheit zu unterbinden.

Es wird ferner befürchtet, daß eine ungenügende Sorgfalt bei der Verwendung von Antibiotika-Resistenzgenen zur Markierung gentechnischer Manipulationen die Ausbreitung von **Antibiotika-Resistenzen** bei Mensch und Tier zur Folge hat. Dies würde sich ungünstig auf die Bekämpfung bakterieller Infektionen auswirken, bei denen Antibiotika zur Anwendung kommen. Auch beim Verzehr fermentierter Lebensmittel mit gentechnisch veränderten, noch vitalen Mikroorganismen ist die Möglichkeit einer Schädigung der **Darmflora** und einer Beeinträchtigung der Verdauung nicht prinzipiell auszuschließen, sofern die genmanipulierten Stämme unerwünschte Hemmstoffe ausscheiden oder die Erbinformation für diese Stoffe auf Mikroorganismen des Intestinaltraktes übertragen.

Schädigung der Umwelt

Die Freisetzung bzw. das Inverkehrbringen gentechnisch veränderter Organismen – sei es beabsichtigt wie im Falle transgener Pflanzen oder unbeabsichtigt durch Abwässer oder Abluft aus Fermentationsanlagen – können nach Ansicht der Kritiker ebenfalls Gefahren für die Umwelt mit sich bringen. So sei z. B. noch unklar, inwieweit solche Organismen ökologische Kreisläufe und Gleichgewichte beeinflussen. Trotz des dringenden Informationsbedarfs auf diesem Gebiet kommen diesbezügliche Untersuchungen jedoch nur sehr langsam in Gang. Einige Beispiele sollen weitere mögliche Gefahren verdeutlichen.

Mittels gentechnischer Methoden sind Nutzpflanzen geschaffen worden, die eine Behandlung mit Totalherbiziden – chemische Präparate mit abtötender Wirkung gegenüber den meisten Unkräutern – unbeschadet überstehen. Da solche Herbizide in Verbindung mit **herbizidresistenten Nutzpflanzen** zumeist zu einer späteren Jahreszeit als bei konventionellen Pflanzen eingesetzt werden, sind größere Mengen für die Unkrautvernichtung erforderlich, was eine stärkere Belastung der Umwelt zur Folge hat.

Auch an der Erhöhung der Resistenz von Kulturpflanzen gegenüber *mikrobiellen* Pflanzenschädlingen und der Verbesserung der Widerstandsfähigkeit gegenüber Insekten und Nematoden wird gearbeitet. So scheint es vordergründig sinnvoll zu sein, wenn Nutzpflanzen durch Einbau des Gens für eine toxisch wirkende Substanz (z. B. für das Protein aus *Bacillus thuringiensis*) in ihr Genom in die Lage versetzt werden, das **Biopestizid** nun selbst zu produzieren. Doch sind nach Meinung der Kritiker die Auswirkungen dieser Substanzen auf Mensch und Umwelt noch nicht genügend abgeklärt. Hinzu kommt, daß – im Unterschied zu den bisher verwendeten konventionellen Pestiziden, welche von der Oberfläche größtenteils abgewaschen werden können – die von den Pflanzen selbst produzierten Abwehrsubstanzen in den Produkten verbleiben und mit verzehrt werden. Sicher ist auch, daß die Wirksamkeit der Biopestizide nur von kurzer Dauer sein wird, weil durch spontanen Gentransfer bzw. durch erhöhten Selektionsdruck alsbald auch gegen diese Substanz resistente Schadorganismen entstehen.

Widerstand seitens der Kritiker der Gentechnik gibt es weiterhin gegen die **Freisetzung** gentechnisch veränderter Organismen, weil diese in ihrem Ausmaß gegenwärtig nicht konkret benennbare Umweltrisiken in sich birgt. Da es mit transgenen Organismen noch keine langjährigen Erfahrungen gibt, werden zur Einschätzung der Gefahren Analogiebeispiele bei der konventionellen Einführung ökologisch fremder und exotischer Arten in heimische Ökosysteme herangezogen. Diese weisen aus, daß mit der Freisetzung biotopfremder Arten ein Verlust natürlicher Artenvielfalt, eine Störung des ökologischen Systems sowie wirtschaftliche Schäden verbunden sein können. So hat sich beispielsweise die vor 200 Jahren aus Nordamerika nach Europa eingeführte Traubenkirsche durch ihre starke Ausbreitung in der Waldökologie und Waldwirtschaft negativ ausgewirkt. Zu einer ökologischen Katastrophe führte auch die 1960 vorgenommene Aussetzung des Nilbarsches in den Victoria-See. Der bis zu 1,5 m lange Fisch gelangte als Fleischfresser sehr schnell an die Spitze der Nahrungskette des Sees und vernichtete in nur 20 Jahren fast alle natürlich vorkommenden Fischarten. Von ursprünglich 350 Arten dominieren heute nur noch drei.

Ökonomische und soziale Auswirkungen

Von Sachkennern wird eingeschätzt, daß für gentechnische Verfahren in nächster Zeit der Lebensmittelbereich die schnellsten Umsetzungsmöglichkeiten in die Massengüterproduktion bietet. Als vorrangige Aufgabe der Gentechnik bei der

Lebensmittelproduktion und -verarbeitung wird angesehen, die Leistung von Organismen zu steigern und sie technologischen Anforderungen besser anzupassen, um damit eine weitere Rationalisierung und Automatisierung zu ermöglichen und die **Herstellungskosten** zu senken. Da der Lebensmittelmarkt kaum noch aufnahmefähig ist, bedeutet jede neue oder erweiterte Produktion die Verdrängung einer anderen. In diesem Wettbewerb haben nur noch große Konzerne eine Überlebenschance, so daß nach Ansicht der Kritiker die Gentechnik in erster Linie diesen Unternehmen nützt und im Endeffekt zur weiteren **Konzentration der Lebensmittelindustrie** beiträgt. Negative Folgen dieser Entwicklung seien u. a. der Verlust kleiner regionaler Lebensmittelproduzenten, die Bildung von Preiskartellen, eine Abnahme der Produktqualität, das Absinken der Erzeugerpreise in der Landwirtschaft und die Zunahme von Lebensmitteltransporten.

Auch die **Landwirtschaft** hat unter einer vorwiegend auf Leistungssteigerung orientierten Entwicklung zu leiden. In der EU wächst die landwirtschaftliche Produktion doppelt so schnell wie die Lebensmittelnachfrage. Dadurch entstehen dem europäischen Steuerzahler jährliche Kosten von etwa 81 Mrd. DM für Agrarsubventionen, die vor allem zum Aufkauf von Agrarüberschüssen dienen. Sie werden anschließend auf dem Weltmarkt zu Dumpingpreisen verkauft, an Tiere verfüttert oder aber vernichtet. Aus der Sicht der Kritiker wird diese unsinnige Entwicklung durch die Gentechnik z. T. noch verstärkt. Der Verkauf von Agrarprodukten zu Dumpingpreisen wirkt sich insbesondere nachteilig auf die ökonomische Situation der **Entwicklungsländer** aus, deren Deviseneinnahmen oftmals nur von wenigen Produkten abhängen und die mit den Niedrigpreisen der Industriestaaten nicht konkurrieren können.

Ungezügeltes Wachstum und weitere Leistungssteigerung der Lebensmittelproduktion in den Industrieländern führen außerdem zur verstärkten Auslandsabhängigkeit der Entwicklungsländer. Diese trägt zur Verschärfung der sozialen Spannungen zwischen beiden Staatengruppierungen bei. Nahrungsmittellieferungen aus Agrarüberschüssen als Instrument der Entwicklungshilfe haben außerdem häufig Veränderungen der Konsumgewohnheiten, Produktionsrückgänge sowie eine Vernachlässigung bzw. Verhinderung notwendiger Strukturreformen in Landwirtschaft und Lebensmittelindustrie der Dritten Welt zur Folge.

Es kommt hinzu, daß in den hochentwickelten Regionen mit Hilfe biotechnologischer und gentechnischer Verfahren zunehmend auch Konkurrenzprodukte für Erzeugnisse der Entwicklungsländer, wie z. B. Süßungsmittel, Aromen, Essenzen, angeboten werden. In Anbetracht dieser Entwicklung ist das von den Befürwortern der Gentechnik häufig angeführte Argument, mit Hilfe gentechischer Verfahren den Hunger in der Welt zu bekämpfen, für viele Kritiker wenig überzeugend. Die Lösung dieses Problems liege vielmehr auf weltwirtschaftlich-politischem Terrain und könne nur durch das Zusammenwirken der internationalen Staatengemeinschaft erfolgen.

Ethische Probleme

Das im Vergleich zu konventionellen genetischen Methoden revolutionär Neue der Gentechnik, nämlich gezielt in das Genom von Organismen eingreifen und Erbeigenschaften über Artgrenzen hinweg austauschen zu können, wirft im Zusammenhang mit der Anwendung bei Mensch und Tier auch ethische Probleme auf. Was bisher in der Natur einer langandauernden evolutionären Entwicklung unterlag, wird plötzlich zum Objekt eines planbaren und gezielten Handelns durch den Menschen in kurzen Zeiträumen. Die daraus resultierenden ethischen Konflikte entstehen nach Meinung der Kritiker weniger durch die bloße Anwendung der Methodik als vielmehr aus den damit verfolgten Zielen. Im Falle der Lebensmittelproduktion betrifft dies vor allem gentechnische Veränderungen an Tieren zum Zwecke der Leistungssteigerung (z. B. effektivere Fleisch- und Milchproduktion durch Transfer von Hormongenen), Qualitätsverbesserung (z. B. Senkung des Fettanteils im Fleisch durch Veränderung der Futterverwertung) und Erhöhung der Widerstandskraft gegen Krankheiten (z. B. Einschleusung von Resistenzgenen).

Infolge ungenügender Kenntnisse über die Auswirkungen mancher Experimente kommt es häufig zu **Tierquälereien,** die ethisch nicht vertretbar sind. Dies wird beispielsweise bei der Behandlung von Rindern mit gentechnisch erzeugtem Rinderwachstumshormon (rBST = **r**ecombinate **b**ovines **s**omatropin) zwecks Steigerung der Fleisch- und Milchproduktion deutlich. Es hat sich herausgestellt, daß die rBST-Behandlung eine Reihe von Erkrankungen (z. B. Magengeschwüre, Mastitis, Infektionskrankheiten) verursachen kann. Ferner wurden größere Schwierigkeiten beim Kalben und eine Verdoppelung der Totgeburten beobachtet. Wegen der gesundheitlichen Risiken für Mensch und Tier wächst der Widerstand der Öffentlichkeit gegen die Zulassung des Hormons in der Tierzucht. In der Bundesrepublik und einigen Staaten der EU sind daher dessen Herstellung und Anwendung bis auf weiteres verboten.

Sicherheits- und Kontrollmaßnahmen

Kritiker der Gentechnik verlangen angesichts des für Verbraucher und Umwelt bestehenden erhöhten Risikos und eines z. T. zweifelhaften Nutzens auf einigen Gebieten von den politisch Verantwortlichen zunächst ein befristetes Verbot der Nutzung gentechnischer Forschungsergebnisse bei der Lebensmittelproduktion. Gleichzeitig sollen die Grundlagenforschung hinsichtlich gesundheitlicher, ökologischer, ökonomischer, soziologischer und anderer Auswirkungen im Lebensmittel- und Ernährungssektor gefördert sowie Umwelt- und Verbraucherschutzinstitutionen in die Bewertung der erzielten Ergebnisse einbezogen werden. Bei den sodann zu ziehenden politischen Schlußfolgerungen soll die Option bestehen, den Einsatz der Gentechnik im Lebensmittelbereich für einzelne Anwendungsgebiete zu verbieten. Es wird ferner bemängelt, daß die bisher existierenden Regelungen zur Absicherung und Kontrolle gentechnischer Manipulationen bei der Lebensmittelproduktion unzureichend sind. Dies gilt insbesondere für die europäische und internationale Ebene, wo in den einzelnen Ländern zweifellos erhebliche Unterschiede bei der Bewertung und praktischen Nutzung gentechnischer Forschungsergebnisse im Lebensmittelsektor bestehen.

Der EU-Ministerrat verabschiedete 1990 die Richtlinien 90/219 zur „Anwendung genetisch veränderter Mikroorganismen in geschlossenen Systemen" und 90/220 zur „Absichtlichen Freisetzung von genetisch veränderten Organismen in die Umwelt". Sie beinhalten Regelungen für die Mitgliedsländer hinsichtlich des Umganges mit gentechnisch veränderten Organismen in Forschung und Produktion. Weil Lebensmittel darin nicht berücksichtigt wurden, ist eine EU-Verordnung über

„Neuartige Lebensmittel und neuartige Lebensmittelzutaten" – kurz „**Novel-Food-Verordnung**" genannt – in Vorbereitung. Bis diese für alle Länder der EU verbindliche Regelung in Kraft tritt, gelten die nationalen Bestimmungen. In Deutschland sind es das 1990 verabschiedete „Gesetz zur Regelung von Fragen der Gentechnik" (Gentechnikgesetz) sowie die ebenfalls 1990 herausgegebene „Verordnung über die Sicherheitsstufen und Sicherheitsmaßnahmen bei Arbeiten in gentechnischen Anlagen".

Um erste Erfahrungen bei der Umsetzung der neuen gesetzlichen Regelungen auszutauschen, wurde 1992 vom Forschungs- und Gesundheitsausschuß des Bundestages eine Anhörung mit Vertretern aus Forschung und Industrie durchgeführt. Von diesen sind insbesondere die bürokratische Überorganisation und die zu strengen Reglementierungen auf manchen Gebieten kritisiert worden. Sie hätten – so wurde argumentiert – ein verstärktes Abwandern von Wissenschaftlern und Unternehmen in das weniger strenge Ausland zur Folge. Die Bundesregierung beschloß daraufhin 1993 eine Novellierung des Gentechnikgesetzes, die im wesentlichen Kürzungen im Verfahrensablauf bei niederen Sicherheitsstufen sowie bei der präventiven Kontrolle gentechnischer Arbeiten betrifft.

Im **Gentechnikgesetz** werden 4 Anwendungsgebiete der Gentechnik unterschieden:
- Arbeiten zu Forschungszwecken,
- Arbeiten zur gewerblichen Produktion,
- Inverkehrbringen von Produkten sowie
- absichtliche Freisetzung gentechnisch veränderter Organismen.

In Abhängigkeit vom Gefährdungspotential der verwendeten Organismen werden die gentechnischen Arbeiten in Forschung und Produktion in 4 **Sicherheitsstufen** eingeordnet. Sie bestimmen den Grad der Schutzmaßnahmen und der präventiven Kontrolle. Die Einstufung der gentechnischen Arbeiten erfolgte bisher allein durch die *Zentrale Kommission für biologische Sicherheit* (ZBKS). Nach der Gesetzesnovellierung ist dies jedoch für Verfahren der Sicherheitsstufe 1 und teilweise auch der Stufe 2 nicht mehr erforderlich, sondern hier können die zuständigen Behörden der Länder allein entscheiden. Wegen des unzureichenden Sachverstandes dieser Behörden wird von Kritikern diese Verfahrensweise für bedenklich gehalten, da hiervon nahezu alle gentechnischen Arbeiten und Anlagen im Lebensmittelbereich betroffen sind. In der Sicherheitsstufe 1 sind Mikroorganismen, Pflanzen und Tiere als „Spender" oder „Empfänger" von Genen eingeordnet, die schon Jahrzehnte im Lebensmittelbereich genutzt werden und erfahrungsgemäß als sicher gelten (z. B. *Bacillus subtilis, Saccharomyces cerevisiae, Aspergillus niger*). Gentechnische Anlagen der Stufe 1, die bisher aufwendigen Genehmigungsverfahren unterlagen, sollen neuerdings nur noch anmeldepflichtig sein. Ferner wird die Anhörung als Form der Öffentlichkeitsbeteiligung bei der Sicherheitsstufe 1 ganz aufgehoben und bei der Stufe 2 auf Anlagen beschränkt, die nach dem Immissionsschutzgesetz zugelassen werden müssen. Forschungsanlagen sind generell von der Öffentlichkeitsbeteiligung ausgenommen.

Für die **Freisetzung transgener Organismen** (z. B. herbizidresistenter Pflanzen) in die Umwelt ist ebenfalls eine Genehmigung auf Bundesebene erforderlich. Zur Verkürzung des Genehmigungsverfahrens soll die bisher gültige öffentliche Anhörung, bei der seitens der Bevölkerung Einsprüche möglich waren, wegfallen.

Auch über den kommerziellen Umgang – im Gentechnikgesetz als „Inverkehrbringen" bezeichnet – mit gentechnisch veränderten Organismen (z. B. Starterkulturen) oder Produkten (z. B. Enzymen) hat die zuständige Bundesbehörde in Berlin zu befinden. Im Gegensatz zu der bei Freisetzung von Organismen geltenden Verfahrensweise ist jedoch hier eine Beteiligung der Öffentlichkeit nicht eingeplant. Auch die Bekanntgabe bzw. **Kennzeichnung von Lebensmitteln**, die gentechnisch veränderte Organismen oder Produkte beinhalten, ist in dem Gesetz nicht zwingend vorgesehen.

Diese Regelung wird von den Kritikern der Gentechnik abgelehnt. Sie sehen darin einen Beweis dafür, daß ökonomische Interessen vor die Sicherheit von Mensch und Umwelt gestellt werden. Es wird weiterhin die Befürchtung geäußert, daß die durch die Rezession verursachte Verunsicherung der Bevölkerung (z. B. Angst vor Verlust des Arbeitsplatzes) dazu genutzt werden soll, mit der Novellierung lästige Beschränkungen auf dem Gebiet der Gentechnologie zu beseitigen.

Schlußfolgerungen aus der Sicht der Autoren

Unter Berücksichtigung von Bedenken und Vorbehalten der Kritiker sowie der in Kap. 3.10 aufgeführten positiven Beispiele lassen sich für die gentechnische Forschung, Entwicklung und Produktion im Lebensmittelsektor folgende allgemeine Schlußfolgerungen ableiten:

1. Trotz bedauerlicher und z. T. auch zu verurteilender Fehlentwicklungen und Verstöße, die es bereits gegen bestehende gesellschaftliche Normen und Maßstäbe gegeben hat, sollten gentechnische Arbeiten auch in Zukunft auf ausgewählten Gebieten im Lebensmittelbereich durchgeführt werden. Bei der Auswahl und Genehmigung derartiger Experimente müßten zunächst vorrangig wissenschaftliche, gesundheitliche sowie ökologische Kriterien eine Rolle spielen. Agrarökonomische sowie wirtschaftliche Gesichtspunkte sollten insoweit Berücksichtigung finden, als damit die zukünftige Welternährungssituation – die sich nach wie vor in vielen Regionen der Dritten Welt weiter dramatisch verschlechtert – wesentlich verbessert werden kann.

2. Bei der Beurteilung und Verwertung gentechnischer Forschungsergebnisse sind wesentlich stärker als bisher ethische und soziale Auswirkungen zu berücksichtigen.

3. Zum Schutz von Verbraucher und Umwelt sind schädliche Auswirkungen gentechnisch veränderter Organismen und Produkte in Modellversuchen umfassend und sicher auszuschließen.

4. Sämtliche gentechnischen Produktionsanlagen und -verfahren müssen von einer unabhängigen Kommission geprüft und genehmigt werden.

5. Mangelndes Vertrauen und geringe Akzeptanz der Bevölkerung gegenüber gentechnisch hergestellten Lebensmitteln kann nur durch genaue Kennzeichnung der Produkte sowie eine ausreichende Information der Öffentlichkeit überwunden werden.

6. Der Gesetzgeber hat für umfassende und praktikable Sicherheitsbestimmungen sowie zuverlässige Kontrollverfahren zu sorgen und sich auch auf internationaler Ebene mit allem Nachdruck für einheitliche Regelungen einzusetzen.

7. Bei auftretenden Schäden durch gentechnisch hergestellte Lebensmittel bzw. Lebensmittelzusatzstoffe sind strenge Haftungsmaßnahmen anzuwenden.

8. Die Gentechnik kann zweifellos nicht sämtliche weltweit anstehenden Ernährungsprobleme lösen, gleichwohl sollten die vielversprechenden Möglichkeiten dieser revolutionierenden Methodik im Rahmen der gesetzlichen Regelungen genutzt werden.

Nutzung biotechnologischer Wirkprinzipien bei der Lebensmittelproduktion

3.1
Biokonservierung von Lebensmitteln

Beim Verzehr von Lebensmitteln können primäre und sekundäre **Hygiene-Risikofaktoren** eine gesundheitliche Gefährdung des Menschen hervorrufen (Tab. 3.1.-1). In Mitteleuropa dominieren die *sekundären* Hygiene-Risikofaktoren, die im allgemeinen erst bei höheren Keimgehalten in Lebensmitteln zu Vergiftungserscheinungen führen. Sie lassen sich durch Maßnahmen begrenzen, die auf eine Wachstumshemmung der pathogenen bzw. toxischen Mikroorganismen hinzielen. Einige Mikroorganismen, die beim Verderb durch hohe Vermehrungsraten wirksam werden können, sind in Abb. 3.1.-1 aufgeführt. Für die Haltbarmachung sind physikalische, chemische und biologische Verfahren entwickelt worden (Tab. 3.1.-2).

Tab. 3.1.-1 Primäre und sekundäre Hygiene-Risikofaktoren beim Verzehr von Lebensmitteln

Primäre Faktoren	Sekundäre Faktoren

– Chemikalien
  (z. B. Schädlingsbekämpfungsmittel)
– biologische Stoffwechselprodukte
  (z. B. Pflanzen- oder Pilzgifte)
– pathogene Mikroorganismen
  (z. B. Erreger von Cholera, Ruhr, Typhus)
	– Lebensmittelintoxikation
	  (z. B. Aufnahme von mikrobiellen Toxinen,
	  die in Lebensmittel ausgeschieden werden)
	– Lebensmittelintoxikation
	  (z. B. toxische Stoffe, die bei der
	  Lebensmittelherstellung entstehen)
	– Lebensmittelinfektion (z. B. Aufnahme
	  großer Mikroorganismenmengen, die Toxine
	  erst im menschlichen Darm freisetzen)

Tab. 3.1.-2 Verfahrensvarianten für die Haltbarmachung von Lebensmitteln (LÖSCHE, 1992; modifiziert)

Physikalische Verfahren	Chemische Verfahren	Biotechnologische Verfahren
Hitzebehandlung Kühlung Trocknung Eindampfung Bestrahlung	Zugabe von: – Propionsäure – Sorbinsäure – Benzoesäure – Parahydroxybuttersäureester – Nitrit/Nitrat – Kochsalz – SO_2	Mikrobielle Prozesse: – Milchsäuregärung – Propionsäuregärung – alkoholische Gärung Zugabe von: – Enzymen – Genußsäuren – Mikrobiciden – Inhibitoren

Abb. 3.1.-1
Verderbnis-Mikroorganismen
in Lebensmitteln (Beispiele)

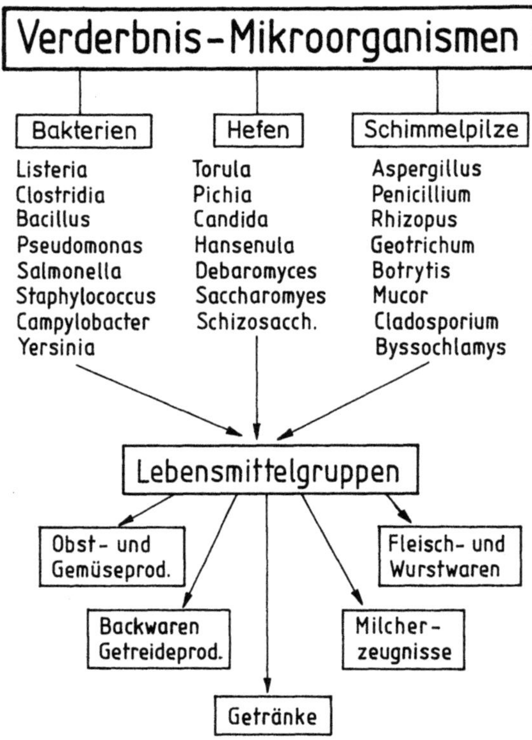

Physikalische Verfahren (z. B. die Sterilisation) korrelieren häufig mit Qualitätseinbußen hinsichtlich Geschmack, Vitamingehalt u. a. Parametern und sind mit relativ hohen Kosten belastet. Die Bestrahlung besitzt beim Verbraucher mangelnde Akzeptanz und ist durch gesetzliche Restriktionen begrenzt. Auch chemische Konservierungsmittel sind nicht uneingeschränkt anwendbar. Wegen der für die Keimhemmung erforderlichen Dosierung kann es zu sensorischen und anderen Beeinträchtigungen der Lebensmittel kommen, weshalb diese Stoffe zunehmend auf Ablehnung durch den Verbraucher stoßen. Gute Möglichkeiten der Lebensmittelkonservierung bei weitgehendem Erhalt der Qualitätsparameter bieten hingegen biotechnologische Verfahren.

3.1.1
Mikrobielle Verfahren

Die Nutzung von Mikroorganismen für die Lebensmittelproduktion gehört zu den ältesten Zubereitungsarten. Die während der Fermentation am Rohstoff ablaufenden Prozesse sind vielfältig und betreffen sowohl dessen Höherveredelung als auch seine Konservierung.

Das Prinzip der mikrobiellen Konservierung von Lebensmitteln beruht darauf, daß man die Vermehrung toxischer und anderer unerwünschter Mikroorganismen durch Zugabe von ungefährlichen Mikroorganismen hemmt und damit die Haltbarkeit verlängert. Die zugesetzten Mikroorganismen bezeichnet man als

Starterkulturen, wenn sie einem Rohstoff zu Beginn des Bearbeitungsprozesses zugefügt werden und diesen erst durch ihre Stoffwechseltätigkeit in einem mehr oder weniger lang andauerndem Fermentationsvorgang zu dem gewünschten Endprodukt umwandeln. Dabei ist wesentlich, daß als primäres Ziel des Zusatzes von Starterkulturen nicht die Konservierung, sondern die Verbesserung des Rohstoffes hinsichtlich Konsistenz, Flavour, Aussehen u. a. Qualitätsparameter anzusehen ist.

Von **Schutzkulturen** wird gesprochen, wenn das Produkt in seinen qualitativen Eigenschaften nicht verändert werden soll, sondern die Unterbindung der Fremdkeimentwicklung im Vordergrund steht. Häufig lassen sich jedoch beide Prozesse nicht streng voneinander trennen.

Die Anwendung von Starterkulturen hat sich vor allem als sichere Methode bei der fermentativen Verarbeitung tierischer Rohstoffe (z. B. Milch- und Fleischprodukte) zu qualitativ hochwertigen Lebensmitteln bewährt. In Tab. 3.1.-3 sind einige

Tab. 3.1.-3 Mikrobielle Zusammensetzung von Starterkulturen für die fermentative Herstellung einiger Milch- und Fleischprodukte

Produkt	Mikroorganismen	Funktion
Frischkäse (Speisequark)	*S. cremoris, S. lactis, Lc. cremoris*	Säuerung, Aroma
Weichkäse (Camembert)	*S. cremoris, S. lactis, S. lactis subsp. diacetylactis, Lc. cremoris, Pen. candidum*	Säuerung, Aroma, Texturveränderung
halbfester Schnittkäse (Edelpilzkäse)	*S. cremoris, S. lactis, S. lactis subsp. diacetilactis, Lc. cremoris Pen. roquefortii*	Säuerung, Aroma, Pilzaderung, Texturveränderung
Schnittkäse (Tilsiter)	*S. cremoris, S. lactis, S. lactis subsp diacetilactis, Lc. cremoris, Brev. linens*	Säuerung, Aroma, Texturveränderung
Sauermilchkäse (Harzer)	*S. thermophilus, Lb. helveticus Lb. bulgaricus, Brev.linens, Geotrichum candidum*	Säuerung, Aroma, Texturveränderung
Sauerrahmbutter	*S. cremoris, S. lactis, S. lactis subsp. diacetilactis, Lc. cremoris*	Säuerung, Aroma
Joghurt	*S. thermophilus, Lb. bulgaricus, Lb. jugurti*	Säuerung, Aroma
Rohschinken	*Lb. plantarum, Lb. curvatus, Ped. acidilactici, Staph.carnosus, Micr. varians*	Aroma, Nitratreduktion, Texturveränderung
Rohwurst	Milchsäurebakterien: *Ped. acidilactici, Lb. plantarum*	Säuerung, Farbe, Aroma, Texturveränderung
	Mikrokokken: *Micr. varians, Staph. carnosus*	Aroma,Farbe, Nitratreduktion
	Streptomyceten: *Streptomyces griseus*	Aroma
	Hefen: *Debaromyces hansenii*	Aroma
	Schimmelpilze: *Pen. nalgiovensis, Pen. chrysogenum*	Aroma, Minderung Mykotoxinrisiko

S. - *Streptococcus,* Lb. - *Lactobacillus,* Ped. - *Pediococcus,* Staph. - *Staphylococcus,* Micr. - *Micrococcus,* Pen. - *Penicillium,* Lc. - *Leuconostoc,* Brev. - *Brevibacterium*

Anwendungsbeispiele zusammengestellt. Über die erfolgreiche Nutzung von Schutzkulturen (*Leuconostoc cremoris, Streptococcus lactis, S. diacetylactis, S. cremoris* sowie *Lactobacillus casei*) zur Senkung des sekundären Hygienerisikos wird bei der Herstellung von Fleisch- und Kartoffelsalaten berichtet. Selbst bei Raumtemperatur kann das Wachstum von *Escherichia coli, Staphylococcus saprophyticus* sowie *Clostridium sporogenes* stark gehemmt bzw. unterdrückt werden.

Die durch Starter- und Schutzkulturen ausgelösten Hemmwirkungen gegenüber unerwünschten Fremdkeimen lassen sich im wesentlichen auf vier Ursachen zurückführen:
1. Absenkung des pH-Wertes durch Bildung organischer Säuren,
2. Ausscheidung von Produkten, die den mikrobiellen Stoffwechsel hemmen (z. B. H_2O_2, Alkohol, organische Säuren),
3. Bildung antimikrobieller Wirkstoffe (z. B. Bacteriocine),
4. Konkurrenz um Nährstoffe.

Im allgemeinen ist davon auszugehen, daß bei Einsatz von Starter- und Schutzkulturen mehrere Faktoren in unterschiedlichem Ausmaß gleichzeitig wirksam werden.

Absenkung des pH-Wertes

Ein für die Lebensmittelkonservierung bereits seit langem genutztes Prinzip ist die saure Gärung mittels ausgewählter Starter- und Schutzkulturen. Die durch Bildung organischer Säuren – vor allem Milch-, Essig- und Propionsäure – verursachte Absenkung des pH-Wertes im Substrat verschlechtert die Wachstumsbedingungen für unerwünschte Fremdkeime. Die eigentliche antimikrobielle Wirkung der niederen organischen Säuren geht von ihrem undissoziierten Anteil aus. Aufgrund ihrer geringen Größe und lipophilen Eigenschaften durchdringen sie die Zellmembran der Mikroorganismen, dissoziieren im Cytoplasma und senken das intrazelluläre pH-Niveau. Dies hat zur Folge, daß der für das intrazelluläre Enzymsystem optimale pH-Wert unterschritten und damit der gesamte Stoffwechsel gehemmt werden. Um den undissoziierten Säureanteil möglichst hoch und die Dissoziationskonstante (pK_a) niedrig zu halten, sollte der pH-Wert im Substrat durch Zugabe stark dissoziierter Mineralsäuren gesenkt werden.

Nach Angaben verschiedener Autoren vertragen einige Milchsäurebakterien niedrigere intrazelluläre pH-Werte als aerobe Mikroorganismen, da bei diesen keine Atmungsketten-Phosphorylierung erfolgt. So muß z. B. bei einem Außen-pH-Wert von 4,5 der intrazelluläre pH-Wert bei Lactokokken während der Fermentation von 7,6 auf 5,7 abfallen, bevor Wachstum und Fermentation eingestellt werden. Noch säuretoleranter sind einige Lactobazillen, bei denen der äußere pH-Wert 3,5 und der intrazelluläre 4,4 betragen muß, bevor das Wachstum aufhört. Daraus resultiert, daß derartige Lactobazillen auch in der Verderbnisflora essigsaurer Konserven vorkommen können.

Ausscheidung hemmender Stoffwechselprodukte

Eine wichtige Rolle bei der Konservierung flüssiger und fester Lebensmittel spielt **Ethanol**. Die mikrobicide Wirkung von Alkohol ist auf zwei Ursachen zurückzuführen. Zum einen werden durch Lösung der Zellmembranlipide die Grenzstrukturen ganz oder teilweise verändert, was mit dem Zelltod enden kann. Zweitens inaktiviert Alkohol wegen seiner denaturierenden Wirkung gegenüber Proteinen intrazelluläre Enzyme und führt dadurch zum Absterben von Fremdkeimen. Die mikrobicide Wirkung erhöht sich mit der Alkoholkonzentration. Bei der Herstellung alkoholischer Getränke verwendet man für den Gärprozeß derzeit fast ausnahmslos hochgezüchtete Kulturhefen der Art *Saccharomyces cerevisiae*.

Zur Konservierung von rohem Fisch sowie von Rind- und Schweinefleisch nutzten japanische Autoren erfolgreich die Zucker-Hefe-Zusatzmethode. Sie ist für die Produktion von fermentierten eiweißhaltigen Lebensmitteln (z. B. Koji) entwickelt worden, wobei die Minimierung des NaCl-Gehaltes (aus gesundheitlichen Gründen) im Vordergrund steht. Die konservierende Wirkung dieses Verfahrens wird durch 2–4 % Ethanol erzielt, das durch Zusatz von *Saccharomyces cerevisiae* (10^6 Zellen/g) im Verlaufe von 3–5 Tagen aus 10 % Glucose bei 12 °C gebildet wird. Im Vergleich mit konventionellen Methoden können unter diesen Bedingungen bessere Resultate im Hinblick auf den Gehalt an hochungesättigten Fettsäuren, den Frischegrad und die Wasserbindungskapazität erreicht werden.

Außer ihrer den pH-Wert senkenden Wirkung haben **organische Säuren**, die als Stoffwechselprodukte bei der fermentativen Lebensmittelherstellung entstehen, auch bei der Biokonservierung als Hemmstoffe eine Bedeutung. So wird ihnen u. a. durch Veränderung der Zellmembranpermeabilität ein hemmender Einfluß auf den Substrattransport zugeschrieben. Ein weiterer bedeutsamer Aspekt ist die Bindung von für das Wachstum der Infektionskeime essentiellen Metallionen, wie z. B. bei Citronensäure festgestellt worden ist. Es gibt ferner Hinweise dafür, daß eine Akkumulation von Propionsäure im Zellinneren von Fremdkeimen zu Stoffwechselstörungen durch Hemmung von Enzymen führen kann.

Seit langem bekannt ist auch die keimhemmende Wirkung von **Wasserstoffperoxid**, welches z. B. von Lactobazillen während des Wachstums auf verschiedene Weise gebildet wird. Durch Reaktion mit anderen Substanzen (z. B. Thiocyanat) können neue Hemmstoffe mit veränderter Wirkungsweise gegenüber Mikroorganismen entstehen. Applikationsstudien haben gezeigt, daß mit diesem unter der Bezeichnung „Lactoperoxidase-System" bekannten Hemmsubstanz die Haltbarkeit von Rohmilch verlängert werden kann.

Ein Stoffwechselprodukt zahlreicher Milchsäurebakterien ist **Diacetyl** (Butan-2,3-dion), eine Schlüsselsubstanz des Butteraromas in einigen fermentierten Lebensmitteln. Weniger bekannt ist, daß diese Substanz auch eine wachstumshemmende Wirkung gegenüber einigen Mikroorganismen besitzt. Es gibt Befunde, wonach Hefen und Gram-negative Bakterien bei 200 µg/ml, Milchsäurebakterien erst bei 350 µg/ml Diacetyl gehemmt werden. Wegen seines intensiven Aromas ist die Anwendungsmöglichkeit in fermentierten Lebensmitteln jedoch begrenzt.

Bildung antimikrobieller Wirkstoffe

Von zahlreichen Mikroorganismen werden Substanzen gebildet, die andere Keime hemmen oder abtöten. Die diesbezüglich bekanntesten Wirkstoffe sind **Bacteriocine**. Sie besitzen Proteincharakter, sind überwiegend plasmidcodiert und werden von zahlreichen Bakterien (z. B. Milchsäurebakterien) gebildet. Da sie gegenüber einigen in Lebensmitteln vorkommenden schädlichen Keimen (z. B. *Listeria mono-*

cytogenes) Hemmwirkung zeigen, verwendet man sie zunehmend für die Biokonservierung.

Das bisher am häufigsten verwendete Bacteriocin ist **Nisin**, welches seit ca. 25 Jahren in vielen Ländern zur Anwendung gelangt. Es wird von N-Streptokokken gebildet und hemmt vor allem Gram-positive Bakterien, wie z. B. Clostridien, Listerien und Lactobazillen. Sein Einsatz erfolgte erstmals in Emmentaler Käse gegen Spätblähung und Clostridien. Neuere Anwendungsgebiete sind Obst- und Gemüsesäfte, Bier und Fleischbrühen. Wegen seiner gesichert atoxischen, nicht allergenen und antimikrobiellen Eigenschaften wurde es in die GRAS-Liste aufgenommen und kann beispielsweise in den USA zur Hemmung der Sporen- und Toxinbildung von *Clostridium botulinum* in pasteurisierten Käseprodukten verwendet werden.

Auch bei einigen als Starterkulturen für die Fleisch- und Gemüsefermentation verwendeten *Pediococcus*-Arten (z. B. *P. acidilactici*, *P. pentosaceus*) wurden Bacteriocine mit breiter Wirkung gegenüber Gram-positiven Bakterienarten nachgewiesen. Substanzen mit antibakterieller Wirkung gegenüber anderen Milchsäurebakterien sind ferner bei einigen für die Gemüse-, Wein- und Milchfermentation wichtigen *Leuconostoc*-Arten gefunden worden.

Eine peptidartige und daher proteolytisch abbaubare Inhibitorsubstanz (M_r = 700) wurde in dem von der Fa. Wesman Foods, Inc./Oregon vertriebenen Erzeugnis mit biokonservierender Wirkung „**Microgard**" nachgewiesen. Es wird durch Fermentation von Magermilch mit *Propionibacterium shermanii* und nachfolgendes Pasteurisieren hergestellt und beinhaltet noch andere Stoffwechselprodukte mit antimikrobieller Wirkung, wie z. B. Propionsäure, Milchsäure, Essigsäure und Diacetyl.

Eine niedermolekulare, lösliche und pH-neutrale Substanz ohne Proteineigenschaften ist das von *Lactobacillus reuterii* gebildete Stoffwechselprodukt „**Reuterin**". Es zeigt eine breite antimikrobielle Wirkung gegen Gram-positive wie auch Gram-negative Bakterien, Hefen und Schimmelpilze und ist daher als Biokonservierungsmittel vielfältig einsetzbar. Die Wirkung von Reuterin auf coliforme Bakterien in gekühltem Rindfleisch verdeutlicht Abb. 3.1.-2.

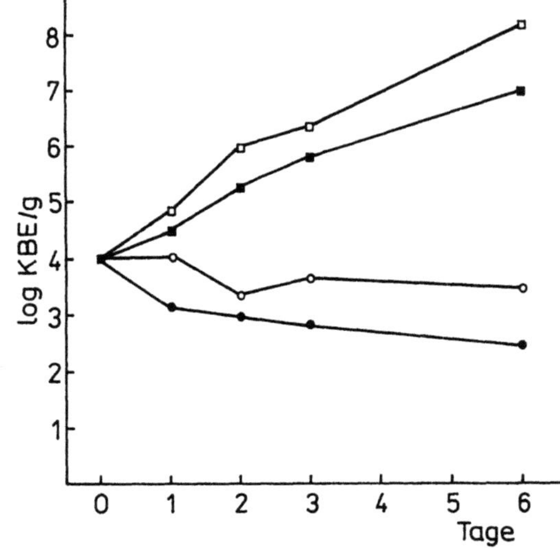

Abb. 3.1.-2 Wirkung verschiedener Reuterinkonzentrationen auf den Gehalt coliformer Bakterien in Tatar (DAESCHEL, 1989)
□ Kontrolle,
■ 10 E/g,
○ 50 E/g,
● 100 E/g

Antimikrobielle Wirkstoffe sind prinzipiell für den Menschen als unbedenklich anzusehen, wenn sie als Bestandteil von seit alters her für die fermentative Lebensmittelproduktion genutzten Mikroorganismenkulturen eingesetzt werden. Verwendet man sie hingegen in isolierter und damit konzentrierter Form, dann sind vom Gesetzgeber Festlegungen über maximal zulässige Einsatzmengen erforderlich, um negative Auswirkungen auf die Produktqualität sowie die Gesundheit des Menschen zu vermeiden. Wesentliche Anforderungen an derartige natürlich vorkommende Biokonservierungsmittel sind:

- Sie müssen frei sein von toxischen und pathogenen Bestandteilen.
- Die sensorische Qualität des Lebensmittels darf nicht beeinträchtigt werden.
- Es ist eine hohe Lagerstabilität sicherzustellen.
- Infolge hoher Effektivität ist nur eine geringe Einsatzmenge erforderlich.

Konkurrenz um Nährstoffe

Die Kontamination von Milchprodukten durch unerwünschte Schimmelpilze ist ein Problem, welches besonders die milchverarbeitende Industrie beschäftigt. So tritt z. B. häufig der Verderb von Käse und fermentierter Milch durch Penizillien auf. Es gibt Bemühungen, das Pilzwachstum durch geeignete Konservierungsmaßnahmen zu unterdrücken. Verschiedene Arbeitsgruppen berichten über fungistatische Wirkungen von Milchsäurebakterien aus Käserei-Starterkulturen. Man beobachtet eine antifungale Wirkung gegenüber *Aspergillus flavus*, wenn *Lactobacillus acidophilus*, *L. bulgaricus* oder *L. plantarum* in einem halbsynthetischen Medium kultiviert werden. Zellfreie Kulturlösungen haben hingegen keine Wirkung auf das Wachstum, jedoch auf die Bildung von Aflatoxin. Als Ursache wird die Konkurrenz um Nährstoffe angesehen.

Resistenz gegenüber Konservierungsmitteln

In Abhängigkeit vom Zellaufbau und vom Entwicklungsstadium können Mikroorganismen unterschiedliche Resistenz gegenüber Konservierungsmitteln aufweisen, was sich auf zwei Ursachen zurückführen läßt:
1. Natürliche Resistenz durch chromosomal determinierte Eigenschaften eines Organismus (z. B. Zellaufbau),
2. erworbene Resistenz durch Mutation oder Aufnahme genetischen Materials von außen (z. B. durch Plasmidübertragung).

Ein typisches Beispiel für **natürliche Resistenz** sind Sporen von Mikroorganismen, die aufgrund eines genetisch determinierten, veränderten Zellwandaufbaus gegenüber Konservierungsmitteln widerstandsfähiger sind als vegetative Zellen. Sporenbildende Mikroorganismen bedürfen daher oftmals anderer, intensiver wirkender Konservierungsmittel als vegetative Zellen. Andererseits nimmt die Empfindlichkeit der Sporen während des Keimungsprozesses zu, so daß spätestens zu diesem Zeitpunkt eine Inaktivierung der Schaderreger im Lebensmittel gegeben ist. Auch unterscheiden sich Gram-positive Bakterien von Gram-negativen hinsichtlich ihrer natürlichen Resistenz. Während bei Erstgenannten die Konservierungsmittel relativ leicht durch die Zellmembran in das Zellinnere eindringen können, besitzen Gram-negative Bakterien mit der äußeren Membran und der Lipopolysaccharid-

Abb. 3.1.-3 Zellwandaufbau bei Bakterien und Schimmelpilzen (FRITSCHE, 1990)

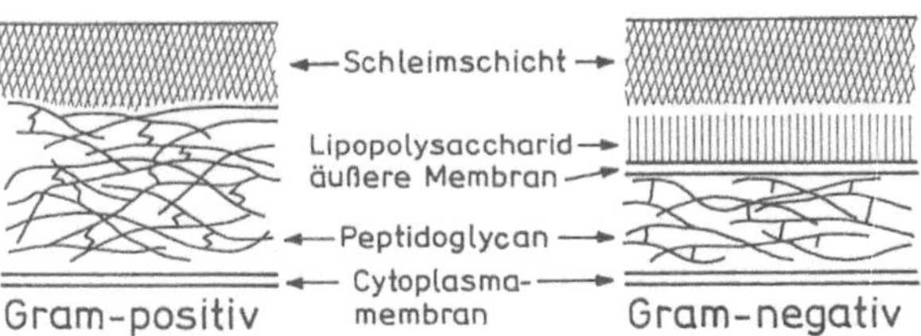

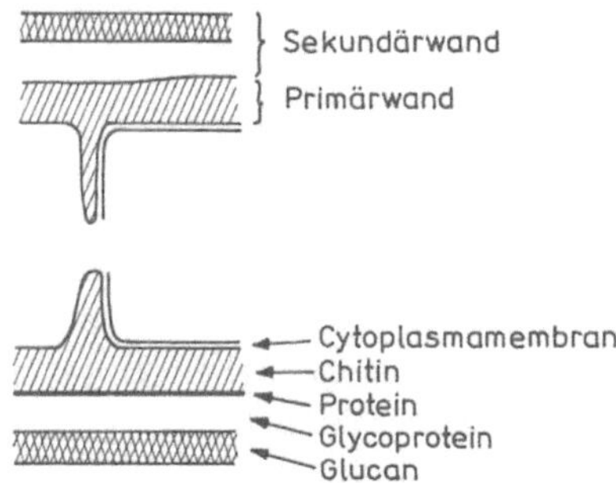

schicht Barrieren, die das Eindringen von Substanzen wesentlich erschweren (Abb. 3.1.-3). Durch geeignete Wahl von Konservierungsmitteln (z. B. Lysozym in Kombination mit anderen Verbindungen) kann auch dieses Hindernis überwunden werden (s. u.). Ein dritter Typ natürlicher Resistenz ist der Besitz konstitutiver Enzyme, die den Mikroorganismus zum Abbau des Konservierungsmittels befähigen. Als Beispiel lassen sich Proteasen aufführen, die Lysozym sowie andere als Konservierungsmittel genutzte Enzyme abbauen können.

Ein in der Praxis noch nicht beherrschtes Problem ist die **erworbene Resistenz,** die durch Mutation bzw. durch Aufnahme genetischen Materials (z. B. Plasmide mit spezifischen Resistenzgenen) entstehen kann. Bei einer durch chromosomale Genmutation erworbenen Resistenz gegenüber einem Konservierungsmittel kann man u. U. durch Einsatz eines anderen eine Sensibilisierung der Schadkeime zurückgewinnen. Ein umgekehrter Fall, bei dem es um die Aufrechterhaltung von plasmidcodierten Eigenschaften durch ständigen Selektionsdruck mittels einer speziellen Substanz oder besonderer Kulturbedingungen geht, liegt bei Starter- und Schutzkulturen vor.

3.1.2
Enzymatische Verfahren

Beim Einsatz von Enzymen spielen – neben qualitativen Verbesserungen von Lebensmitteln sowie technologischen Vorteilen bei deren Verarbeitung – auch Aspekte der Frischhaltung und besseren Lagerfähigkeit eine Rolle. Dabei sind sowohl

Tab. 3.1.-4 Enzymatische Abwehrstrategien gegen verderbniserregende Mikroorganismen (MÜCKE, 1988; modifiziert)

Strategie	Enzym	Wirkungsweise
Auflösung der Zellwand	Lysozym	Lyse von Bakterien
	Mannanase,	Lyse von Hefen
	β-Glucanase,	
	Protease	
	Chitinase,	Lyse von Schimmelpilzen
	Protease	
Bildung antimikrobieller	Oxidasen	Bildung von H_2O_2
Stoffe	Lipasen	Bildung freier Fettsäuren
	Lactoperoxidase,	Bildung von Hypothiocyanat
	Myeloperoxidase	
	Xylitolphosphorylase	Bildung von Xylitol-5-Phosphat
Entzug essentieller	Oxidasen,	Sauerstoffentfernung
Nährstoffe	Katalasen	Glucoseverbrauch
Inaktivierung von Enzymen	Proteasen,	Abbau von Enzymen
	SH-Oxidasen	

mikrobielle als auch chemische Veränderungen im Lebensmittel zu beachten. In der Praxis sind bei Anwendung enzymatischer Verfahren häufig mehrere Gesichtspunkte zu berücksichtigen. Zur Bekämpfung verderbniserregender Mikroorganismen in Lebensmitteln und zur Minderung des sekundären Hygienerisikos wurden verschiedene Strategien entwickelt (Tab. 3.1.-4).

Auflösung der Zellwand

Als Verderbnisorganismen bei Lebensmitteln kommen sowohl Bakterien als auch Hefen und Schimmelpilze in Betracht (vgl. auch Abb.3.1.-1). Da deren Zellwände aus unterschiedlichen polymeren Substanzen aufgebaut sind, hat man für die Lyse erfolgreich verschiedene Enzympräparate eingesetzt. Ziel der Enzymbehandlung ist es, durch Abbau eines Zellwandpolymers die Permeabilität der Grenzschicht zu verändern und auf diese Weise den Zelltod der schädlichen Mikroorganismen herbeizuführen.

Bei **Bakterien** werden die besten Ergebnisse mit **Lysozym** (EC 3.2.1.17) erzielt. Dieses Enzym hydrolysiert die 1,4-β-glycosidische Bindung zwischen N-Acetylmuraminsäure und N-Acetylglucosamin des in allen Bakterienzellwänden enthaltenen Polymers Murein. Während diese Peptidoglycanschicht bei Gram-positiven Bakterienzellen für das Enzym leicht zugänglich ist, wird dessen Wirkung bei Gramnegativen Bakterien durch eine übergelagerte Lipopolysaccharidschicht behindert (vgl. Abb. 3.1-3).

Lysozym ist eine weit verbreitete Hydrolase, die in tierischen und pflanzlichen Geweben sowie in Mikroorganismen nachgewiesen wurde. Fermentationstechnisch kann man sie mittels *Streptomyces coelicolor* in größeren Mengen gewinnen. In der Lebensmittelindustrie wird jedoch noch häufig Lysozym aus Hühnereiklar eingesetzt, da es in diesem in hoher Konzentration (3,5 % der TS) vorliegt. Ein Beispiel dafür ist die Bekämpfung der Spätblähung bei Schnittkäse, die durch Sporen des anaeroben Bakteriums *Clostridium tyrobutyricum* verursacht wird. Durch Zugabe von

Eiklar-Lysozym zur Milch ist es möglich, die Auskeimung der Sporen während der Käsereifung zu verhindern. Lysozym inaktiviert verschiedene Verderbnisorganismen von Lebensmitteln sowie pathogene Keime, wie z. B. *Listeria monocytogenes, Campylobacter jejuni, Salmonella typhimurium, Bacillus cereus* und *Clostridium botulinum.* In geeignetem Milieu sowie durch Zugabe von EDTA und anderen Substanzen läßt sich die Hemmwirkung noch verbessern. Die Lyse erfolgt übrigens rascher und effektiver bei Kühlschrank-Temperatur, was von praktischer Bedeutung für gekühlte Lebensmittel ist. Offenbar verläuft unter diesen Temperatur-Bedingungen die Mureinsynthese in den Schadkeimen langsamer als die hydrolytische Spaltung durch das Lysozym.

Durch Kombination mit anderen Enzymen bzw. Substanzen, welche die Lipopolysaccharidschicht permeabilisieren und die Mureinschicht für den enzymatischen Angriff zugänglich machen, können auch Gram-negative Schadorganismen mit Lysozym gehemmt werden. So erfolgt z. B. eine Inaktivierung von *Escherichia coli* und *Shigella flexneri* bei Behandlung mit Lysolecithin und Trypsin (EC 3.4.21.4), von *Staphylococcus aureus* mit Polyphosphat, von *Salmonella typhimurium* mit EDTA, von *Lactobacillus casei* mit K-Sorbat sowie von *Campylobacter sp.* mit Polylysin.

Die Zellwand von **Hefen** und **Schimmelpilzen** ist mehrschichtig und besteht hauptsächlich aus den Polymeren Chitin, Glucan und Protein (vgl. Abb. 3.1.-3). Bei Hefen, so z. B. bei *Saccharomyces*- und *Candida*-Arten, treten neben 1,3-β-Glucanen vor allem noch Mannane auf. Zur Inaktivierung von Hefen werden daher Enzympräparate verwendet, die neben β-Glucanasen auch Mannanasen und Proteasen enthalten. Chitinasen verschiedenen Wirkungstyps sind für die Lyse von Schimmelpilzhyphen von primärer Bedeutung. Auch hier sind Beimengungen von Glucanasen und Proteasen für die Wirkung vorteilhaft. Von KNORR u. POPPER (1990) wird ein Verfahren zur Biokonservierung von Lebensmitteln auf der Basis pflanzlicher Chitinasen (EC 3.2.1.14) entwickelt, die im Vergleich zu bakteriellen Präparaten eine wesentlich intensivere Wirkung zeigen.

Bildung antimikrobieller Stoffe

Bei Zugabe von Oxidasen, Lactoperoxidasen, Lipasen u. a. Enzymen zu Lebensmitteln werden Abbauprodukte freigesetzt, die eine wachstumshemmende bzw. mikrobicide Wirkung auf Verderbniserreger besitzen. Mittels Glucoseoxidase (EC 1.1.3.4), L-Aminosäure-Oxidase (EC 1.4.3.2), Alkohol-Oxidase (EC 1.1.3.13), Xanthin-Oxidase (EC 1.1.3.22) u. a. Oxidasen wird durch Freisetzung von H_2O_2 eine Abtötung von Schaderregern in Lebensmitteln und eine Verbesserung der Haltbarkeit erreicht. Wesentlich ist hierbei die Anwesenheit von Katalase (EC 1.11.1.6) und Peroxidase (EC 1.11.1.7), die den Abbau dieser mikrobiciden Substanz katalysieren.

Auf einem anderen Prinzip beruht die keimabtötende Wirkung von **Lactoperoxidasen,** die beispielsweise in der Kuhmilch in einer Menge von 30 mg/l vorkommen. Diese Enzyme katalysieren die Umsetzung von H_2O_2 mit Halogenidionen (Br^-, J^-, Cl^-) bzw. Thiocyanat (SCN^-), wobei Wasser und hochreaktive Oxidationsprodukte entstehen. Thiocyanat ist als Entgiftungsprodukt in tierischen Geweben und Sekreten weit verbreitet. Kuhmilch enthält etwa 1–10 µg SCN^-/ml. Die dritte Komponente – nämlich H_2O_2 – kommt naturgemäß nicht in der Milch vor. Sie wird von Katalase-negativen Milchsäurebakterien gebildet oder muß zudosiert werden. Als eigentliche keimabtötende Substanzen werden die Intermediärprodukte dieser Reaktion, Hypothiocyanat und höhere Oxidationsprodukte, angesehen. Ihre Wirkung beruht auf der Reaktion mit essentiellen SH-Gruppen von Enzymen, auf der Zerstörung der Cytoplasmamembran und der Oxidation von Reduktionsäquivalenten, so z. B. von $NADH_2$. Erfolgreiche Anwendung finden diese Enzyme bei der Pasteurisierung von Milch, bei der Produktion von Cheddarkäse, von Muttermilch-Ersatzprodukten, von Pastetenfüllungen und Softeis. Gram-negative Bakterien, so z. B. Pseudomonaden und coliforme Bakterien, werden nach Zusatz einer exogenen H_2O_2-Quelle mit diesem System abgetötet, während H_2O_2-produzierende Bakterien, z. B. *Lactobacillus*- und *Streptococcus*-Arten, vorzugsweise nur im Wachstum gehemmt werden. Tierische Zellen bleiben von den Enzymen unbeeinflußt.

Die Eignung von **Lipasen** (EC 3.1.1.3) als Biokonservierungsmittel beruht auf der Freisetzung von Fettsäuren, deren antimikrobielle Wirkung seit langem bekannt ist. Die toxische Wirkung der Fettsäuren wird durch Kettenlänge, Sättigungsgrad und geometrische Konfiguration bestimmt. Die stärkste antimikrobielle Wirkung zeigen Fettsäuren mit 12–18 C-Atomen, die mehrfach ungesättigt sind und deren Doppelbindungen in der cis-Konfiguration vorliegen. Für die antimikrobielle Wirkung ist die undissoziierte Form des Fettsäuremoleküls, dessen Anteil bei niederem pH-Wert im Substrat am höchsten ist, verantwortlich. Die keiminaktivierende Wirkung der Fettsäuren beruht vermutlich auf einer Hemmung des Nährstofftransportes durch Veränderungen in der Zellmembran. Andere Autoren sind der Ansicht, daß durch Oxidation ungesättigter Fettsäuren freie Radikale entstehen, die an kritischen Stellen der Zellmembran wirksam werden. Die größte Hemmwirkung besitzen Fettsäuren gegenüber Gram-positiven Bakterien und Hefen, jedoch zeigen auch einige antifungale Aktivität. Die Wirkung von Fettsäuren in Lebensmitteln ist sehr von deren Inhaltsstoffen abhängig. Bei Anwesenheit verschiedener Antagonisten (z. B. Serumalbumin, Stärke, Cholesterol) kann ihre Wirkung aufgehoben werden.

Entzug essentieller Nährstoffe

Das Grundprinzip dieser Abwehrstrategie besteht darin, daß durch enzymatische Umsetzungen im Substrat bzw. durch Komplexbildung dem Fremdkeim essentielle Nährstoffe entzogen werden, wodurch das Wachstum gehemmt wird. Das bestbekannte Enzymsystem ist eine Kombination von **Glucoseoxidase** und **Katalase**. In Anwesenheit von molekularem Sauerstoff katalysieren diese Enzyme über eine Mehrschrittreaktion die Umwandlung von Glucose zu Gluconsäure. Für die biokonservierende und zugleich auch antioxidative Wirkung sind dabei mehrere Effekte von Bedeutung:
- Verbrauch von Glucose,
- Verbrauch von Sauerstoff,
- Bildung von H_2O_2,
- Bildung von Gluconsäure.

Neben dem Entzug von Nährstoffen wirken die bereits erwähnten Stoffwechselprodukte H_2O_2 und Gluconsäure hemmend auf die Verderbnisorganismen. Außer Glucoseoxidase können auch andere Oxidasen in ähnlicher Weise wirksam werden. Dies gilt z. B. für **Laccase** (EC 1.10.3.2), die durch O_2-Verbrauch aerobe Keime in Lebensmitteln zu hemmen vermag.

Für die Biokonservierung mittels O_2-verbrauchender Enzyme gibt es zahlreiche Beispiele in der Praxis. So läßt sich die Dauer der Haltbarkeit von Orangensaft durch Hemmung des Hefewachstums mittels Oxidasen verdoppeln. Durch Einspritzen geeigneter Oxidasen in die Verpackung von halbfertigen Backwaren (z. B. Baguettes) wird deren Lagerfähigkeit verlängert. Ähnliche Ergebnisse werden bei Konfitüren und Feinkosterzeugnissen (z. B. Mayonnaise) erzielt. Der bei den angeführten Beispielen erreichte Konservierungseffekt beruht vor allem auf einer Verminderung des in den Lebensmitteln gelöst bzw. gasförmig vorliegenden Sauerstoffs. Auf Sauerstoffradikale, die häufig für Farbveränderungen und sensorische Mängel verantwortlich sind, haben diese Enzymsysteme keinen Einfluß. In diesen Fällen ist der Einsatz von **Superoxiddismutase** (EC 1.15.1.1) zweckmäßig, die das Superoxid in die molekulare Form des Sauerstoffs umwandelt. Bei Bier und Saft kann eine wesentlich längere Haltbartkeit und Farbstabilität durch völlige Eliminierung von Sauerstoff mit einem Enzymsystem, bestehend aus Glucoseoxidase, Katalase und Superoxiddismutase, erreicht werden.

Prinzipiell wird bei Einsatz von antioxidativen Enzymen in Lebensmitteln neben der Erzielung sensorischer Vorteile (z. B. Vermeidung von Off-Flavour, Farbstabilisierung, Abbau von Nitrit, Schutz der Ascorbinsäure) in den meisten Fällen auch eine biokonservierende Wirkung erreicht.

Es gibt ferner Proteine, die durch Bindung essentieller Medienbestandteile das Wachstum von Schadkeimen hemmen. Beispiele dafür sind **Conalbumin** und **Avidin**, die im Hühnereiweiß in größerer Menge vorkommen. Conalbumin hemmt das Wachstum von Gram-positiven wie auch -negativen Bakterien, indem es Eisen bindet und dieses lebenswichtigen Stoffwechselprozessen eisenbedürftiger Mikroorganismen entzieht. Besonders sensibel sind die Gram-positiven Bakterien der Gattungen *Micrococcus* und *Bacillus*, während Gram-negative Bakterien naturgemäß weniger empfindlich reagieren.

Ein ähnliches Prinzip liegt bei **Lactoferrin** vor, welches in Kuhmilch u. a. tierischen Sekreten vorkommt. Außer Eisen soll dieses Protein auch Calcium- und Magnesiumionen binden und dadurch sowohl verschiedene *Bacillus*-Stämme als auch *E. coli* am Wachstum hindern. In der Literatur sind Synergismen zwischen Lactoferrin einerseits sowie Antikörpern, Lysozym und Lactoperoxidase andererseits beschrieben. Das Lactoperoxidase-Lactoferrin-System ist insbesondere für Babymilch von Interesse.

Inaktivierung von Enzymen

Auch durch Hemmung oder enzymatischen Abbau wichtiger Enzyme von Schadmikroorganismen kann eine biokonservierende Wirkung in Lebensmitteln herbeigeführt werden. Hier sind insbesondere **Proteasen** anzuführen, die zur Hydrolyse mikrobieller Enzymsysteme befähigt sind. **Thiol-Oxidasen** (EC 1.8.3.2) können zur Inaktivierung von SH-Enzymen beitragen. Über den proteolytischen Abbau von Polyphenol-Oxidasen (EC 1.10.3.1), die bei der enzymatischen Bräunung von verletzten Früchten und Gemüsen durch Bildung von Melaninen eine Rolle spielen, berichten einige Autoren. Proteasen verschiedener Provenienz wurden anstelle von Sulfit erfolgreich bei Kartoffel- und Apfelscheiben eingesetzt.

Mit Hilfe von bestimmten Proteinen, welche Enzym-Inhibitorwirkung besitzen, lassen sich verschiedene durch Schaderreger katalysierte Umsetzungen von

Substanzen eliminieren. Dies gilt z. B. für das von *Aspergillus terreus* gebildete Protein **Mutastein**, welches die Dextransynthese von *Streptococcus mutans* durch Hemmung von α-Glucosyltransferasen unterbindet. Zur Verhinderung des mikrobiellen Verderbs und damit zur Verlängerung der Haltbarkeit von Obst wird der Einsatz von **Polygalacturonase-Inhibitoren** vorgeschlagen: Bei mikrobiellem Verderb von Pflanzenmaterial wird die Pektinkomponente durch Polygalacturonasen (EC 3.2.1.15) der Schaderreger zuerst abgebaut und damit das Eindringen in das Gewebe erleichtert. Durch Aufsprühen geeigneter Inhibitoren auf die Früchte kann dieser wichtige Initialschritt gehemmt werden. In Abhängigkeit von der Konsistenz des zu behandelnden Lebensmittels bzw. vom Herstellungsverfahren können die Enzyme in flüssiger bzw. in immobilisierter Form zur Anwendung gelangen. Einige Beispiele sind in Tab. 3.1.-5 zusammengestellt.

Tab. 3.1.-5 Formen der Enzymanwendung zur Lebensmittelkonservierung (LÖSCHE, 1991; modifiziert)

Form der Enzymanwendung	Anwendungsbeispiele	Wirkung
1. Lösliche Enzyme		
• Emulsionen: – Wasser in Öl – Öl in Wasser	Feinkostprodukte (z. B. Mayonnaise)	Sauerstoffentzug, Schutz vor Verfärbung und Geschmacksverlust
• wäßrige Lösung in Schutzverpackung eindüsen	halbfertige Backwaren, Wurst, Kartoffelprodukte, Frischkäse, Feinkost	Sauerstoffentzug, Verbesserung der Frischhaltung, Lyse von Verderbniserregern
• im Produkt	Milchprodukte, Rohwurst, Obst- und Gemüseprod., Getränke	Sauerstoffentzug, Phenolbeseitigung in Getränken, Lyse von Verderbniserregern
2. Immobilisierte Enzyme		
• in Filterpresse bzw. an Säulen	Bier, Wein, Säfte	Sauerstoffentzug, Phenolentfernung, Verbesserung von Farbe und Stabilität
• an Verpackungsfolie	verpackte Lebens- mittel aller Art	Antioxidation, Konservierung
• Einkapselung in Polymere	Getränke, geriebener Käse, Pulverprodukte	Antioxidation

3.2
Fermentierte Lebensmittel

Zahlreiche pflanzliche und tierische Rohstoffe werden durch Fermentation höherveredelt und erst auf diese Weise in das eigentliche Lebensmittel überführt. Beispiele hierfür sind Backwaren, milchsauer vergorene Gemüse, Sauermilchprodukte, alkoholische Getränke, Essig, Sauerrahmbutter, Rohwurst, Tee, Kakao und Kaffee. Die dabei verfolgten Ziele bestehen in einer
- Konservierung und
- Qualitätsverbesserung (Lebensmittelqualität, ernährungsphysiologische Qualität) auf natürlichem Wege.

Bereits die verschiedenen Völker bzw. Kulturkreise des Altertums haben – je nach Entwicklungsstand, Klima, verfügbaren Rohstoffen usw. – eine große Vielfalt an fermentierten Lebensmitteln gekannt. In diesem Zusammenhang seien so wichtige

Erzeugnisse wie z. B. Wein, Essig, Bier, Brot, Sauermilchprodukte, Sauergemüse (vorwiegend in der westlichen Hemisphäre) oder Sojasauce, Tempeh und Miso (vorwiegend in Ostasien) genannt. Diese alteingeführten fermentierten Lebensmittel erfreuen sich auch heute noch großer Beliebtheit. Die Rohstoffe werden unter Einbeziehung von natürlich vorkommenden Mikroorganismen veredelt, wobei letztere über Jahrhunderte ohne spezielle Maßnahmen hinsichtlich gesundheitlich-hygienischer Unbedenklichkeit genutzt und lediglich empirisch getestet worden sind. Gravierende gesundheitliche Schäden sind nicht bekannt. Im Gegenteil, auf der Basis eines allgemein gesteigerten Umwelt- und Ernährungsbewußtseins insbesondere in den Industrieländern schenkt der Verbraucher heute diesen traditionellen Lebensmitteln verstärkt sein Vertrauen.

Der Einstrom verschiedenster ethnischer Gruppen in den letzten Jahrzehnten in die Industrieländer der westlichen Hemisphäre hat dazu beigetragen, daß hier zunehmend auch Lebensmittel anderer Kulturkreise Eingang in den Speiseplan gefunden haben und daß für den Durchschnittsverbraucher exotisch erscheinende Erzeugnisse auf dem Markt angeboten werden.

Eine systematische Einteilung fermentierter Lebensmittel ist schwierig. BERGHOFER (1987) untergliedert sie in folgende Gruppen:
1. Alkoholische Getränke: Vergärung mit Hefen (Wein, Bier, Spirituosen);
2. Backwaren und brotähnliche fermentierte Lebensmittel: Vergärung mit Hefen (Hefeteig) oder Hefen + Bakterien (Sauerteig);
3. Speiseessig: Fermentation mit Bakterien (*Acetobacter*);
4. Fermentierte Milch bzw. Milchprodukte, bei denen die Milchsäurebildung (Milchsäurebakterien) im Vordergrund steht (z. B. Sauermilch, Joghurt, Kishk);
5. fermentierte Gemüseprodukte, bei denen ebenfalls die Milchsäurebildung (vorwiegend Milchsäurebakterien und Hefen, z. T. unter Zusatz von Kochsalz) ein wesentliches Merkmal darstellt (Sauergemüse);
6. fermentierte Fleisch- und Fischprodukte: Vorwiegend mit Bakterien und unter Zusatz von Kochsalz (z. B. Fischpaste „Bagoong", Fischsauce „Nuoc-mam"; gereifte Rohwurst);
7. fermentierte pflanzliche Lebensmittel, bei denen hydrolytische Wirkungen Vorrang haben: Vorwiegend mit Schimmelpilzen (mit oder ohne Zusatz von Kochsalz), mit Bakterien oder aber mit Schimmelpilzen, Bakterien und Hefen (z. B. Tempeh);
8. fermentierte Lebensmittel, hergestellt unter Nutzung rohstoffeigener Enzyme (z. B. Malz, gekeimte Samen).

Die diversen Wirkungen der mikrobiellen Tätigkeit bei der Fermentation von Lebensmittel-Rohstoffen gehen aus Tab. 3.2.-1 hervor.

3.2.1
Bedeutung der Fermentation für die Qualität der Endprodukte

Lebensmittelqualität

Aus der Sicht des Verbrauchers steht im Verlaufe der kulturhistorischen Entwicklung der Produktion von Lebensmitteln deren Qualität im Vordergrund. Dabei sind folgende Faktoren von besonderer Bedeutung:

Tab. 3.2.-1 Auswirkungen mikrobieller Aktivität bei der Fermentation von Lebensmitteln
(BERGHOFER, 1987)

Primäre Wirkung	Sekundäre Auswirkungen auf das Lebensmittel
Abbau von Inhaltsstoffen	
Proteinhydrolyse	Vorverdauung; Textur- und sensorische Veränderungen; Zerstörung von Trypsininhibitoren
Stärkehydrolyse	Vorverdauung; Textur-Veränderungen; Lieferung von Substrat für die weitere Fermentation
Abbau antinutritiver Faktoren	Erhöhung des nutritiven Wertes
Synthese neuer Inhaltsstoffe	
organische Säuren (z. B Milch-, Essigsäure)	Erhöhung der Haltbarkeit; Textur- und sensorische Verbesserung
Alkohole (z. B. Ethanol)	Erhöhung der Haltbarkeit; sensorische Verbesserung
Gase (z. B. CO_2)	Texturveränderung (z. B. Teiglockerung)
Flavourverbindungen	Verbesserung des Genußwertes
Farbstoffe	Verbesserung des Genußwertes
Vitamine	Verbesserung des nutritiven Wertes
Wirkstoffe (z. B. Antioxidantien)	Erhöhung der Haltbarkeit

1. Fermentative Prozesse bewirken eine Höherveredelung hinsichtlich
   - Aroma,
   - Geschmack,
   - Farbe,
   - Textur,
   - Konsistenz,
   - Verdaulichkeit

   auf der Basis natürlich ablaufender Prozesse.
2. Eine Reihe von Erzeugnissen läßt sich auf fermentativem Wege durch Bildung von
   - organischen Säuren (pH-Absenkung),
   - Antioxidantien,
   - Alkohol und ggf.
   - Antibiotika

   konservieren. Hierdurch können chemische und physikalische Methoden der Haltbarmachung entfallen. Darüberhinaus bieten biologische Verfahren der Konservierung eine höhere hygienische Sicherheit (vgl. Kap.3.1).
3. In der Mehrzahl der Fälle ist die erforderliche Technik sehr einfach und daher kostengünstig.

Fermentierte Lebensmittel haben sich – wie die Erfahrung gelehrt hat – als gesundheitlich unbedenklich erwiesen. Es ist jedoch nicht von der Hand zu weisen, daß von den Mikroorganismen u. U. auch unerwünschte Substanzen synthetisiert werden können. So sind bestimmte Schimmelpilze befähigt, Mykotoxine (z. B. Aflatoxine) zu produzieren. Man ist inzwischen in der Lage, die verschiedensten fermentierten Lebensmittel auf derartige Verbindungen zu überprüfen, wobei durch Einsatz einer modernen Analytik heute wesentlich geringere Konzentrationen an Kontaminanten erfaßt werden können als noch vor 20 Jahren. Bisher liegen diesbezüglich jedoch keine von der Norm abweichenden Befunde vor.

Diese und ähnliche Überlegungen sind Veranlassung gewesen, die Mikroflora der zu veredelnden Produkte einer genaueren Prüfung zu unterziehen. In den letzten

Jahren geht man ferner zunehmend dazu über, die im Prinzip erwünschte mikrobielle Besiedelung nicht dem „Zufall" – d. h. dem natürlichen ökologischen Umfeld – zu
überlassen, sondern für den jeweiligen Applikationsbereich speziell selektiertes bzw.
isoliertes Stamm-Material in Form von Rein- oder Mischkulturen *(Starterkulturen)*
einzusetzen. Starterkulturen können gut überwacht sowie hinsichtlich Qualität und
Biosyntheseleistung auch verbessert werden.

Ernährungsphysiologische Qualität

Zahlreiche Lebensmittel-Rohstoffe, vor allem pflanzlicher Herkunft, enthalten
„antinutritive Verbindungen" *(„stress factors")*, deren Anwesenheit die Ernährungs-
qualität herabsetzen kann. Manche Vertreter dieser Gruppe wirken toxisch bzw.
liefern im Verlaufe ihres Umsatzes oder Stoffwechsels toxische Metaboliten (vgl. Kap.
1.1.11). Da antinutritive Verbindungen besonders in pflanzlichen Lebensmitteln angetroffen werden, ist dieser Tatbestand vor allem für die Verbraucher in den
Entwicklungsländern von Wichtigkeit, denn hier steht pflanzliche Kost im
Vordergrund der Ernährung.

Durch fermentative Prozesse können antinutritive Verbindungen partiell oder voll-
kommen abgebaut werden (Tab. 3.2.-2). Dieser Effekt wird von alters her unbewußt
oder auf Erfahrung basierend genutzt, indem Fermentationen einen wesentlichen
Bestandteil bestimmter Lebensmitteltechnologien darstellen. Inzwischen sind derartige Verfahren mittels moderner analytischer Methoden eingehend charakterisiert worden. Die vermuteten günstigen Effekte wurden in der Mehrzahl der Fälle bestätigt.

Bei der Fermentation von pflanzlichen Rohstoffen vollziehen sich unter der
Einwirkung der sich entwickelnden Mikroorganismen-Flora Veränderungen in der
Zusammensetzung bestimmter Inhaltsstoffe. Diese sind aus ernährungsphysiologi-
scher Sicht überwiegend positiv. Als Beispiele hierfür seien genannt:
- Synthese von Vitaminen (insbesondere der B-Gruppe),
- partielle Proteinhydrolyse (Verbesserung der Proteinverdaulichkeit),
- Synthese essentieller Aminosäuren,
- partielle Hydrolyse von schwer spaltbaren Zuckern (z. B. von solchen der
  „Raffinose-Familie", sog. „Bläh-Faktoren"),
- Belieferung des Darminhaltes mit Mikroorganismen (z. B. mit Milchsäure-
  bakterien),
- Beschickung des Intestinaltraktes mit Milchsäure (Absenkung des pH-Wertes,
  Unterdrückung von Fäulniskeimen),

Tab. 3.2.-2 Abnahme antinutritiver Faktoren als Folge einer fermentativen Behandlung von
Cerealien, Ölsaaten oder Gemüsen (TEUTONICO, 1987)

Rohstoff	Lebensmittel	Antinutritive Verbindung
Cerealien	Weizenmehl, Weizenbrot	Phytat
Ölsaaten	Sojabohnentempeh	Phytat, Trypsininhibitor
	Oncom (Erdnuß-Preßrückstände)	Phytat
	Sonnenblumenmehl	Chlorogensäure
	Baumwollsaatmehl	Gossypol
Gemüse	Sauerkraut	Goitrin
	Gari (aus Maniok)	cyanogene Glycoside

– Synthese antibiotisch wirksamer Stoffe (Verhinderung infektiöser Darmerkrankungen).

So wird z. B. bei Getreide (Weizen, Gerste, Hafer, Reis) sowie Leguminosen (Sojabohnen, Erbsen, Bohnen) im Hinblick auf eine Veränderung des Proteinanteils der in Tab. 3.2.-3 wiedergegebene allgemeine Trend ermittelt. Der Energiegehalt geht infolge einer partiellen Verstoffwechselung der Kohlenhydrate gelegentlich leicht zurück. Hinsichtlich des Vitamingehaltes zeichnet sich eine Tendenz gemäß Tab. 3.2.-4 ab.

Tab. 3.2.-3 Auswirkung einer fermentativen Behandlung von Cerealien und Leguminosen auf den nutritiven Wert des Proteinanteils (TEUTONICO, 1987)

Bewertungsparameter	Veränderung
Proteingehalt insgesamt	unverändert
Protein-Wertigkeit	unverändert bis Zunahme
Verdaulichkeit von Protein infolge partieller Hydrolyse	Zunahme
Bildung freier, leicht verfügbarer Aminosäuren	Zunahme
verfügbares Lysin, Isoleucin, Leucin	Zunahme

Tab. 3.2.-4 Auswirkung einer fermentativen Behandlung von Cerealien und Leguminosen auf den Gehalt von Vitaminen der B-Gruppe (TEUTONICO, 1987)

Rohstoff	Lebensmittel	Zunahme	Abnahme
Cerealien	Weizentempeh	B_2, Niacin	B_1
Leguminosen	Sojatempeh	B_2, Niacin, (B_6), B_{12}	B_1
	Natto	B_1, B_2, B_{12}	

3.2.2
Starterkulturen

An der fermentativen Veredelung traditioneller Lebensmittelrohstoffe war ursprünglich eine *„Spontanflora"* beteiligt, wie sie die Umwelt hervorbringt bzw. wie sie sich bei Vorgabe bestimmter Kultivationsparameter am besten durchsetzen kann. Unter diesen Bedingungen wurden über lange Zeiträume hochwertige Produkte erzielt. Fehlfermentationen und Qualitätsschwankungen waren jedoch nicht immer auszuschließen.

Mit der Einführung moderner Lebensmitteltechnologien wird jedoch besonderer Wert auf hohe Reproduzierbarkeit der Erzeugnisqualität sowie größtmögliche hygienische Sicherheit gelegt. Man orientiert daher zunehmend auf den Einsatz von Einzel- und Mischkulturen als sog. Starterkulturen. Diese werden im Prinzip seit mehr als hundert Jahren z. B. in der Milchwirtschaft eingesetzt. Inzwischen sind solche Kulturen auch für zahlreiche andere Produktionszweige entwickelt worden. Dies betrifft sowohl klassische Fermentationen im europäischen Sortiment als auch außereuropäische fermentierte Erzeugnisse. Beim Einsatz von Starterkulturen werden folgende Ziele angestrebt:

- Rascher Beginn der Fermentation zur Vermeidung von Kontaminationen und Fehlchargen,
- Herbeiführung der gewünschten Stoffwechselleistungen,
- Gewährleistung einer gesicherten Produktqualität auf gleichmäßig hohem Niveau,
- verbesserte Ausnutzung der Rohware,
- Beschleunigung des gesamten Fermentationsablaufes und damit Verkürzung der Gärdauer zwecks Verbesserung der Ökonomie,
- Verringerung des hygienischen Risikos,
- Möglichkeit der Hitzeinaktivierung unerwünschter Inhaltsstoffe (z. B. antinutritiver oder toxischer Verbindungen) in den Rohstoffen vor der Fermentation,
- Einsatz virusresistenter Stämme,
- Zugang zu neuen Produkten, die mittels Spontangärung nicht erhalten werden können.

Forschung und Entwicklung sind bemüht, Starterkulturen mit gleichbleibend hoher Leistung und Qualität durch Züchtung (neuerdings auch durch gentechnische Manipulation, vgl. dazu Kap. 3.10), Stammhaltung und -konservierung bereitzustellen.

3.2.3
Obst- und Gemüseerzeugnisse

Fermentierte Obst- und Gemüseerzeugnisse sind seit langem in westlichen Industrieländern bekannt und eingeführt, und zwar vorrangig in milchsauer fermentierter („lactofermentierter") Form. Im Vordergrund stehen dabei verhältnismäßig wenige Gemüsesorten. Das bekannteste lactofermentierte Erzeugnis ist Sauerkraut.

Lebensmitteltechnologische Aspekte

Bei der klassischen milchsauren Gärung handelt es sich um spontane Fermentationsvorgänge, die auf die jeweils angesiedelte Mikroflora zurückzuführen sind. Gewöhnlich liegt eine bestimmte Populationsfolge vor, wobei die einzelnen Mikroorganismen-Gruppen komplex ineinandergreifen. Durch Einsatz von Starterkulturen können nach BUCKENHÜSKES u. HAMMES (1990) die Fermentation in der ersten Gärphase beschleunigt sowie ein besser reproduzierbarer Ablauf des gesamten Prozesses herbeigeführt werden. Wird das Rohmaterial zwecks Inaktivierung störender Enzymsysteme (wie z. B. von Chlorophyllase, EC 1.1.1.14, bei grünem Gemüse oder von „decolorizing enzymes" bei Roten Beten) vor der Fermentation erhitzt, so ist der Einsatz von Starterkulturen unumgänglich. Als hierfür besonders geeignete Stämme werden *Lactobacillus acidophilus, L. bavaricus, L. bifidus, L. brevis, L. casei, L. delbrückii, L. helveticus, L. plantarum, L. salivarius, L. xylosus, Leuconostoc mesenteroides, Streptococcus cremoris und/oder S. lactis* verwendet.

Bisher haben sich allerdings Starterkulturen in der Praxis nur bei der Herstellung von *flüssigen* Obst- und Gemüseerzeugnissen bewährt, nicht hingegen bei Sauerkraut oder anderen Sauergemüsen. Im erstgenannten Falle werden vornehmlich die Säuerung, weniger hingegen die Ausbildung von Geschmack, Geruch, Farbe oder Textur angestrebt.

Wesentliche Vorteile der Lactofermentation sind:
- Die Herstellung der gesäuerten Produkte ist verhältnismäßig einfach, sofern die für eine gleichmäßige Säuerung und Aromabildung erforderlichen Bedingungen eingehalten werden.
- Die Anwesenheit von Milchsäure in dem zu konservierenden Lebensmittel bietet in hohem Maße hygienische Sicherheit (Unterdrückung von Fäulniskeimen infolge pH-Absenkung).
- Milchsäure ruft eine mildsaure, angenehme Geschmacksempfindung hervor, so daß vielfach auf den Zusatz weiterer würzender Zutaten (auch Kochsalz) verzichtet werden kann.

Ernährungsphysiologische Aspekte

Lactofermentierte Obst- und Gemüseerzeugnisse sind reich an Vitaminen, Mineralstoffen und Spurenelementen. Sie fungieren ferner als Lieferanten von Ballaststoffen sowie bestimmten bioaktiven sekundären Pflanzenstoffen und besitzen damit diejenigen wertgebenden Eigenschaften, wie sie in Kap. 1.1.7 und 1.2.7 dargelegt wurden. Die Milchsäurebildung geht im wesentlichen zu Lasten niedermolekularer Kohlenhydrate; Cellulose, Hemicellulosen, Pektin und Lignin werden hingegen kaum angegriffen. Bei der Herstellung von sauren Gurken wird sogar Wert darauf gelegt, daß das unlösliche Protopektin erhalten bleibt, damit die Ware – vor dem „Weichwerden" geschützt – knackig und bißfest bleibt. Dies ist dann gewährleistet, wenn die Gurke einen hohen Gehalt an *Pektinase-Inhibitoren* aufweist, die sowohl den pflanzeneigenen wie auch mikrobiellen Enzymen den Angriff auf die „Kittsubstanz" verwehren.

Bei den von den Bakterien produzierten Milchsäuren handelt es sich im allgemeinen um unterschiedlich zusammengesetzte Gemische aus D(–)-, L(+)- und D,L-Isomeren. Wie in Kap. 1.1.2 ausgeführt wurde, stellt L(+)-Milchsäure die im menschlichen Organismus vorkommende physiologische Verbindung dar. Jedoch wurden bisher keinerlei D(–)-Lactacidosen bei erhöhtem Verzehr von milchsauer vergorenen Gemüsen beobachtet. Man ist jedoch bestrebt, bei der Entwicklung von Starterkulturen solche Stämme zu bevorzugen, welche L(+)-Milchsäure synthetisieren.

Nach RASIC et al. (1984) enthalten Obst und Gemüse Verbindungen mit antitumoraler Aktivität, wobei verschiedene Wirkmechanismen angenommen werden (Tab. 3.2.-5). Diese seinerzeit noch nicht schlüssig bewiesene Annahme einer anticarcinogenen Wirkung steht in prinzipieller Übereinstimmung mit neueren Befunden zur Bedeutung bestimmter pflanzlicher Sekundärstoffe als „Radikalfänger" (vgl. Kap. 1.2.7). Der genannte Effekt soll nach RASIC et al. durch Milchsäuregärung verstärkt werden. Nach diesen Autoren ist bei Verabfolgung von milchsauer vergorenen Obst- und Gemüseerzeugnissen an Krebskranke eine Besserung im Krankheitsverlauf zu beobachten. Ferner soll bei Verfütterung von milchsaurem Rote-Bete-Saft an Mäuse die Vermehrung von experimentell erzeugten Tumorzellen deutlich gehemmt werden. Für diese Wirkung werden Milchsäurebakterien bzw. ihre Stoffwechselprodukte verantwortlich gemacht. Diese Befunde sind allerdings nicht schlüssig bewiesen und bedürfen weiterer experimenteller Reproduktion und Abklärung. Sie können jedoch mit neuerlichen Vermutungen in der Literatur über eine seit längerem diskutierte

Tab. 3.2.-5 Anticancerogene Naturstoffe und biologisch aktive Faktoren in Obst und Gemüse (RASIC et al., 1984)

Verbindung	Wirkung
1. Ascorbinsäure, Tocopherol, Cystein, Glutathion, Tannine	Hemmung der Bildung bestimmter Cancerogene (z.B. Nitrosamine, Nitrosamide) durch Reduktion; „Radikalfänger"
2. Aromatische Isothiocyanate, phenolische Antioxidantien, Indole, Cumarin, Flavone	Induktion von Detoxifikations-Zellenzymen, Hemmung der Aktivierungsenzyme der Cancerogene
3. Retinoide	Verhinderung der bösartigen Umwandlung von Zellen durch Blockierung polypeptischer Hormone
4. Carotenoide (β-Caroten, Canthaxanthin, Phytoen)	antitumorale Aktivität gegen UV-induzierte Tumoren
5. Mineralstoffe (Se, Mg, Zn, Cu, J)	Hemmung der Aktivierungsenzyme der Cancerogene und/oder Anregung der Zellulärimmunität
6. Betalaine	Erhöhung der (an sich verringerten) Atmung der Krebszellen
7. bestimmte Naturstoffe, wie z. B. einige Flavonoide, pflanzliche Sterole, (β-Sitosterol), Milchsäure (?)	verschiedene antitumorale Wirkmechanismen
8. Ballaststoffe	„Verdünnung" der Cancerogene im Darmtrakt; Anregung der Dickdarmflora zur Bildung organischer Säuren; Beschleunigung der Peristaltik (Verkürzung der Verweildauer potentieller Cancerogene im Darm
9. verschiedene Lactobazillen	Bildung spezifischer antitumoraler Stoffe und/oder Anregung der zellulären Immunität

anticarcinogene Wirkung von Lactobazillen im Colon zur Deckung gebracht werden (vgl. Kap. 1.1.2, 1.2.7).

Durch Selektion geeigneter Starter-Mikroorganismen werden verschiedene Ziele verfolgt, so z. B.

- Verhinderung der Entstehung von Mycotoxinen und biogenen Aminen im Gärungsverlauf,
- Synthese von L(+)-Milchsäure (und weniger von D(–)- oder D,L- Milchsäure),
- Abbau von Nitrat und Nitrit und damit Verhinderung einer unerwünschten Nitrosamin-Bildung.

3.2.3.1
Lactofermentierte Gemüse

Milchsauer vergorene Gemüse sind in Europa seit langem bekannt. Das „klassische" Sortiment besteht aus nur wenigen Gemüsearten, wobei Sauerkraut und saure Gurken eine Spitzenposition einnehmen. In den letzten Dezennien sind jedoch Untersuchungen zur Lactofermentation einer ganzen Reihe von weiteren Gemüsen hinzugekommen. Ähnliches gilt für milchsauer fermentierte *flüssige* Obst- und Gemüseerzeugnisse, zumal die enzymatische Verflüssigung bzw. Maceration erheblich an Bedeutung gewonnen hat. In anderen, zumeist außereuropäischen Ländern werden vorrangig *stärkehaltige* Rohstoffe einer Lactofermentation unterworfen. Es

Tab. 3.2.-6 Milchsaure Gemüseprodukte in Deutschland (nach BUCKENHÜSKES, 1986; BUCKENHÜSKES u. HAMMES, 1990)

Produkte von allgemeiner Bedeutung
    Sauerkraut
    saure Gurken
    Oliven Spanischer Art
Gemüsesäfte
    Sauerkrautsaft
    Möhrensaft
    Rote-Bete-Saft
    Selleriesaft
    Tomatensaft
Produkte mit regionaler Bedeutung
    Rheinische Brühbohnen (aus grünen Bohnen)
    Weiße Rüben
    Rote Bete
    ganze Weißkohlköpfe (vom ehem. Jugoslawien eingeführt, in Spezialgeschäften als Frischware vertrieben)
vornehmlich in Reformhäusern erhältliche Produkte
    Möhren
    Sellerie
    Rote Bete
    Paprika (grüner, Tomaten-Paprika)
    Silberzwiebeln
    grüne Tomaten
für die Weiterverarbeitung vorgesehene Produkte
    (z. B. für „mixed pickles")
    Blumenkohl
    Kohlrabi
    Spargel
    Paprika
    Perl- und Silberzwiebeln

sind dies z. B. Mais, Reis, Hirse, Cassava, Sojabohnen, vor allem also Cerealien und Leguminosen. In Tab. 3.2.-6 sind die in Deutschland derzeit im Handel angebotenen lactofermentierten Gemüsesorten aufgeführt.

Das in Deutschland bekannteste milchsaure Gemüse ist **Sauerkraut.** Es wird zu 80% in pasteurisierten Kleinpackungen angeboten. Die Verarbeitung des Weißkohls erfolgt noch immer bevorzugt durch Spontangärung, wobei sich eine artenreiche Mischflora aus Bakterien, Hefen und Schimmelpilzen ausbildet. Als Milchsäure-bildende Kulturen wirken vorrangig *Lactobacillus brevis, L. plantarum, Leuconostoc mesenteroides, Pediococcus cerevisiae und Streptococcus faecalis.* Die Fermentation dauert 7–9 Tage. Neben L(+)-, D(–)- wie auch D,L-Milchsäure entstehen im Verlaufe der Gärung stets auch etwas Essigsäure, Propionsäure, Ameisensäure, Ethanol, Propanol sowie CO_2.

Neuerdings werden zu Versuchszwecken auch Starterkulturen eingesetzt, so z. B. *Lactobacillus plantarum, L. brevis, Leuconostoc mesenteroides, Pediococcus cerevisiae.* Bisher bildet sich jedoch in diesen Fällen nicht das typische, abgerundete Sauerkrautflavour aus, so daß in der Praxis noch immer die Spontangärung den Vorrang hat. Der Einsatz von Starterkulturen dürfte sich jedoch nach Durchführung weiterer Optimierungsarbeiten auch hier durchsetzen.

Auch mit anderen Gemüsearten, so z. B. mit Roten Beten oder Möhren, sind Versuche unter Einsatz von Starterkulturen durchgeführt worden. Die erzielten Ergebnisse sind wechselhaft, ein genereller Durchbruch steht noch aus.

Tab. 3.2.-7 In Deutschland weniger bekannte milchsauer vergorene Produkte
(BUCKENHÜSKES et al., 1986)

Produkt	Ursprungsland	Hauptbestandteile
Borscht	Rußland, Polen	Rote Bete
Gemüsemischungen	Philippinen	verschiedene Gemüse mit Sojabohnen
Kimchi	Korea	Chinakohl, Rettich u. a., z. T. mit Sojabohnen
Pang Kimchi	Korea	Kimchi unter Verwendung von Nüssen
Mostasa	Philippinen	Senfblätter
Sajur Asin	Indonesien	Chinakohl unter Zusatz einer Flüssigkeit aus gekochtem Reis
Tarhama	Türkei	Gemüse und Joghurt
Yen Tsai	China	Chinakohl, weiße Rüben
Pan Tsai	China	Rettich

Einige in Deutschland weniger bekannte, jedoch in anderen Ländern regional
angebotene Erzeugnisse sind in Tab. 3.2.-7 zusammengestellt.

3.2.3.2
Lactofermentierte Gemüsesäfte („Biosäfte")

Zunehmender Beliebtheit erfreuen sich Gemüse*säfte* und andere „trinkfähige"
Gemüseerzeugnisse. Sie werden gewöhnlich durch mechanische Verfahren (Pressen,
Passieren, Homogenisieren) oder auf enzymatischem Wege verflüssigt. Im Vergleich
zu Fruchtsäften sind sie allerdings weitaus anfälliger gegenüber mikrobiellem
Verderb. Die geringere Haltbarkeit hängt mit ihrem niedrigeren Säuregehalt zusam-
men (der pH-Wert der Gemüsesäfte liegt zwischen 5,0 und 6,5). Zur Haltbarmachung
bietet sich die milchsaure Vergärung an. Im Vordergrund des Interesses der
Verbraucher stehen derzeit die lactofermentierten Säfte aus Sauerkraut, Möhren,
Rote Bete, Sellerie, Tomaten und Paprika.

Bei Erzeugnissen dieser Art lassen sich auf einfache Weise verschiedene günstige
Effekte miteinander kombinieren:
- Gemüsesäfte sind reich an Vitaminen und Mineralstoffen.
- Ihre Haltbarmachung erfolgt auf natürlichem Wege.
- Die Milchsäure verleiht den Produkten einen mildsauren, angenehmen Ge-
  schmack.
- Sie werden zumeist auch von solchen Personen akzeptiert, die bei Verzehr von
  Faserstoff-reicher Kost an Verdauungsstörungen, insbesondere an Blähungen,
  leiden.
- Bei der Verarbeitung bleiben die wertbestimmenden Inhaltsstoffe der verwende-
  ten Gemüsesorten (insbesondere Vitamine, Ballaststoffe) weitgehend erhalten.

Zur Gewinnung lactofermentierter Gemüsesäfte sind bereits mit Erfolg
Säuerungs-Reinkulturen als Starter angewandt worden, insbesondere *Lactobacillus
plantarum, L. acidophilus, L. bifidus, L. brevis.* Vor der Beimpfung werden gewöhnlich
die Maische oder der Gemüsesaft zwecks Abtötung der vorhandenen unerwünschten
Mikroflora pasteurisiert. Hinsichtlich der Technologie geht man im Prinzip von zwei

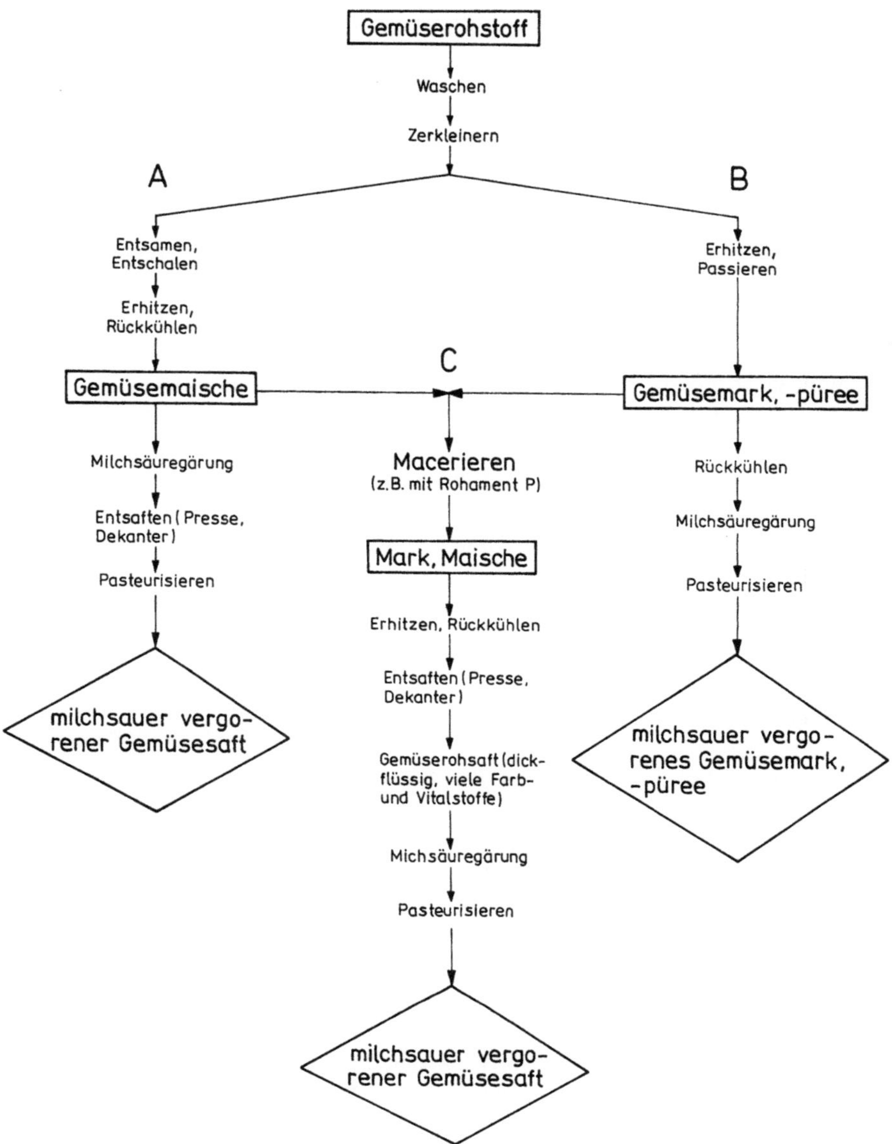

Abb. 3.2.-1 Herstellung milchsauer vergorener Gemüsesäfte (Fließschema) (SULC, 1984)

Verfahrensvarianten aus (Abb. 3.2.-1). Bei **Variante A** wird das geschnittene bzw. nur grob zerkleinerte Gemüse milchsauer vergoren. Anschließend wird der Saft abgepreßt. Dieses Verfahren liegt z. B. der Herstellung von Sauerkraut-, Tomaten- und Paprikasaft zugrunde. Im zweiten Falle (**Variante B, C**) wird der Rohstoff mechanisch oder enzymatisch fein zerkleinert (bis zum Homogenat, Macerat, Mark, Püree) und anschließend milchsauer vergoren. Die Fermentationsdauer bei Einsatz von Reinkulturen beträgt 10–20 Stunden. Der pH-Wert sinkt während dieser Zeit auf

3,8–4,2 ab. Es liegt auf der Hand, daß in den Varianten B und C ein wesentlich höherer Ballaststoffanteil im Endprodukt vorliegt. Diese Erzeugnisse sind somit als ernährungsphysiologisch noch günstiger zu bewerten.

Vielfach werden die Säfte in speziellen Tanks eingelagert, sodann mit würzenden u. a. Zutaten versehen und in Flaschen abgefüllt; auch Mischungen derartiger Produkte (*„Gemüsecocktails"*) werden mit gutem Erfolg hergestellt. Diese können bei geeigneter Würzung auch ohne Zusatz von Kochsalz verwendet werden.

Karottensaft ist reich an Vitaminen (insbesondere an Provitamin A) und Mineralstoffen (K, Fe).

Rote-Bete-Saft ist Vitamin- und Mineralstoff-reich und regt den gesamten Stoffwechsel an. Er soll die Immunität gegenüber Infektionskrankheiten stärken und sich im Sinne einer prophylaktischen Krebstherapie als günstig erweisen.

Selleriesaft enthält zahlreiche etherische Öle und ist daher appetitanregend und verdauungsfördernd. Er ist reich an Vitaminen und Mineralsstoffen.

Tomatensaft ist reich an Mineralstoffen, Spurenelementen und Vitaminen. Er wird auch als Diät-Mischsaft angeboten.

Paprikasaft enthält viel Vitamin C und wird in Form von Mischsaft in den Handel gebracht.

3.2.4
Sauermilchprodukte

Milch liefert biologisch hochwertiges Eiweiß, leicht verdauliches Fett, rasch mobilisierbares Kohlenhydrat (Lactose), Calcium, Magnesium und Phosphor sowie Vitamine. Fermentierte Milchprodukte werden seit Jahrhunderten hergestellt, wobei ursprünglich die Säuerung durch Spontangärung verursacht wurde. Durch Einwirkung der von den Mikroorganismen gebildeten proteolytischen Enzyme wird infolge einer partiellen Hydrolyse der Proteine eine feinflockige Struktur und beginnende Dicklegung der Milch herbeigeführt.

Die wichtigsten fermentierten Milcherzeugnisse sind Sauermilchprodukte, Speisequark, Sauerrahmbutter sowie die verschiedenen Käsesorten. Die Bedeutung von Milch, Quark und Käse besteht vorwiegend in der Zufuhr von leicht verdaulichem Eiweiß sowie von Calcium und Vitaminen. Nachfolgend wird lediglich auf Sauermilchprodukte näher eingegangen, da diese in den letzten Jahren das besondere Interesse des Verbrauchers gefunden haben.

Lebensmitteltechnologische Aspekte

Die molkereimäßige Herstellung von Sauermilchprodukten geht auf den Zeitraum um 1900 zurück. Erst in den 50er Jahren beginnt eine rasche Aufwärtsentwicklung hinsichtlich ihrer Beliebtheit und Produktion, wobei in neuerer Zeit zunehmend auch Erzeugnisse mit Zusätzen von Früchten, Fruchtsäften, Aromen, Süßungsmitteln, Getreidekörnern, Gewürzen usw. im Handel angeboten werden. Der Pro-Kopf-Verbrauch an diesen Produkten ist international noch immer ansteigend.

Für die Säuerung der Milch sind im wesentlichen verschiedene Milchsäurebakterien, für einige Erzeugnisse zusätzlich weitere Bakterien sowie Hefen und

Schimmelpilze verantwortlich. Sauermilchprodukte werden durch spontane Säuerung von Frischmilch, neuerdings in verstärktem Maße unter Einsatz von speziellen Starterkulturen zu erhitzter Milch gewonnen. Durch die Wirkung der mikrobiellen Lactase (β-Galactosidase, EC 3.2.1.23) im Verlaufe des Fermentationsprozesses wird Lactose zunächst in ihre Bausteine Glucose und Galactose zerlegt. Diese werden sodann weiter zu Milchsäure (homofermentative Milchsäurebakterien) oder aber zu Milchsäure und anderen Verbindungen wie Ethanol, Essigsäure, CO_2 (heterofermentative Milchsäurebakterien) umgesetzt. International gibt es mehr als 200 verschiedene Sauermilchprodukte, die sich jedoch teilweise sehr ähnlich sind und oft nur regionale Bedeutung haben.

Ernährungsphysiologische Aspekte

Die Konfiguration der entstehenden Milchsäure hängt von den spontan wirkenden bzw. zugesetzten Mikroorganismen ab. Sie besteht im allgemeinen zu 50–90 % aus der L(+)-Form, bei dem Rest handelt es sich um D(–)- und D,L-Milchsäure. Man ist bemüht, bei der Neuentwicklung von Starterkulturen auf die physiologisch günstigere L(+)-Form zu orientieren. Insbesondere in der Säuglingsernährung sollten solche Sauermilchprodukte bevorzugt werden, die unter Einsatz von Kulturen mit L(+)-Säurebildung hergestellt werden (z. B. *„Bioghurt"*).

Die mit der Milchsäuregärung verbundene Spaltung der Lactose ist für Personen mit zu niedriger oder fehlender Aktivität an Dünndarm-eigener Lactase (Lactoseintoleranz, vgl. Kap. 1.2.5.2) besonders wichtig. Sauermilchprodukte werden daher von diesen Patienten weit besser als unbehandelte Milch vertragen.

Hinsichtlich der ernährungsphysiologischen Bedeutung der Aufnahme von Milchsäurebakterien mit den gesäuerten Milchprodukten sowie einer neuerdings vermuteten anticarcinogenen Wirkung derselben ist in Kap. 1.1.2 und 1.2.7 berichtet worden. Als weitere Vorteile werden in der Literatur genannt (ZICKRICK 1991):
- Vorliegen der Milchproteine in aufbereiteter, d. h. schwach anhydrolysierter, feinflockiger und somit gut verdaulicher Form,
- Verminderung des Harnstoffgehaltes um 90 % im Vergleich zu Trinkmilch,
- Erhöhung des Gehaltes einiger Vitamine der B-Gruppe als Folge der mikrobiellen Tätigkeit, in deren Verlauf andere Vitamine jedoch auch verbraucht werden,
- Unterdrückung pathogener Mikroorganismen durch die Mikroflora,
- Begünstigung der Zusammensetzung der Darmflora, sofern die zugeführten Mikroorganismen als vitale Keime bis in den Dickdarm gelangen und sich möglicherweise dort ansiedeln. Über derartige Eigenschaften verfügen vermutlich *Lactobacillus acidophilus* und spezielle Bifidobakterien.

Ausgewählte Erzeugnisse

Wichtige bzw. allgemein bekannte Sauermilchprodukte sind Sauermilch, Sauerrahm, Joghurt (*„Bifighurt", „Bioghurt"*), Kefir, Kumys, Buttermilch, Tätte, Molke. Ein in Mitteleuropa besonders beliebtes Erzeugnis ist Joghurt.

Sauermilch („Dickmilch", „Setzmilch", „Schlotter") entsteht entweder durch spontane Säuerung von Frischmilch (z. B. nach längerem Stehen, nach Infektion durch saure Milch) oder durch Zusatz von Reinkulturen mesophiler Milchsäurebakterien *(Streptococcus lactis, S. cremoris, S. diacetylactis, Lactobacillus cremoris)* zu erhitzter

Milch. Der pH-Abfall auf 4–5 (0,5–0,9 % Milchsäure) bewirkt ein Koagulieren des Caseins. Entsprechend führt die Säuerung von Rahm (10 % Fett) zur Entstehung von Sauerrahm („**saure Sahne**").

Buttermilch (Fettgehalt < 1 %) fällt nach Verbutterung von pasteurisiertem und mittels Starterkulturen *(Streptococcus lactis, S. cremoris, S. diacetylactis, Betacoccus citrovorus, Leuconostoc cremoris, Lactobacillus lactis)* gesäuertem Rahm (30–50 % Fett) an. Das Eiweiß liegt in fein geronnener Form vor und ist deshalb besonders gut verträglich.

Kefir ist ein alkoholhaltiges (0,2–0,4 % Ethanol) Sauermilcherzeugnis von sämiger Konsistenz. Urspünglich aus Kuh-, Ziegen- oder Schafsmilch hergestellt und vor allem in Ost- und Südosteuropa verbreitet, ist es heute in zahlreichen Ländern anzutreffen. Bei den zur Fermentation verwendeten Kefirkörnern handelt es sich um ein Gemisch aus verschiedenen Mikroorganismen (Hefen der Gattungen *Torulopsis, Saccharomyces, Candida;* Milchsäurebakterien der Species *Lactobacillus caucasicus, L. casei, L. delbrückii, L. brevis, L. desidiosus).* Es gibt trinkfähigen wie auch stichfesten Kefir.

Kumys ist ein schäumendes, Alkohol- (bis zu 1 % Ethanol) und CO_2-haltiges Sauermilcherzeugnis aus Stuten- oder Ziegenmilch (neuerdings auch aus Kuhmilch), ursprünglich aus dem Kaukasus und Mittelasien stammend. Als Säureweckerkulturen fungieren *Lactobacillus bulgaricus, Streptococcus thermophilus* und die Hefe *Torulopsis sp.*

Ein vom Balkan stammendes, auf der ganzen Welt verbreitetes Sauermilchprodukt aus pasteurisierter Frischmilch ist **Joghurt.** Man unterscheidet zwischen „stichfestem" und „Rühr-Joghurt". Die Säuerung ($2^1/_2$–5 h bei 40–45 °C) erfolgt durch *Streptococcus thermophilus* und *Lactobacillus bulgaricus* (obligate Mikroflora), die eine Symbiose eingehen. Inzwischen werden auch andere Stämme eingesetzt *(Streptococcus filant, S. lactis var. taette, S. lactis var. diacetylactis, Bifidobacterium bifidum, Lactobacillus acidophilus).* Joghurt enthält etwa 70 % L(+)- und 30 % D(–)-Milchsäure; diese Relation kann jedoch verschoben werden. Das Handelserzeugnis „**Bioghurt**" enthält mehr als 95 % L(+)-Milchsäure. Joghurt-Zubereitungen werden aus Joghurt unter Zusatz von Obst, Obsterzeugnissen, Fruchtaromen, Getreidekörnern, Nüssen und anderen Bestandteilen hergestellt.

Unter Einsatz bestimmter *Lactobacillus acidophilus*-Kulturen sind weitere **gesäuerte Milcherzeugnisse** mit hohen Anteilen an L(+)-Milchsäure (90–95 %) entwickelt worden („Acidophilus-Sauermilch"; „Acidophilus-Hefemilch"; „Acidophilus-Getränk aus Buttermilch"). Durch zusätzliche Anreicherung von Sauermilchprodukten mit Bifidobakterien sollen die Verdaulichkeit weiter verbessert und das Immunsystem des menschlichen Organismus angeregt werden. Vorrangig sind sie für die Herstellung von Säuglings- und Kleinkindernahrungen bzw. von diätetisch wertvollen Milcherzeugnissen gedacht. (Beim gestillten Säugling herrscht eine ernährungsphysiologisch erwünschte Flora von Bifidobakterien vor.) Auch ihre antibiotischen Eigenschaften sollen sich günstig auf die Mikroflora des Menschen auswirken.

Neuerdings versucht man, die bei der Käseherstellung in großen Mengen als Nebenprodukt anfallende **Molke** einer Höherveredelung zuzuführen. Sie enthält Lactose, Milchsäure, Mineralstoffe sowie wertvolles Protein. Molke wird entweder als „Naturmolkengetränk" oder im Gemisch mit Fruchtsirupen, Wein, Sekt oder anderen Zusätzen in Reformhäusern angeboten. Diesen Getränken wird aufgrund ihres

Gehaltes an vitalen Bifidobakterien, Milchsäure und Milchzucker sowie leicht verdaulichem Eiweiß eine diätetische Bedeutung zuerkannt. Ihr Einsatz hat sich bisher in Grenzen gehalten.

3.2.5
Außereuropäische fermentierte Lebensmittel

In vielen Regionen der Erde stellen *Cerealien* den größten Rohstoff-Anteil für die Nahrungsmittelproduktion. So liefern sie weltweit mehr als 60 % der gesamten Energie für Ernährungszwecke. In zahlreichen Entwicklungsländern werden > 70 % der produzierten Cerealien *direkt* als Nahrungsmittel verwendet. Sie sind dort als entscheidende Lieferanten für Energie, Proteine, Vitamine und Mineralstoffe anzusehen und stellen vielfach sogar die einzige Nahrungsgrundlage dar. Als gleichermaßen wichtige Rohstoffe sind in diesem Zusammenhang aber auch *Leguminosen* und *Ölsaaten* zu nennen.

Verschiedene dieser pflanzlichen Lebensmittel sind jedoch hinsichtlich ihres nutritiven Wertes nicht optimal zusammengesetzt. So können einige essentielle Aminosäuren im Proteinanteil unterbilanziert sein. Dies gilt z. B. für Methionin in Sojabohnen, Lysin in sämtlichen Getreidearten, Tryptophan in Mais sowie Threonin in Reis, Weizen und Roggen. Mineralstoffe, insbesondere Eisen und Zink, sind im Getreide ebenfalls oftmals nicht ausreichend vertreten. Ferner enthalten pflanzliche Lebensmittel vielfach antinutritive Verbindungen, so z. B. Protease- und Amylaseinhibitoren, Phytinsäure, „Blähfaktoren", Metallchelatbildner, goitrogene und cyanogene Glycoside, Tannine, phenolische Glycoside. Weitere den Nährwert begrenzende Faktoren können hinzukommen:
– Pflanzliche Proteine werden vielfach langsamer hydrolysiert (und damit verdaut) als solche tierischer Herkunft. Der Grund hierfür ist ihre erschwerte Angreifbarkeit durch das intestinale Enzymsystem infolge des relativ hohen Anteils an pflanzlichen Ballaststoffen (Cellulose, Pektin, Hemicellulosen).
– Phosphor wird von der Phytinsäure gebunden und ist damit nur wenig verfügbar.

Diese und andere Fakten begrenzen und erschweren die Verwertbarkeit von Cerealien, Leguminosen und Ölsamen als Lebensmittel insbesondere im rohen Zustand. Eine Anhebung ihres nutritiven Wertes und ihrer Qualität ist daher besonders wichtig. Dies ist möglich durch Einsatz physikalischer, chemischer oder biologisch/biochemischer bzw. biotechnologischer Verfahren der Höherveredelung. Die Behandlung erfolgt unmittelbar nach der Ernte oder im Verlauf der Be- und Verarbeitung. Die biotechnologischen Methoden sind hierbei favorisiert, da es sich um weniger aufwendige, somit ökonomisch günstige Verfahren und um natürliche Prozesse handelt. Einen vorderen Platz nimmt dabei die Fermentationstechnik ein.

Lebensmitteltechnologische Aspekte

Fermentierte Lebensmittel spielen seit alters her in den Ländern Ostasiens, Afrikas und Südamerikas eine bedeutsame Rolle. Ihre Herstellung erfolgt vorrangig auf der Basis von Cerealien, Ölsaaten und/oder Leguminosen. Diese Erzeugnisse haben teilweise eine lange Tradition.

Der Fermentationsprozeß basiert auf der Tätigkeit von ursprünglich meist spontan angesiedelten Mikroorganismen; neuerdings werden hierbei zunehmend auch Starterkulturen eingesetzt. Die jeweils unterschiedlichen Populationen bestehen aus Gemischen von Schimmelpilzen, Bakterien und/oder Hefen. Sie bewirken neben einer billigen und energiesparenden Konservierung zugleich eine nutritive Aufwertung der Rohstoffe.

Die Fermentation wird in der Mehrzahl der Fälle in *Festphasenkultur* (solid state fermentation) durchgeführt. Der hierfür erforderliche technische Aufwand ist vergleichsweise gering, weshalb diese Verfahren auch in häuslicher Praxis und teilweise im manufakturellen Kleinbetrieb zum Einsatz gelangen. Nur wenige werden im industriellen Maßstab betrieben.

Bei den Bakterien handelt es sich vorrangig um solche der Gattungen *Leuconostoc*, *Lactobacillus*, *Streptococcus*, *Pediococcus*, *Micrococcus*, *Bacillus* und *Neurospora*. Die am häufigsten verwendeten Schimmelpilze gehören den Gattungen *Aspergillus*, *Paecilomyces*, *Rhizopus*, *Mucor*, *Cladosporium*, *Fusarium*, *Penicillium* und *Trichothecium* an. Hefen sind vor allem den Gattungen *Saccharomyces*, *Candida*, *Endomycopsis* und *Torulopsis* zuzuordnen.

Durch die ablaufenden mikrobiell/biochemischen Prozesse werden die eingesetzten Rohstoffe in folgender Art und Weise höherveredelt bzw. qualitativ aufgewertet:
- Verbesserung des Gebrauchswertes durch
  - Verlängerung der Haltbarkeit (Bildung von organischen Säuren, Alkoholen, Wirkstoffen),
  - Veränderung des physikalischen Zustandes (Konsistenz, Textur),
  - Verkürzung der Garzeit.
- Verbesserung des Genußwertes durch
  - Bildung von Farbstoffen,
  - Bildung von Geschmacks- und Aromastoffen,
  - Lockerung der Struktur (z. B. durch Gasbildung).

Man ist derzeit mit der Entwicklung von geeigneten Starterkulturen befaßt, wobei mehrere Ziele verfolgt werden:
- Verkürzung der Fermentationsdauer,
- Minimierung der Substanzverluste,
- Abwesenheit von Toxinen,
- Verbesserung der Qualität (Aroma, Geschmack, Konsistenz),
- Herbeiführung genormter Eigenschaften der Endprodukte (Qualität, Inhaltsstoffe).

Ernährungsphysiologische Aspekte

Durch Einwirkung der Mikroorganismen im Verlaufe der Fermentationsprozesse werden am Substrat folgende Veränderungen angestrebt:
- Partieller Abbau von Proteinen zu wasserlöslichen Spaltprodukten (Peptide, Aminosäuren),
- hierdurch Anstieg freier und damit besser verfügbarer essentieller Aminosäuren,
- Erhöhung der biologischen Wertigkeit von Proteinen, insbesondere durch Anstieg der Gehalte an Lysin, Methionin und Tryptophan (gebildet durch die Mikroflora),
- partielle Vergärung von Kohlenhydraten (Stärke, Zucker) zu Milchsäure,

Tab. 3.2.-8 Vitamingehalt von Sojabohnen und Tempeh (STEINKRAUS, 1983)

Vitamin	Sojabohnen (μg/g)	Tempeh (μg/g)
Riboflavin	3,0	7,0
Pantothensäure	4,6	3,3
Thiamin	10,0	4,0[1]
Niacin	9,0	60,0
B_{12}	0,15	5,0

[1]Abfall des Vitamins infolge Thiamin-Verbrauchs durch Gärungsmikroflora

– partielle Hydrolyse von Fetten (z. B. in Ölsaaten),
– Anstieg von Vitaminen der B-Gruppe (insbesondere von B_1, B_2, B_{12}, Niacin) (Tab. 3.2.-8).

Dazu werden möglichst solche Starterkulturen selektiert bzw. entwickelt, welche
– die Abwesenheit von Toxinen im Endprodukt gewährleisten,
– den Abbau antinutritiver Verbindungen ermöglichen, und zwar in
  • Leguminosen (Protease-Inhibitoren, Lektine, Blähfaktoren, Tannine, Metallchelatbildner),
  • Cerealien (Phytat).

Ausgewählte fermentierte Lebensmittel

Weite Verbreitung in Ost- und Südostasien sowie in einigen arabischen und afrikanischen Ländern haben pilzlich fermentierte Lebensmittel insbesondere aus Leguminosen und Cerealien gefunden. Die dabei angewandten Fermentationen sind sehr alt. Ein Beispiel hierfür ist die Höherveredelung von Sojabohnen (Abb. 3.2.-2).

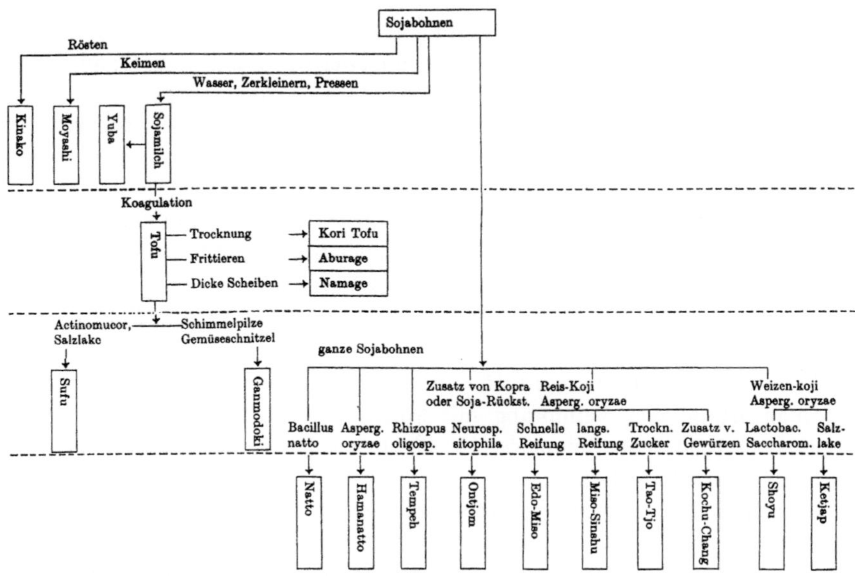

Abb. 3.2.-2 Sojaprodukte asiatischer Länder (KLAPPACH, 1991)

Dabei zeigt sich, wie aus einem preisgünstigen, für den menschlichen Verzehr zunächst wenig attraktiven Rohstoff ansprechende und nutritiv wertvolle Nahrungsmittel hergestellt werden können. Nachfolgend werden einige fermentierte Lebensmittel mit langer Tradition beschrieben.

Ang-kak ist ein ursprünglich in China verbreiteter *„roter Reis".* Zu seiner Herstellung wird feuchter Reis mit den Sporen von *Monascus purpureus* und *Monascus anka* beimpft. Das nach 3 Wochen Fermentation vom Mycel durchwachsene Substrat ist purpurrot gefärbt (Farbstoff: Monascin). Die Pilzhyphen scheiden Amylasen, Lipasen und Proteasen aus, welche einen partiellen hydrolytischen Abbau der Hauptnährstoffe bewirken. Der fermentierte Reis wird getrocknet, zerkleinert und in Pulverform zur Farbgebung sowie zum Würzen von diversen Speisen verwendet. Wegen seiner zugleich auch antibiotischen Wirkung dient er als Therapeutikum bei mikrobiell bedingten Verdauungsstörungen, traumatischen Einwirkungen und eiternden Geschwüren.

Gari ist ein fermentiertes Produkt in Westafrika. Es wird auf der Basis der stärkereichen Wurzelknollen des Cassava-Strauches (Maniok, Tapioka) gewonnen. Die von der dicken Außenschicht befreiten Wurzeln werden nach Zerkleinerung 3–4 Tage fermentiert *(Corynebacterium manihot, Geotrichum candidum),* anschließend erhitzt und getrocknet. Der bei der Fermentation austretende Saft dient als Getränk. Cyanogene Glycoside werden bei der Fermentation abgebaut. Gari wird vielfach mit Palmöl versetzt und gebraten.

Bei **Kishk** wird eingequollener und gekochter Weizen nach Trocknen und Zerkleinern (*„Bulgurmehl"*) mit gesäuerter Milch angeteigt und einige Tage fermentiert. Der Teig wird danach zu Bällchen geformt und in der Sonne getrocknet. In dieser Form ist Kishk jahrelang haltbar. Er dispergiert leicht in Flüssigkeiten und dient im Vorderen Orient als Beilage zu diversen Speisen.

Miso ist ein hellgelbes bis rötlichbraunes pastöses Lebensmittel mit butterähnlicher Konsistenz. Polierter Reis wird eingeweicht, gedämpft, mit *Aspergillus oryzae* beimpft und 2 Tage bebrütet. Es entsteht *„Miso-Koji",* etwa vergleichbar mit Malz in der Bierbrauerei. Mit diesem Koji werden eingeweichte und gedämpfte Sojabohnen unter Zusatz von Kochsalz vermischt und einige Monate fermentiert (Milchsäurebakterien, Hefen). Der Miso wird homogenisiert und pasteurisiert. Er dient in Ostasien – ähnlich wie Käse in Europa – als Beilage zu Speisen sowie als Würzmittel.

Sojasauce (Shoyu) ist eine dunkelbraune, salzige Flüssigkeit mit fleischartig würzigem Flavour. Zu ihrer Herstellung werden Sojabohnen (traditionell) oder entfettetes Sojaschrot (neuerdings) gedämpft oder gekocht und mit geröstetem, gequetschtem Weizen vermischt. Nach Beimpfung mit *Aspergillus oryzae* und *A. sojae* wird 3 Tage fermentiert. Der so erhaltene *„Soja-Koji"* (analog Miso-Koji, s. o.) wird mit Kochsalz-Lösung eingemaischt (*„Moromi"*) und abermals 8–12 Monate fermentiert (Spontangärung oder Beimpfung mit Milchsäurebakterien und Hefen). Durch Abpressen erhält man Sojasauce. Sie dient seit Jahrhunderten in Ostasien als Würzmittel für alle Speisen.

Tempeh ist ein fermentiertes Lebensmittel mit einer speckig-fleischähnlichen Konsistenz sowie mit spezifischen Textur- und sensorischen Merkmalen. Eingeweichte Sojabohnen werden gekocht oder gedämpft und mit fermentiertem Reis (gedämpfter Reis oder andere Cerealien werden mit *Rhizopus oligosporus* u. a.

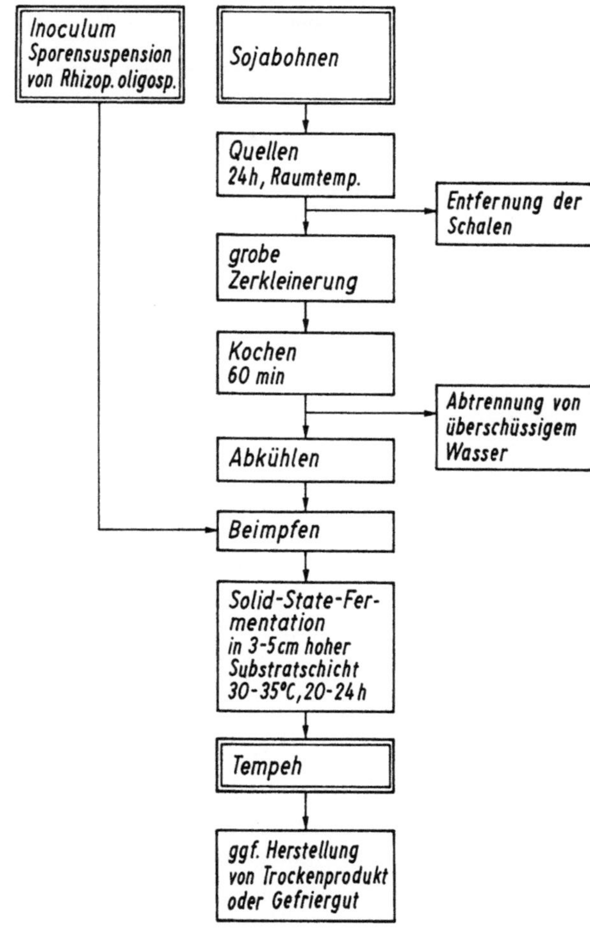

Abb. 3.2.-3 Herstellung von Tempeh (KLAPPACH, 1991)

Schimmelpilzen beimpft und dann bebrütet) als Inoculum versetzt. Nach 1–2 Tagen sind die Sojabohnen von einem weißen Mycel durchzogen, und sie bilden eine relativ feste Masse (Abb. 3.2.-3). Tempeh hat einen angenehmen, hefeähnlichen Geruch. Es dient in Indonesien und Malaysia als wichtiges Grundnahrungsmittel und wird auch als Belag verwendet.

3.2.6
Keimung und Lactofermentation von Getreide

Neben der Fermentation hat auch die Keimung von Cerealien das Interesse der Ernährungswissenschaft gefunden. Im Verlaufe des Keimungsvorganges vollziehen sich im Getreidekorn tiefgreifende Veränderungen an den Inhaltsstoffen im Sinne ihrer Mobilisierung sowie ihres partiellen Umsatzes. Hierdurch wird die Verdauung der Nährstoffe erleichtert bzw. gewissermaßen teilweise „vorverlegt". Insbesondere werden Stärke und Proteine partiell gespalten, antinutritive Verbindungen mehr oder weniger intensiv abgebaut, Vitamine synthetisiert und bestimmte essentielle

Tab. 3.2.-9 Bedeutung der Keimung für den nutritiven Wert von pflanzlichen Lebensmitteln (TEUTONICO, 1987)

Inhaltsstoff	Lebensmittel	Effekt	
		Zunahme	Abnahme
Protein	Sojabohnen	PER	
	Weizen, Gerste, Reis, Hafer	Lysin	
Vitamine	Sojabohnen	B_1, B_2, Niacin, B_6, C, Folsäure, Biotin	
	Bohnen, Erbsen	B_1, C	
antinutritive	Sojabohnen	PER	Phytat
Verbindungen	Felderbsen		Trypsininhibitor
	Gartenbohnen	PER, Trypsininhibitor	
	Straucherbsen		Tannin
	Kichererbsen		Tannin
	Pferdebohnen		Tannin

Aminosäuren (z. B. Lysin) durch Freisetzung besser verfügbar gemacht. Damit geht ein Anstieg der biologischen Wertigkeit einher (Tab. 3.2.-9).

Eine lebensmittelbiotechnologisch interessante Variante dieser Zielrichtung besteht darin, die Getreidekörner einem Keimungsprozeß zu unterwerfen und anschließend milchsauer zu vergären. Es handelt sich dabei um eine gleichzeitig ablaufende natürliche Konservierung, einen Abbau antinutritiver Verbindungen und damit um eine Erhöhung der Verdaulichkeit und des Genußwertes. Auf diese Weise läßt sich der gesundheitliche Wert von naturbelassenem Getreide weiter erhöhen.

Gemäß einem im Labor entwickelten Verfahren (KOLB et al., 1990; POPKEN et al., 1990) unterwirft man Getreide – analog der Malzzubereitung in der Bierbrauerei – etwa 24 h lang einem Keimungsprozeß. Anschließend wird mit *Lactobacillus casei* beimpft. Die gebildete Milchsäure besteht zu über 90 % aus der L(+)-Form. Bei schonender Trocknung bleiben genügend Milchsäurebakterien vital. Das so erhaltene Erzeugnis kann zu Müsli-Riegeln, Frühstückscerealien u. ä. Erzeugnissen weiterverarbeitet werden. Nach den genannten Autoren übersteht ein Teil der Mikroorganismen die Magen-Darm-Passage; die Lactobazillen tragen vermutlich durch Stimulierung von Makrophagen zu einer Aktivierung des Immunsystems bei.

3.2.7
Alkoholfreies/-armes Bier

Bier stellt in vielen Ländern eines der beliebtesten alkoholischen Getränke dar. Allerdings ist der international zu hohe Alkoholverbrauch u. a. auch auf den überhöhten Konsum an diesem Lebensmittel zurückzuführen. Neben den bekannten gesundheitlichen Schäden (vgl. Kap. 1.1.10) sowie einer in den Industrieländern nicht erwünschten zusätzlichen Energiezufuhr spielen auch Fragen der Verkehrssicherheit eine nicht unwesentliche Rolle.

Es hat daher nicht an Versuchen gefehlt, alkoholfreie bzw. -arme Biere zu produzieren. In Deutschland werden derartige Biere seit etwa Mitte der 80er Jahre auf dem Markt angeboten. Ihr Anteil am Gesamtverbrauch ist inzwischen auf 4–5 % angestiegen. Ein „*alkoholfreies*" Erzeugnis darf hier nicht mehr als 0,5 % Alkohol enthalten.

Bei *„alkoholarmen"* Bieren liegt die Obergrenze in Deutschland bei 1,5 %. Der Verbraucher nimmt offensichtlich derartige Erzeugnisse an.

Prinzipiell gibt es für die Herstellung von alkoholarmen bzw. -freien Bieren aus technisch/technologischer Sicht mehrere Möglichkeiten:

1. Limitierte Bildung von Alkohol durch Beeinflussung oder vorgezogenen Abbruch des Gärverlaufes mittels
   - Erniedrigung des Stammwürzegehaltes;
   - Angären mit normaler Bierhefe, Unterbrechung der Gärung bei < 0,5 % Alkohol durch
     - vorzeitiges Abzentrifugieren oder Abfiltrieren der Hefe,
     - Abtöten der Hefe (Erhitzen auf 60 °C),
     - Anlegen eines erhöhten CO_2-Druckes,
     - Kühlen;
   - Erniedrigung des Gehaltes an vergärbarem Zucker durch Anwendung spezieller Maischetechniken (z. B. Einsatz enzymarmer Malze);
   - Verwendung von Spezialhefen mit niedriger Alkoholproduktion (z. B. hoher Gehalt an Alkoholdehydrogenase, EC 1.1.1.1);
   - Beeinträchtigung der Alkoholproduktion der Hefen durch ein spezielles „Hefe–Kälte–Kontaktverfahren".
2. Entfernung des in einem normalen Gärverlauf gebildeten Alkohols im Anschluß an die Fermentation durch
   - thermische Verfahren:
     - Verdampfung in dünner Schicht unter Vakuum mittels Centri-Therm-Dünnschichtverdampfer oder Fallstromverdampfer,
     - Dampfdestillation,
     - Destillation unter Vakuum (Abtriebskolonnen mit Aromarückgewinnung);
   - Membranverfahren:
     - Dialyse,
     - Umkehrosmose;
   - Absorption des Alkohols an poröse Absorberharze.
3. Anwendung kontinuierlicher Gärverfahren durch Einsatz immobilisierter Hefen (Fließbett- oder Festbett-Verfahren).

Der Akzent der Herstellungstechnologien lag bis zum Ende der 80er Jahre auf verschiedenen Verfahrensvarianten, bei denen die Synthese von Alkohol durch eine entsprechende Gärführung gebremst bzw. unterdrückt wird (z. B. durch niedrige Malzschüttung; Einsatz von Spezialhefen; „Hefe-Kälte-Kontaktverfahren"). Parallel dazu wurden jedoch zunehmend Membran-Trennverfahren in die Praxis überführt, wobei vielfach eine Rückgewinnung des Aromas mit nachgeschalteter Zumischung desselben vorgenommen wurde. Inzwischen wird großtechnisch auch mit immobilisierten Hefen gearbeitet. Dabei gelangen spezielle Fließ- und Festbettreaktoren zum Einsatz. In diesem Zusammenhang sei auf einige auch in der Praxis bewährte Verfahren hingewiesen.

Hefe-Kälte-Kontaktverfahren. Eine Würze mit einem Stammwürzegehalt von 8 % wird bei etwa 0 °C mit Hefe und CO_2 gemischt; die Kontaktdauer beträgt 1–3 Tage (Reduktion von unerwünschten Würze-Aromastoffen, Bildung von biertypischen

Aromakomponenten). Die „unterdrückte" Gärung wird so geführt, daß ein Alkoholgehalt von < 0,5 Vol.-% (Vergärungsgrad 10 %) resultiert. Wegen des hohen Restextraktgehaltes muß das Bier pasteurisiert werden.

Dünnschichtverdampfung. Aus einem nur 0,1–0,5 mm dicken Flüssigkeitsfilm (Centri-Therm-, Fallstromverdampfer) werden unter Vakuum bei 30–40 °C der größte Teil des Alkohols und ein Teil des Wassers abgedampft (Bier-Heizfläche-Kontakt < 1 s). Zweckmäßigerweise „entalkoholisiert" man noch gärendes Bier und beläßt die bei diesem Prozeß nicht geschädigte Hefe zur anschließenden Aromabildung, O_2-Bindung sowie zur weiteren Restgärung im Prozeßstrom. Das Kondensat wird über ein Vakuum-System abgezogen. Das Bier muß anschließend rückverdünnt, carbonisiert und mit kondensierten Brüden rearomatisiert werden.

Dialyse. In einer Dialyseapparatur diffundieren aus dem vorbeiströmenden Bier Alkohol, Wasser und niedermolekulare Verbindungen in das Dialysat. Letzterem wird durch nachfolgende Destillation und Rektifikation der Alkohol entzogen. Die anderen Stoffe verbleiben im Dialysat, so daß keine Konzentrationsdifferenz zwischen Retentat und Dialysat auftritt. Die wertgebenden Substanzen können auf diese Weise nicht aus dem Bier „herausgespült" werden.

Umkehrosmose (reverse Osmose). Man legt auf das an einer semipermeablen Membran vorbeiströmende Bier von außen einen erhöhten Druck (> osmotischer Druck) an. Die gelösten Substanzen werden kontinuierlich aufkonzentriert. In einer ersten Stufe (Membran mit größerer Porenweite) gehen Wasser, Alkohol und alle flüchtigen Substanzen, insbesondere Aromastoffe, in das *Permeat 1*; im *Retentat 1* (im Kreislauf gefahren) verbleiben kolloidal gelöste Substanzen, organische Säuren, Zucker, Farbstoffe u. a. Extraktstoffe. Permeat 1 gelangt nunmehr in eine zweite Trennapparatur mit einer wesentlich dichteren Membran und damit hohem Rückhaltevermögen. Diese läßt nur noch Wasser und Alkohol passieren *(Permeat 2)*. Im *Retentat 2* befinden sich die flüchtigen Substanzen, vor allem Aromastoffe. Permeat 2 wird destilliert und rektifiziert. Retentat 1 und 2 werden nunmehr vereinigt, mit dem Rückstand des Destillates von Permeat 2 sowie mit carbonisiertem Wasser rückverdünnt.

Kontinuierliches Verfahren mit immobilisierten Hefen. Die Würze strömt in einem Festbett-Reaktor mit einer eingestellten Zuflußrate kontinuierlich an immobilisierten Hefen (Bindung an DEAE-Cellulose-Fasern) vorbei. Der Prozeß wird so gesteuert, daß eine Alkoholbildung unterbleibt, trotzdem aber die für das Bierflavour wichtigen Aromakomponenten entstehen. Der Alkoholgehalt des Bieres beträgt weniger als 0,1 Vol.-%. Der Bioreaktor läuft über mehrere Monate störungsfrei.

3.3
Proteine und Proteinhydrolysate

Um den weltweit ständig ansteigenden Proteinbedarf zu decken, sind seit etwa Ende der 70er Jahre zunehmend auch nicht herkömmliche Proteinquellen in Vorschlag gebracht bzw. erschlossen worden. Als solche werden z. B. unkonventionelle pflanzliche und tierische Rohstoffe (wie Ackerbohnen, Sonnenblumen- und Rapssamen, pflanzliche Blattmasse, Nebenprodukte der Fleisch- und Fischverarbeitung u. a. m.) herangezogen. Unter Anwendung spezieller Aufarbeitungs- und Reinigungsprozesse gelangt man zunächst zu *Proteinkonzentraten* und *-isolaten* und nach deren Weiterverarbeitung schließlich zu *Strukturaten* und *Simulaten* (z. B. Fleisch-, Fisch- oder Kaviarsimulate).

Weitere – allerdings sehr kontrovers diskutierte – Eiweißquellen stellen seit den 60er Jahren Mikroorganismen dar. Die aus geeigneten Bakterien, Hefen, Schimmelpilzen oder Mikroalgen gewonnenen Proteine bzw. proteinreichen Produkte bezeichnet man gewöhnlich als *„Einzellerprotein"(„single cell protein",* *„SCP")*. Diese synonym verwendeten Begriffe werden allerdings in der Fachliteratur häufig nicht nur für den Proteinanteil der jeweils eingesetzten Mikrorganismen, sondern – unkorrekterweise – im weiteren Sinne für die gesamte Biomasse verwendet. Man sollte besser von *„mikrobiellem Protein"* sprechen, da es sich nicht in jedem Falle um einzellige Organismen handelt.

Bestimmte mit speziellen ernährungsphysiologischen, sensorischen oder funktionellen Eigenschaften ausgestattete Proteine können vorteilhaft zur Herstellung von „maßgeschneiderten" oder „Designer-Lebensmitteln" (z. B. zur Fett- oder Zuckerreduktion, für spezielle Ernährungsformen bzw. diätetische Zwecke) verwendet werden. Hierzu modifiziert man herkömmliche wie auch nicht konventionelle Proteine so, daß sie hinsichtlich ihrer funktionellen Eigenschaften bestimmten Anforderungen genügen. Auch die enzymatische Zerlegung von Proteinen (z. B. für Peptiddiäten) ist in diese Kategorie einzuordnen. Schließlich sei auf die Gewinnung von essentiellen Aminosäuren hingewiesen, welche bekanntlich im medizinisch/diätetischen Bereich, aber auch für die Herstellung von Lebensmittel-Zusatzstoffen (z. B. Aspartam) benötigt werden. Der industriell erzeugte, von der Tonnage her größte Anteil geht z. Z. in die Futtermittelindustrie

3.3.1
Mikrobielle Proteine

Als nicht herkömmliche Proteinlieferanten sind Mikroorganismen anzusehen. Sie wurden in der Vergangenheit insbesondere als Tierfutter, in Notzeiten auch für die Humanernährung herangezogen. Man geht dabei von der bekannten Tatsache aus, daß die Produktion von Biomasse (und damit auch von Eiweiß) je Zeiteinheit durch wachsende Mikroorganismen-Kulturen diejenige von höheren Pflanzen und Nutztieren um ein Vielfaches übertrifft (Tab. 3.3.-1). Es kommt hinzu, daß die Kleinlebewesen billige Rohstoffquellen verwerten können, so z. B. Ab- und Nebenprodukte der Land- und Forstwirtschaft sowie der Lebensmittelindustrie.

Tab. 3.3.-1 Vergleich der (theoretisch errechneten) Proteinproduktion durch 1000 kg Lebendmasse (YOUSRI, 1982)

Proteinproduzent	Proteinproduktion (kg/d)
Rind	1
Sojabohnen	10^2
Hefen	10^5
Bakterien	10^{14}

Lebensmitteltechnologische Aspekte

Die seit den 50er Jahren forciert durchgeführte Entwicklung zur Gewinnung von mikrobiellem Protein orientiert auf den Einsatz von Futterhefe, d.h. vor allem für die **Tierernährung.** Bis in die 6oer Jahre hinein werden hierfür als Fermentationsrohstoffe die bekannten „klassischen" C- und N-Quellen verwendet (Schlempen, Getreideschrote, Rohr- und Rübenzuckermelassen, Zucker, Sulfitablaugen, Holzzuckerwürzen, Hydrol usw.). Mit der verstärkten Hinwendung zu fossilen C-Quellen sowie zu Veredelungsprodukten der Petrolchemie eröffnet sich in den 6oer Jahren ein scheinbar grenzenloses Feld. Im Vordergrund stehen dabei Dieselkraftstoffe, Erdöldestillate, fraktionierte oder gereinigte Paraffinkohlenwasserstoffe, Erdgas, Methan, Methanol, Ethanol u. ä. Verbindungen. Mit dem Einsatz solcher C-Quellen gewinnen auch Bakterien als Mikroorganismen mit besonders hohen Verdoppelungsraten rasch an Bedeutung. So liegen Ende der 6oer Jahre für die Produktion von Hefen wie auch von Bakterien ausgereifte und gut funktionierende Technologien vor.

Im Verlauf der 70er Jahre wird jedoch die Forschung vor allem hinsichtlich des Einsatzes fossiler C-Quellen stark reduziert. Die Gründe hierfür sind:
- Die Erdölpreise steigen sprunghaft an (erste und zweite „Erdölkrise" in den Jahren 1974 und 1980).
- Sojabohnen und Sojabohnenmehl erweisen sich wegen ihres günstigen Preises auf dem Gebiet der Tierernährung im Welthandel als starke Konkurrenten.
- Nicht-gereinigtes mikrobielles Protein unterliegt aus toxikologischen Gründen erheblichen Restriktionen, denn
  • die Lipidfraktion kann ungeradzahlige, verzweigtkettige, cyclische, hydroxylierte Fettsäuren wie auch solche mit einer ungewöhnlichen Position der Doppelbindung in der C-Kette enthalten; darüberhinaus können weitere unphysiologische Lipidanteile auftreten,
  • der Gehalt an Nucleinsäuren (insbesondere bei Bakterien) ist relativ hoch,
  • mit der Zuluft kann infolge des hohen Sauerstoffbedarfes der Mikroorganismen dem Fermentationsmedium eine erhöhte Menge an Schadstoffen zugeführt werden.

Diese und andere Faktoren haben dazu geführt, daß mehrere in den 70er Jahren gebaute bzw. projektierte SCP-Produktionsanlagen (auf der Basis fossiler C-Quellen) nie zum Einsatz gelangt sind, obgleich verschiedentlich bereits leistungsfähige Aufarbeitungstechnologien zur Lösung der o. a. Probleme vorlagen.

Seit längerer Zeit werden jedoch Überlegungen dahingehend angestellt, gereinigte Isolate aus mikrobiellem Protein **unmittelbar für die Humanernährung** einzusetzen. Hierbei entfallen die üblicherweise auftretenden Transformationsverluste von 80 %, wie sie auf dem Weg über den Tiermagen in Rechnung zu stellen sind. Dieser Gedanke ist im Prinzip nicht neu; bereits während der beiden Weltkriege und kurz danach wurden *„Nährhefen"* für den direkten Verzehr durch den Menschen produziert. Im Backwaren- und Brauereisektor übernehmen Hefen seit langem die Funktion von lebensmitteltechnologischen Hilfsstoffen.

Potentielle Lieferanten für mikrobielle Proteine zu Nahrungszwecken sind Speisepilze, Hefen, Bakterien, Schimmelpilze und phototrophe Mikroorganismen (Mikroalgen).

3.3.1.1
Speisepilze

Bei der Zucht von Speisepilzen handelt es sich um eine Festphasenfermentation. Diese Kulturform ist mit wenig technischem Aufwand verbunden und dürfte daher besonders für die Entwicklungsländer interessant sein. Sie ermöglicht die Produktion eines ernährungsphysiologisch akzeptablen Nahrungsmittels unter Nutzung von leicht verfügbaren, insbesondere Lignocellulose-haltigen Substraten (z. B. Holz, Stroh), die als Neben- und Abfallprodukte der Land- und Forstwirtschaft primär nicht für die Humanernährung geeignet sind. Für zahlreiche, ursprünglich auf kompakten Substraten (Holzstämmen) kultivierte Arten wird der Einsatz von Schüttsubstraten aus zerkleinerten Abfällen erfolgreich erprobt. Die Jahresproduktion an diesen Lebensmitteln ist in Tab. 3.3.-2 aufgeführt.

Tab. 3.3.-2 Jahresproduktion von Speisepilzen (nach GRAMSS, 1983; ZADRAZIL, 1983; zit. bei KLAPPACH, 1991 a)

Speisepilzarten	Hauptanbau-gebiete	Jahresproduktion (t)		
		1968	1974	1981
Zuchtchampignon (*Agaricus bisporus*)	Europa, USA, Ostasien	275000	500000	750000
Shii-take (*Lentinus edodes*)	Japan	120000	150000	180000
Reisstroh-Scheidling (*Volvariella volvacea*)	China, Indonesien, Philippinen, Madagaskar	–	10–50000	65000
Winterpilz (*Flammulina velutipes*)	Japan, Taiwan	10000	35000	65000
Austernseitling (*Pleurotus ostreatus* u. a. Spec.)	weltweit			40000
Stockschwämmchen (*Pholotia nameko*)	Japan		12000	20000
Judasohr (*Auricularia auricula-judae*)	China, Japan			12000

Das Waldpilzaufkommen ist im Weltmaßstab nicht erfaßt. Es wird eingeschätzt, daß prinzipiell 100 kg Fruchtkörper pro ha Waldfläche pro Jahr gebildet werden können.

Kultivierung des Champignons (*Agaricus bisporus*) (nach KLAPPACH, 1991a). Sie beginnt mit der Vorbereitung des Wachstumssubstrates mittels Kompostierung. In der *ersten Kompostierungsphase* wird ein nichtsteriles, aber selektives Substrat benötigt, das die Entwicklung der langsamer wachsenden Basidiomyzeten gegenüber Konkurrenzorganismen begünstigt. Dazu werden geeignete Ausgangsstoffe wie gemischte Pflanzenabfälle (insbesondere Weizenstroh), Pferdemist, Hühnerkot, Malzkeime, Sojabohnenmehl, Blutmehl, NH_4-Salze, Harnstoff u. a. m. befeuchtet (70 % Wassergehalt) und aufgesetzt. Die Stapel erwärmen sich infolge der ablaufenden aeroben Reaktionen, ausgelöst durch mikrobielle und pflanzliche Enzyme, von selbst. Im äußeren Bereich entwickeln sich mesophile Mikroorganismen (die bei ca. 45 °C absterben). Im Inneren (65 °C) übernehmen thermotolerante und thermophile Arten den weiteren Abbau der Bestandteile. Im Kern des Stapels nimmt bei Temperaturen von 75–85 °C die mikrobielle Aktivität ab; es herrschen wegen des hohen CO_2-Gehaltes anaerobe Verhältnisse vor. Durch Umwenden, Wälzen und Vermischen wird ein gleichmäßiger Umsatz aller Bestandteile innerhalb von 7–14 Tagen erreicht. Nach dieser „Heißfermentation" hat das kompostierte Material folgende Eigenschaften erlangt:

- Die leicht utilisierbaren C- und N-Verbindungen sind weitgehend abgebaut.
- Mikrobielle Biomasse, die dem Champignonmycel als N-Quelle dient, ist in ausreichender Menge gebildet.
- Die Lignocellulose liegt aufgeschlossen vor.
- Durch NH_3-Abbau ist der pH-Wert auf ca. 7 abgesunken.

In der sich anschließenden *zweiten Kompostierungsphase* werden unerwünschte Schadorganismen abgetötet und Reste der leicht umsetzbaren Bestandteile (insbesondere toxisches NH_3) in mikrobielle Biomasse umgewandelt. Durch Frischluftzufuhr wird die Temperatur auf max. 60 °C gehalten. Eine Dampfbehandlung beendet die Herstellung des Wachstumssubstrates. Es wird nunmehr in die für die Kultivierung vorgesehenen Räume und Behälter eingebracht.

Die Brut (zumeist Pilzsporen) wird gleichmäßig auf der Substratoberfläche verteilt und abermals 3–5 cm dick mit Substrat bedeckt. Das bei 25 °C erfolgende Wachstum des Champignonmycels nimmt 10–14 Tage in Anspruch. Danach wird das durchwachsene Substrat mit einem Torf-Kalk-Gemisch oder einer lehmigen Erde bedeckt. Die Temperatur im Kulturraum wird auf 16–18 °C gesenkt. Zur Vermeidung ungünstiger CO_2-Partialdrücke ist für ausreichenden Luftwechsel zu sorgen. Nach der Bedeckung des Wachstumssubstrates entwickelt sich das Mycel weiter und wächst z. T. in die Deckschicht ein. Die vorgenannten Maßnahmen regen das Mycel zur Fruchtkörperbildung an. Diese setzt 12–18 Tage nach Aufbringen der Deckschicht ein und hält in mehreren Ertragswellen 30–35 Tage an. Nach dem Abernten werden das Substrat entfernt, der Raum gereinigt, desinfiziert und für die nächste Kultivation vorbereitet.

Ernährungsphysiologische Aspekte

Der Vorteil einer Speisepilzproduktion ist in der Nutzbarmachung der weltweit reichlich vorhandenen Lignocellulose-haltigen Rohstoffe für die Humanernährung zu sehen. Nach Meinung von STEINKRAUS (1983) stellen Speisepilze (vorrangig Basidiomyzeten) die wohl akzeptabelste Form der Ernährung mit mikrobiellem Protein dar. Rein rechnerisch würden 2,3 Mrd. t Stroh, wie sie jährlich auf der Erde anfallen (wobei jedoch mehr als die Hälfte verbrannt wird), rund 1,5 Mrd. t Speisepilze liefern. Dies würde theoretisch für jeden Einwohner ein tägliches zusätzliches Angebot von 28 g Protein bedeuten. Speisepilze enthalten 88–92 % Wasser und an Vitaminen vor allem solche der B-Gruppe (Tab. 3.3.-3). Etwa 20–40 % ihrer Trockensubstanz besteht aus Rohprotein. Der Gehalt an essentiellen Aminosäuren ist niedriger als derjenige tierischer Eiweiße, jedoch – bis auf die sehr geringen Anteile an schwefelhaltigen Aminosäuren – in einem ausgewogenen Verhältnis (Tab. 3.3.-4). Die Verdaulichkeit des Pilzproteins ist herabgesetzt, die energetische Verwertbarkeit der Nährstoffe beträgt maximal 70–85 %. Aromastoffe verleihen den Speisepilzen einen hohen Genußwert.

Tab. 3.3.-3 Vitamingehalt von Pilzen und Gemüse nach BISARIA et al. (1983), erweitert von KLAPPACH (1991 a) (Angaben in mg/100 g Frischgewicht)

Vitamin	Speisepilze	Kraut	Salat	Kartoffeln
Thiamin	0,1	0,06	0,05	0,08
Riboflavin	0,4	0,03	0,08	0,04
Niacin	4,0	0,3	0,4	1,2
Pyridoxin	0,1	[-1]	0,07	0,3
Pantothensäure	2,3	[-1]	[-1]	[-1]
Folsäure	20	0,06	0,13	0,005
Ascorbinsäure	3,0	36	9,0	11

[-1] nicht angegeben

Tab. 3.3.-4 Aminosäure-Zusammensetzung einiger Speisepilze (in g Aminosäure je 100 g Protein) (nach KLAPPACH, 1991 a)

Aminosäure	*Agaricus brunnescens*	*Pleurotus ostreatus*	*Pleurotus florida*	Hühnerei
Leucin	3,68	4,78	5,27	8,80
Isoleucin	2,24	2,99	3,66	6,64
Valin	2,56	3,64	4,85	7,30
Tryptophan	1,02	0,97	0,83	1,60
Lysin	4,48	3,21	6,97	6,40
Threonin	2,72	3,24	4,31	5,10
Phenylalanin	2,08	2,60	2,48	5,80
Tyrosin		2,10	1,89	4,20
Methionin	0,46	1,08	2,15	3,10
Cystin	0,52	0,32	0,20	2,40
Arginin		3,75	2,24	–
Histidin		1,20	1,96	–

Die Kultivierung von Speisepilzen ist im Vergleich zu anderen agrarischen Produktionen – bezogen auf die Flächeneinheit – von hoher Effektivität. Sie könnte mit Sicherheit auch in zahlreichen Entwicklungsländern kostengünstig betrieben werden und dort einen Beitrag zur Protein- und Vitaminversorgung leisten.

3.3.1.2
Hefen und Bakterien

Wie bereits begründet (s. o.), werden die Untersuchungen zur Gewinnung von Futterproteinen aus Hefen und Bakterien nach der zweiten Erdölkrise (1980) alsbald ganz eingestellt. Man konzentriert sich nunmehr verstärkt auf ihren Einsatz als Zusatzstoffe für Nahrungsmittel. Die fermentationstechnische Biomasse-Produktion entspricht den bereits entwickelten und weitgehend ausgereiften Verfahren (Abb. 3.3.-1). Gemäß einer Empfehlung des PAG-Komitees der Vereinten Nationen sollen hierfür als C-Quellen nur Kohlenhydrate, Methanol oder Ethanol herangezogen werden. Des weiteren sind für Zwecke der Humanernährung eine Abtrennung des Proteinanteils von der Biomasse sowie eine nachfolgende Hochreinigung unumgänglich. Hierzu besteht aus technischer Sicht durchaus die Möglichkeit. Solche Reinigungsoperationen beinhalten u. a. eine

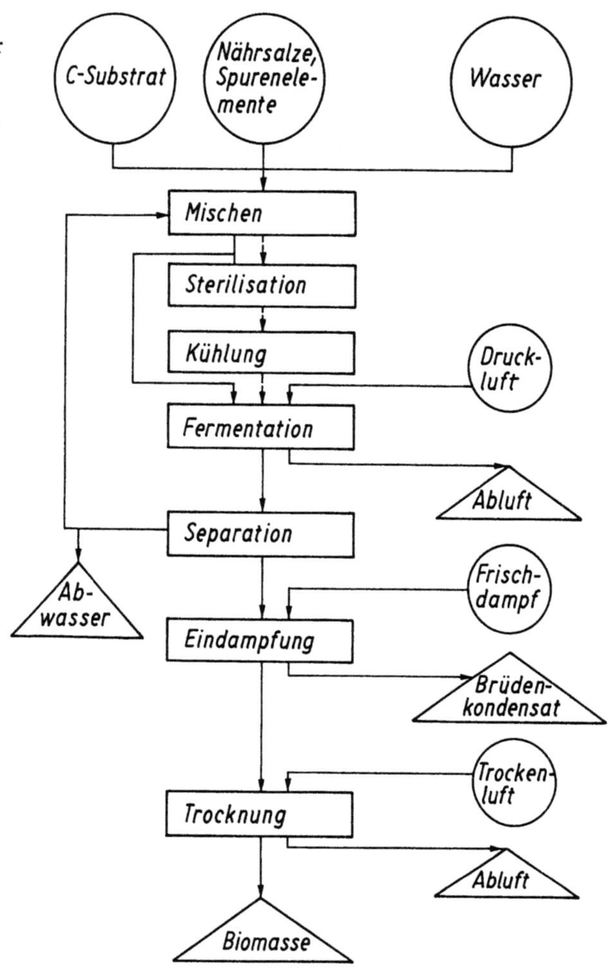

Abb. 3.3.-1 Verfahrensablauf zur Erzeugung von bakterieller Biomasse für die Gewinnung von mikrobiellem Protein (LIPPERT u. KRETZSCHMAR, 1991)

– Abtrennung der Zellwände,
– Extraktion der Proteine,
– Abtrennung der Nucleinsäuren,
– Reduzierung bzw. Abtrennung der Lipide,
– Trocknung

sowie weitere Verfahrensschritte. Als Ergebnis derartiger Reinigunsoperationen erhält man **Proteinisolate** (Abb. 3.3.-2). Diese müssen zur Erlangung bestimmter erwünschter funktioneller Eigenschaften (z. B. verbesserte Emulgierbarkeit, Löslichkeit, Schaumbildungsvermögen) weiterbehandelt werden.

Verfahren zur Aufbereitung und sorgfältigen Hochreinigung der Proteine einschließlich Abtrennung der Nucleinsäuren und Lipide belasten jedoch die Ökonomie der SCP-Gewinnung erheblich. Eine diesbezügliche Weiterentwicklung stagniert daher inzwischen ebenfalls, eine großtechnische Realisierung für Zwecke der Humanernährung ist nicht erfolgt. Es ist jedoch nicht auszuschließen, daß diese Arbeiten eines Tages wieder Bedeutung erlangen und erneut aufgenommen werden.

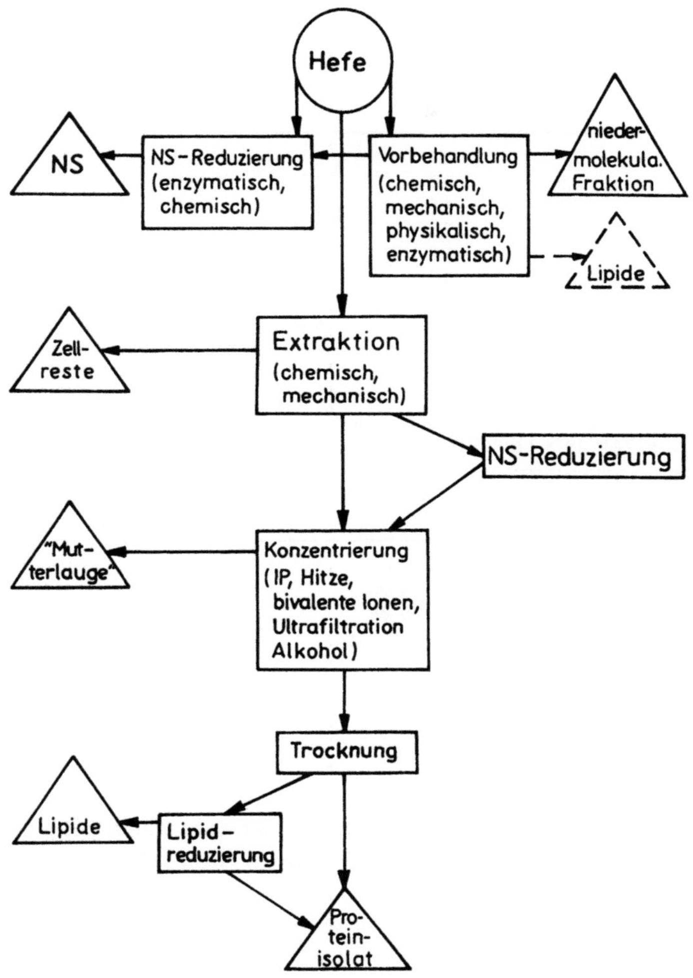

Abb 3.3.-2 Verfahrensablauf zur Gewinnung von Proteinisolat aus Hefe-Biomasse (LIPPERT u. KRETZSCHMAR, 1991)

Ernährungsphysiologische Aspekte

Hefen bestehen zu 40–65 %, Bakterien zu 70–85 % ihrer Trockensubstanz aus Rohprotein. Sie sind relativ reich an Vitaminen der B-Gruppe. Von Nachteil ist der hohe Anteil an Nucleinsäuren, der bei Hefen 8–12 %, bei Bakterien 10–20 % der Trockensubstanz betragen kann. Diese müssen durch spezielle Aufarbeitungsschritte entfernt werden (s. o.). Vielfach werden – im Vergleich zum FAO-Referenzprotein – niedrigere Werte an S-haltigen Aminosäuren gefunden. Andererseits übertreffen diese Proteine hinsichtlich ihres Gehaltes an essentiellen Aminosäuren teilweise sogar das Sojaprotein (Tab. 3.3.-5). Bei Supplementierung mit Methionin wird eine hohe biologische Wertigkeit erreicht (Tab. 3.3.-6).

Tab. 3.3.-5 Essentielle Aminosäuren in Futterproteinen (in g je 16 g N) (KÜBLER et al., 1978)

Aminosäuren	Alkan-Hefe	*Methylomonas* (Bakt.)	*Scenedesmus* (Alge)	Fisch-mehl	Soja-bohne	FAO-Refer.-protein
Lys	7,8	6,9	5,7	7,9	6,2	5,4
Met+Cys	2,5	3,1	2,3	3,9	2,9	3,5
Ile	5,3	4,3	4,1	4,8	4,9	4,0
Leu	7,8	7,9	8,0	7,6	7,6	7,0
Phe+Tyr	8,8	6,8	7,6	7,9	8,1	6,1
Thr	5,4	4,3	5,2	4,5	4,0	4,0
Trp	1,3	1,1	1,3	1,1	1,3	1,0
Val	5,8	5,9	6,4	5,6	4,8	5,0

Tab. 3.3.-6 Ernährungsphysiologische Wertigkeit von Trockenhefen (Testobjekt: Ratte) (nach KHARATYAN, 1978; LIPPERT u. KRETZSCHMER, 1991)

Hefe	Verdaulichkeit (%)	Biologische Wertigkeit	PER
Bäckerhefe	81	59	1,4
Brauereihefe	80–90	58–69	1,7
Futterhefe	85–88	32–48	0,9–1,4
Futterhefe + 0,5% Methionin	90	88	2,0–2,3

3.3.1.3
Schimmelpilze

In Großbritannien befaßt man sich bereits seit den 6oer Jahren mit der Herstellung eines speziell für die Humanernährung geeigneten Pilzmycels *(„Mycoprotein")* unter Verwendung von *Fusarium graminearum* und mit Glucose-Sirup als C-Quelle (Abb. 3.3.-3). Nach kontinuierlicher Submersfermentation wird das Mycel aus dem Kulturmedium abgetrennt, mit Dampf behandelt, anschließend mit Aroma, Farbstoffen und Bindern versehen sowie zu Blöcken geformt. Man erhält eine Substanz mit fleischähnlichen Eigenschaften *(„RHM-meat", „Sainsbury-pie")*. Der Gehalt an Nucleinsäuren wird durch Aktivierung endogener Nucleasen (Temperieren des Mycels bei 84 °C) von ursprünglich 10 % auf weniger als 2 % i.TS gesenkt.

Das Erzeugnis ist in Großbritannien für den menschlichen Verzehr zugelassen. Inzwischen ist es unter der Bezeichnung *„Quorn"* im Handel. Damit bietet sich ein lebensmitteltechnologisch und ernährungsphysiologisch gleichermaßen interessantes Erzeugnis auf der Basis von mikrobiellem Protein an. Ob und in welchem Umfang es sich auf dem Weltmarkt durchsetzt, wird sich erweisen. Die Hersteller hoffen auf Akzeptanz durch den Verbraucher. Möglicherweise gelingt es, auf diesem „Umweg" auch in weniger entwickelten Ländern Konsumenten zu finden und damit für die Zukunft Nahrungsreserven zu erschließen.

Ernährungsphysiologische Aspekte

Im Falle des Mycoproteins aus *Fusarium graminearum* sind bisher keine negativen Befunde hinsichtlich Toxizität, Teratogenität oder Carcinogenität bekannt. Da das

Abb. 3.3.-3 Verfahrensablauf
zur Gewinnung von Mycoprotein (KLAPPACH, 1991 b)

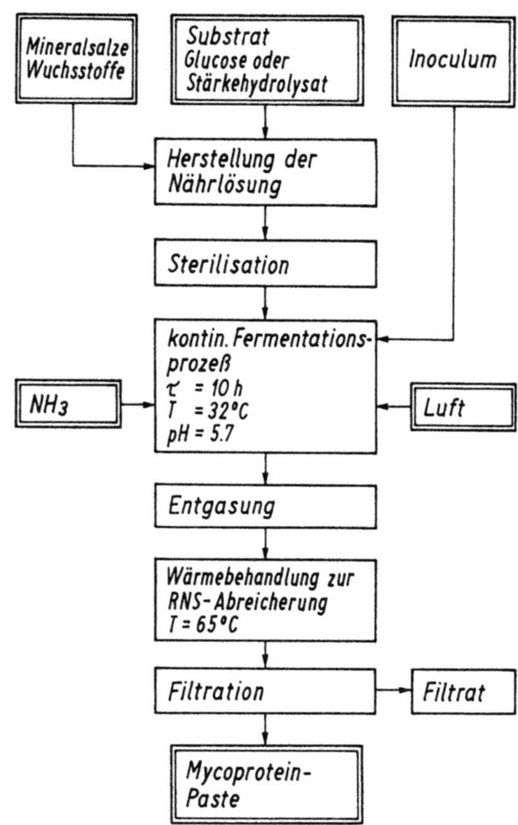

Pilzmycel im Endprodukt verbleibt, ist der Ballaststoff-Anteil relativ hoch (25 % der
TS). Als ernährungsphysiologisch ebenfalls günstig zu bewerten sind der niedrige
Fettgehalt bei einem zugleich relativ hohen Anteil an ungesättigten Fettsäuren, die
Abwesenheit von Cholesterol sowie der niedrige Nucleinsäuregehalt.

3.3.1.4
Phototrophe Mikroorganismen (Cyanobakterien, Mikroalgen)

Seit Jahrhunderten werden von den Ureinwohnern einiger Regionen in Afrika,
Amerika und Asien bestimmte phototrophe Mikroorganismen (z. B. Cyanobakterien
der Gattung *Nostoc* in der Mongolei, in China, Peru, Japan, Ekuador; *Spirulina* in
Mexiko und am Tschad-See in Afrika) als gut verträgliche Eiweißlieferanten in das
Ernährungsregime einbezogen. Nach dem Zweiten Weltkrieg war die Forschung
international bemüht, die Massenkultur von phototrophen Mikroorganismen – vorrangig von Vertretern der Cyanobakterien (die früher als Blaualgen bezeichnet und
zu den Algen gezählt wurden) und Chlorophyceen – zu forcieren, um diese als ver-
meintlich unerschöpfliche und preisgünstige Quellen für die Produktion von Futter-
und Nahrungsmitteln, Medikamenten, Vitaminen (insbesondere der B-Gruppe), Hydrokolloiden, Pigmenten, Biofeinchemikalien und zur Umweltsanierung einzusetzen.

Tab. 3.3.-7 Protein-Produktivität von phototrophen Mikroorganismen im Vergleich mit anderen Rohstoffquellen (YOUSRI, 1982)

Proteinquelle	Proteinertrag (kg TS/ha x a)
Spirulina platensis (Cyanobakterien)	24300
Chlorella pyrenoidosa (Grünalgen)	15700
Klee	1680
Gras	670
Erdnüsse	470
Erbsen	395
Weizen	300
Kuhmilch (Kühe auf Weideland)	100
Rindfleisch (Kühe auf Weideland)	60

Die Produktivität der phototrophen Mikroorganismen hinsichtlich Wachstum und Proteinbildung je Flächeneinheit übertrifft diejenige sämtlicher Nutzpflanzen um ein Vielfaches (Tab. 3.3.-7). Sie benötigen zur Biomasseproduktion neben der Energiezufuhr (Licht, Bewegung des Kulturmediums) lediglich Wasser mit den obligaten Mineralsalzen und ein ausreichendes CO_2-Angebot. Inzwischen sind zahlreiche Kultivationstechniken entwickelt worden, die im Prinzip auch in agrarisch/industrieller Produktionsweise durchgeführt werden können. Hierzu gehören die Züchtung in geschlossenen Behältern (Submers-Fermentoren, Plasteschläuche, spezielle Platten- und Rohrsysteme u. a. m.), insbesondere aber großtechnisch nutzbare „Open-pond"-Varianten (bewegte und begaste Systeme in offenen Rundbecken, mäanderartigen oder ovalen Gerinnen mit geringer Schichtdicke).

Eine standardisierte Produktionstechnik, optimierte Kultivationsverfahren sowie auf das Endprodukt zugeschnittene Aufarbeitungs- und Reinigungsprozesse stellen dabei eine unabdingbare Voraussetzung für den Erfolg dar. Dies bedeutet u. a. Entfernung der Schmutzbestandteile aus den Zuchtbecken, Abtrennung der Mikroorganismen mittels hochtouriger Zentrifugen, Aufbrechen und Abtrennen der Zellwände, Eliminierung der Nucleinsäuren. Hierdurch wird jedoch das Gesamtverfahren zur Gewinnung von gereinigter Biomasse bzw. von Isolaten erheblich verteuert.

Aus den vorangehend genannten Gründen hat sich eine industriemäßige Produktion und Aufbereitung von phototrophen Mikroorganismen bisher nicht durchsetzen können, obgleich international immer wieder neue Anläufe unternommen wurden. Allenfalls wird eine Einschleusung derselben in die Nahrungskette über die Fütterung von Fischen und Schnecken empfohlen.

In der Literatur werden auch Versuche zum Einsatz von nicht aufgeschlossener Biomasse für die Humanernährung beschrieben; eine Abtrennung der Zellwände und Nucleinsäuren erfolgt in diesen Fällen nicht. Farbe, Geschmack und Geruch der Mikroorganismen bleiben dann erhalten. Versuchsweise sind solche sog. *„Algenmehle"* durch Beimischung z. B. zu Suppen, Teigwaren und Brot getestet worden. Auch wurden derartige Mehle verschiedenen Baby-Nahrungen sowie traditionellen Speisen – offenbar mit Erfolg – beigemischt.

Neuerdings versucht man, andere wertvolle Inhaltsstoffe aus phototrophen Mikroorganismen zu isolieren und für spezielle Zwecke aufzubereiten. Dies betrifft z. B. **Vitamine** (insbesondere solche der B-Gruppe, ferner β-Caroten als Provitamin A), extra- und intrazelluläre **Polysaccharide**, Fette mit mehrfach ungesättigten

Fettsäuren (**PUFA**) sowie **Pigmente** (z. B. als Lebensmittelfarbstoffe). So wird bei Cyanobakterien ein hoher Anteil an Fetten mit Eicosapentaensäure, Arachidonsäure u. ä. Verbindungen registriert, der durch Vorgabe geeigneter Fermentationsbedingungen noch erhöht werden kann. Darauf basieren Versuche, solche Fettsäuren über die Kultivation von phototrophen Mikroorganismen zu produzieren (vgl. Kap. 3.4.3). Eine β-Caroten-Produktion ist in Australien im Open-pond-Verfahren in Betrieb (genügend hohe Sonneneinstrahlung!). Hierzu werden halophile marine Organismen eingesetzt. Infolge des hohen Kochsalzgehaltes des Mediums wird das Wachstum störender Fremdkeime bzw. Begleitorganismen unterdrückt.

Ernährungsphysiologische Aspekte

Die Inhaltsstoffe von phototrophen Mikroorganismen sind in Tab. 3.3.-8 aufgeführt. Auffallend sind der relativ hohe Rohproteingehalt, die Anwesenheit von Vitaminen (bzw. Provitaminen), Pigmenten und mehrfach ungesättigten Fettsäuren, aber auch der beträchtliche Anteil an Nucleinsäuren (bis zu 9 % i.TS). Letzterer liegt allerdings noch unter demjenigen von Hefen oder Bakterien (s. o.). Der Gehalt an essentiellen Aminosäuren ist beim Vergleich mit Sojaprotein befriedigend. Einige die Proteinwertigkeit limitierende Aminosäuren sind Lysin und – insbesondere bei Cyanobakterien – Methionin + Cystein (Tab. 3.3.-9). Die Verdaulichkeit der Inhaltsstoffe (insbe-

Tab. 3.3.-8 Inhaltsstoffe von phototrophen Mikroorganismen	Rohprotein: 40–60 % i.TS Lipide: 4–11 % i.TS (im wesentlichen polymere) Kohlenhydrate: 4–66 % i.TS Nucleinsäuren: 5–9 % i.TS Polysaccharide (Dickungsmittel, Quellstoffe) β-Caroten (Provitamin A) Vitamine (B-Gruppe, C, D, E, K) mehrfach ungesättigte Fettsäuren (PUFA) Phycocyanin Pigmente

Tab. 3.3.-9 Vergleich der Aminosäure-Spektren konventioneller Futtermittel mit der Aminosäure-Zusammensetzung phototropher Mikroorganismen (in g je 16 g N) (nach SOEDER, 1967; ROBINSON et al., 1982; zit. bei BÖHM u. PULZ, 1991)

Amino- säuren	Prokaryotische Mikroorganismen (Cyanobakterien)	Eukaryotische Mikroorganismen (Grünalgen)	Sojamehl	Fischmehl
Arg	6,5	5,3–6,3	5,0	7,7
Cys	0,4	0,5–1,4	1,0	1,4
His	1,8	1,5–1,9	2,3	2,4
Ile	6,0	3,2–4,4	4,6	5,4
Leu	8,5	6,6–9,3	7,3	7,7
Lys	4,6	3,0–5,7	7,0	6,5
Met	1,4	1,4–2,1	2,6	1,4
Phe	5,0	3,6–5,0	4,0	5,1
Thr	4,6	3,9–5,8	4,2	4,0
Trp	1,4	1,2–1,4	1,2	1,5
Tyr	4,0	2,8–3,6	2,9	2,7
Val	6,5	5,7–7,2	5,2	5,0

sondere der Proteine) ist von der Vorbehandlung des Zellmaterials bzw. von der Abtrennung der Zellwände abhängig. Zur Verwertung der Proteine ist bei den meisten Arten ein Aufschluß der Zellwand (mechanisch, enzymatisch) notwendig, da die unzerstörte Zellwand durch Darmenzyme nicht angegriffen wird. Ist die Zellwand weniger cellulosehaltig (wie z. B. bei *Spirulina*), steigt die Verdaulichkeit sofort an.

3.3.2
Proteinhydrolysate

3.3.2.1
Proteinspaltende Enzyme

Infolge der Vielzahl der inzwischen bekannten **Proteasen** wurde deren Einteilung gemäß Enzym-Nomenklatur von 1992 präzisiert und wie folgt festgelegt: Sämtliche die Peptidbindung spaltenden Enzyme werden mit dem Oberbegriff „**Peptidasen**" (ältere Bezeichnungen: „Peptidhydrolasen" oder „Proteasen") versehen. Je nach Spaltungsart innerhalb der Peptidkette unterscheidet man dabei zwischen „*Endopeptidasen*" (früher: „Proteinasen", Spaltung im Inneren der Peptidkette) und „*Exopeptidasen*" (Spaltung am Kettenende). Letztere werden ihrerseits in „*Amino-*" und „*Carboxypeptidasen*" (Abspaltung der N- bzw. C-terminalen Aminosäure) sowie „*Dipeptidasen*" (diese benötigen zur Wirkung die Nachbarschaft sowohl einer freien Amino- als auch Carboxygruppe) unterteilt (Abb. 3.3.-4). Zur Vermeidung von Irrtümern wird in diesem Buch der über viele Jahre und auch gegenwärtig noch immer verwendete Oberbegriff „*Proteasen*" beibehalten.

Proteasen sind übrigens auch zur *Knüpfung* der Peptidbindung befähigt. Diese Reaktion läuft bevorzugt dann ab, wenn das Milieu ausgesprochen wasserarm ist und hohe Konzentrationen der Spaltprodukte vorliegen (vgl. Kap. 3.4.2).

Als Beispiele für Proteasen des Magen-Darm-Traktes seien Pepsin, Trypsin, Chymotrypsin oder das tierische Labenzym (Chymosin) genannt. Zu den pflanzlichen Proteasen gehören Papain, Ficain und Bromelain. Von der Vielzahl technischer Enzyme mikrobieller Herkunft seien Subtilisin, Thermolysin und Thermitase angeführt.

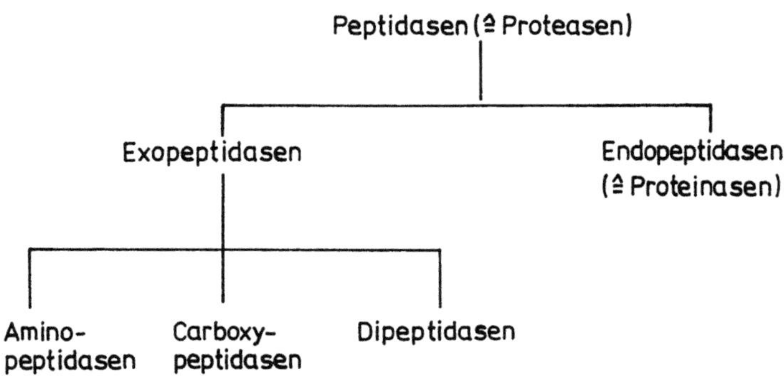

Abb. 3.3.-4 Einteilung der Peptidasen (Proteasen) gemäß Enzym-Nomenklatur von 1992

Tab. 3.3.-10 Kommerzielle Proteasepräparate

Bezeichnung	EC-Nr.	Herkunft
Enzympräparate tierischer Herkunft		
Pepsin A	3.4.23.1	Magen vom Schwein oder Rind
Pepsin B	3.4.23.2	Magen vom Schwein oder Rind
Chymosin	3.4.23.4	Kälbermagen
Pankreatin		
(Gemisch aus Proteasen,		
α-Amylase, Lipase		
u. a. Enzymen)		Pankreas vom Rind oder Schwein
Chymotrypsin	3.4.21.1	Pankreas
Trypsin	3.4.21.4	Pankreas
Enzympräparate pflanzlicher Herkunft		
Papain	3.4.22.2	Papayamelone
Ficain	3.4.22.3	Feigenbaum
Bromelain	3.4.22.32	Ananaspflanze
Malz		
(vorrangig α-Amylase,		
aber auch andere Enzyme)		gekeimte Gerste
Enzympräparate mikrobieller Herkunft		
Subtilisin	3.4.21.62	*Bacillus subtilis*
Thermitase	3.4.21.66	*Thermoactinomyces vulgaris*
Fromase	3.4.23.23	*Mucor miehei* (Labersatz)
Thermolysin	3.4.24.27	*Bacillus thermoproteolyticus*
Neutrase	3.4.24.28	*Bacillus subtilis*
Pronase	3.4.24.31	*Streptomyces griseus*

Proteasen können bei der Lebensmittelproduktion vielfältig eingesetzt werden, wobei Enzympräparate tierischer, pflanzlicher wie auch mikrobieller Herkunft Anwendung finden. In Tab. 3.3.-10 ist eine Auswahl der im Handel befindlichen Präparate zusammengestellt. Einige aus ernährungsphysiologischer Sicht bedeutsame Applikationen werden nachfolgend behandelt.

3.3.2.2
Modifizierung von mikrobiellem Protein

Die nach Aufarbeitung, Fraktionierung und Reinigung aus mikrobieller Biomasse hergestellten Proteinisolate lassen sich durch spezifische Modifizierungsschritte höherveredeln und mit funktionellen Eigenschaften versehen (Tab. 3.3.-11). Sie können für den lebensmitteltechnologischen und nutritiven Wert von Proteinen bedeutsam sein. In besonderem Maße betrifft dies die Verwendung modifizierter Proteine bei der Produktion von energiereduzierten Lebensmitteln (zuckerarme Getränke,

Tab. 3.3.-11 Erwünschte funktionelle Eigenschaften von mikrobiellem Protein

Löslichkeit	Schaumbildungsvermögen
Wasserbindevermögen	Filmbildungsvermögen
Dispergierbarkeit	Extrudierfähigkeit
Viskosität	Texturierbarkeit
Dickungsvermögen	Aromagebung
Quellfähigkeit	Geschmacksgebung
Gelbildungsvermögen	Mundgefühl („mouth feeling")

Tab. 3.3.-12 Eigenschaften und Einsatzmöglichkeiten der „Bioproteine" aus *Methylomonas clara* (SCHARF u. SCHLINGMANN, 1983; zit. bei LIPPERT u. KRETZSCHMAR, 1991)

Produkt-Typ	Herstellung	Eigenschaften	Einsatzmöglichkeiten
Bioprotein S	Lipid- u. Nucleinsäure-reduziertes Isolat	unlöslich, denaturiert, hohes Wasser- und Fett-Bindevermögen	Supplementierung bzw. Substitution von Cerealienprotein in Back- und Teigwaren, Snacks
Bioprotein M	partiell hydrolysiertes Isolat	verbesserte Löslichkeit, aufschlagfähig, Emulgiervermögen	Substitution von Proteinen in strukturgelockerten Desserts, Konditoreiwaren, Cremespeisen und fetthaltigen Lebensmitteln (Dressings)
Bioprotein L	partiell hydrolysiertes Isolat (niedermolekulare Fraktion)	vollständig löslich, beschleunigte Resorption im Verdauungstrakt	Substitution von Proteinen in strukturgelockerten Lebensmitteln, Proteinanreicherung von Getränken, Suppen, Saucen, Proteinträger in Diätprodukten und bei klinischer Ernährung
Bioprotein G	partiell hydrolysiertes Isolat (höhermolekulare Fraktion)	in Wasser suspendierbar, gutes Emulgiervermögen, viskositätserhöhend	fettreiche Lebensmittel (Wurstwaren, Mayonnaise, Margarine)

fettreduzierte Fleischwaren, Mayonnaisen, Streichfette, Aufschlagmittel u. a. m.). So sollte ein Protein z. B. bei der Zugabe zu Getränken gut löslich, zu Aufschlagmitteln schaumbildend und -stabilisierend, in Wasser/Fett-Gemischen sowie in Fleisch- und Konditoreiwaren emulsionsfördernd und in klaren Gelen durchscheinend sein.

Eine Möglichkeit zur Erzielung geeigneter funktioneller Eigenschaften ist die **enzymatische Partialhydrolyse.** Hierdurch lassen sich beispielsweise Löslichkeit, Schaumbildungsvermögen, Wasser- und Fettbindungskapazität, Emulgiervermögen sowie die Verdaulichkeit z. B. von „Bioprotein" aus *Methylomonas clara* deutlich verbessern (Tab. 3.3.-12). An Enzympräparaten werden für diese Zwecke Ficain, Papain, Bromelain, Pankreatin, Trypsin sowie vor allem mikrobielle Proteasen verwendet.

3.3.2.3
Modifiziertes Weizenmehl

Durch proteolytisch/amylolytische Behandlung von Weizenmehl-Suspensionen wird eine partielle Hydrolyse des Klebereiweißes wie auch der Stärke herbeigeführt. Der Kleber verliert in diesem Falle – auch wenn nur wenige Peptidbindungen zerlegt werden – seine Elastizität und Zähigkeit. Ursache hierfür ist eine Abnahme des Gehaltes an (höhermolekularem) Glutenin ($M_r > 5 \times 10^5$) zugunsten einer Proteinfraktion mit niedrigeren Molekülmassen ($M_r < 5 \times 10^5$)(Abb. 3.3.-5). Diese Verschiebung im Proteinspektrum, kombiniert mit einem partiellen Abbau der Stärke, bewirkt eine beträchtliche Veränderung der funktionellen Eigenschaften des so hergestellten

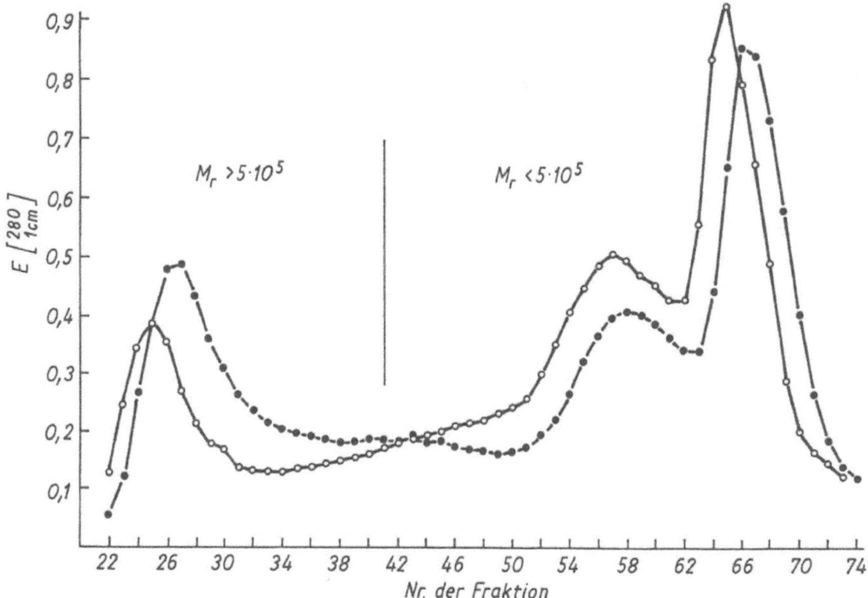

Abb. 3.3.-5 Fraktionierung von Weizenmehlproteinen an Sepharose 4 B (GABOR et al., 1982; BEHNKE u. TÄUFEL, 1991); Säule 1,5 x 90 cm, O—O Kontrolle (ohne Enzym), ●—● Einsatz von 2,5 TU Thermitase je 10 g Mehl

„modifizierten Weizenmehls". Auf die diätetische Bedeutung dieses Effektes wird in Kap. 3.5.2 eingegangen.

3.3.2.4
Dicklegung von Milch

Zur Herstellung von Käse wird ein Enzym benötigt, das den Eiweißanteil der Milch (Casein) zum Gerinnen bringt („Käsebruch"). Dieses wird im Labmagen des saugen-den, milchgefütterten Kalbes gebildet und als Chymosin (Labenzym) bezeichnet. Das aus dem Labmagen des Tieres gewonnene technische Enzympräparat wird Lab oder Labpräparat genannt; es enthält neben Chymosin stets noch geringe Anteile an Pepsin. Auch im Labmagen anderer junger Wiederkäuer (Ziegen-, Schaflämmer) wer-den Lab-*ähnliche* Enzyme vorgefunden.

Der bei der enzymatisch gesteuerten Milchgerinnung ablaufende Mechanismus ist komplexer Natur. Der entscheidende Schritt besteht darin, daß das als Schutzkolloid wirksame $\varkappa$-Casein (Bestandteil des Casein-Komplexes) an einer bestimmten Peptidbindung (Phenylalanin-105/Methionin-106) hydrolysiert wird, wodurch ein Glycomakropeptid (d. h. ein Kohlenhydrat-haltiges Peptid) abgetrennt wird. Die Schutzkolloidwirkung des $\varkappa$-Caseins geht damit verloren, und das gesamte Casein fällt aus.

Das Labpräparat wird in Form wäßriger Extrakte oder als Kochsalz-haltiges Pulver eingesetzt. Es besteht aus einem Gemisch von Chymosin (wertgebende Hauptkomponente) und Pepsin, wobei das Mengenverhältnis zwischen beiden

Bestandteilen vom Alter der Tiere und vom verabreichten Futter abhängt. Chymosin spaltet nur die Phe-105/Met-106-Bindung. Durch gleichzeitige Anwesenheit von Pepsin findet auch eine schwache *unspezifische* Proteolyse statt, welche die nachfolgend über mehrere Wochen andauernde Käsereifung begünstigt. Eine geringfügige Bitterstoffbildung wird dabei in Kauf genommen.

Da der ständig zunehmende Bedarf an Kälberlab international nicht mehr gedeckt werden kann, sind seit langem Labersatz-Präparate im Einsatz. In steigendem Umfang werden hierfür Enzympräparate mikrobieller Herkunft („**mikrobielles Lab**", „microbial rennet") beispielsweise aus *Mucor pusillus* („*Noury Lab*"), aus *Endothia parasitica* („*Sure curd*", „*Suparen*") und aus *Mucor miehei* („*Marzyme*", „*Rennilase*", „*Fromase*") verwendet. Gelegentlich werden auch pflanzliche Proteasen für diesen Zweck herangezogen. Die meisten der mikrobiellen Labersatz-Präparate beinhalten in erster Linie proteolytische Aktivität schlechthin: Sie spalten sowohl die o. a. Phe-105/Met-106-Verknüpfung wie auch andere Peptidbindungen , d. h. sie wirken unspezifischer als Chymosin. Dies kann zu Ausbeuteverlusten und verstärkter Bitterpeptid-Bildung führen.

Inzwischen ist es möglich geworden, das Prochymosin-Gen des Kalbes in Mikroorganismen zu klonieren und zur Expression zu bringen (vgl. Kap. 3.10.1). Auf diese Weise lassen sich „**mikrobielle Chymosinpräparate**" durch Fermentation gewinnen und mit Erfolg in der Käserei einsetzen. Die Verwendung solcher gentechnisch hergestellter Lab-Präparate ist in verschiedenen Ländern bereits zugelassen.

3.3.2.5
Peptiddiäten

Nach neueren Erkenntnissen führt die Verdauung von Proteinen im Darmlumen lediglich in begrenztem Umfang bis zu den einzelnen Aminosäuren, zum Teil hingegen nur bis zu niedermolekularen Peptiden (vgl.Kap. 1.1.1).

Diese und andere Befunde haben zu neuen Überlegungen hinsichtlich der Zusammensetzung von „*Elementardiäten*" (rasch absorbierbare Bausteinnahrungen) bei funktionellen Störungen des Intestinaltraktes geführt. So sind die bisher üblichen Gemische aus Aminosäuren in den letzten Jahren zunehmend durch enzymatische Proteinhydrolysate bzw. Peptidgemische ersetzt worden. Ihre Applikation erfolgt per os oder mittels Sonde direkt in den Magen oder Dünndarm.

Bei schonender Einwirkung von geeigneten Protease-Präparaten (z. B. Pankreatin, Thermitase) auf Proteine mit hoher biologischer Wertigkeit (z. B. Molken-, Muskel-, Sojaprotein) erhält man Hydrolysate, die bis zu 20 % freie Aminosäuren, ansonsten aber Di- und Oligopeptide enthalten (Abb. 3.3.-6). Die Anwendung dieser Gemische im Tierversuch sowie beim Menschen hat gezeigt, daß die Peptide rasch und sehr gleichmäßig absorbiert werden. Es erscheinen die zunächst in Di- oder Oligopeptiden gebundenen Aminosäuren genau so rasch als monomere Bausteine im peripheren Blut wie diejenigen aus adäquat zusammengesetzten Aminosäuregemischen. Die bei Applikation dieser Peptidgemische sich ergebenden Vorteile sind vielfältig:

- Gleichmäßige, mindestens ebenso rasche Absorption wie entsprechende Gemische aus freien Aminosäuren,
- bessere Verträglichkeit infolge einer geringeren Osmolarität (Senkung auf 200–400 m osmol/l),

Abb. 3.3.-6 Molekülmassenverteilung der Peptide in Rindfleischhydrolysaten bei Einsatz von Thermitase. Die im Hydrolysat vorhandenen Peptide enthalten im Mittel 2,54 Aminosäuren im Molekül (BEHNKE u. RUTTLOFF, 1989) Pn Anzahl Aminosäuren je Peptid

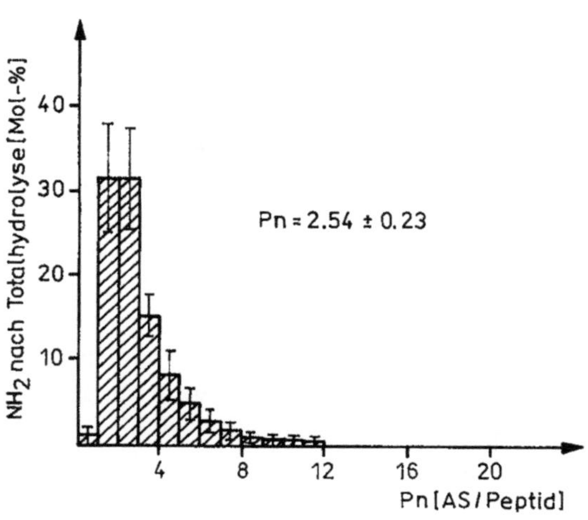

– bei entsprechender Proteinauswahl bessere geschmackliche Qualität,
– kein Bedarf an chemisch synthetisierten Aminosäuren,
– vielfach Wegfall der mit erhöhtem Risiko behafteten parenteralen Ernährung mit Aminosäuren.

Die Peptiddiäten enthalten gewöhnlich Maltodextrine als Kohlenhydrate, essentielle Fettsäuren, Vitamine, Mineralstoffe und Spurenelemente zur Gewährleistung der biologischen Vollwertigkeit. Solche Diäten haben sich klinisch gut bewährt und sind als „**vollbilanzierte Peptiddiäten**" international im Angebot. Als Applikationsbereiche für Peptiddiäten seien genannt:
– Störungen der Proteinverdaulichkeit (Peptidase-Mangel im Verdauungstrakt),
– Frühgeborene, Säuglinge und Kleinkinder mit unterentwickelter oder gestörter Intestinalfunktion einschließlich Proteinunverträglichkeit,
– chronisch entzündliche Darmerkrankungen,
– prä- und postoperative Proteinversorgung (Entlastung der Verdauungsenzyme),
– Vorbereitung des Darmes zur Endoskopie und Röntgendiagnostik,
– alle Formen eines erhöhten Proteinbedarfes, z. B. bei katabolen Zuständen, Eiweißverlusten, Leistungssportlern usw.

Derartige Diäten dürften sich in Zukunft vor allem im klinischen Bereich immer mehr durchsetzen.

3.3.3
Aminosäuren

Eine Supplementierung von proteinhaltigen Lebensmitteln mit essentiellen Aminosäuren ist in Industrieländern nicht erforderlich, da sich hier der Verbraucher bei normaler Kost vollwertig ernährt. In verschiedenen Entwicklungsländern könnte hingegen eine solche Maßnahme bei bestimmten Lebensmitteln (z. B. Teigwaren) sinnvoll sein. In einigen Ländern (z. B. Indien, Pakistan) sind vor Jahren diesbezügliche Vorhaben staatlich unterstützt worden; sie wurden wieder eingestellt. Es ist davon auszugehen, daß eine Züchtung von Pflanzensorten mit biologisch hochwertigen Proteinen weit effektiver sein dürfte. Auf diesem Gebiet sind vor allem durch Einsatz gentechnischer Methoden Fortschritte zu erwarten (vgl. Kap. 3.10.2).

Für die Lebensmittelindustrie ist **Glutaminsäure** von besonderer Bedeutung. Sie wird – vielfach in Kombination mit synergistisch wirksamen 5'-Nucleotiden wie Guanosin- und/oder Inosin-5'-monophosphat – als Geschmacksverstärker verwendet. Schließlich sei auf den Süßstoff *Aspartam* hingewiesen, der aus den Bausteinen Asparaginsäure und Phenylalanin-methylester besteht (vgl. Kap. 3.5.3.3).

Die Supplementierung von Futtermitteln mit essentiellen Aminosäuren spielt hingegen in der *Tierernährung* eine wichtige Rolle, so z. B. bei der Aufzucht von Schweinen, Geflügel und Fischen. Für diesen Applikationsbereich werden bestimmte Aminosäuren in großen Mengen produziert. Im Vordergrund stehen dabei **L-Lysin** (Cerealien ganz allgemein), **D,L-Methionin** (Sojamehl bzw. -schrot; die in Frage kommenden Nutztiere können auch die D-Form des Methionins verwerten), **L-Tryptophan** (Mais) und **L-Threonin** (Reis, Weizen, Roggen).

Essentielle Aminosäuren werden in der Diätetik und zur Krankenernährung benötigt. Dies betrifft vorrangig die parenterale Ernährung bei Störung der intestinalen Funktionen sowie in prä- und postoperativen Situationen eines Patienten. Allerdings ist diese Methode in den letzten Jahren zunehmend durch die enterale Verabfolgung von Peptidgemischen ersetzt worden (vgl. Kap. 3.3.2.5).

Aminosäuren werden derzeit vorrangig durch mineralsaure Hydrolyse von Proteinen mit nachfolgender (zumeist säulenchromatographischer) Auftrennung und Reinigung der monomeren Bestandteile gewonnen. Mineralsäure zerstört jedoch einen Teil der Zielprodukte irreversibel oder führt bei einigen Aminosäuren zu erheblichen Ausbeuteverlusten. Die technische Gewinnung ist gegenwärtig auf Glu, Cys, His, Arg, Leu, Ser, Thr, Tyr beschränkt.

Man orientiert auch industriell zunehmend auf die biotechnologische Gewinnung. Diese kann auf mehreren Wegen erfolgen. Die drei wichtigsten Möglichkeiten werden nachfolgend genannt.

Enzymatische Hydrolyse

Für die enzymatisch katalysierte Totalhydrolyse (d. h. bis zu den freien Aminosäuren) ist ein Gemisch mehrerer die Peptidbindung spaltender Enzyme erforderlich: Die handelsüblichen Proteasen bzw. Peptidasen zerlegen nämlich nur spezielle Bindungen in der Peptidkette und führen daher im allgemeinen keine Totalhydrolyse herbei. Dieser Umstand macht das Verfahren mit nachfolgender säulenchromatographischer Auftrennung (s. o.) nicht leichter.

Fermentationstechnische De-novo-Synthese

Diese erfolgt mittels geeigneter Wildstämme oder auxotropher bzw. regulationsgestörter Mutanten, die auch unter Anwendung gentechnischer Methoden gewonnen werden. Die nicht intakte Regulation der erzeugten Mutanten ist verantwortlich dafür, daß die jeweils erwünschte Aminosäure nicht weiter umgesetzt und damit angereichert wird (Abb. 3.3.-7). Als Nährstoffe dienen zumeist preisgünstige N- und C-Quellen (z. B. Glucose, Melasse, Stärkehydrolysate). Die De-novo-Synthese dürfte –

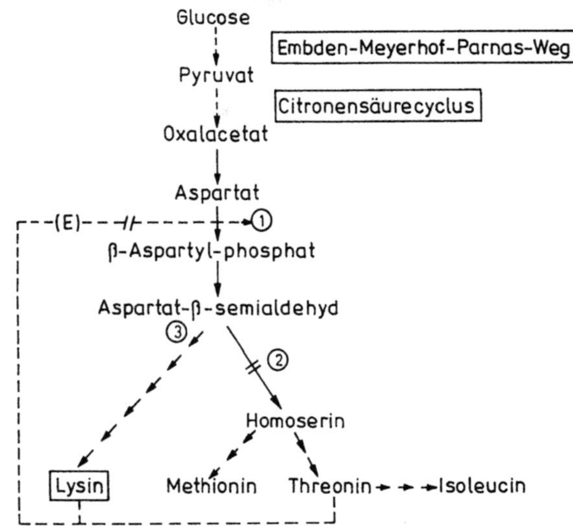

Abb. 3.3.-7 Lysinproduktion durch eine Homoserin-auxotrophe Mutante von *Corynebacterium glutamicum* (FRITSCHE, 1990) 1 – Aspartokinase, 2 – Homoserin-Dehydrogenase (gehemmt), 3 – Lysin-Syntheseweg

verglichen mit der enzymatischen Hydrolyse, Biokonversion und Biotransformation – die aus ökonomischer Sicht günstigste Variante darstellen. Voraussetzung hierfür ist allerdings die genaue Kenntnis des Stoffwechsels des jeweiligen Aminosäureproduzenten: Bestimmte Reaktionsschritte müssen gezielt blockiert bzw. in eine andere Richtung gelenkt werden, was letztendlich zu einer für den Mikroorganismus pathologisch hohen „Überschußproduktion" an einem gewünschten Metaboliten führt. Das sich allmählich anreichernde Endprodukt darf weder eine Endproduktrepression (auf der Ebene der Enzymbiosynthese) noch eine Endproduktrückkoppelung (auf der Ebene der Enzymwirkung) bei metabolischen Zwischenschritten hervorrufen. Vielfach sind zusätzlich bestimmte Membranprozesse zu beeinflussen, um den Austritt der betreffenden Aminosäure durch die Zellwand in das umgebende Medium zu gewährleisten. Derzeitig lassen sich die meisten der benötigten Aminosäuren durch De-novo-Synthese produzieren, so z. B. Glu, Lys, Thr, Arg, His, Val, Ile.

Biotransformation, Biokonversion

Bei diesen Verfahren werden die Aminosäuren aus geeigneten **Präkursoren** unter Einsatz von Enzymen synthetisiert. Als katalysierende Agenzien fungieren
- im Medium suspendierte Mikroorganismen (quasi als Enzymlieferanten),
- lösliche Enzyme,
- immobilisierte Enzyme,
- immobilisierte Mikroorganismen.

Als Präkursoren kommen in Frage:
1. Chemisch synthetisierte racemische Gemische aus D- und L-Aminosäuren: Das erhaltene racemische Gemisch wird an der Aminogruppe chemisch acetyliert. Eine Aminoacylase (EC 3.5.1.14) entacetyliert sodann enantioselektiv nur die L-Form. Die entstehende L-Aminosäure wird durch Kristallisation abgetrennt, die verbleibende N-Acetyl-D-Aminosäure wieder zu N-Acetyl-D,L-Aminosäure racemisiert und in den Kreislauf zurückgeführt:

$$D,L-R-CH-COOH \xrightarrow{\text{L-Amino-acylase}} L-R-CH-COOH + D-R-CH-COOH$$

with substituents: $NH-CO\cdot CH_3$ on the left; NH_2 on the first product; $NH-CO\cdot CH_3$ on the second product.

Racemisierung
(chemisch oder thermisch)   FS 3.3.-1

2. Chemisch synthetisierte racemische Gemische aus D- und L-Hydantoinen (Dihydropyrimidinen): Von den als racemische Gemische anfallenden L- und D-Isomeren wird jeweils nur das L-Hydantoin von L-Hydantoinase (EC 3.5.2.2) in ein Carbamoylderivat überführt, von dem sodann auf chemischem Wege die jeweilige L-Aminosäure freigesetzt werden kann:

D-Hydantoin

$$\xrightarrow{\text{L-Hydantoinase}}$$

D,L-Hydantoin

$R-HC-NH-CO-NH_2$ with $COOH$
L-Carbamoyl-derivat

$$\xrightarrow{+H_2O \;/\; \text{chemisch}}$$

$R-HC-NH_2$ with $COOH$ $+ CO_2 + NH_3$

L-Aminosäure   FS 3.3.-2

3. Ungesättigte Carbonsäuren, NH_3: An der Doppelbindung einer Carbonsäure wird NH_3 angelagert:

$$\begin{array}{c} H-C-COOH \\ \| \\ HOOC-C-H \end{array} + NH_3 \xrightarrow{\text{Aspartase}} \begin{array}{c} COOH \\ | \\ H_2N-C-H \\ | \\ CH_2 \\ | \\ COOH \end{array}$$

Fumarsäure   L-Asparaginsäure   FS 3.3.-3

4. Brenztraubensäure, Indol (bzw. Phenol) und NH_3: Synthese der Aminosäuren aus den Vorstufen in Gegenwart von L-Tryptophanase (EC 4.1.99.1) bzw. L-Tyrosinase (EC 4.1.99.2) durch C-C-Verknüpfung:

$$\text{Indol} + CH_3-CO-COOH + NH_3 \xrightarrow{\text{Tryptophanase}}$$

$$\text{L-Tryptophan} \quad CH_2-\overset{\overset{\displaystyle NH_2}{|}}{\underset{\underset{\displaystyle H}{|}}{C}}-COOH + H_2O$$

FS 3.3.-4

5. α-Ketosäure, NH3: Aus den Vorstufen werden bei Anwesenheit von L-Aminosäuredehydrogenase (EC 1.4.1.5), Coenzym NADH und Formiat-Dehydrogenase (EC 1.2.1.2) (zur Reduzierung des oxidierten Coenzyms NAD$^+$) L-Aminosäuren gebildet:

$$R-CH_2-CO-COOH + NH_3 + 2NADH \longrightarrow R-CH_2-\overset{\overset{\displaystyle NH_2}{|}}{\underset{\underset{\displaystyle H}{|}}{C}}-COOH + 2NAD^\oplus$$

Ketosäure $\qquad\qquad$ Aminosäure

$$2NAD^\oplus + HCOOH \longrightarrow 2NADH + H_2O + CO_2$$

$$R-CH_2-CO-COOH + NH_3 + HCOOH \longrightarrow R-CH_2-\overset{\overset{\displaystyle NH_2}{|}}{\underset{\underset{\displaystyle H}{|}}{C}}-COOH + H_2O + CO_2$$

FS 3.3.-5

Die 10 essentiellen bzw. halbessentiellen Aminosäuren werden derzeit vorrangig wie folgt produziert:

Methionin: enantioselektive Hydrolyse von N-Acyl-D,L-Aminosäure mittels Aminoacylase (EC 3.5.1.14) [1],

Lysin: De-novo-Synthese [1],

Tryptophan: enantioselektive Hydrolyse von N-Acyl-D,L-Aminosäure mittels Aminoacylase [1],
De-novo-Synthese,
enzymatische Synthese aus
– Brenztraubensäure, Indol, NH3,
– Serin, Indol, NH3,

Threonin: De-novo-Synthese [1],
aus Proteinhydrolysaten,

Phenylalanin: enantioselektive Hydrolyse von N-Acyl-D,L-Aminosäure mittels Aminoacylase [1],
De-novo-Synthese,

Valin: enantioselektive Hydrolyse von N-Acyl-D,L-Aminosäure mittels Aminoacylase [1],
De-novo-Synthese,

Leucin: De-novo-Synthese [1],
reduktive Aminierung von 2-Keto-Isocapronsäure,

Isoleucin: De-novo-Synthese [1],

Arginin: De-novo-Synthese [1],

Histidin: De-novo-Synthese [1].

Nicht essentielle Aminosäuren:

Glutaminsäure: De-novo-Synthese [1],
aus Weizenkleber (nach mineralsaurer Hydrolyse),

Asparaginsäure: Anlagerung von NH_3 an Fumarsäure.

Es bedeutet: [1] Jeweils vorrangiges Verfahren

3.4
Fette und Fettsäuren

Wesentliche Forderungen der Ernährungswissenschaft bestehen darin, den in Industrieländern weitverbreiteten überhöhten Fettverzehr zu reduzieren, dabei jedoch die Zufuhr der erforderlichen Mengen an essentiellen Fettsäuren – insbesondere solchen der ω-6- und ω-3-Familien – zu gewährleisten. Des weiteren werden für bestimmte Zielgruppen (z. B. Kranke, Rekonvaleszenten) Fette mit einem erhöhten Anteil an mittelkettigen Fettsäuren benötigt. Schließlich wird empfohlen, bei der Lebensmittelproduktion den Einsatz gehärteter Fette zugunsten nicht gehärteter – d. h. solcher mit dem vollen Anteil an ungesättigten Fettsäuren – zu reduzieren. Diese Forderungen sollten sich in der Herstellung einer Palette an geeigneten, auch fettarmen Lebensmitteln durch die Industrie niederschlagen. Hierbei sind möglichst solche Verfahren heranzuziehen, bei denen der Ablauf schonender und naturbelassener Umsetzungen gewährleistet ist.

3.4.1
Lipasen, Esterasen

Gemäß Enzym-Nomenklatur 1992 gehören die Lipasen (EC 3.1.1.3) zur Gruppe der Esterasen (EC 3.1), die ihrerseits eine Untergruppe der Hydrolasen darstellen. Mit dem Begriff „*Lipasen*" verbindet man in der Praxis speziell ihr Vermögen zur Spaltung von Glycerolestern langkettiger Fettsäuren. Hierbei wirken sie an der Grenzfläche zwischen hydrophober Fettphase und hydrophiler wäßriger Phase, d. h. im heterogenen System. Das Substrat muß dabei möglichst in emulgierter Form vorliegen, damit eine große Oberfläche für den Umsatz zur Verfügung steht. Hinsichtlich dieser Eigenschaften werden die Lipasen gewöhnlich von den übrigen *Esterasen* abgegrenzt: So spricht man bei Enzymen, die *wasserlösliche* Ester (z. B. aus Ethanol + Propionsäure) spalten, gemeinhin von Esterasen.

Die naturgegebene Funktion der Lipasen besteht in der hydrolytischen Spaltung der Esterbindung von Triglyceriden bzw. – bei Esterasewirkung – in der Zerlegung der Esterbindung ganz allgemein:

$$\begin{array}{ll}
H_2C-O-CO-R_1 & \\
R_2-CO-O-CH \quad +3H_2O \longrightarrow & \\
H_2C-O-CO-R_3 &
\end{array} \quad \begin{array}{ll}
H_2C-OH & R_1-COOH \\
HO-CH & + R_2-COOH \\
H_2C-OH & R_3-COOH
\end{array}$$

FS 3.4.-1

Hydrolyse

Bei der Hydrolyse wird ein im Triglycerid gebundener Acylrest – gewöhnlich beginnend am C-1- oder C-3-Atom des Glycerols – reversibel abgetrennt und gewissermaßen auf Wasser übertragen. Hierdurch entstehen eine Fettsäure und ein Diglycerid. Diese Reaktion kann bis zur völligen Abspaltung sämtlicher drei Acylgruppen weiterlaufen, unter geeigneten Reaktionsbedingungen aber auch deren Knüpfung zu Glyceriden bewirken:

$$R_2\text{-CO-O-}\begin{bmatrix}\text{O-CO-}R_1\\[1em]\text{O-CO-}R_3\end{bmatrix}\underset{-H_2O}{\overset{+H_2O}{\rightleftharpoons}}R_2\text{-CO-O-}\begin{bmatrix}\text{OH}\\[1em]\text{O-CO-}R_3\end{bmatrix}\underset{-H_2O}{\overset{+H_2O}{\rightleftharpoons}}R_2\text{-CO-O-}\begin{bmatrix}\text{OH}\\[1em]\text{OH}\end{bmatrix}\underset{-H_2O}{\overset{+H_2O}{\rightleftharpoons}}HO\text{-}\begin{bmatrix}\text{OH}\\[1em]\text{OH}\end{bmatrix}$$

Triglycerid   Diglycerid   Monoglycerid   Glycerol
                   +R_1-COOH   +R_3-COOH   +R_2-COOH

FS 3.4.-2

Die Hydrolyse ist die in der Natur vorherrschende lipolytische Reaktion, zumal hier stets Wasser im Überschuß vorhanden ist. Bei technischen Verfahren werden vorrangig mikrobielle Lipasen in löslicher oder immobilisierter Form verwendet. Auf diese Weise können freie Fettsäuren (kurz- oder mittelkettige, ungesättigte, polyungesättigte sowie spezielle Fettsäuren) und Glycerol, aber auch Mono- und Diglyceride gewonnen werden. Weitere Applikationsgebiete im Lebensmittelsektor sind die Butterfett-Spaltung bei der Gewinnung von Butter- und Käsearomen oder die Beschleunigung von Reifungsvorgängen (z. B. bei der Käse- oder Rohwurstreifung).

Synthese

Die Hydrolyse ist umkehrbar, d.h. Esterbindungen können auch *geknüpft* werden (s. o.). Die Synthese-Reaktion hat immer dann Vorrang, wenn mit einem nahezu wasserfreien, möglichst hydrophoben Lösungsmittel gearbeitet und das entstehende Reaktionswasser laufend aus dem Gleichgewicht entfernt wird (vgl. Kap. 3.4.2).

Das Enzym wird in Pulverform, als getrocknetes Mycel oder immobilisiert in einem organischen Lösungsmittel suspendiert oder als feste Phase von Reaktionssäulen verwendet. Die Lipasen werden aus *Geotrichum candidum*, *Penicillium cyclopium*, *Aspergillus niger*, *Candida cylindracea* oder *Rhizopus arrhizus* gewonnen.

Die Synthese-Reaktion kann zur Gewinnung von Partialglyceriden (Emulgatoren) und Triglyceriden (im Sinne der o. a. Rückreaktion) wie auch von Frucht- und anderen Flavourestern genutzt werden.

Acidolyse

Auch die Einesterung von freien Fettsäuren in Triglyceride ist im Prinzip diesem Reaktionstyp zuzuordnen. Diese Reaktion wird als Acidolyse bezeichnet:

$$R_2\text{-CO-O}\begin{bmatrix}\text{O-CO-R}_1 \\[4pt] \\[4pt] \text{O-CO-R}_3\end{bmatrix} + H_2O \rightleftharpoons R_2\text{-CO-O}\begin{bmatrix}\text{OH} \\[4pt] \\[4pt] \text{O-CO-R}_3\end{bmatrix} + R_1\text{-COOH}$$

$$R_2\text{-CO-O}\begin{bmatrix}\text{OH} \\[4pt] \\[4pt] \text{O-CO-R}_3\end{bmatrix} + R_4\text{-COOH} \rightleftharpoons R_2\text{-CO-O}\begin{bmatrix}\text{O-CO-R}_4 \\[4pt] \\[4pt] \text{O-CO-R}_3\end{bmatrix} + H_2O$$

$$R_2\text{-CO-O}\begin{bmatrix}\text{O-CO-R}_1 \\[4pt] \\[4pt] \text{O-CO-R}_3\end{bmatrix} + R_4\text{-COOH} \rightleftharpoons R_2\text{-CO-O}\begin{bmatrix}\text{O-CO-R}_4 \\[4pt] \\[4pt] \text{O-CO-R}_3\end{bmatrix} + R_1\text{-COOH} \qquad \text{FS 3.4.-3}$$

Umesterung

Bei der Umesterung findet ein wechselseitiger intramolekularer und/oder intermolekularer Acylgruppenaustausch statt:

$$FS_2\begin{bmatrix}FS_1 \\ \\ FS_3\end{bmatrix} \rightleftharpoons FS_1\begin{bmatrix}FS_2 \\ \\ FS_3\end{bmatrix} \rightleftharpoons FS_3\begin{bmatrix}FS_2 \\ \\ FS_1\end{bmatrix} \qquad \text{FS 3.4.-4}$$

$$FS_2\begin{bmatrix}FS_1 \\ \\ FS_3\end{bmatrix} FS_4\begin{bmatrix}FS_4 \\ \\ FS_4\end{bmatrix} \rightleftharpoons FS_2\begin{bmatrix}FS_4 \\ \\ FS_3\end{bmatrix} FS_2\begin{bmatrix}FS_1 \\ \\ FS_4\end{bmatrix} FS_4\begin{bmatrix}FS_1 \\ \\ FS_3\end{bmatrix} FS_2\begin{bmatrix}FS_4 \\ \\ FS_4\end{bmatrix} FS_4\begin{bmatrix}FS_4 \\ \\ FS_3\end{bmatrix} FS_4\begin{bmatrix}FS_1 \\ \\ FS_4\end{bmatrix} \qquad \text{FS 3.4.-5}$$

Abermals übernehmen (zumeist positionsspezifische, s. u.) Lipasen eine Vehikelfunktion. Es handelt sich dabei um eine Kombination aus Hydrolyse und Veresterung bzw. Acidolyse. Die Übertragung erfolgt gewissermaßen nicht auf Wasser, sondern auf ein zuvor von einer Acylgruppe entblößtes Triglycerid. Zur Bildung hierbei erwünschter reaktionsfreudiger Intermediärglieder (OH-Gruppen) kann die Anwesenheit von wenig Wasser (maximal 1 % im Medium) von Vorteil sein. Generell begünstigen apolare Lösungsmittel diese Umesterungsreaktionen.

Die Umesterung wird insbesondere zur Herstellung von „maßgeschneiderten" Fetten mit speziellen lebensmitteltechnologischen und/oder ernährungsphysiologischen Eigenschaften herangezogen. Abermals wird das Enzympräparat als Pulver, als getrocknete Biomasse (z. B. Mycel) oder in immobiliserter Form verwendet. Als organische Lösungsmittel eignen sich z. B. Petrolether, Hexan, Octan. Bei Vorliegen flüssiger Fette (z. B. durch Erwärmen) können die Reaktionspartner (Glyceride) auch ohne zusätzlichen Gebrauch eines solchen Lösungsmittels zum Umsatz gebracht werden. In jedem Falle werden die als Trockenpräparate verwendeten Enzyme vor ihrer Zugabe mit etwas Wasser versetzt.

Alkoholyse

Bei der Alkoholyse erfolgt der Übertrag der Acylgruppe von Glyceriden – statt auf Wasser (Hydrolyse) – auf einen Alkohol; es entsteht wiederum ein Ester:

$$R_2\text{-CO-O}\!\!-\!\!\begin{bmatrix}\text{O-CO-}R_1 \\ \\ \text{O-CO-}R_3\end{bmatrix} + R_4\text{-OH} \rightleftharpoons R_2\text{-CO-O}\!\!-\!\!\begin{bmatrix}\text{OH} \\ \\ \text{O-CO-}R_3\end{bmatrix} + R_1\text{-CO-O-}R_4 \qquad \text{FS 3.4.-6}$$

Unter Nutzung des Prinzips der Alkoholyse lassen sich z. B. Flavourverbindungen (Flavourester) herstellen.

Glycerolyse

Ein spezieller Fall der Alkoholyse ist die Glycerolyse. Bei dieser Reaktion wird die Acylgruppe von Glyceriden auf Glycerol – unter Austausch der OH-Gruppe – übertragen:

$$R_2\text{-CO-O}\!\!-\!\!\begin{bmatrix}\text{O-CO-}R_1 \\ \\ \text{O-CO-}R_3\end{bmatrix} + \text{HO}\!\!-\!\!\begin{bmatrix}\text{OH} \\ \\ \text{OH}\end{bmatrix} \rightleftharpoons R_2\text{-CO-O}\!\!-\!\!\begin{bmatrix}\text{OH} \\ \\ \text{O-CO-}R_3\end{bmatrix} \quad \text{HO}\!\!-\!\!\begin{bmatrix}\text{O-CO-}R_1 \\ \\ \text{OH}\end{bmatrix}$$

$$R_2\text{-CO-O}\!\!-\!\!\begin{bmatrix}\text{OH} \\ \\ \text{OH}\end{bmatrix} \qquad \text{FS 3.4.-7}$$

Diese Reaktion dient u. a. der Herstellung von Partialglyceriden (z. B. als Emulgatoren), wobei insbesondere positionsspezifische Lipasen (s. u.) herangezogen werden.

Spezifität

Ein charakteristisches Merkmal zahlreicher Lipasen besteht darin, daß sie gegenüber Fettsäure-Glycerolestern eine unterschiedliche Spezifität aufweisen. Hierbei unterscheidet man grundsätzlich zwischen drei Enzymgruppen:
1. Positions-unspezifisch wirkende Lipasen,
2. Positions-spezifisch wirkende Lipasen,
3. Fettsäure-spezifisch wirkende Lipasen.

Zu 1. Lipasen dieser Gruppe katalysieren die Abspaltung der Fettsäure unabhängig von deren Position. Sie bewirken die totale Hydrolyse des Triglycerids zu Glycerol und Fettsäuren. Als Intermediärglieder treten 1,2-, 2,3- und 1,3-Diglyceride sowie 1- und 2-Monoglyceride auf. Vertreter mit dieser Spezifität sind z. B. Lipasen aus *Geotrichum candidum, Staphylococcus aureus, Humicola lanuginosa, Candida rugosa, Candida cylindracea.*

Zu 2. Zahlreiche Lipasen spalten die Fettsäuren bevorzugt an den Positionen 1 und 3 ab. Hierdurch entstehen über 1,2- bzw. 2,3-Diglyceride (als Zwischenstufen) schließlich 2-Monoglyceride:

$$R_2{-}CO{-}O{-}\begin{bmatrix} O{-}CO{-}R_1 \\[1em] \\[1em] O{-}CO{-}R_3 \end{bmatrix} + 2H_2O \rightleftharpoons R_2{-}CO{-}O{-}\begin{bmatrix} OH \\[1em] \\[1em] OH \end{bmatrix} + \begin{array}{l} R_1{-}COOH \\ R_3{-}COOH \end{array} \qquad \text{FS 3.4.-8}$$

Diese sind jedoch relativ instabil (insbesondere 2-Monoglyceride), so daß durch „Acylgruppenwanderung" 1-Monoglyceride und 1,3-Diglyceride gebildet werden. Bei längerdauernder Einwirkung liegen auch hier schließlich Totalhydrolysate vor. Vertreter dieser Gruppe sind tierische Lipasen aus Pankreas und Milch sowie mikrobielle lipolytische Enzyme aus *Mucor miehei, M. javanicus, Pseudomonas cepacia, P. fragi, Rhizopus arrhizus, R. delemar, Aspergillus niger.*

Zu 3. Von einigen Lipasen (bevorzugt solchen mikrobieller Herkunft) werden bestimmte Fettsäuren aus Triglyceriden abgetrennt, wobei deren Position von sekundärer Bedeutung ist. Dies betrifft beispielsweise Lipasen aus *Penicillium roquefortii* (Abspaltung kurz- und mittelkettiger Fettsäuren), *Achromobacter lipolyticum* und *Geotrichum candidum* (Abspaltung ungesättigter Fettsäuren). Das Enzym aus *Geotrichum candidum* spaltet darüberhinaus nur Fettsäuren mit in cis-Stellung vorliegenden Doppelbindungen (wie z. B. Öl-, Linol-, Linolensäure), und zwar unabhängig von deren Position, dasjenige aus *Achromobacter lipolyticum* vorzugsweise Linolsäure ab:

$$\text{Linolsäure}{-}\begin{bmatrix} FS_1 \\[1em] \\[1em] FS_3 \end{bmatrix} + H_2O \longrightarrow HO{-}\begin{bmatrix} FS_1 \\[1em] \\[1em] FS_3 \end{bmatrix} + \text{Linolsäure} \qquad \text{FS 3.4.-9}$$

Eine Lipase aus *Aspergillus niger* trennt speziell Stearinsäure ab. Auch bestimmte pflanzliche Lipasen besitzen partielle Fettsäure-Spezifität.

Generell hängt die Intensität der Wirkung der einzelnen Lipasen auch von zusätzlichen Faktoren bzw. von den Reaktionsbedingungen ab, so z. B. von der Kettenlänge, dem Anteil an ungesättigten Verbindungen, der Temperatur, vom Emulsionsgrad.

3.4.2
Enzyme in wasserarmen Systemen

Gemäß langjährigem Kenntnisstand war man bis etwa Anfang der 80er Jahre der Überzeugung, daß Enzyme nur im wäßrigen Milieu ihre katalytische Wirkung entfalten können. Im Rahmen von Versuchen zu einer neuen Teildisziplin der Enzymologie (*„non aqueous enzymology"* bzw. *„solvent engineering"*) sind jedoch seit etwa 10 Jahren diesbezüglich neue Ergebnisse erzielt worden. Danach können Enzyme auch in organischen Lösungsmitteln gut wirksam werden. Solche Befunde wurden zuerst an Chymotrypsin, Subtilisin und auch an diversen Lipasen gewonnen. Inzwischen stellt sich die Frage, *wieviel* - und nicht, *ob* - Wasser für den katalytischen Prozeß benötigt wird. Im Falle der Lipasen/ Esterasen liegt die Grenze teilweise bei 0,01 %. Es reicht offenbar aus, wenn das Enzym – in einem organischen Lösungsmittel suspendiert – von einer dünnen Wasserhülle bzw. -haut (notfalls nur von einer „monomolecular layer") umgeben ist, die den Erhalt der Konformation und Aktivität gerade noch gewährleistet. Vielfach genügt sogar die Abdeckung des aktiven Zentrums mit den dafür erforderlichen H_2O-Clustern. Man ist übrigens zu der überraschenden Erkennntis gelangt, daß insbesondere hydrophobe Lösungsmittel schon deshalb günstigere Voraussetzungen für die Enzymreaktion liefern, weil sie dem Biokatalysator nicht das Wasser „entreißen". So benötigt z. B. ein in Octan suspendiertes Molekül Chymosin weniger als 50 Moleküle gebundenes Wasser. Eine „monolayer" aus Wasser würde hingegen 500 Moleküle beanspruchen. Dieser Befund stützt die Annahme, daß vor allem das aktive Zentrum mit dem erforderlichen Wasser abgesättigt sein muß. Für das Wirksamwerden des Enzyms ist dieses gebundene Wasser essentiell, nicht hingegen das im Lösungsmittel vorhandene Wasser.

Die Vorteile bzw. besonderen Merkmale der Verwendung von wasserarmen Lösungsmitteln sind:

- Es wird eine Verbesserung der Stabilität generell, insbesondere gegenüber Hitze, erzielt (so ist Pankreaslipase bei 100 °C stundenlang stabil).
- Durch Erhöhung der Reaktionstemperatur auf 70–100 °C können eine mikrobielle Kontamination stark verringert bzw. verhindert und die Reaktion selbst beschleunigt werden.
- Bei Einsatz von Lipasen kann die sonst übliche Bevorzugung der Hydrolysereaktion in Richtung Synthese (Veresterung) oder Umesterung gedrängt werden.
- Es können unterschiedliche Substrat- und Wirkungsspezifitäten in den verwendeten Lösungsmitteln vorliegen. So z. B.
  • spalten Lipasen und Esterasen in *wäßrigen* Lösungsmitteln nur Carboxyester,
  • spalten und synthetisieren Lipasen und Esterasen in *organischen* Lösungsmitteln Carboxyester, vollziehen Umesterungen, spalten und synthetisieren Peptide.
- Auch wasserunlösliche Substrate können umgesetzt werden.
- Es ergeben sich veränderte Cofaktor-Erfordernisse.

Als wichtige Regeln für den Enzymeinsatz sind zu beachten:
1. Die verwendeten organischen Lösungsmittel sollten keine Affinität zu Wasser haben, damit dieses den Enzymen zur Verfügung steht. Diesbezüglich günstige Medien sind Hexan, Octan, Petrolether.
2. Die Enzympräparate werden im Reaktionsmedium suspendiert (und nicht gelöst). Zur Gewährleistung der erforderlichen Diffusion sind diese vor Verwendung fein zu zerkleinern.
3. Wenngleich Enzyme in organischen Lösungsmitteln unlöslich sind und ihre Immobilisierung nicht unbedingt erforderlich ist, werden Lipasen trotzdem

bevorzugt in immobilisierter Form eingesetzt. Dazu werden makroporöse anorganische Partikel mit dem Enzym überzogen und getrocknet.

4. Der enzymatische Umsatz z. B. zwischen (erwärmten) flüssigen Fetten (Ölen) ist ggf. auch ohne Zugabe eines organischen Lösungsmittels möglich. Das Enzym wird dann lediglich im Substrat(gemisch) suspendiert.

3.4.3
Gewinnung von speziellen Fettsäuren und Fetten unter Lipaseeinsatz

3.4.3.1
Enzymatische Fettspaltung

Zur Gewinnung mittelkettiger, ungesättigter oder polyungesättigter Fettsäuren aus natürlichen Fetten werden zunächst Triglyceride, welche die gewünschten Fettsäuren in gebundener Form enthalten, durch fraktionierte Kristallisation, Extraktion und/oder Destillation angereichert. Gelegentlich werden hierfür auch geeignete Lösungsmittel (z. B. Aceton, Hexan, Propan-2-ol) oder Detergenzien (Na-Dodecylsulfat) zu Hilfe genommen. Die anschließende Spaltung der Triglyceride erfolgte bislang vorwiegend auf chemischem Wege, z. B. durch alkalische Verseifung oder mit heißem Wasserdampf.

Zur besonders schonenden und selektiven Freisetzung von Fettsäuren bietet sich die Hydrolyse mit zumeist mikrobiellen Lipasen in löslicher oder immobilisierter Form an. Hierbei können Chargen- und kontinierliche Verfahren herangezogen werden. Es entstehen Glycerol und Fettsäuren. Positions- und Fettsäure-spezifische Lipasen ermöglichen dabei die bevorzugte Freisetzung von speziellen Fettsäuren unter besonderer Positionierung der Abspaltung. Die Säuren werden zur weiteren Reinigung einer Molekulardestillation, Ultrafiltration, ggf. auch einer Aktivkohle-Behandlung unterworfen.

Mittelkettige Fettsäuren

Mittelkettige Fettsäuren werden vor allem aus Kokos- und Palmkernfett gewonnen. Sie sind flüssig bei Raumtemperatur, von mildem Flavour, oxydationsstabil und resistent gegen hohe wie auch niedrige Temperaturen. Im Vordergrund des Interesses stehen **Capryl** (C_8)- und **Caprinsäure** (C_{10}). **Laurinsäure** (C_{12}) nimmt eine Zwischenposition ein (s. u.) und steht physiologisch am Übergang zwischen mittel- und langkettigen Fettsäuren. Über die Fettsäurezusammensetzung von Kokos- und Palmkernfett unterrichtet Tab. 3.4.-1.

Eine Lipase aus *Penicillium roquefortii* spaltet mittelkettige Fettsäuren bevorzugt ab. Ihre Reinigung und Anreicherung ist durch fraktionierte Destillation möglich. Capryl- und Caprinsäure werden in der Praxis unter Einsatz von Lipasen in einer Resynthese-Reaktion – und zwar ohne Verwendung eines Lösungsmittels und ohne Detergenzien – direkt mit Glycerol verestert. So erhält man z. B. bei 40 °C unter Einsatz von „Lipozyme" (eine immobilisierte Lipase aus *Mucor miehei*) aus Glycerol und mittelkettigen Fettsäuren die entsprechenden Triglyceride. Nach herkömmlicher Technologie sind zu ihrer Isolierung bekanntlich hohe Temperaturen, hoher Druck, nachfolgendes alkalisches Waschen, Dampfbehandlung, Molekulardestillation und Aktivkohlebehandlung erforderlich.

Tab. 3.4.-1 Fettsäurezusammensetzung von Kokos- und Palmkernfett

Fettsäure	Kokosfett (Kernfleisch der Kokosnuß) (%)	Palmkernfett (Fruchtkerne der Ölpalme) (%)
Caprylsäure	8–9	31
Caprinsäure	6–10	5
Laurinsäure	47–52	49
Myristinsäure	13–18	15
Palmitinsäure	7–10	8
Stearinsäure	1–3	21
Ölsäure	5–8	17
Linolsäure	–	1

Ungesättigte Fettsäuren

Für die Isolierung ungesättigter Fettsäuren ist die enzymatische Methode besonders geeignet, da die sehr schonende Art der Triglyceridspaltung die Doppelbindungen vor Oxidationsvorgängen bewahrt. Als Substrate dienen flüssige Nahrungsfette (für die Gewinnung ungesättigter Fettsäuren z. B. Sonnenblumenöl mit 62–67 % Linolsäure) sowie Seetieröle, Algen und Plankton (für polyungesättigte Fettsäuren). Die Gewinnung dieser Fette aus Meerestieren erfolgt vorwiegend durch Ausschmelzen. Fraktionen mit Anteilen bis zu 30 % an polyungesättigten Fettsäuren werden durch abgestufte Kristallisation, solche mit höheren Anreicherungen durch Extraktion und/oder Destillation erhalten. Derartige Konzentrate sind außerordentlich oxidationsanfällig. Bei Einsatz von Lipasen mit geeigneter Spezifität lassen sich ungesättigte Fettsäuren, so z. B. cis-ungesättigte ω-6- oder ω-3-Fettsäuren, Ricinolsäure, aus den jeweiligen Rohstoffen schonend und mit hoher Reinheit isolieren.

Einige Mikroorganismen, welche Fettsäure-spezifische Lipasen synthetisieren, sind in Tab. 3.4.-2 aufgeführt.

Tab. 3.4.-2 Fettsäurespezifische Lipasen ausgewählter Mikroorganismen

Stamm	Spaltungsspezifität
Geotrichum candidum	ungesättigte Fettsäuren in cis-Stellung (Öl-, Linol-, Linolensäure), Abspaltung unabhängig von der Position
Rhizopus arrhizus	Öl-, Linolsäure
Achromobacter lipolyticum	ungesättigte Fettsäuren, insbesondere Linoläure z. B. aus Sonnenblumenöl mit 62–67 % Linolsäure

Konzentrate von Polyenfettsäuren mit 4–6 Doppelbindungen aus Fischölen werden durch sterische Hinderung der eingesetzten Lipase (z. B. aus *Rhizopus arrhizus*) mit nachfolgender Verseifung der Partialglyceride erhalten. In diesem Falle vermag nämlich das Enzym die „sperrigen" ungesättigten Fettsäuren nicht vom Glycerol abzutrennen:

$$\text{PuFS}\left[\begin{matrix}\text{FS}\\[2ex]\text{PuFS}\end{matrix}\right.\xrightarrow{\text{Lipase}}\quad \text{PuFS}\left[\begin{matrix}\text{OH}\\[2ex]\text{PuFS}\end{matrix}\right.\xrightarrow[\text{Verseifung}]{\text{alkalische}}\text{HO}\left[\begin{matrix}\text{OH}\\[2ex]\text{OH}\end{matrix}\right.\begin{matrix}\text{PuFS}\\+\\\text{PuFS}\end{matrix}\qquad \text{FS 3.4.-10}$$

Die Hydrolyse der natürlichen Substrate ist mit löslicher oder immobilisierter Lipase im wäßrigen Milieu (Pufferlösung) in Gegenwart eines Emulgators möglich. Die bei der Hydrolyse entstehenden Partialglyceride wirken ihrerseits als Emulgatoren und begünstigen so den weiteren Ablauf der Reaktion. Da polyungesättigte Fettsäuren sehr oxidationsanfällig sind, empfiehlt es sich, die Reaktionen unter Inertgasatmosphäre (z. B. Stickstoff) ablaufen zu lassen. In Japan werden auf diese Weise ultrareine ungesättigte Fettsäuren produziert.

Emulgatoren

Bei der Lipolyse von Triglyceriden fallen Partialglyceride an (s. o.), die sich als Emulgatoren eignen. Sie können aber auch durch Synthese aus Glycerol und freien Fettsäuren sowie durch Alkoholyse oder Glycerolyse von Triglyceriden hergestellt werden (s. o.). Abermals werden Fettsäure- und Positions-spezifische Lipasen eingesetzt:

$$\text{FS}_2\left[\begin{matrix}\text{FS}_1\\[2ex]\text{FS}_3\end{matrix}\right.+\ \text{HO}\left[\begin{matrix}\text{OH}\\[2ex]\text{OH}\end{matrix}\right.\ \rightleftharpoons\ \text{HO}\left[\begin{matrix}\text{FS}_1(\text{FS}_3)\\[2ex]\text{OH}\end{matrix}\right.+\ \text{HO}\left[\begin{matrix}\text{OH}\\[2ex]\text{FS}_3(\text{FS}_1)\end{matrix}\right.+\ \text{FS}_2\left[\begin{matrix}\text{OH}\\[2ex]\text{OH}\end{matrix}\right.$$

FS 3.4.-11

Bei der Resynthese aus Glycerol und Fettsäuren ist die Abwesenheit von Wasser wichtig; auch sollten immobilisierte Enzyme verwendet werden. Nach beendeter Reaktion werden die Lipasen auf physikalischem Wege abgetrennt. Die Reaktionsgemische sind ohne weitere Aufarbeitung einsetzbar.

3.4.3.2
Maßgeschneiderte Fette

Durch Austausch bzw. Auswechselung von Acylgruppen lassen sich „maßgeschneiderte" Fette herstellen. Angestrebt werden spezifische Back-, Koch- und Bratfette, Margarinefette (Brotaufstriche), Fettglasuren, Kakaobutteraustauschfette und Überzugsmassen. Aus ernährungsphysiologischer Sicht sind hierbei Fette mit folgenden Eigenschaften von besonderer Bedeutung:
- Energiereduziert,
- reich an ungesättigten Fettsäuren,
- frei von trans-Fettsäuren (wie sie z. B. bei der Härtung von Margarinefetten entstehen),
- reich an mittelkettigen Fettsäuren (für diätetische Zwecke).

Der gezielte Austausch von Acylgruppen kann durch Umesterung sowie Acidolyse erfolgen. Im Prinzip lassen sich auch durch Veresterung von Glycerol mit Fettsäuren die erwünschten Acylgruppen in das Triglyceridmolekül einführen. Eine wichtige Voraussetzung für deren erfolgreichen Einbau sind Wasserarmut des Reaktionsmediums sowie der Einsatz von Fettsäure- und Positions-spezifischen Lipasen. Bei der Umesterung werden die Reaktionspartner erwärmt; das Enzympräparat (Pulver, Trockenbiomasse oder immobilisiertes Enzym) wird mit wenig Wasser versetzt und im erwärmten Fettgemisch suspendiert. Letzteres kann auch in einem organischen Lösungsmittel gelöst werden (z. B. Petrolether, Hexan). Als Reaktionspartner kommen in Betracht:

1. Triglyceride (Umesterung von lediglich *einem* Fett bzw. *einer* Fettfraktion),
2. Triglyceride (Umesterung *von zwei* oder *mehr* Fetten bzw. Fettfraktionen),
3. Triglyceride + freie Fettsäuren (Acidolyse),
4. Triglyceride + Fettsäure-Alkylester (Umesterung),
5. Glycerol + freie Fettsäuren (Synthese, Veresterung).

Kakaobutteraustauschfette

Als Schulbeispiel für die Maßschneiderung von Fetten gilt die Herstellung von Austauschfetten für Kakaobutter. Hierbei werden Fettgemische der Umesterung unterworfen oder es werden Fette mit freien Fettsäuren oder Fettsäure-Alkylestern (Acidolyse, Umesterung) umgesetzt. In jedem Falle kommt es darauf an, die Acylgruppen so „umzudirigieren", daß Fraktionen mit hohen Anteilen an solchen Glyceridtypen erhalten werden, die der Kakaobutter die spezifische Konsistenz verleihen (Abb. 3.4.-1). Als Rohstoffe eignen sich z. B. eine spezielle Palmöl- wie auch eine

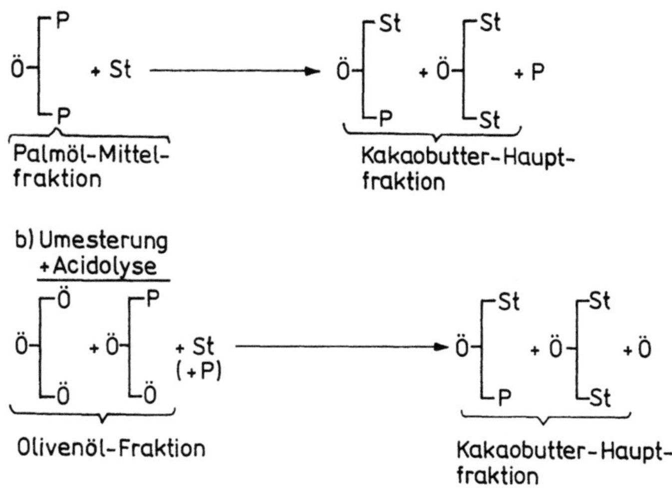

Abb. 3.4.-1 Herstellung von Kakaobutter-analogen Triglycerid-Gemischen durch Einwirkung a) einer Fettsäure-spezifischen Lipase aus *Aspergillus niger* auf eine Palmöl-Mittelfraktion oder b) einer Positions-spezifischen Lipase aus *Rhizopus delemar* bzw. einer Fettsäure-spezifischen (Stearinsäure) Lipase aus *A. niger* auf ein Olivenölfraktion/Stearinsäure/Palmitinsäure-Gemisch; Ö – Ölsäure, St – Stearinsäure, P – Palmitinsäure

Olivenölfraktion. Für den gezielten Einsatz ist die Verwendung positionsspezifischer Lipasen (z. B. aus *Mucor miehei*, *Rhizopus delemar*) wichtig.

Kakaobutteraustauschfette werden bei der Herstellung von diätetischen Schokoladenerzeugnissen verwendet.

Margarine

Das bekannteste Streich-, Back- und Kochfett ist Margarine. Sie wird nach herkömmlicher Technologie aus den drei Hauptkomponenten
- Pflanzenöl (bzw. -fett),
- hydriertes Pflanzen- oder Seetieröl,
- tierisches Fett

hergestellt. Spezielle Margarinesorten mit diätetisch günstigen Eigenschaften sollten folgende Eigenschaften aufweisen:
- Verringerung des Energiegehaltes durch Steigerung des Wasseranteils der Wasser-in-Fett-Emulsion, ggf. bis auf 60 %,
- Anreicherung von ungesättigten Fettsäuren, insbesondere von Linolsäure,
- Verminderung des Einsatzes gehärteter Fette mit ihrem höheren Anteil an trans-Fettsäuren,
- Vitaminisieren und Färben der Margarine mit β-Caroten.

Die Verringerung des Energiegehaltes der Margarine durch Erhöhung des Wasseranteils macht den Einsatz von **Emulgatoren** (etwa 0,5 %) erforderlich. Hierfür sind u. a. Partialglyceride geeignet, die durch partielle Hydrolyse von Triglyceriden, durch Synthese aus Glycerol und Fettsäuren oder durch Alkoholyse bzw. Glycerolyse von Triglyceriden unter Einsatz von Lipasen erhalten werden können.

Gehärtete Pflanzen- und Seetieröle können 30–70 % der ungesättigten Fettsäuren in trans-Stellung enthalten. Die trans-Isomeren der ungesättigten Fettsäuren sind jedoch nicht mehr essentiell (s. Kap. 1.1.5). Verbindungen wie z. B. Linolsäure sollten daher unverändert erhalten bleiben. In einer „Linolsäure-reichen Margarine" sollten mindestens 25 % der Fettsäuren als Linolsäure vorliegen. Generell werden hierzu Fette mit Pflanzenölen umgeestert. Hierfür hat sich z. B. eine Fettsäure-spezifische Lipase aus *Geotrichum candidum* bewährt. Der Umsatz wird unter Inertgas-Atmosphäre vollzogen.

Folgende Rezeptur eignet sich zur Herstellung einer **Linolsäure-reichen Margarine** (frei von gehärteten Fetten): 4 Teile Palmöl werden mit 2 Teilen Palmkern- oder Kokosfett enzymatisch umgeestert und anschließend mit 4 Teilen Sonnenblumenöl gemischt. Man erhält eine gut streichfähige Margarine, bei der 20–25 % des Fettsäure-Anteils aus Linolsäure bestehen.

Die Einführung von **polyungesättigten Fettsäuren** bzw. von Seetierölen in Streich-, Koch-, Back- oder Bratfette ist aus Gründen der Oxidationsanfälligkeit und damit ihrer Haltbarkeit und sensorischen Qualität mit Problemen verbunden. Bei der Entwicklung derartiger Fette müssen sehr wirksame Antioxidantien (z. B. α-Tocopherol, Ascorbyl-palmitat u. a.) und Chelatbildner (Maskierung von Schwermetallspuren, wie z. B. von Cu, Fe) eingesetzt werden. Außerdem ist bei der Herstellung unter Stickstoff-Atmosphäre zu arbeiten; eine spezielle Verpackung ist in Erwägung zu ziehen. Insgesamt gibt es in dieser Hinsicht bereits positive Ergebnisse. So wurden mit gutem

Erfolg nicht-hydrierte Fischöle in Margarine/Fett-Mischungen – unter Beachtung der vorangehend genannten Maßnahmen – eingearbeitet. Spezielle Margarinesorten mit bestimmten Anteilen an hochungesättigten Fettsäuren sind in Skandinavien im Handel.

Auch der Anteil an **mittelkettigen Fettsäuren** in speziellen Margarinesorten kann durch Acidolyse mittels Lipase aus *Penicillium roquefortii* weiter erhöht werden. Diese Margarinesorten sind – neben ihrer Bedeutung für diätetische Zwecke und zur Krankenernährung – zugleich als energiereduziert anzusehen. Als Beispiel aus der Praxis sei auf *„Low-calorie-Brotaufstriche"* hingewiesen, die einen hohen Anteil an kurz- und mittelkettigen Fettsäuren enthalten.

3.4.4
Fermentationstechnische Gewinnung von speziellen Fettsäuren

Es liegt nahe, ernährungsphysiologisch interessante Fettsäuren auf fermentationstechnischem Wege zu gewinnen. Versuche dazu sind bisher überwiegend im Labormaßstab durchgeführt worden.

Mittelkettige Fettsäuren

Hinsichtlich der Produktion von Fetten mit mittelkettigen Fettsäuren gibt man dem Anbau von geeigneten Kulturpflanzen derzeit den Vorzug. So ist die in Nord-, Mittel- wie auch Südamerika beheimatete Pflanze *Cuphea viscosissima* eine ausgezeichnete Quelle für Capryl- und Caprinsäure-reiche Fette. Sie wurde in den USA und in Europa domestiziert bzw. weitergezüchtet und liefert solche mit 16–20 % Caprylsäure, 66–71 % Caprinsäure und 3–4 % Laurinsäure (bezogen auf die Gesamt-Fettsäuren).

Mehrfach ungesättigte Fettsäuren (PUFA)

Ungesättigte Fettsäuren des C_{18}-Typs sind – mit Ausnahme der γ-Linolensäure – in genügender Menge in diversen pflanzlichen Speiseölen enthalten, so daß ihre Gewinnung durch Fermentation nicht erforderlich ist. Daher dürfte in Zukunft lediglich γ-Linolensäure, die neuerdings das besondere Interesse der Ernährungswissenschaft in Anspruch nimmt, im Hinblick auf eine fermentationstechnische Produktion Bedeutung erlangen.

Bestimmte niedere Pilze vermögen γ-Linolensäure zu synthetisieren; dies gilt auch für die den Protozoen zuzuordnende *Tetrahymena pyriformis* aus der Gruppe der Ciliaten. Auch einige Süßwasseralgen produzieren diese Verbindung, wobei jedoch im allgemeinen die α-Form überwiegt. Inzwischen wird γ-Linolensäure bereits im industriellen Maßstab unter Einsatz von *Mortierella sp.* (in Japan) sowie von *Mucor javanicus* (in Großbritannien) gewonnen.

Von den hochungesättigten Fettsäuren interessieren aus ernährungsphysiologischer Sicht vor allem Eicosapentaensäure (EPA, „Timnodonsäure"), Docosahexaensäure (DHA, „Clupanodonsäure") sowie Eicosatetraensäure (AA, „Arachidonsäure"). Von diesen werden in **Schimmelpilzen** zumeist höhere Anteile vorgefunden als in Hefen. So produzieren filamentöse Pilze der Gattungen *Aspergillus* und *Penicillium* diesbezüglich interessante Fette und Öle. Einige nicht filamentöse marine Species der Ordnungen *Saprolegniales* und *Enteromophthorales* synthetisieren ungesättigte C_{20}- und C_{22}-Säuren (AA, EPA, DHA), auch γ-Linolensäure. *Thraustochytrium aureum* bildet unter bestimmten Bedingungen (5-l-Submersfermentor, 2,5 % Kochsalz im

Kulturmedium) bis zu 25 % Lipide in der Trockensubstanz. Der PUFA-Gehalt dieser Fette kann beträchtlich sein (bis zu 50 % als DHA). Die DHA-Gehalte liegen bei submerser Kultivation zwischen 250 und 350 mg je l Kulturmedium, in Schüttelkultur sogar bis über 500 mg/l. Auch Pilze der Gattung *Mortierella* können AA und EPA synthetisieren. Diese Lipide sind allerdings in der Zellmembran lokalisiert und müssen durch spezielle Aufarbeitungsschritte freigesetzt werden.

Das intestinale **Bacterium** *Alteromonas putrefaciens* (im Magen-Darm-Trakt der Pazifik-Makrele) vermag EPA zu produzieren.

Gemäß den an **phototrophen Mikroorganismen** erzielten Befunden enthalten zahlreiche Vertreter derselben bis zu 70 % Öle bzw. Fette i. TS. Ihr Fettsäurespektrum setzt sich aus mehr oder weniger hohen Anteilen an C_{12}- bis C_{22}-Fettsäuren zusammen. Bestimmte Arten z. B. aus den Gattungen *Chlorella, Spirulina, Scenedesmus, Coelestrum* wurden in den 60er und 70er Jahren als potentielle SCP-Lieferanten der Zukunft angesehen (vgl. Kap. 3.3.1). Süßwasser-Organismen produzieren im allgemeinen ein Fettsäure-Spektrum, das eher demjenigen grüner Pflanzen entspricht. Jedoch werden – wenngleich in geringerer Menge – auch Fettsäuren mit mehr als 3 Doppelbindungen synthetisiert. Von den beiden Linolensäuren wird die α-Form bevorzugt; in einigen Fällen wird auch γ-Linolensäure gebildet. Von verschiedenen Species wird EPA in wechselnden Mengen synthetisiert.

Bei den Gattungen *Chlorella, Botryococcus, Dunaliella* (teils als Süßwasser-, teils als marine Arten) trifft man auf Lipidgehalte von 30–70 % i.TS. Über den PUFA-Anteil (bei gleichzeitig hohem Lipidgehalt) liegt noch kein abschließendes Urteil vor. Mehrere Arbeitsgruppen versuchen diesen zu steigern.

Zur Bildung hochungesättigter Fettsäuren sind wohl eher *marine* Vertreter in der Lage. So können diese PUFA-Muster synthetisieren, wie sie sonst nur in Fischölen zu finden sind. In *Heteromastix rotunda* bestehen z. B. 28 % der Gesamtfettsäuren aus EPA. Bei der marinen *Chlorella minutissima* werden 40 % einer 5.8.11.14.17-cis-Eicosapentaensäure angetroffen. Wichtig für ihre Bildung sind hohe Lichtintensität, relativ niedrige Temperaturen (20 °C) und eine erhöhte Kochsalz-Konzentration. Als weitere Produzenten polyungesättigter Fettsäuren seien genannt: *Porphyridium cruentum* (AA, EPA), *Ochromonas danice* (enthalten u. a. auch 14 % γ-Linolensäure).

Für eine spätere kommerzielle Produktion erscheinen besonders die marinen einzelligen Organismen *Chlorella saccharophila* und *Dunaliella sp.* geeignet. Sie produzieren übrigens auch zahlreiche Vitamine (z. B. solche der B-Gruppe, C, D, E, K) sowie 1000 mal so viel β-Caroten wie die Karotte. Über die Aufarbeitung von PUFA-haltigen Mikroorganismen ist bisher wenig veröffentlicht worden. Wegen der sehr hohen Oxidationsanfälligkeit der Lipide bietet sich als Methode der Wahl eine CO_2-Hochdruckextraktion nach geeignetem Voraufschluß der Zellmasse an. Mehrfach ungesättigte Fettsäuren aus phototrophen Mikroorganismen sind bisher im Handel noch nicht erhältlich.

3.5
Kohlenhydrate, Modifikate, süßende Verbindungen

Bei den in größeren Mengen verzehrten Nahrungskohlenhydraten handelt es sich vorrangig um Stärke, um Abbauprodukte derselben (Dextrine, Gluco-Oligosaccharide, Maltose, Glucose), sowie um Saccharose.

Neben ihrer Hauptfunktion als *Energielieferanten* für den Organismus können bestimmte Kohlenhydrate – insbesondere Stärke und deren Modifikate – wegen ihrer funktionellen Eigenschaften in Kombination mit Wasser (Quellbarkeit, Gelbildung, Schaumbildung, Emulgiervermögen, Viskositätssteigerung, Körpergebung usw.) auch zur *Energiereduzierung* von Lebensmitteln herangezogen werden. Im Vergleich zu den Fetten weisen sie nämlich nur knapp den halben Brennwert auf (vgl. Kap. 1.1.3). Sie eignen sich damit vor allem zum Austausch von Fetten, zur Simulation „körper-

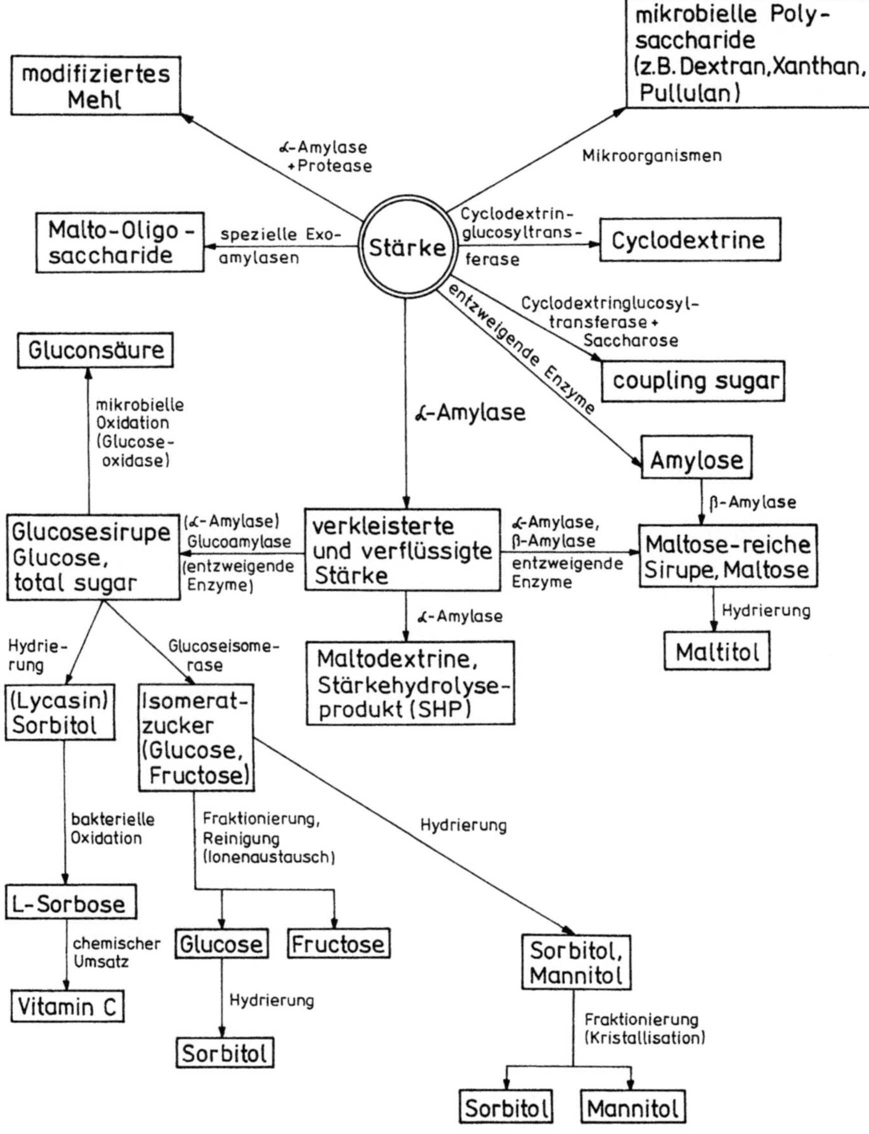

Abb. 3.5.-1 Bereits realisierte oder prinzipiell mögliche Wege der Stärkeverarbeitung durch Enzymeinsatz

gebender Substanz" oder zur Erhöhung des Anteils an Wasser oder Luft durch Einbringen geeigneter Emulgier-, Füll- oder Bindemittel in das jeweilige Lebensmittel.

Aus Nahrungskohlenhydraten, speziell aus Stärke, lassen sich zahlreiche Umwandlungsprodukte herstellen (Abb. 3.5.-1), die sowohl lebensmitteltechnologisch als auch ernährungsphysiologisch günstige Eigenschaften aufweisen. In den letzten Jahren haben sich hierfür zunehmend biotechnologische, vor allem enzymatische Verfahren bewährt und die chemischen Produktionen zunehmend verdrängt.

3.5.1
Kohlenhydrat-modifizierende Enzyme

Wichtige Stärke-modifizierende Enzyme sind
- α-Amylase,
- β-Amylase,
- Glucoamylase,
- Pullulanase,
- Isoamylase,
- Cyclomaltodextrin-Glucanotransferase (CGTase);
Di- und Oligosaccharid-spaltende Enzyme sind
- α-Glucosidase (Maltase),
- β-Fructosidase (Invertase),
- β-Galactosidase (Lactase);
ein Glucose-isomerisierendes Enzym ist
- Glucoseisomerase.

Die industrielle Gewinnung dieser Enzyme erfolgt fast ausschließlich auf fermentationstechnischem Wege unter Einsatz geeigneter Mikroorganismen (Bakterien, Schimmelpilze, Hefen). Die Stämme werden nach einem speziellen Screening-Programm aus natürlichen Öko-Systemen entnommen, als Reinkulturen isoliert sowie in ihren Eigenschaften hinsichtlich Enzymspektrum und Biosyntheseleistung (Raum/Zeit-Ausbeute) verbessert (vgl. Kap. 2). Die Aufarbeitung der erhaltenen Rohenzym-Lösungen bis zum gereinigten Enzympräparat erfolgt wie in Kap. 2 beschrieben.

Stärke-hydrolysierende und -umbauende Enzyme

α-Amylase (EC 3.2.1.1) spaltet 1,4-α-Bindungen statistisch im Innern des Stärke-Moleküls (Abb. 3.5.-2). Bei ihrer Einwirkung entstehen als Spaltprodukte Dextrine. Die Dextrinierung äußert sich in einer Verflüssigung und Verzuckerung der Stärke. Längere Einwirkung von α-Amylase führt zu Oligosacchariden mit bis zu 5 Monomeren.

β-Amylase (EC 3.2.1.2) zerlegt 1,4-α-Bindungen in Stärke vom nichtreduzierenden Ende der Polysaccharidkette her unter Abspaltung von Maltose (vgl. Abb. 3.5.-2). Wenn das Enzym an eine Verzweigungsstelle gelangt (1,6-α-Bindung, so z. B. im Amylopektin), wird der Zerlegungsprozeß unterbrochen; es bleiben β-Grenzdextrine zurück. Amylose wird von reiner β-Amylase weitgehend zu Maltose abgebaut, Amylopektin hingegen nur partiell.

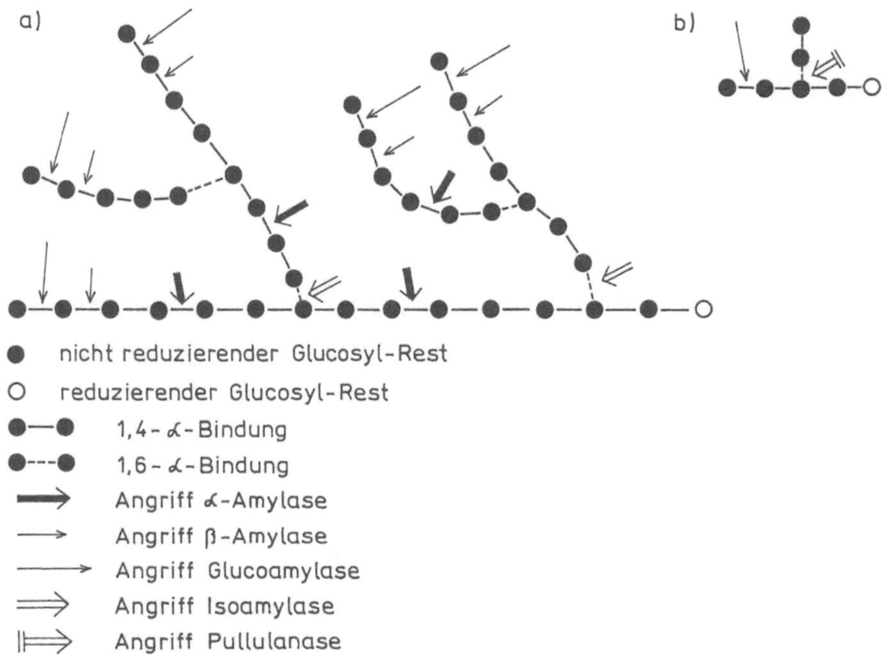

Abb. 3.5.-2 Angriff stärkeabbauender Enzyme a) auf das Stärkemolekül, b) auf ein verzweigtkettiges Oligosaccharid

Glucoamylase (EC 3.2.1.3) spaltet aus Stärke (wie auch aus Amylose, Amylopektin, Dextrinen, Gluco-Oligosacchariden) vom nichtreduzierenden Kettenende her Glucose ab (vgl. Abb. 3.5.-2). Das Enzym überführt diese Substrate nahezu quantitativ in Glucose. Es hydrolysiert die 1,4-α-, 1,6-α- sowie die 1,3-α-Bindung, wobei die erstgenannte am raschesten zerlegt wird.

Pullulanase (EC 3.2.1.41) ist ein „entzweigendes Enzym" (vgl. Abb. 3.5.-2). Es spaltet 1,6-α-Bindungen in Pullulan sowie in β-Grenzdextrinen. Bevorzugt werden niedermolekulare, verzweigtkettige Substrate mit relativ kurzen Seitenketten („Stümpfe" ab 2 Glucoseeinheiten) entzweigt. Die Anwesenheit von Pullulanase erhöht die Effektivität von Glucoamylase sowie von β-Amylase.

Isoamylase (EC 3.2.1.68) ist ebenfalls ein „entzweigendes Enzym" (vgl. Abb. 3.5.-2). Es spaltet 1,6-α-Bindungen in Amylopektin und Glycogen, und zwar – anders als Pullulanase – in höhermolekularen Substraten. Kurze Seitenketten werden nicht abgetrennt. Auch dieses Enzym erhöht die Effektivität von Glucoamylase, insbesondere aber diejenige von β-Amylase.

Der **Cyclomaltodextrin-Glucanotransferase-Komplex** (EC 2.4.1.19) katalysiert in der Summe die drei Reaktionen
- Cyclisierung (Cyclodextrin-Synthetase),
- Stärkeabbau (α-amylolytische Wirkung) und
- Transglycosidierung (Cyclomaltodextrin-Glucanotransferase).

Dabei wird lösliche Stärke in cyclische, nicht-reduzierende Glucoamylosen mit 6, 7 oder 8 Glucoseeinheiten in 1,4-α-Bindung überführt:

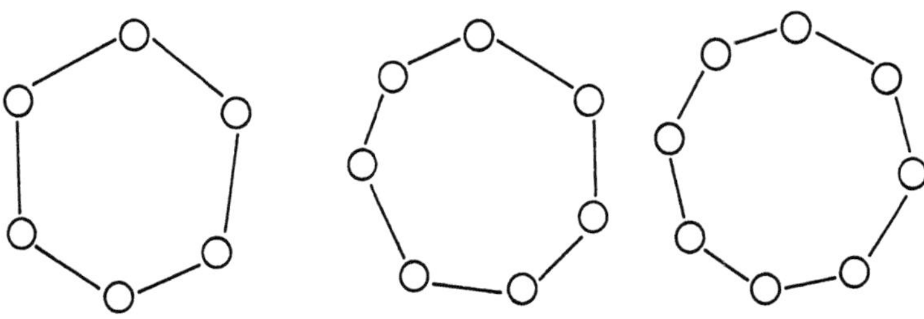

Cyclodextrine mit 6,7 oder 8 Glucoseresten   FS 3.5.-1

Diese können – sofern die isolierten Enzymkomplexe speziellen Mikroorganismen-Arten entstammen – ihrerseits einer intermolekularen Transglycosidierung unterworfen werden. Läßt man z. B. Cyclomaltodextrin-Glucanotransferase auf Stärke in Gegenwart von Saccharose als Acceptor einwirken, so werden die Stärkespaltprodukte mit ihrem reduzierenden Ende an den Glucosebaustein der Saccharose geknüpft. Auf diese Weise entstehen Malto- bzw. Glucooligosyl-Fructosen mit Fructose als terminalem Glied neben einem Gemisch aus verschiedenen Sacchariden. Diese Mischung wird als „**coupling sugar**" bezeichnet.

Di- und Oligosaccharid-spaltende Enzyme

α-Glucosidase (EC 3.2.1.20) zerlegt Maltose in ihre monomeren Bausteine:

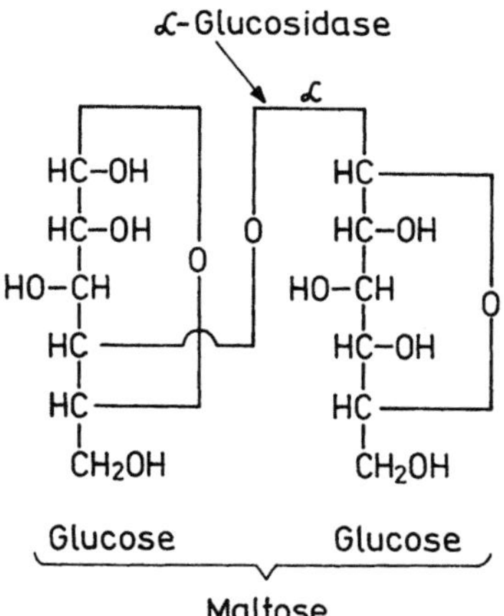

FS 3.5.-2

Als **Glucosido-Invertase** vermag sie sowohl aus Saccharose (bei der die Glucose α-glycosidisch im Disaccharid gebunden ist)

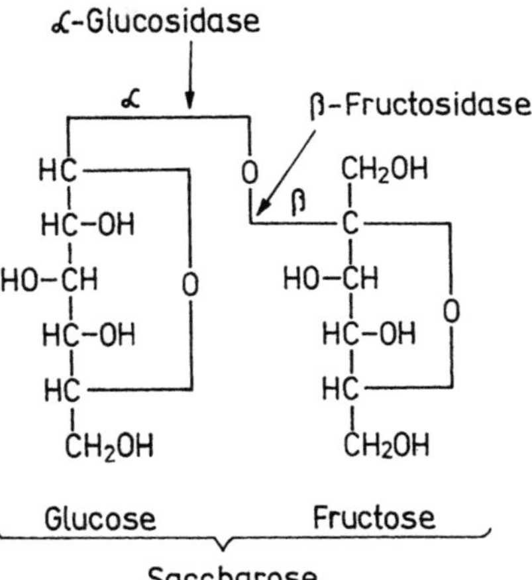

FS 3.5.-3

als auch am nichtreduzierenden Kettenende von α-glycosidisch gebundenen Glucooligosacchariden Glucose abzutrennen. Die Spaltung der Saccharose im Intestinaltrakt des Menschen erfolgt durch eine α-Glucosidase; eine β-Fructosidase (s. u.) ist hier nicht vorhanden.

β-Fructosidase (EC 3.2.1.26) zerlegt Saccharose in ihre Bausteine Glucose und Fructose von der Fructoseseite her. Zur Spaltung von Saccharose sind somit im Prinzip α-Glucosidase wie auch β-Fructosidase (**Fructosido-Invertase**, Invertase schlechthin) befähigt. Bei den aus Hefe gewonnenen kommerziellen Invertasen handelt es sich um β-Fructosidasen.

β-Galactosidase (EC 3.2.1.23) spaltet β-galactosidisch gebundene Oligosaccharide von der Galactoseseite her ab. Lactose wird hierbei in Glucose und Galactose zerlegt:

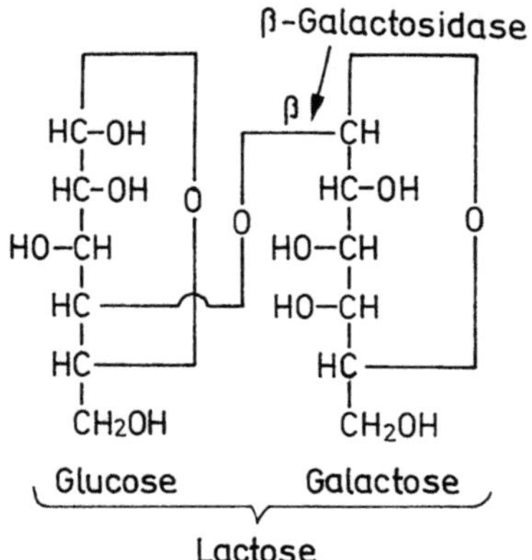

FS 3.5.-4

Glucose-isomerisierende Enzyme

Ein lebensmitteltechnologisch bedeutsames Enzym aus der Gruppe der Isomerasen ist die **Glucoseisomerase** (EC 5.3.1.5). Sie bewirkt von Natur aus die reversible

Umwandlung von D-Xylose zu D-Xylulose. Aus praktischer Sicht weit wichtiger ist hingegen ihre Eigenschaft, D-Fructose in D-Glucose (und umgekehrt) zu überführen:

$$
\begin{array}{ccc}
\underset{\text{Glucose}}{\begin{array}{c} H{-}C{=}O \\ HC{-}OH \\ HO{-}CH \\ HC{-}OH \\ HC{-}OH \\ CH_2OH \end{array}}
& \xrightleftharpoons{\text{Glucoseisomerase}} &
\underset{\text{Fructose}}{\begin{array}{c} CH_2OH \\ C{=}O \\ HO{-}CH \\ HC{-}OH \\ HC{-}OH \\ CH_2OH \end{array}}
\end{array}
\qquad\text{FS 3.5.-5}
$$

Hierbei stellt sich – je nach vorliegender Temperatur – ein Gleichgewicht mit etwa 48–49 % Glucose und 51–52 % Fructose ein. Das entstehende Zuckergemisch wird als „**Isomeratzucker**" (vgl. Kap. 3.5.3.2) bezeichnet. Die großtechnische Anwendung des Enzyms zur Isomerisierung von Glucose erfolgt derzeitig vorrangig in immobilisierter Form.

3.5.2
Niedrigverzuckerte Stärkehydrolysate

Ein ernährungsphysiologisch wesentliches Anliegen bei der Herstellung niedrigverzuckerter Stärkehydrolysate besteht darin, insbesondere Fett und Zucker als Konsistenz- und Körper-gebende, Aroma- und Geschmacksstoffe-tragende Substanzen in energiereichen Lebensmitteln auszutauschen bzw. einzusparen. Ähnliche Ziele werden bei Einsatz von Stärkehydrolyseprodukten als Dickungsmittel, zur Füllegebung, zur Herbeiführung des „Mundgefühls" (z. B. in „Light-Getränken") oder als Stabilisatoren für Schäume verfolgt. In diesem Sinne lassen sich durch eine unter geeigneten Bedingungen durchgeführte partielle Hydrolyse niedrigverzuckerte Stärken gewinnen, die mit speziellen funktionellen Eigenschaften ausgestattet sind. Ihr Einsatz als Lebensmittelzusatzstoff ermöglicht es, verschiedene energiegeminderte Erzeugnisse herzustellen, die in ihrer Qualität mit den herkömmlichen Produkten vergleichbar sind.

Stärkehydrolysate werden darüberhinaus durch die bereits erfolgte partielle Hydrolyse der Ausgangsprodukte rasch verdaut und sind daher für bestimmte Zielgruppen besonders zu empfehlen (Säuglinge, Kranke, Rekonvaleszenten, Senioren, Sportler). Diese u. a. sich bietende Möglichkeiten sollen anhand von zwei Beispielen demonstriert werden.

Maltodextrine. Produkte mit den vorangehend geforderten Eigenschaften lassen sich durch eine partielle, sauer oder enzymatisch katalysierte Hydrolyse von Stärke (Mais-, Kartoffelstärke) herstellen. Man erhält spezielle „Maltodextrine", wobei dieser Begriff vereinbarungsgemäß für niedrig verzuckerte Stärkeprodukte mit DE-Werten zwischen 2 und 20 % gültig ist. Gewöhnlich werden Stärkesuspensionen mit 10–50 % Trockensubstanz sauer/enzymatisch verkleistert und anschließend zumeist mit Bakterien-α-Amylase bis maximal DE 20 % verflüssigt. Anschließend wird sprüh- oder walzengetrocknet. Durch Variation der Hydrolysebedingungen hinsichtlich Säure- und/oder Enzymdosis werden Produkte mit abgestuften Abbaugraden und demzufolge unterschiedlichen Eigenschaften erhalten. Maltodextrine zeichnen sich durch Wasserlöslichkeit, gute Dispergierbarkeit, Gelbildungsvermögen, relativ niedrige Osmolarität sowie nur geringe Süße- und Bräunungstendenz aus. Sie sind leicht verdaulich und vielseitig anwendbar.

Ein Maltodextrin mit lebensmitteltechnologisch und ernährungsphysiologisch günstigen Eigenschaften ist das sog. **„Stärkehydrolyseprodukt"** (SHP). Es wird aus Kartoffelstärke unter Einsatz von α-Amylase aus *Bacillus amyloliquefaciens* hergestellt. SHP ist ein niedrig verzuckertes Maltodextrin mit geringer Süße und Osmolarität und weist DE-Werte zwischen 5 und 8 % auf. Besonders hervorzuheben sind seine gelbildenden und kristallisationshemmenden Eigenschaften, seine Fülle- und Körpergebung in Getränken sowie seine Emulsionsstabilisierung. Die thermische Reversibilität und Mischbarkeit der SHP-Gele mit Fetten resultiert aus der Tatsache, daß die Stärkepolysaccharide zu einem erheblichen Anteil noch hochmolekular sind und daß im Gemisch nur 20–30 % Oligosaccharide vorliegen.

SHP ist leicht verdaulich und gut verträglich. Im Lebensmittel- und diätetischen Sektor ist es vielfältig einsetzbar (Tab. 3.5.-1). Insbesondere kann Fett in Mayonnaisen, Tortencremes, Gebäckfüllungen u. a. Erzeugnissen ausgetauscht werden, was mit einer erheblichen Energiereduktion verbunden ist. Als ernährungsphysiologisch günstig ist auch sein Einsatz als Dickungsmittel, Körper-gebende Substanz in „Light-Getränken" oder als Stabilisator für Schäume sowie als wasserbindender Zusatzstoff zu bewerten. Weitere Anwendungsgebiete zur Energiereduktion sind Eiscremes und gefrorene Desserts, Milchshakes, Frühstücksgetränke und -cerealien, Suppen und Saucen, Dressings, Biskuits und Kekse, Käse, Margarine, Fleischerzeugnisse u. a. m. Die Energiewerte z. B. einer Mayonnaise ohne und mit Zusatz von SHP sind in Tab. 3.5.-2 aufgezeigt.

Bei „**modifiziertem Weizenmehl**" wird als Rohstoff kommerzielles Weizenmehl – und nicht, wie z. B. im Falle von SHP, isolierte Kartoffelstärke – eingesetzt. Dieses enthält neben Stärke noch 10–15 % Kleberprotein (Gluten), daneben – wenn auch wenig – Cellulose, Pentosane, β-Glucane, Glucofructane und Oligosaccharide, ferner Lipide,

Tab. 3.5.-1 Anwendungsmöglichkeiten für gelbildende Maltodextrine mit niedrigem Hydrolysegrad („Stärkehydrolyseprodukte", „SHP") (SCHIERBAUM u. VORWERG, 1994)

Fettaustauscher (Energiereduktion)	Technologischer Hilfsstoff	Nährstoff (Zufuhr schnell verfügbarer Energie)
– Mayonnaisen – Salatsaucen – Tortencremes – Eiscremes (fettarm, fettfrei) – Softeispulver – Pralinen-und Waffelfüllungen – Milchprodukte	– Trocknungshilfsmittel für Frucht-und Gemüsemark – Eiweißhydrolysate – Flavourkompositionen – Getränkestabilisatoren	– Säuglings- und Kleinkindernahrungen in klinischer Zubereitung – Bestandteil von Kinderfertignahrungen – Energielieferant für die Krankenernährung, Leistungssportler

Tab. 3.5.-2 Vergleich zwischen den Rezepturen einer herkömmlichen Salat-Mayonnaise und eines energiereduzierten Produktes (HAENEL u. SCHIERBAUM, 1980)

Erzeugnisart	Pflanzen-fett (%)	Eigelb bzw. Vollei (%)	SHP (%)	Wasser (%)	Weitere Bestandteile (%)	Energie-wert (kJ/100 g)
herkömmlich	83	6	–	–	11	3389
energiereduz.	24	6	18	41	11	1139

Vitamine, Enzyme, aber auch Enzyminhibitoren. Läßt man ein technisches Enzympräparat mit Protease- und wenig α-Amylase-Aktivität (z. B. Thermitase, EC 3.4.21.66) auf eine wäßrige Weizenmehlsuspension einwirken, so werden die beiden Hauptkomponenten Stärke und Gluten partiell zerlegt. Die getreideeigenen Proteasen und Amylasen treten hierbei ebenfalls in Aktion. Das so hergestellte,

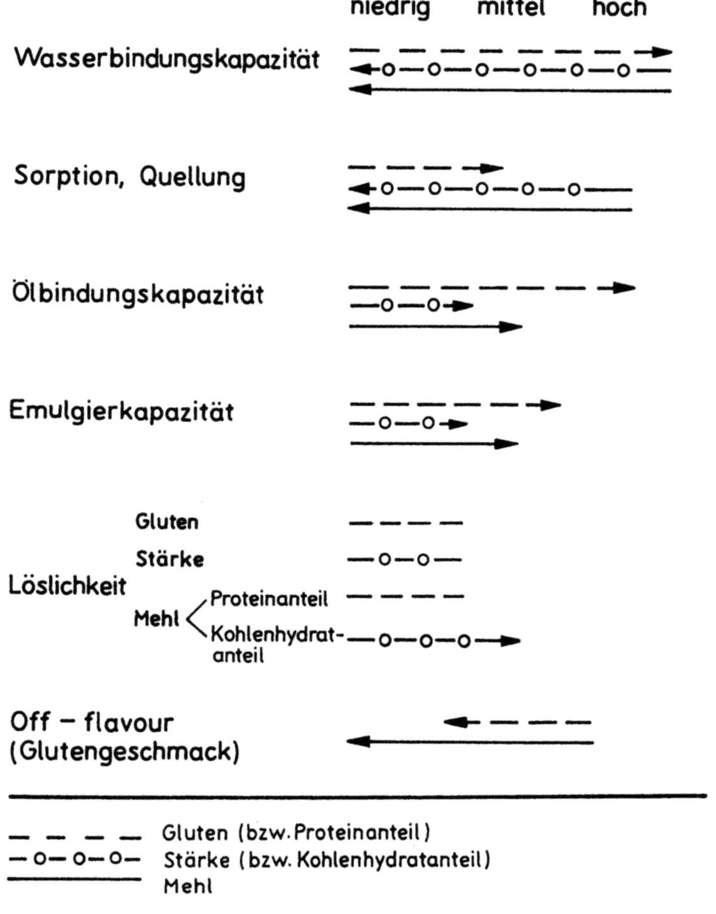

Abb. 3.5.-3 Veränderung ausgewählter Eigenschaften (in Pfeilrichtung) bei der Modifizierung von Weizenmehl und Gluten (BEHNKE u. TÄUFEL, 1994)

nachträglich sprüh- oder walzengetrocknete Erzeugnis besitzt Eigenschaften, die von den parallel erfolgenden Veränderungen am Gluten und an der Stärke bestimmt werden, die jedoch nicht als deren bloße Summe anzusehen sind. Dies betrifft z. B. Konsistenz, Wasserbindungskapazität, Sorption, Quellung, Ölbindungs- und Emulgierkapazität, Löslichkeit sowie Off-Flavour (Glutengeschmack) (Abb. 3.5.-3).

Durch Zusatz eines solcherart modifizierten Mehles läßt sich bei der Herstellung von Back- und Süßwarenfüllmassen, die bekanntlich sehr energiereich sind, eine erhebliche Einsparung an Fett und Zucker ermöglichen. Speziell bei Waffelfüllmassen mit 40–50 % Fett sowie 35–45 % Saccharose können folgende Effekte ohne Qualitätsverlust erzielt werden:
- Fettreduktion um 30–50 %,
- Saccharosereduktion um 20–30 %,
- Steigerung der Süßempfindung infolge Fettreduktion oder aber Beibehaltung derselben trotz deutlicher Zuckerreduktion,
- Verringerung des Anteils an Zuckeraustauschstoffen z. B. bei Diabetiker-erzeugnissen,
- Möglichkeit des verstärkten Einsatzes nicht gehärteter, d. h. flüssiger Pflanzenfette infolge der emulgierenden Wirkung des modifizierten Mehles.

Der Einsatz von modifiziertem Weizenmehl in Füllmassen eröffnet die Möglichkeit, ein breiteres Sortiment an energiereduzierten Lebensmitteln herzustellen. Dies betrifft vor allem die Fett- und Zuckerreduktion bei solchen Produkten, die als „Knabberartikel" zumeist zwischen den Mahlzeiten verzehrt werden (z. B. gefüllte Waffeln) und daher die Energiebilanz besonders belasten. Andererseits hat man es bei Weizenmehl mit einem preisgünstigen Ausgangsmaterial zu tun, dessen Enzymbehandlung nur wenig Mehrkosten verursacht. Es ist billiger als Fett und Zucker und bietet dem Produzenten ökonomische Vorteile. Schließlich lassen sich Zuckeraustauscher, Süßungsmittel, Aroma- und Geschmacksstoffe ökonomisch effektiver einsetzen, da ein verringerter Fettgehalt der Endprodukte die flavouraktiven Verbindungen stärker zur Wirkung kommen läßt.

3.5.3
Süßende Verbindungen („sweeteners")

Die Bezeichnung bzw. begriffliche Abgrenzung süßender (süßschmeckender) Verbindungen ist nicht einheitlich. Prinzipiell ist zwischen **Süßungsmitteln (nutritive sweeteners**; mit Energiegehalt, vorrangig auf der Basis von Kohlenhydraten bzw. Zuckern und Zuckeralkoholen) und **Süßstoffen (non-nutritive sweeteners**; ohne Energiegehalt, verschiedenen chemischen Klassen zugehörig) zu unterscheiden. Erstere lassen sich in **Zucker(stoffe)** sowie die ernährungsphysiologisch bedeutsamen **Zuckeraustauschstoffe**, letztere in chemisch synthetisierte (und in der Natur nicht anzutreffende) sowie in solche natürlicher (meist pflanzlicher) Herkunft unterteilen. Da verschiedene Zuckeraustauschstoffe, so z. B. Fructose und Palatinose, in chemisch/struktureller Hinsicht im Prinzip zur Gruppe der Zucker gehören, wird in diesem Kapitel ausnahmsweise zwischen „Zucker(stoffen)" und „Zuckeraustauschstoffen" unterschieden. Ansonsten ist der Begriff „Zuckerstoffe" im chemischen Schrifttum nicht üblich. Einen Überblick hierzu vermittelt Tab. 3.5.-3.

Tab. 3.5.-3 Süßende Verbindungen (sweeteners) mit biotechnologischer Bedeutung

Süßungsmittel (auf Kohlenhydratbasis, mit Energiegehalt; „nutritive sweeteners")		*Süßstoffe* (ohne bzw. mit zu vernachlässsigendem Energiegehalt; „non-nutritive sweeteners")
Zucker(stoffe)	*Zuckeraustauschstoffe*	
	1. Generation	
Saccharose	Fructose	Aspartam
Invertzucker	Sorbitol	Thaumatin
Glucose	Xylitol	Glycyrrhizin
Glucosesirupe	Mannitol	Monellin
Isomeratzucker		Phyllodulcin
Maltose		Steviosid
Maltosesirupe		Alitam
	2.Generation coupling sugar Palatinose Palatinit Maltitol Isomaltitol hydrierter Glucosesirup	

Zucker(stoffe) und **Zuckeraustauschstoffe** werden derzeit zu einem großen Teil unter Nutzung biotechnologischer Verfahren hergestellt. Auch zahlreiche Süßstoffe können auf biotechnologischem Wege gewonnen werden; vielfach ist eine solche Produktion allerdings erst im Labor- oder Pilotmaßstab gelungen.

Der wirtschaftlich bedeutendste Zucker(stoff) ist **Saccharose**. Das Disaccharid (β-D-Fructofuranosyl-α-D-glucopyranosid) dient in erster Linie als Süßungsmittel, vielfach zugleich zur Konservierung (Marmeladen, Obstkonserven usw.), als „körpergebende Substanz" (Hartkaramellen, Zuckerwaren) oder zur Erzeugung des „Mundgefühls" („mouth feeling effect") in alkoholfreien oder alkoholischen Getränken.

Viele Zucker und Zuckeralkohole bewirken beim Auflösen im Mund einen *kühlenden Geschmack*, der bei Saccharose allerdings relativ gering ist. Dies hängt mit der Höhe der negativen Lösungsenthalpie zusammen: Die zur Überwindung der „Gitterenergie" notwendige Wärme wird beim Lösungsvorgang dem Lösungsmittel entzogen. Vom Verbraucher wird dieser Effekt bei verschiedenen Erzeugnissen vielfach gewünscht.

Lebensmitteltechnologische und sensorische Aspekte

Saccharose zeichnet sich bei Vergleich mit allen anderen süßenden Verbindungen durch einen abgerundeten und angenehmen Süßgeschmack aus. Sie wird daher als *Referenz-Substanz* bei Angabe der **Süß-Intensität** von Zuckern und Zuckeraustauschstoffen herangezogen, wobei gewöhnlich eine 10 %ige wäßrige Lösung (bei 20 °C) zugrunde gelegt wird. Bei Angabe der „**relativen Süßkraft**" von süßenden Verbindungen wird auf die Geschmacksintensität von Saccharose (= 1 oder auch 100) bezogen. Dabei werden die Konzentrationen *isosüßer* Lösungen verglichen. Die rela-

Tab. 3.5.-4 Relative Süßkraft (bezogen auf Saccharose = 1) von süßenden Verbindungen (sweeteners) mit biotechnologischer Bedeutung

Zucker(stoffe)		**Süßstoffe**	
Saccharose	1	Aspartam	100–200
Invertzucker	0,9–1,0	Thaumatin	2000–2500
Glucose	0,5–0,8	Glycyrrhizin	50–100
Glucosesirup	0,2–0,7	Monellin	1500–2000
Isomeratzucker	0,8–1,0	Phyllodulcin	200–300
Maltose	0,3–0,6	Steviosid	200–300
		Alitam	2000
Zuckeraustauschstoffe			
Fructose	1,1–1,7		
Sorbitol	0,4–0,6		
Xylitol	0,9–1,0		
Mannitol	0,4–0,5		
coupling sugar	0,6–0,8		
Palatinose	0,4		
Palatinit	0,4–0,5		
Maltitol	0,6–0,9		
Isomaltitol	0,5		
hydrierte Glucosesirupe	0,3–0,8		

tive Süßkraft einer Verbindung ist durch diejenige Verdünnung einer Lösung gegeben, bei der sie ebenso süß schmeckt (isosüße Lösung) wie eine (gewöhnlich 10 %ige) Saccharose-Lösung. Ist z. B. eine 0,1 %ige Lösung der zu testenden süßen Verbindung ebenso süß wie eine 10 %ige Saccharose-Lösung, dann beträgt die relative Süßkraft der erstgenannten = 100 (mit Saccharose = 1). Zumeist ist die Geschmacksintensität abhängig von der Konzentration, vielfach auch von der Temperatur. Im allgemeinen muß daher mit Schwankungen gerechnet werden bzw. man gibt Mittelwerte an (Tab. 3.5.-4). Die Literaturangaben hierzu können aus diesem Grunde erheblich differieren.

Besonders wichtig für die Eignung eines Zuckers, Zuckeraustausch- oder auch Süßstoffes ist die **Geschmacksqualität**, die verbal oder mittels eines „*Geschmacksprofils*" charakterisiert werden kann (Tab. 3.5.-5). Generell interessiert die sensorische Qualität hinsichtlich *Süßeigenschaften, Mundgefühl* sowie – nicht erwünschter – *Off-Flavour*-Eindrücke. Das gesüßte Lebensmittel sollte den herkömmlichen Erzeugnissen entsprechen, zumindest diesen sehr nahekommen. An diesem Kriterium scheitern oftmals Neuentwicklungen, und auch die bisher zum Süßen verwendeten Stoffe erfüllen vielfach nicht die Erwartungen des Verbrauchers.

Schließlich ist das Verhalten der süßenden Verbindungen bei der industriellen Be- und Verarbeitung sowie bei der küchentechnischen Zubereitung der Lebensmit-

Tab. 3.5.-5 Sensorische Bewertung der Süßqualität

	Geschmacksqualitäten	
	Süßeigenschaften	Neben-/Fremdkomponenten (Off-Flavour)
	volle Süße	adstringierend
	wäßrige Süße	bitter
	spitzige Süße	seifig/laugig
	langanhaltende Süße	metallisch
		lakritzartig
		andere Geschmacksempfindungen

tel zu beachten. Saccharose besitzt diesbezüglich bestimmte Eigenschaften, wie z. B. Körpergebung, Kristallinität (je nach Applikationsgebiet im positiven oder negativen Sinne), Konsistenz, Transparenz, Löslichkeit, die so mancher Zuckeraustauschstoff nicht aufzuweisen hat.

Die erwünschten, zumeist jedoch *nicht sämtlich* zu realisierenden Eigenschaften für Zuckeraustausch- und Süßstoffe sind
- eine mit Saccharose qualitativ vergleichbare Süßempfindung,
- mit Saccharose vergleichbare funktionelle Eigenschaften (Fülle, Körpergebung, Mundgefühl in Getränken, Kristallinität),
- Farb- und Geruchlosigkeit, ohne Nachgeschmack bzw. Off-Flavour,
- gute Wasserlöslichkeit,
- chemische und thermische Stabilität (kochfest),
- keine Reaktionen mit anderen Bestandteilen des Lebensmittels eingehend,
- lebensmittelhygienisch/toxikologische Unbedenklichkeit,
- ökonomische Attraktivität.

Ernährungsphysiologische Aspekte: Zucker(stoffe)

Zucker, Honig (bzw. Invertzucker) wie auch andere Zucker(stoffe) verleihen den Lebensmitteln die angenehme Geschmacksrichtung „süß". Sie sind daher bei einem großen Teil der Verbraucher sehr beliebt. Hinsichtlich ihres Verzehrs läßt sich der Standpunkt der Ernährungswissenschaft wie folgt zusammenfassen.

1. Saccharose ist ein reiner *Energiespender*. Bei erhöhtem Konsum führt dies oft zu generellem Mehrverbrauch von (süßen oder gesüßten) Lebensmitteln mit einem erhöhten Risiko für Übergewicht und damit für das Auftreten von Herz-Kreislauf-Erkrankungen (vgl. Kap. 1.1.6).
2. Nach Aufnahme von Saccharose und Glucose wie auch von allen bei der Verdauung rasch Glucose liefernden Di- und Oligosacchariden steigt der Blutzuckerspiegel schnell an. Diese beim Gesunden normale Hyperglycämie kann vom Diabetiker infolge Insulinmangels nicht ausreichend reguliert werden. Überhöhte Blutzuckerwerte und die Ausscheidung von Glucose mit dem Harn sind die Folge (vgl. Kap. 1.2.2).
3. Saccharose wie auch andere Saccharide liefern bei ihrem mikrobiellen Abbau im Mund vor allem auf dem Zahnbelag organische Säuren, die den Zahn entkalken und zu Caries führen (Tab. 3.5.-6). Wenn der pH-Wert des Speichels nach Verzehr eines Zuckers unter 5,7 absinkt, wird die Verbindung als „cariogen" bezeichnet. Außerdem überführt die Mundflora verschiedene Saccharide, insbesondere Saccharose, in schleimige Reservepolysaccharide, die gleichzeitig als Matrix für den Zahnbelag dienen und die Haftfähigkeit der Bakterien am Zahn erhöhen (vgl. Kap. 1.2.4).
4. Verschiedene Zucker(stoffe) können andererseits für bestimmte Zielgruppen (z. B. Kranke, Rekonvaleszenten, Sportler, Kinder) als rasch verfügbare *Energielieferanten* und damit als wertvolle Nähr- und Kräftigungsmittel dienen. Für diätetische Lebensmittel und Speisezubereitungen mit diesem Applikationsziel haben sich – neben Saccharose – besonders folgende Produkte bewährt: Glucose (Traubenzucker), Honig, Kunsthonig (Invertzucker), Malzextrakt (Malzsirup, Maltose), Glucosesirup (Gluco-Oligosaccharide) (vgl. Kap. 3.5.3).

Tab. 3.5.-6 In-vitro-Säureproduktion in Zahnplaque-Suspensionen nach Zugabe von verschiedenen Zuckern und Zuckeralkoholen (IMFELD u. LUTZ, 1984)

Substrat	Säureproduktion (% von Glucose)[1]
Mannitol	0
Xylitol	0
Maltitol	10–30
Sorbitol	10–30
Lycasin 8055 (hydrierter Glucosesirup)	20–40
Fructose	80–100
Saccharose	100
Invertzucker	100
Glucose	100

[1]Glucose als Bezugssubstrat

Ernährungsphysiologische Aspekte: Zuckeraustausch- und Süßstoffe

Die Applikationsbereiche für Zuckeraustausch- und Süßstoffe sind überall dort zu sehen, wo nach herkömmlichen Rezepturen Saccharose verwendet wird, bestimmte Verbrauchergruppen jedoch aus den vorangehend genannten gesundheitlichen Gründen auf deren Verzehr verzichten müssen (oder möchten). Hier ist ein breites Sortiment an geeigneten Lebensmitteln entwickelt worden. Dies betrifft insbesondere Zucker- und Süßwaren, alkoholfreie wie auch alkoholische Getränke, Back- und Konditoreiwaren, Speiseeis, Sauermilchprodukte (Quarkspeisen, Joghurt-Zubereitungen), Obstkonserven, Müsli- und Instant-Frühstückszubereitungen sowie Milchgetränke.

Die an die Zuckeraustausch- und Süßstoffe zu stellenden Anforderungen sind von verschiedenen Voraussetzungen abhängig. Diese betreffen z. B. die jeweilige Zielgruppe, die Verwendung der Süßungsmittel zur Prophylaxe oder Therapie, für den Individualverzehr oder zur Herstellung von gesundheitsfördernden und diätetischen Lebensmitteln sowie Arzneimitteln.

Für die Verwendung durch Personen mit Übergewicht, Diabetes oder Caries – sei es vorbeugend oder aus therapeutischen Gründen – sollten Zuckeraustausch- und Süßstoffe durch mindestens eine (oder auch mehrere) der nachfolgend genannten Eigenschaften gekennzeichnet sein:

1. Bei Übergewicht
   - Zuckeraustauschstoffe:
     - Sie werden nicht oder nur teilweise absorbiert oder aber sind energetisch nicht oder nur partiell nutzbar.
     - Sie werden, sofern sie aus mehreren monomeren Bausteinen bestehen (Beispiel: Palatinit), im Intestinaltrakt nicht oder nur teilweise bis zu den Monomeren zerlegt, demzufolge nicht absorbiert und weitgehend mit den Faeces ausgeschieden oder erst von der Darmflora partiell abgebaut.
     - Sie werden im Körper nicht verstoffwechselt und demzufolge mit dem Harn ausgeschieden.
   - Süßstoffe:
     - Sie sind praktisch keine Energieträger.
     - Sie werden unverändert oder ohne energetische Nutzung ausgeschieden.

2. Bei Diabetes mellitus
   - Zuckeraustausch- wie auch Süßstoffe:
     Im Verlaufe der Verdauung wird keine Glucose freigesetzt; es besteht somit kein Insulinbedarf.
3. Bei Caries
   - Zuckeraustausch- wie auch Süßstoffe:
     – Sie werden durch Mikroorganismen der Mundflora nicht abgebaut.
     – Sie liefern keine Säuren oder Reservepolysaccharide.
     – Der pH-Wert des Speichels sinkt nicht unter 5,7 ab.

Verschiedene Di- und Oligosaccharide (z. B. Isomaltose, Palatinose, Raffinose), Zuckeralkohole (z. B. Sorbitol, Mannitol, Xylitol, Lactitol, Maltitol, Isomaltitol, Palatinit, hydrierter Glucosesirup) können – vor allem bei erhöhtem Verzehr – laxierend wirken. Dies hängt damit zusammen, daß Zuckeralkohole generell, die genannten Saccharide – mehr oder weniger intensiv – infolge verlangsamter enzymatischer Spaltung verzögert oder gar nicht absorbiert werden. Sie gelangen demzufolge in tiefere Darmabschnitte, stimulieren die Darmflora und ziehen – osmotisch bedingt – Wasser in das Lumen (vgl. Kap. 1.1.1, 1.1.2). Der laxierende Effekt verliert sich jedoch zumeist nach Gewöhnung.

3.5.3.1
Zucker(stoffe)

Nachfolgend werden diejenigen ernährungsphysiologisch oder diätetisch bedeutsamen Zucker(stoffe) behandelt, welche auf biotechnologischem Wege produziert werden oder sofern biotechnologische Verfahrensschritte bei ihrer Gewinnung eine Rolle spielen. Es sind dies
- Invertzucker,
- Glucose,
- Glucosesirupe (Stärkesirupe),
- Isomeratzucker,
- Maltose,
- Maltosesirupe.

Invertzucker

Invertzucker ist das Spaltprodukt der Saccharose, bestehend aus gleichen Teilen D-Glucose und D-Fructose. Die Zerlegung im technischen Maßstab erfolgt gewöhnlich mittels Säure (mit anschließender Neutralisation) oder enzymatisch. Im letztgenannten Falle werden Invertasen mikrobieller Herkunft eingesetzt. Bei diesen handelt es sich gewöhnlich um β-Fructosidasen. Invertzucker hat vornehmlich lebensmitteltechnologische Bedeutung (Kunsthonig, technologischer Hilfsstoff). Er kann als Energiespender dienen, aber auch zur Gewinnung von Fructose herangezogen werden (s. u.).

Glucose

D-Glucose (*Dextrose, Traubenzucker*) wird praktisch in allen süßen Früchten, zumeist vergesellschaftet mit D-Fructose, oder als Baustein von Saccharose vorgefunden. Sie wurde früher durch Spaltung von Stärke mittels Mineralsäure produziert. Seit den 60er Jahren wird sie jedoch zunehmend, heute ausschließlich auf biotechnologischem Wege gewonnen. Zu diesem Zweck wird enzymatisch (α-Amylase) oder sauer (Mineralsäure) verkleisterte und verflüsssigte Stärke der Einwirkung von Glucoamylase bis zur nahezu totalen Verzuckerung zu Glucose unterworfen. Das Roh-Hydrolysat wird bis zum gereinigten Pulver (Kristallisat) aufgearbeitet (Abb. 3.5.-4).

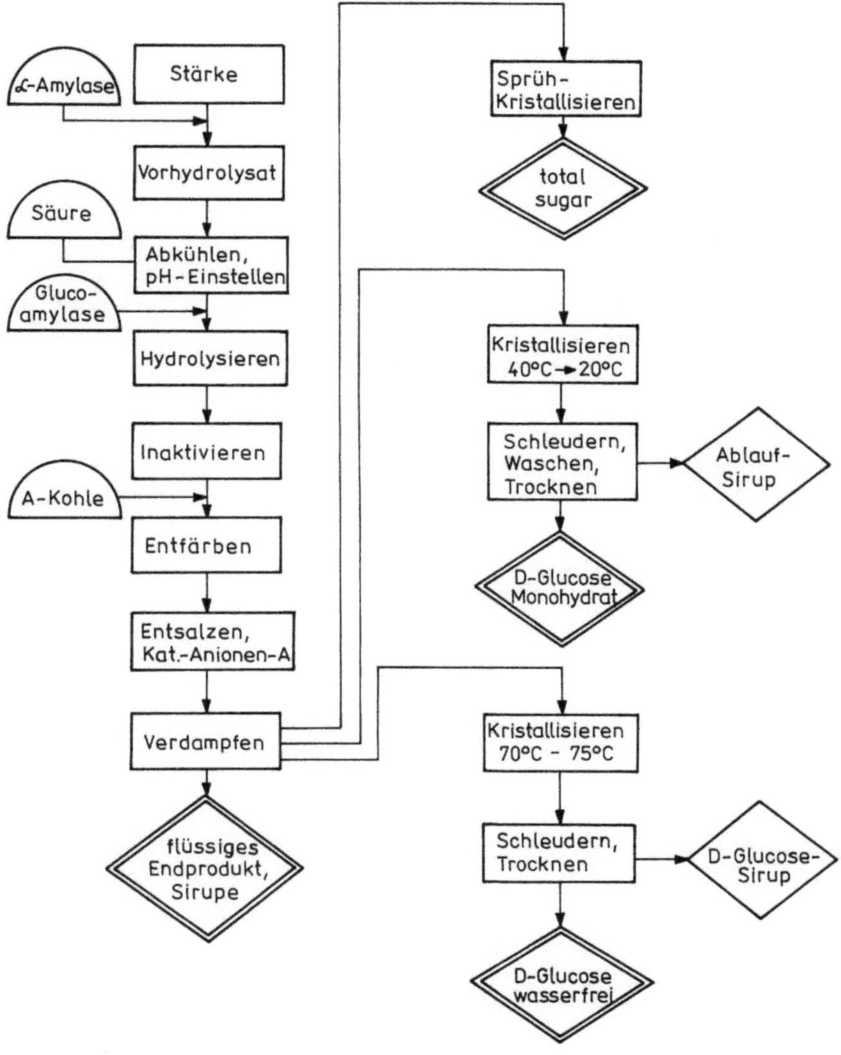

Abb. 3.5.-4 Verfahrenstechnischer Ablauf der enzymatischen Glucosegewinnung aus Stärke (nach SCHIERBAUM u. VORWERG, 1994)

Glucose ist gut wasserlöslich und weist eine relative Süßkraft von 0,5–0,8 auf. Das Monohydrat hat eine hohe negative Lösungswärme (-105,3 kJ/kg), was einen kühlenden Geschmack beim Auflösen im Mund hervorruft. Der Zucker ist ein leicht verdaulicher, schnell absorbierbarer und daher rasch wirkender Energiespender. Er ist jedoch nicht zahnschonend und für Diabetiker nicht geeignet.

Glucose dient als Nähr- und Kräftigungsmittel und wird in Form von Tabletten und Komprimaten sowie als Zusatz zu Kindernahrungen und Süßwaren verwendet. Im klinischen Bereich wird sie als Bestandteil von Infusionslösungen bei Erschöpfungszuständen oder intravenös zur parenteralen Ernährung verabfolgt. Sie dient als Ausgangsstoff für eine Reihe von Produktsynthesen (Sorbitol, Viamin C, Isomeratzucker, Fructose, Gluconsäure) sowie als C-Quelle bei technischen Fermentationen (z. B. Antibiotika, Enzyme, organische Genußsäuren, Aminosäuren).

Glucosesirupe

Glucosesirupe (früher zumeist als „**Stärkesirupe**" bezeichnet) sind wäßrig-sirupöse Lösungen aus Stärkeabbauprodukten mit etwa 20 % Wasser, wobei Glucose, Maltose sowie Oligo- und Polymere der Glucose (hauptsächlich in 1,4-α-Bindung mit 1,6-α-Verzweigungen) vorliegen. Zur Hydrolyse der Stärke wurde früher ausschließlich Mineralsäure verwendet. Heute sind es vorrangig Enzyme, in erster Linie α-Amylasen, zusätzlich aber auch β-Amylase, Pullulanase und Glucoamylase. Die Zusammensetzung des verwendeten Enzymsortiments hängt vom gewünschten Endprodukt hinsichtlich des Anteils der einzelnen Gluco-Oligosaccharide sowie vom angestrebten Verzuckerungsgrad ab. Auch sind Verzuckerungsverfahren unter gemischtem Einsatz von Säure und Enzymen bekannt. Das nach der Verzuckerung gewonnene Rohprodukt wird filtriert, entfärbt, entsalzt (Ionenaustauscher) und im Vakuum eingeengt, ggf. zusätzlich sprühgetrocknet.

Man unterscheidet zwischen Glucosesirupen mit verschiedenen Hydrolysegraden:
- 20–30 % DE   niedrig verzuckert,
- 36–48 % DE   mittelverzuckert,
- 63–70 % DE   hochverzuckert,
- > 95 % DE   Flüssigdextrose.

Die relative Süßkraft liegt, je nach Verzuckerungsgrad und Zusammensetzung des Mehrkomponentengemisches, zwischen 0,2 und 0,6. Glucosesirup ist leicht verdaulich und wird im Intestinaltrakt rasch zu Glucose gespalten und absorbiert. Für Diabetiker wie auch hinsichtlich einer Caries-Prophylaxe ist Glucosesirup nicht zu empfehlen. Hingegen werden seine hydrierten Erzeugnisse als zahnschonende Zuckeraustauschstoffe bezeichnet (s. u.).

Die Applikationspalette von Glucosesirupen im Lebensmittelsektor ist sehr breit. Sie dienen u. a. als Feuchte-Stabilisatoren, Frisch- und Weichhaltemittel, Kristallisationshemmer, Dickungsmittel und zur Aufrechterhaltung des „Mundgefühls" bei Getränken. Was ihre Bedeutung im diätetischen Bereich anlangt, so werden sie vor allem für fettarme Erzeugnisse, zur Dickung und Füllegebung (Senkung des Fett- und Zuckereinsatzes) sowie zur Verbesserung der Emulsions- und Schaumstabilität bei energiereduzierten Produkten geschätzt.

Isomeratzucker

Dieser „künstliche" Zucker (auch als *„Isozucker"*, *„Isomerose"*, *„high fructose corn syrup"* oder *„HFCS"* bezeichnet, vgl. auch Kap. 3.5.3.2) ist in seiner Saccharid-Zusammensetzung etwa mit Invertzucker zu vergleichen, wenngleich gewisse (geringfügige) Unterschiede hinsichtlich der prozentualen Anteile Glucose/Fructose bestehen. Seine Herstellung erfolgt ausschließlich auf biotechnologischem Wege. Er wird heute zugleich als Ausgangsprodukt für Fructose verwendet und deshalb zusammen mit dieser besprochen (vgl. Kap. 3.5.3.2).

Maltose

Maltose (*Malzzucker*; 4-O-α-D-Glucopyranosyl-D-glucopyranose) ist in der Natur nur als Intermediärglied des natürlichen Stärkeabbaues anzutreffen (z. B. in Malz, Bierwürze, Hefe- und Sauerteig, Backwaren). Malzextrakt (früher verbreitet als Energiespender verwendet) enthält 40–50 % Maltose in der Trockensubstanz. Das reine Disaccharid läßt sich leicht aus hochverzuckerten Maltose-Sirupen gewinnen (s. u.). Durch katalytische Hydrierung wird es in den Zuckeraustauschstoff *Maltitol* überführt.

Maltose ist leicht löslich in Wasser und weist eine rel. Süßkraft von 0,3–0,6 auf. Sie wird im Intestinaltrakt durch mucosaeigene α-Glucosidasen rasch zerlegt und als Glucose absorbiert, ist somit ein schnell wirkender Energiespender. Für Diabetiker ist sie nicht geeignet; ferner wirkt sie cariogen. Reine Maltose spielte in der Vergangenheit lediglich als Biofeinchemikalie eine Rolle, nicht hingegen als Lebensmittelzusatzstoff bzw. für die Ernährung. Für diese Zwecke wurden Malzextrakt (s. o.) oder neuerdings Maltose-Sirupe herangezogen.

Maltose-Sirupe

Seit etwa Ende der 80er Jahre ist es dank der Entwicklung geeigneter technischer Enzympräparate gelungen, maltosereiche Sirupe wie auch reine Maltose-Sirupe industriell herzustellen. Mais- oder Kartoffelstärke werden unter Einsatz von Säure, α-Amylase, Isoamylase und β-Amylase zerlegt. Man erhält Hydrolysate mit einem Maltose-Anteil, der in Abhängigkeit vom verwendeten Enzymgemisch unterschiedlich hoch ausfallen kann. In der Praxis unterteilt man die Maltose-Sirupe in die Gruppen

- hochverzuckert   40–50 % Maltose i. TS,
- maltosereich   45–60 % Maltose i. TS,
- hoch maltosereich 70–85 % Maltose i. TS,
- Maltose   90–95 % Maltose i. TS.

Die Aufbereitung der Hydrolysate erfolgt gewöhnlich durch nachgeschaltete Behandlung mit Ionenaustauschern, durch Fraktionieren, Einengen im Vakuum, ggf. Animpfen mit Maltosekristallen. Weitere Kohlenhydratkomponenten des Sirups sind Glucose, Gluco-Oligosaccharide und – in geringen Mengen – Dextrine.

Maltose-Sirupe werden in Form sprühgetrockneter Pulver im Handel angeboten und in der Diätetik, zur Krankenernährung und für Rekonvaleszenten als leicht verdauliche Energiespender und Kräftigungsmittel verwendet. In der Pädiatrie werden sie als verdauungsfördernd und stuhlregulierend empfohlen. Nicht geeignet sind sie für Diabetiker, desgleichen stimulieren sie in unerwünschter Weise die Mundflora.

3.5.3.2
Zuckeraustauschstoffe

Analog zu den Zucker(stoffen) werden auch in diesem Kapitel nur diejenigen Verbindungen behandelt, deren Gewinnung das Interesse der Biotechnologie in Anspruch nimmt.

Unter „Zuckeraustauschstoffen" versteht man vereinbarungsgemäß Substanzen, die hinsichtlich ihrer chemischen Struktur sowie ihrer lebensmitteltechnologischen und sensorischen Eigenschaften der Saccharose möglichst nahekommen. Sie sollen sich für Diabetiker, zur Cariesprophylaxe sowie in energiereduzierten und diätetischen Lebensmitteln als Süßungsmittel eignen. Chemisch gesehen gehören in diese Gruppe von Polyhydroxyverbindungen einige Zucker (Mono-, Disaccharide, Oligosaccharidgemische) und Zuckeralkohole. Seit einiger Zeit unterscheidet man zwischen den seit längerer Zeit verwendeten Zuckeraustauschstoffen der „**ersten Generation**" (Fructose, Sorbitol, Xylitol, Mannitol) und neueren Entwicklungen der „**zweiten Generation**" (coupling sugar, Palatinose, Palatinit, Maltitol, Isomaltitol, hydrierter Glucosesirup) (vgl. auch Tab. 3.5.-3).

Fructose

D-Fructose (*Fruchtzucker*, *Lävulose*) findet sich in der Natur frei in zahlreichen Früchten, im Invertzucker (Bienenhonig), chemisch gebunden als Bestandteil der Saccharose (Zuckerrübe, Zuckerrohr) und des Inulins (Topinambur, Artischocke). Früher wurde Fructose aus Invertzucker (Spaltung von Saccharose mittels Mineralsäure oder Invertase, EC 3.2.1.26) durch Fällung als Ca-Fructosat mit nachfolgender Abtrennung des Calciums (als Carbonat) gewonnen. Dieses Verfahren ist jedoch ökonomisch wenig attraktiv. Einen deutlichen ökonomischen Fortschritt brachte erst die Spaltung von Saccharose mit nachfolgender Differenzierung der Monomeren an einem stark sauren Kationenaustauscher. Die beiden Monosaccharide erscheinen in deutlich voneinander trennbaren Fraktionen im Eluat und können nachfolgend isoliert werden. Des weiteren kann Inulin, eine Polyfructose (Fructan in 1,2-Bindung, mit bis zu 5 % Glucose im Molekül), als Rohstoff herangezogen werden. Das Polysaccharid wird durch Säure (unter Substanzverlust) oder enzymatisch mittels Inulinase (EC 3.2.1.7) in den monomeren Baustein Fructose (und wenig Glucose) zerlegt. Das enzymatische Verfahren scheint sich auch industriell zunehmend einzuführen.

Derzeit verwendet man vorrangig Stärke als Ausgangsstoff. Das Polysaccharid wird mittels Glucoamylase in Glucose zerlegt, die man anschließend unter Einsatz von immobilisierter Glucoseisomerase in ein Glucose/Fructose-Gemisch überführt (s. Kap. 3.5.1). Die Zusammensetzung des Gemisches (48–49 % Glucose und 51–52 % Fructose) entspricht somit in etwa derjenigen des Invertzuckers. Das gereinigte und im Vakuum eingeengte Eluat wird als „*Isomeratzucker*" (vgl. Kap. 3.5.3.1) bezeichnet und bei der Lebensmittelproduktion vielfältig angewandt. Durch verschiedene

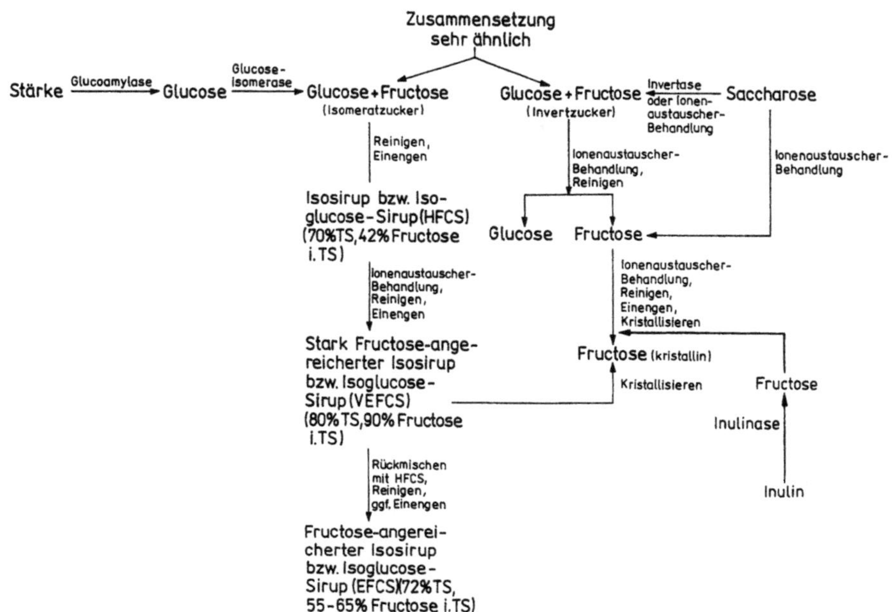

Abb. 3.5.-5 Verfahrenstechnischer Ablauf der Herstellung von Isoglucose-Sirup, Fructose-angereichertem Isoglucose-Sirup oder Fructose aus Stärke oder Saccharose

Verfahren der Fructoseanreicherung (chromatographische Auftrennung über Ionenaustauscher, Komplexierung der Fructose mittels Calcium, Auskristallisieren der schwerer löslichen Glucose und Rückführung derselben in den Isomerisierungsprozeß) können Chargen mit bis zu 90 % Fructose erhalten werden. Sie lassen sich durch abermalige Behandlung mit Ionenaustauschern von noch vorhandenen Glucoseresten befreien (Abb. 3.5.-5).

Fructose ist gut wasserlöslich und weist eine relative Süßkraft von 1,1–1,7 auf. Sie ist leicht verdaulich, wirkt nicht laxierend und wird Insulin-unabhängig verstoffwechselt. Vom Diabetiker wird sie toleriert, sofern ihr Verzehr in Grenzen gehalten wird (bis zu 30 g pro Tag) und über den ganzen Tag verteilt erfolgt.

Ihre Löslichkeit sowie ihre intensive, vor allem aber angenehme Süße machen sie zu einem wertvollen Zuckeraustauschstoff für Diabetiker. Auch in der Diätetik (bei Lebererkrankungen, Gallenleiden, Störungen der Pankreasfunktion und bei der Ernährung von Senioren) gewinnt Fructose zunehmend an Bedeutung. Sie wird auch bei der parenteralen Ernährung (z. B. für Infusionslösungen) verwendet.

Sorbitol

D-Sorbitol (*D-Glucitol*) findet sich in der Natur in den Beeren der Eberesche, in kleinen Mengen auch in Kern- und Steinobst. Es wird großtechnisch durch elektrochemische Reduktion oder katalytische Hydrierung von D-Glucose hergestellt, die ihrerseits auf biotechnologischem Wege gewonnen wird (s. o.).

Der Zuckeralkohol weist eine relative Süßkraft von 0,4–0,8 auf, wobei jedoch die Süßqualität gegenüber derjenigen von Saccharose deutlich abfällt (keine „reine"

Süße, mit Nachgeschmack). Die hohe negative Lösungswärme (-111 kJ/kg) bewirkt den kühlenden Geschmack bei der Auflösung im Mund.

Die Absorptionsgeschwindigkeit des Zuckeralkohols im Darm ist im Vergleich zu Glucose und Fructose stark verzögert, so daß er in tiefere Darmabschnitte gelangt, laxierend wirkt und auch partiell wieder ausgeschieden wird. Bei länger andauerndem Verzehr geht diese Wirkung zurück. Er liefert dadurch nur etwa 60 % des Energiegehaltes von Saccharose. Sorbitol wird im Körper mittels Sorbitol-Dehydrogenase (EC 1.1.1.14) in Fructose überführt und als solche – ohne Insulinbedarf (s. o) – weiter umgesetzt. Es ist somit ein verträgliches Diabetiker-Süßungsmittel. Die Tagesmenge sollte jedoch 30 g nicht überschreiten. Von Streptokokken des Zahnbelages wird Sorbitol nicht oder nur verzögert abgebaut; der pH-Wert des Speichels sinkt demzufolge nicht unter 5,7 ab. Die Verbindung ist als zahnschonend zu bezeichnen.

Sorbitol ist schwach hygroskopisch und dient als Frisch- und Weichhaltemittel z. B. für Fondantmassen, Marzipan und Lebkuchen. Vor allem wird es in Diabetiker-Lebensmitteln (Süßwaren, Schokolade, Obstkonserven, Marmeladen, Konfitüren, Getränke, Konditorei-, Back- und Dauerbackwaren) – teilweise auch in Kombination mit Fructose – verwendet. Die Bedeutung von Sorbitol ist in den letzten Jahren zurückgegangen, da es hinsichtlich Geschmacksqualität Wünsche offen läßt. Im klinischen Bereich wird der Zuckeralkohol zur parenteralen Ernährung, als Bestandteil von Sonden-Nahrungen, ferner als mildes Laxans (z. B. vor Operationen) eingesetzt. Nach fermentationstechnischer Dehydrierung zu L-Sorbose wird er großtechnisch über verschiedene Zwischenstufen in Vitamin C überführt (vgl. Kap. 3.9).

Xylitol

Der 5-wertige Zuckeralkohol findet sich in geringen Mengen in manchen eßbaren Pilzen sowie in Obst und Gemüse. Er wird derzeit durch mineralsaure Hydrolyse von Xylan („Holzgummi") zu Xylose („Holzzucker") mit nachfolgender Reinigung (Ionenaustauscher) und katalytischer Hydrierung gewonnen (Abb. 3.5.-6). Xylan seinerseits ist ein Polymer aus 1,4-β-glycosidisch verknüpften Xylosen mit kurzen,

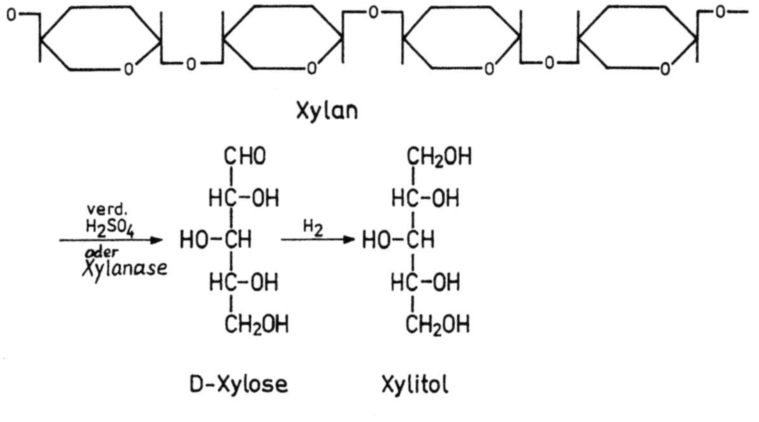

Abb. 3.5.-6 Gewinnung von Xylitol aus Xylan

unterschiedlich zusammengesetzten Seitenketten, die auch Arabinose, Glucose, Galactose und/oder Gluconsäure sowie Acetyl- und Methylgruppen enthalten. Holzgummi ist Bestandteil von Laub- und Nadelhölzern (insbesondere Birkenholz), Stroh, Maisspindeln, Kleie, Nußschalen u. a. m.

Inzwischen sind mehrere Xylanasen nachgewiesen worden, welche das Polysaccharid zu hydrolysieren vermögen, so z. B. Endo-1,4-β-D-Xylanase (noch keine EC-Nr.), Exo-1,4-β-D-Xylosidase (EC 3.2.1.37) und Endo-1,3-β-D-Xylanase (EC 3.2.1.32). Der komplexe Abbau der vielfältig strukturierten Xylane bis zu den monomeren Bausteinen, insbesondere Xylose, macht die komplexe und synergistische Wirkung verschiedener Xylanasen bzw. Hemicellulasen erforderlich. Technische Enzympräparate mit diesen „universellen" Eigenschaften werden bisher noch nicht in industriellem Umfang produziert.

Xylitol hat mit einer relativen Süßkraft von 0,9–1,0 annähernd die gleiche Süßintensität wie Saccharose. Die Qualität der Süßempfindung kommt dabei dem Disaccharid sehr nahe. Mit einer Lösungsenthalpie von –153,1 kJ/kg verursacht der kristalline Zuckeralkohol einen kühlenden Geschmack. Er wird – wie die meisten Verbindungen dieser Art – im Intestinaltrakt verzögert absorbiert und wirkt bei erhöhtem Angebot leicht laxierend (s. o.). Sein Abbau im Organismus erfolgt über Xylulose, die ihrerseits über den Insulin-unabhängigen Pentosephosphatweg metabolisiert wird. In Deutschland ist Xylitol als Zuckeraustauschstoff für Diabetiker zugelassen, wobei jedoch Mengen-Begrenzungen gelten. Der pH-Wert des Speichels sinkt nach Verzehr des Zuckeralkohols nicht unter 5,7. Offenbar hemmt er auch das Wachstum von *Bacillus mutans*, da der Zahnbelag signifikant vermindert ist. In Versuchen zum völligen Austausch von Saccharose durch Xylitol (Süßwaren, süße Getränke, Marmeladen, Kaugummi) zeigt sich, daß der Cariesbefall bei Versuchspersonen – im Vergleich zu Kontrollen – praktisch bis auf Null zurückgeht.

Übrigens gilt auch **D-Xylose** als Zuckeraustauschstoff. Sie besitzt jedoch nur die halbe Süßkraft von Saccharose und wird daher kaum noch als solcher verwendet.

Mannitol

D-Mannitol wurde bereits 1806 aus Manna, dem eingetrockneten süßen Saft der Manna-Esche (Ölbaumgewächs Süditaliens), gewonnen. Es enthält 8 % Wasser und etwa 80 % lösliche Kohlenhydrate, dabei 40–60 % Mannitol. Heute wird der Zuckeralkohol in erster Linie durch katalytische Hydrierung von Fructose (es entste-

Abb. 3.5.-7 Umwandlung von Fructose in Sorbitol und Mannitol durch katalytische Hydrierung

$$
\begin{array}{c}
CH_2OH \\
| \\
C\!=\!O \\
| \\
HO\!-\!CH \\
| \\
HC\!-\!OH \\
| \\
HC\!-\!OH \\
| \\
CH_2OH
\end{array}
\quad\xrightarrow{H_2}\quad
\begin{array}{c}
CH_2OH \\
| \\
HC\!-\!OH \\
| \\
HO\!-\!CH \\
| \\
HC\!-\!OH \\
| \\
HC\!-\!OH \\
| \\
CH_2OH
\end{array}
\quad+\quad
\begin{array}{c}
CH_2OH \\
| \\
HO\!-\!CH \\
| \\
HO\!-\!CH \\
| \\
HC\!-\!OH \\
| \\
HC\!-\!OH \\
| \\
CH_2OH
\end{array}
$$

D-Fructose   D-Sorbitol   D-Mannitol

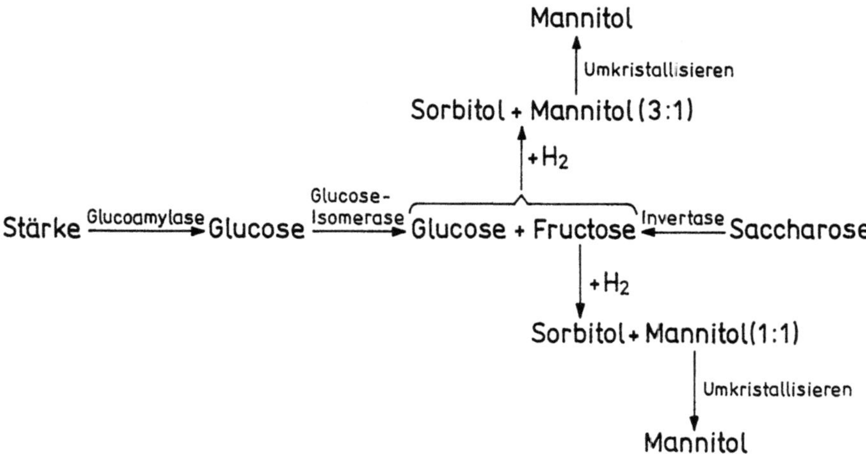

Abb. 3.5.-8 Gewinnung von Sorbitol und Mannitol aus Stärke oder Saccharose

hen je 50 % Sorbitol und Mannitol) oder von Invertzucker (entspr. 75 % Sorbitol und 25 % Mannitol) hergestellt (Abb. 3.5.-7, 3.5.-8). Mannitol wird – als im Vergleich zu Sorbitol wesentlich schwerer lösliche Substanz – leicht durch Umkristallisieren aus dem Gemisch abgetrennt. Im Prinzip kann Mannitol auch durch saure oder enzymatische Hydrolyse von Galactomannanen (in Steinnüssen, Johannisbrotsamen, Guarpflanzen) mit nachfolgender Hydrierung der abgetrennten Mannose gewonnen werden. Jedoch wird ein solches Verfahren in der Praxis noch nicht angewandt.

Mannitol hat eine relative Süßkraft von 0,4–0,5. Die Süßqualität fällt im Vergleich zu Saccharose ab. Infolge stark verzögerter Absorption gelangt der Zuckeralkohol in tiefere Darmabschnitte und wirkt leicht laxierend. Im Körper wird er kaum verstoffwechselt und daher weitgehend unverändert ausgeschieden. Da die Verbindung von Streptokokken des Zahnbelages nur sehr langsam umgesetzt wird (der pH-Wert des Speichels sinkt nach Verzehr nicht unter 5,7), ist sie zugleich als zahnschonend zu bezeichnen.

Mannitol ist seit langem als Diabetiker-Süßungsmittel bekannt und auch in vielen Ländern zugelassen. Jedoch hat es sich – zumindest in Mitteleuropa – nicht so recht durchsetzen können, obgleich es gegenüber Säuren und Alkalien relativ beständig sowie koch- und backfest ist. Die Gründe hierfür sind eine verhältnimäßig niedrige Süßkraft, ein „mehliger" Beigeschmack sowie die geringe Löslichkeit. Im klinischen Sektor wird Mannitol als mildes Laxans eingesetzt.

Coupling sugar

Coupling sugar ist ein Gemisch aus oligomeren Zuckern in wäßrig sirupöser Form. Es besteht vorrangig aus Saccharose sowie Oligoglucosiden, die überwiegend einen Fructoserest am reduzierenden Ende des Moleküls aufweisen. Zu seiner Herstellung läßt man das Cyclomaltodextrin-Glucanotransferase-System z. B. aus *Bacillus megaterium* auf verflüssigte Stärke in Gegenwart von Saccharose einwirken. Der

1. Cyclisierung (intramolekulare Transglycosidierung):

   Stärke → α-, β-, γ-Cyclodextrine

2. Hydrolyse (α-Amylolyse):

   verflüssigte Stärke, ⎫ → Dextrine,
   Cyclodextrine ⎭ → Gluco-Oligosaccharide

3. Intermolekulare Transglycosidierung:

   Stärkeabbauprodukte + Saccharose → Gemisch aus
       Glucooligosyl-Saccharosen + Gluco-Oligo-
       sacchariden + Glucose (= „coupling sugar")   FS 3.5.-6

Mehrenzym-Komplex katalysiert die Reaktionen *Cyclisierung, α-Amylolyse* und *Transglycosidierung* (vgl. Kap. 3.5.1):

Im Verlaufe der Reaktion werden die jeweils freigesetzten, unterschiedlich großen Stärkeabbauprodukte unter Nutzung der bei der Kettenspaltung freiwerdenden Energie mit ihrem reduzierenden Ende durch Knüpfen einer 1,4-α-Bindung am C-6-Atom des Glucosebausteins der Saccharose verankert. Hierdurch entstehen Glucooligosyl-Fructosen (bzw. -Saccharosen) mit Fructose als terminalem Glied neben einem Gemisch aus Saccharose, Glucose, Fructose und Glucooligosacchariden (Tab. 3.5.-7).

Coupling sugars weisen eine relative Süßkraft von 0,6–0,8 auf und sind von angenehmer Geschmacksqualität. Sie werden auch als Saccharoseaustauscher gehandelt und sollen die Glucanbildung z. B. durch *Streptococcus mutans* (Mundflora) auf der Oberfläche der Zähne kompetitiv hemmen. Als „nicht cariogene Süßungsmittel" werden sie für Kekse, süße Dauerbackwaren, Süßigkeiten, Marmeladen, Konfitüren usw. empfohlen. Diese Eigenschaft ist jedoch umstritten, zumal coupling sugar einen nicht unbeträchtlichen Saccharose-Anteil enthält und auch Oligoglucosyl-Fructosen von oral angesiedelten Mikroorganismen verstoffwechselt werden können. Coupling sugar kann daher weder als energiereduzierter noch als Diabetiker-Zucker bezeichnet werden.

Tab. 3.5.-7 Zusammensetzung von coupling sugar (ausgewähltes Gemisch)	Zuckerkomponenten	Anteil im Gemisch (%)
	Fructose	0,5–1,5
	Glucose	5–7
	Saccharose	11–15
	Maltose	10–12
	Glucosylsaccharose	11–15
	Maltotriose	7–9
	Maltosylsaccharose	7–11
	höhere Oligosaccharide	35–41

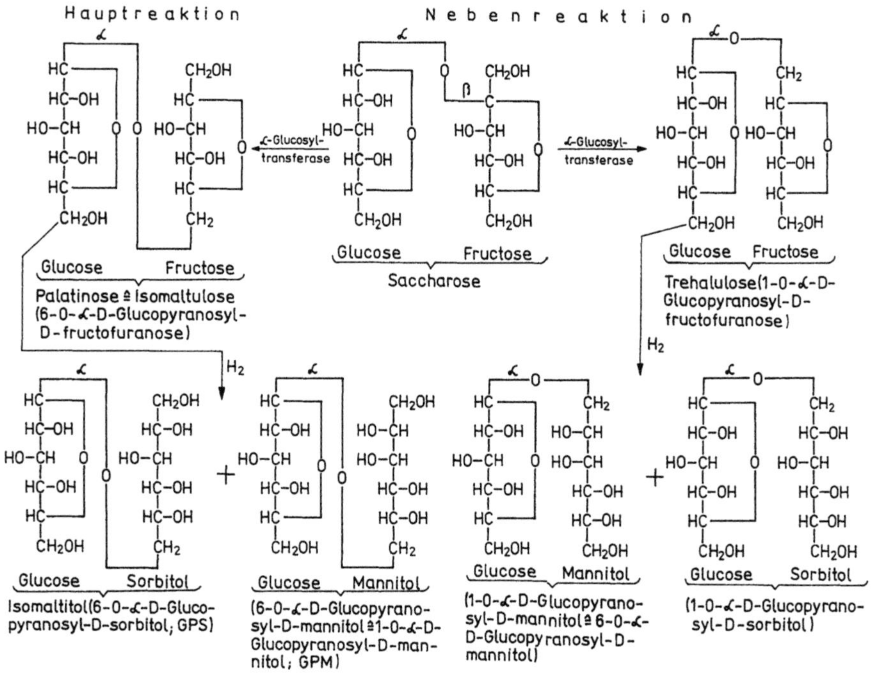

Abb. 3.5.-9 Umwandlung von Saccharose in Palatinose (Hauptreaktion) und Trehalulose (Nebenreaktion) durch Einwirkung von α-Glucosyltransferase sowie deren weitere Überführung in Palatinit (Palatinitol) und reduzierte Produkte der Trehalulose durch nachgeschaltete katalytische Hydrierung

Palatinose

Palatinose (*Isomaltulose*; 6-O-α-Glucopyranosyl-D-fructofuranose) ist struktur-isomer mit Saccharose. Sie entsteht durch Einwirkung von α-Glucosyltransferase (einer Transglucosidase) auf Saccharose. Das Enzym katalysiert in der Hauptreaktion die Übertragung des Glucoserestes der Saccharose auf das C-6-Atom von intermediär freigesetzter Fructose unter Ausbildung einer 1,6-α-Bindung (Abb. 3.5.-9). Durch Transfer eines Teiles der Glucose auf das C-1-Atom der Fructose kann in einer Nebenreaktion als Begleitprodukt etwas *Trehalulose* (1-O-α-D-Glucopyranosyl-D-fructofuranose) entstehen. Die Menge der letztgenannten Verbindung im Gemisch ist von den vorgegebenen Reaktionsbedingungen und vom Enzym abhängig.

Die technische Herstellung (Abb. 3.5.-10) erfolgt unter Einsatz immobilisierter Zellen von *Protaminobacter rubrum, Serratia polymuthica, Erwinia rhapontici* oder *Leuconostoc mesenteroides*, welche die Transglucosidase sämtlich im periplasmati-schen Raum der Zelle enthalten. Die Saccharose-Lösung wird kontinuierlich über eine Säule mit immobilisierten Zellen gegeben oder auch im Chargenverfahren zuge-setzt. Dabei wird das Disaccharid zu 85 % in Palatinose überführt. Im Effluent kön-nen sich noch kleinere Anteile an Trehalulose, Isomaltose, Isomelicitose, Fructose oder Glucose vorfinden.

Abb. 3.5.-10 Verfahrensschritte
bei der Gewinnung von
Palatinose aus Saccharose
mittels immobilisierter
α-Glucosyltransferase
(CHEETHAM et al., 1985)

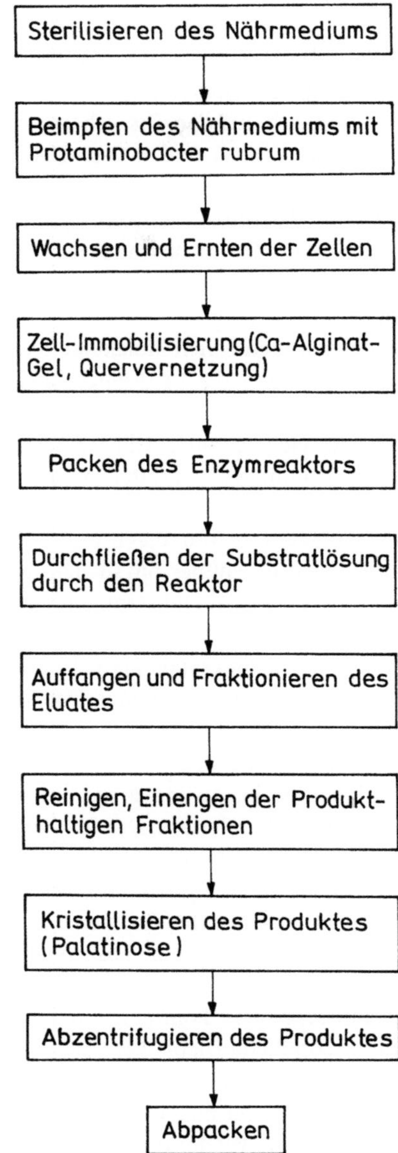

Die relative Süßkraft der Palatinose beträgt 0,4. Im Intestinaltrakt wird sie von
dem mucosaeigenen Enzym Oligo-1,6-glucosidase (EC 3.2.1.10) zerlegt. Ihre Spaltung
im Dünndarm erfolgt wesentlich langsamer als z. B. diejenige der isomeren
Saccharose. Die Absorption der Spaltprodukte (Glucose, Fructose) ist somit ebenfalls
stark verzögert, so daß ein unerwünscht rascher Anstieg des Blutzuckerspiegels z. B.
beim Diabetiker unterbleibt. Von der Mundflora wird Palatinose nicht bzw. nur verzögert angegriffen.

Palatinose ist ein Zuckeraustauschstoff, der für Diabetiker, zur Cariesprophylaxe
sowie für energiereduzierte Lebensmittel gleichermaßen geeignet ist.

Palatinit

Durch katalytische Hydrierung von Palatinose wird „Palatinit" („*Isomalt*", beides Warenbezeichnungen) erhalten (vgl. Abb. 3.5.-9). Es handelt sich dabei um ein äquimolekulares Gemisch aus den Disaccharid-Alkoholen 6-O-α-D-Glucopyranosyl-D-sorbitol (*GPS, Isomaltitol*) und 6-O-α--D-Glucopyranosyl-D-mannitol (*GPM*). Bei (der zumeist üblichen) Anwesenheit größerer Mengen des Nebenproduktes *Trehalulose* in der Palatinose (vgl. Abb. 3.5.-9) werden auch 1-O-α-D-Glucopyranosyl-D-sorbitol und 1-O-α-D-Glucopyranosyl-D-mannitol gebildet. Das Gemisch der verschiedenen Zuckeralkohole läßt sich durch fraktionierte Kristallisation weitgehend auftrennen.

(Infolge des symmetrischen Molekülaufbaues des Mannitols sind in diesem speziellen Falle die 1,6- und die 1,1-α-glucosidischen Bindungen chemisch gleich. Aus Nomenklaturgründen wird daher die 1,6-Bindung bevorzugt als 1,1-Bindung angegeben. Da Sorbitol vielfach auch „Glucitol" genannt wird, finden sich im Schrifttum sowohl die Bezeichnungen „-sorbitol" als auch „-glucitol").

Palatinit ist von reiner, der Saccharose sehr nahe kommender Süßqualität mit einer relativen Süßkraft von 0,4–0,5 und weist keinen unangenehmen Nachgeschmack auf. Er ist gegenüber physikalischen Einflüssen (z. B. Erhitzen) wie auch mikrobiellem Befall weitgehend stabil und geht keine MAILLARD-Reaktion ein. Von der Mundflora wie auch im Intestinaltrakt wird er nur sehr zögernd gespalten (im Dünndarm z. B. 12 mal langsamer als Saccharose), entsprechend verzögert absorbiert und nur zu 50 % energetisch genutzt. Der Rest wird mit dem Stuhl ausgeschieden (Energiegehalt: 10 kJ bzw. 2,4 kcal/g). Bei Verzehr größerer Mengen wirkt er laxierend; dieser Effekt nimmt nach Gewöhnung rasch ab. Vom Normalverbraucher werden nach Adaptation bis zu 100 g pro Tag vertragen. Vom Diabetiker wird er bei maßvollem Verbrauch toleriert. Der Zuckeralkohol ist weit weniger cariogen als Saccharose, da nach Verzehr der pH-Wert des Speichels nicht unter 5,7 abfällt.

Palatinit hat als nicht hygroskopischer Zuckeraustauschstoff für die Zukunft gute Chancen. In der erstarrten Schmelze (z. B. bei Hartkaramellen) hat er günstige physikalische Eigenschaften. Seine Löslichkeit beträgt allerdings nur 25 % derjenigen von Saccharose, was jedoch unter den üblichen Bedingungen der Verarbeitung ausreicht. Als Einsatzgebiete kommen energiereduzierte Lebensmittel, gesüßte und zugleich zahnfreundliche Diabetikererzeugnisse, Dauerback-, Süß- und Konditoreiwaren, Obstkonserven, Erfrischungsgetränke, Marmeladen und Konfitüren in Betracht. In Kombination mit den Süßstoffen Aspartam (s. u.) oder Acesulfam bewirkt er eine deutliche Verstärkung der Süßkraft ohne Beeinträchtigung der sensorischen Qualität.

Maltitol

Maltitol („*Malbit*") wurde bereits 1936 von KARRER durch katalytische Reduktion von Maltose hergestellt (Abb. 3.5.-11). Seine technische Produktion erfolgt inzwischen aus hochmaltosereichem Glucosesirup, der seinerseits durch enzymatische Hydrolyse von Mais- oder Kartoffelstärke gewonnen wird (vgl. Kap. 3.5.3.1). Die Hydrolysate werden katalytisch hydriert. Durch Einengen der gereinigten Lösung im Vakuum erhält man einen Maltitol-Sirup („*Malbit liquid*"), durch weitere Aufarbeitung ein pulverförmiges Produkt („*Malbit crystalline*")(Tab. 3.5.-8).

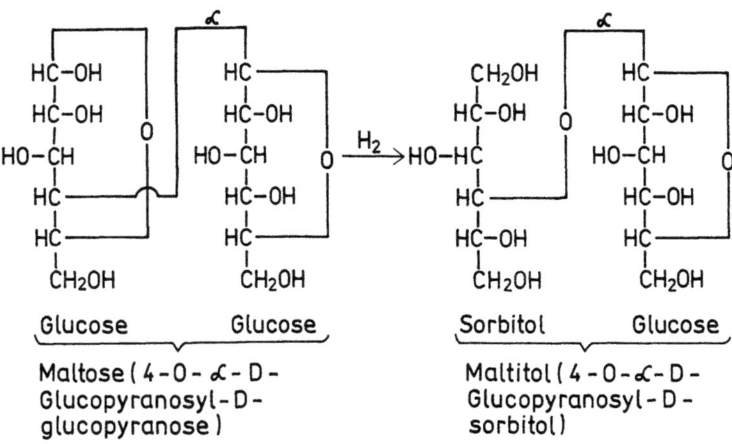

Abb. 3.5.-11 Umwandlung von Maltose in Maltitol durch katalytische Hydrierung

Maltitol hat bei einer relativen Süßkraft von 0,6–0,9 einen ähnlich reinen Süßgeschmack wie Saccharose. Mit einer Lösungsenthalpie von -79,1 kJ/kg wirkt es im Mund schwach kühlend. Die Spaltungsgeschwindigkeit für Maltitol durch Enzyme der Intestinalmucosa beträgt – verglichen mit Maltose – nur 2,5–3 %. Die monomeren Bausteine Glucose und Sorbit werden demzufolge nur relativ langsam freigesetzt und absorbiert. Der überwiegende Anteil des Maltitols gelangt in tiefere Darmabschnitte und wird dort mikrobiell abgebaut oder zu etwa 25 % unverändert ausgeschieden. Auch die energetische Effizienz ist nach Tierversuchen um 50 % vermindert (Energiegehalt etwa 10 kJ/g). Bei erhöhtem Angebot treten Durchfälle auf, die jedoch nach Gewöhnung rasch zurückgehen. Vom Erwachsenen werden 40–50 g/Tag, von Kindern bis zu 30 g/Tag vertragen. Insgesamt ist die Belastung des Blutzuckerspiegels beim Diabetiker signifikant verringert. Auch der Umsatz von Maltitol durch Mikroorganismen der Mundflora ist stark verzögert. Der pH-Wert des Speichels sinkt nicht unter die kritische Schwelle von 5,7 ab.

Maltitol eignet sich gleichermaßen für Diabetiker, als zahnfreundlicher Zusatz zu Süßwaren sowie für energiereduzierte Lebensmittel. Er kann vorteilhaft bei der Herstellung von Kaugummi, Schokolade, Süßigkeiten, Gelee-Erzeugnissen, Marmeladen, Eiscremes, Back- und Konditoreiwaren, Überzugsmassen sowie Hartkaramellen verwendet werden.

Tab. 3.5.-8 Analysenwerte für Malbit (IMFELD u. LUTZ, 1984)

Ermittelte Parameter	Malbit crystalline (%)	Malbit liquid (%)
Trockensubstanz	99	> 74
Maltitol	86–90	73–77
Sorbitol	1–3	2,5–3,5
hydrierte Trisaccharide	5–8	9,5–13,5
hydrierte höhere Oligosaccharide	2–6	6,5–13
reduzierende Zucker	< 0,3	< 0,3

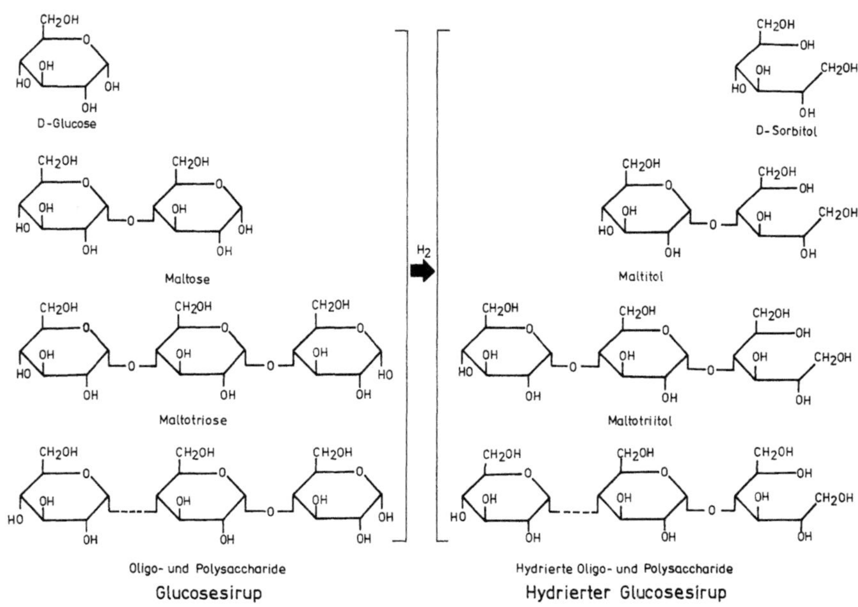

Abb. 3.5.-12 Umwandlung von Glucosesirup in ein Gemisch aus hydrierten Mono-, Oligo- und Polysacchariden durch katalytische Hydrierung (WHITMORE, 1985)

Hydrierte Glucosesirupe

Hydrierte Glucosesirupe werden aus Mais- oder Kartoffelstärke hergestellt, indem Stärke wie üblich α-amylolytisch in Glucosesirup überführt und nachfolgend katalytisch hydriert wird. Man erhält Gemische aus reduzierter Glucose, Maltose und reduzierten Gluco-Oligosacchariden mit jeweils hohen Anteilen an Sorbitol ("*Sorbitolsirupe*") oder Maltitol ("*Maltitolsirupe*") (Abb. 3.5.-12). Handelsübliche Erzeugnisse enthalten zwischen 70 und 90 % Sorbitol bzw. 50 und 80 % Maltitol i. TS. Ein Produkt mit hohem Maltitolanteil ist *"Lycasin 80/55"*(Tab. 3.5.-9). Bei der Herstellung von hydrierten Glucosesirupen wird in erster Linie an Austauschprodukte für Zuckeralkohole gedacht, wobei Sorbitol oder Maltitol im Vordergrund des Interesses stehen.

Der Wassergehalt der Sirupe liegt zwischen 25 und 30 %. Für die erwünschte möglichst geringe Kristallisationsneigung sind die hydrierten höheren Oligosaccharide verantwortlich. Besonders hervorzuheben sind die günstigen Eigenschaften hinsichtlich Feuchthaltung von speziellen Lebensmitteln (insbesondere von Süßwaren, s. u.).

Tab. 3.5.-9 Zusammensetzung von Lycasin 80/55 (WHITMORE, 1985)	Ermittelte Parameter	Analysenwerte (%)
	Trockensubstanz	74–76
	Sorbitol	7
	hydrierte Disaccharide	52
	hydrierte Tri- bis Heptasaccharide	23
	hydrierte höhere Saccharide	18
	hydrierte Saccharide DP 20 %	3

Wie sich gezeigt hat, sind die hydrierten Oligoglucoside im Intestinaltrakt – wenn auch verzögert – spaltbar und können einen geringfügigen Anstieg des Blutzuckerspiegels herbeiführen. Hydrierte Glucosesirupe sind daher für Diabetiker nur bedingt zu empfehlen. Sie sind nach Literaturangaben jedoch nicht cariogen und werden daher als zahnschonend bezeichnet. Speziell „*Lycasin*" ist wegen seines beachtlichen Gehaltes an Maltitol, der vom Organismus nur zu 50 % energetisch genutzt wird, energiearm.

Hydrierte Glucosesirupe werden z. B. in der Süßwarenindustrie (Feuchthaltung, Kristallisationsbeständigkeit, Kaugummi) sowie in flüssigen Formulierungen und Suspensionen (z. B. Hustensaft) eingesetzt. Ihr erniedrigter Energiegehalt ist dabei im allgemeinen weniger von Bedeutung.

3.5.3.3
Süßstoffe

Die nachfolgend behandelten Süßstoffe befinden sich teilweise noch in der Entwicklung; einige hiervon sind bisher in Deutschland und auch in anderen Ländern noch nicht zugelassen. Es werden nur solche Verbindungen behandelt, deren Gewinnung auf biotechnologischem Wege prinzipiell möglich ist oder aussichtsreich erscheint. Erwähnung finden auch einzelne Süßstoffe, die durch biotechnologische Manipulation in ihren Eigenschaften verbessert werden können.

Aspartam

Aspartam („*NutraSweet*"; L-Aspartyl-L-phenylalanin-methylester, *AMP*) wurde um 1965 bei der Durchführung von Peptidsynthesen entdeckt. Diese Verbindung kann als Prototyp eines biotechnologisch herstellbaren Süßstoffes bezeichnet werden. Die Synthese erfolgt mittels der Bausteine L-Asparaginsäure, L-Phenylalanin und Methanol. Über die verschiedenen hierbei zu beschreitenden Wege unterrichtet Abb. 3.5.-13. Die Knüpfung der peptidischen Bindung wurde ursprünglich auf che-

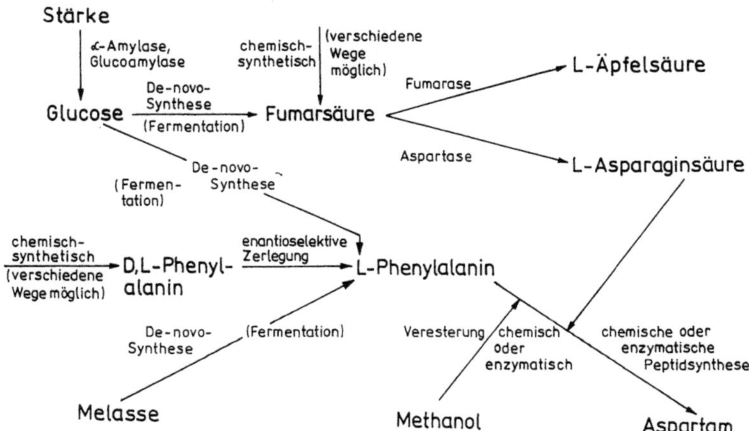

Abb. 3.5.-13 Mögliche Verfahrensschritte bei der technischen Herstellung von Aspartam

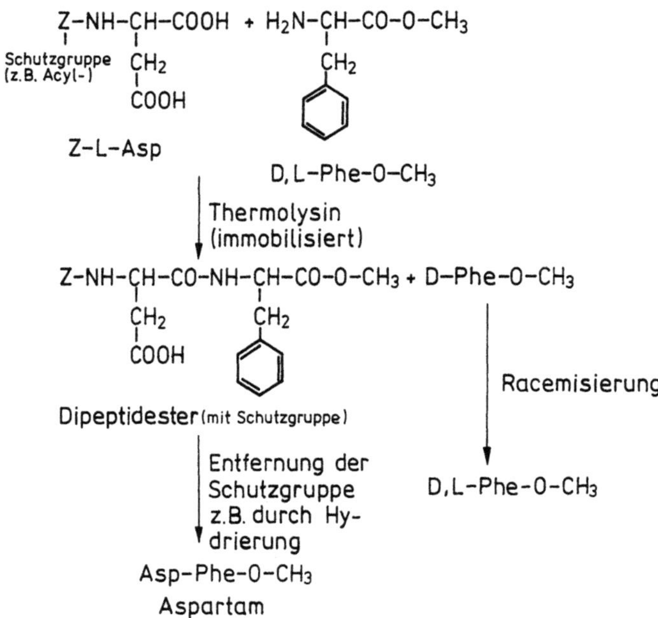

Abb. 3.5.-14 Peptidsynthese bei der Herstellung von Aspartam unter Einsatz von Thermolysin (GERHARTZ, 1990)

mischem, inzwischen zunehmend auf biotechnologischem Wege vollzogen. Die erforderliche Umkehrung der Hydrolyse gelingt unter Einsatz von geeigneten Proteasen bzw. proteolytisch aktiven Mikroorganismen.

Man arbeitet entweder unter Verwendung von wasserlöslichen Enzymen in mit Wasser mischbaren Lösungsmitteln, besser aber mit freien oder immobilisierten Enzymen in organischen Lösungsmitteln bei sehr geringem (etwa 0,6 %) Wassergehalt (Abb. 3.5.-14). Eine weitere Möglichkeit besteht in der Verwendung von biphasischen Systemen, wobei das entstehende Dipeptid durch Sedimentation oder Anreicherung in der hydrophoben Phase laufend aus dem Gleichgewicht entfernt wird. Schließlich lassen sich auch Mikroorganismen (frei oder immobilisiert) für die Synthese heranziehen. Gewöhnlich wird die L-Asparaginsäure am N-terminalen Ende mit einer Schutzgruppe versehen. Durch Einsatz geeigneter Mikroorganismen kann man jedoch auch ohne eine solche auskommen (Abb. 3.5.-15).

Aspartam hat einen angenehmen, rein süßen Geschmack sowie – in bestimmten Fällen – eine aroma- und geschmacksverstärkende Wirkung. Seine relative Süßkraft beträgt 150–220, der Energiegehalt 17 kJ/g; letzterer spielt jedoch infolge der geringen Verzehrsmengen praktisch keine Rolle. Beim Erhitzen von Lebensmitteln (Kochen, Backen, Pasteurisieren) ist der Süßstoff nur begrenzt stabil. Aspartam ist für Diabetiker geeignet, nicht cariogen und kann auch bei der Herstellung energiereduzierter Lebensmittel verwendet werden. Im Intestinaltrakt wird es in seine drei Bausteine Asparaginsäure, Phenylalanin und Methanol zerlegt. Für Patienten mit Phenylketonurie ist es daher nicht anwendbar. Das bei der Verdauung durch Abspaltung der Estergruppe entstehende Methanol liegt bei den im Lebensmittel

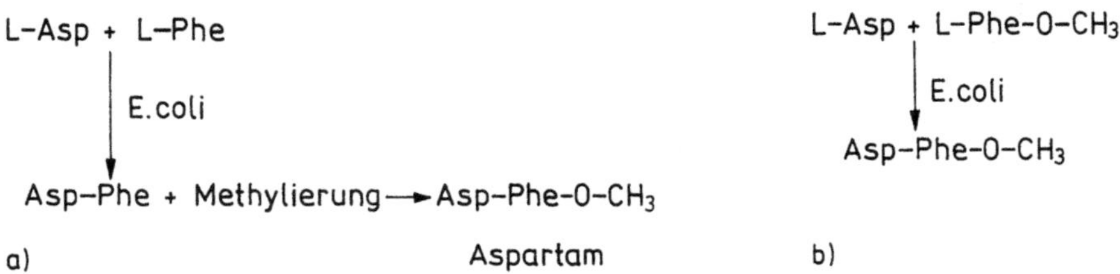

Abb. 3.5.-15 a u.b Varianten der enzymatischen Peptidsynthese bei der Herstellung von Aspartam (YOKOZEKI and KUBOTA, 1987)

anzutrefffenden Süßstoff-Konzentrationen in so geringer Menge vor, daß es physiologisch ohne Belang ist.

Aspartam wird weltweit eingesetzt und ist in über 80 Ländern zugelassen. Bewährt haben sich auch Mischungen mit anderen Süßungsmitteln bzw. Süßstoffen, so z. B. Aspartam/ Saccharose im Verhältnis 1,7 : 98,3, Aspartam/Glucose 0,7 : 99,3, Aspartam/ Xylitol oder Aspartam/Acesulfam. Bevorzugte Applikationsgebiete sind gesäuerte Milchprodukte, alkoholfreie Getränke, Kaugummi, Desserts, Eiscremes, Instant-Getränke (Kaffee, Tee), Kaltpuddings, Frühstückscerealien sowie Tafelsüßstoff-Zubereitungen. Bei küchentechnischen Prozessen müssen Abbauvorgänge in Kauf genommen werden. Insgesamt ist jedoch die Stabilität bei den meisten Anwendungen – den Getränkebereich eingeschlossen – ausreichend.

Thaumatin

Thaumatin („*Talin*") ist ein Protein mit süßem Geschmack. Es besteht aus zwei strukturverwandten (fast identischen), süßschmeckenden Peptidketten (T 1 und T 2, Tab. 3.5.-10). Die Peptide unterscheiden sich jedoch durch ihre Ladung, so daß eine Auftrennung mittels Ionenaustauscher möglich ist. Beide Peptide enthalten jeweils

Tab. 3.5.-10 Anzahl der Aminosäuren in den beiden Peptidketten T 1 und T 2 von Thaumatin (V. RYMON LIPINSKI, 1990)

Aminosäure	T 1	T 2
Alanin	16	16
Arginin	12	13
Asparagin	10	8
Asparaginsäure	12	13
Cystein	16	16
Glutamin	4	5
Glutaminsäure	6	6
Glycin	24	24
Isoleucin	8	8
Leucin	9	9
Lysin	11	11
Methionin	1	1
Phenylalanin	11	11
Prolin	12	12
Serin	14	13
Threonin	20	20
Tryptophan	3	3
Tyrosin	8	8
Valin	10	10

207 Aminosäuren. Die relativen Molekülmassen der einzelnen Ketten betragen 22 000, ihre Aminosäure-Sequenzen und Tertiärstrukturen sind bekannt.

Der Süßstoff wird aus den Früchten der westafrikanischen Pflanze *Thaumatococcus daniellii* mit Wasser extrahiert und aufbereitet. Eine Gewinnung von Thaumatin mittels pflanzlicher Zell- und Gewebekultur ist bisher nicht bekannt. Versuche in dieser Richtung wurden jedoch bereits angestellt. Durch rekombinante DNA-Technologie läßt sich das Protein auch mikrobiell synthetisieren (vgl. Kap. 3.10.1).

Der Energiegehalt des Thaumatins entspricht demjenigen eines Proteins (17 kJ bzw. 4 kcal/g). Infolge seiner hohen Süßkraft von 2500 handelt es sich jedoch praktisch um eine energiefreie Verbindung. Die verzögert einsetzende Süßempfindung weicht etwas von derjenigen der Saccharose ab. Außerdem wird ein länger anhaltender Nachgeschmack nach Lakritze registriert. Hohe Temperaturen zerstören das Molekül, desgl. stark oxidierende und reduzierende Agenzien. Thaumatin ist für Diabetiker geeignet, in Anbetracht der geringen zum Süßen benötigten Mengen praktisch ohne Energiegehalt und nicht cariogen. Es wird bei der Verdauung zu Aminosäuren abgebaut. Bei Konzentrationen unterhalb der Wahrnehmungsschwelle (0,5 ppm) kann Thaumatin zahlreiche Flavours anheben (z. B. Pfefferminze, Vanille, Kaffee, Fleisch, Fisch). Es maskiert den Nachgeschmack von Saccharin, Acesulfam sowie Steviosid und verbessert die Süßqualität von Zuckeralkoholen. Thaumatin wird bereits in mehreren Ländern als Flavour-Verstärker (teilweise zusammen mit Glutamat) sowie zur Abrundung des Geschmacks von Zuckeralkoholen in Kaugummi verwendet.

Glycyrrhizin

Glycyrrhizin (*Glycyrrhizinsäure, Süßholzzucker*) ist in den Rhizomen der Süßholzpflanze *Glycyrrhiza glabra*, eines in Europa und im Vorderen Orient beheimateten kleinen Strauches, als Ca-K-Salz der Glycyrrhizinsäure enthalten.

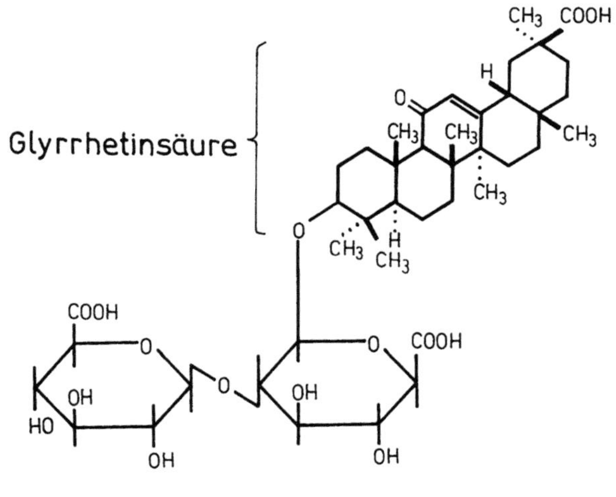

Es wird als Ammonium-glycyrrhizinat extrahiert und aufgearbeitet. Dieses Salz ist auch die am meisten verbreitete Form des Süßstoffes. Inzwischen wurde versucht, Glycyrrhizin auf dem Weg über die pflanzliche Zell- und Gewebekultur zu synthetisieren. Ein ökonomisch tragbares Verfahren konnte jedoch bisher noch nicht entwickelt werden. Glycyrrhizin hat eine relative Süßkraft von 50–100. Es schmeckt leicht nach Lakritze, was die Süßqualität etwas beeinträchtigt. In Mengen von 30–40 ppm verstärkt es das Flavour von Kakao- und Schokoladenerzeugnissen. Sein Energiegehalt ist praktisch gleich null. Für Diabetiker und zur Cariesprophylaxe ist es geeignet.

Die Cortison-ähnliche Struktur sowie eine noch nicht abgeschlossene Toxizitätseinschätzung begrenzen die Anwendbarkeit des Süßstoffes. So kann z. B. übermäßiger Genuß von Lakritze – ähnlich Desoxycorticosteron – zu Bluthochdruck, Kochsalz- und Wasserretention, Abnahme des K-Gehaltes im Blutserum usw. führen. Der Lakritze-Geschmack beeinträchtigt ohnehin einen verbreiteten Einsatz von Glycyrrhizin.

Monellin

Monellin besteht aus zwei Peptidketten mit 50 bzw. 44 Aminosäuren, die nicht identisch und auch nicht covalent verknüpft sind. Die relative Molekülmasse beträgt 11000. Monellin wird aus den Früchten des westafrikanischen Beerenstrauches *Dioscoreophyllum cumminsii* gewonnen (1 kg Beeren liefert 15 g Monellin). Die noch ungesicherte Stabilität, eine nicht optimale Geschmacksqualität wie auch die schwierige Kultivation sprechen gegen eine Gewinnung dieser Substanz z. B. durch Extraktion aus der seltenen Pflanze. Man hat daher Anstrengungen unternommen, den Süßstoff unter Einsatz von Mikroorganismen nach deren gentechnischen Manipulation zu gewinnen (vgl. Kap. 3.10.1).
Die relative Süßkraft von Monellin wird mit 1500–2500 angegeben. Als Protein hat es einen Energiegehalt von 17 kJ (4 kcal)/g. Die Süßempfindung erreicht erst nach einigen Sekunden die volle Intensität; der Geschmack hält bis zu einer Stunde vor. Monellin ist oberhalb 60 °C und unterhalb eines pH-Wertes von 2 instabil. Toxizitätsprobleme bestehen offenbar nicht. Infolge der begrenzten Stabilität hat Monellin bisher keine praktische Anwendung gefunden. Es ist damit zu rechnen, daß mittels gentechnischer Manipulationen eine Verbesserung der Applikationseigenschaften möglich wird.

Phyllodulcin

Phyllodulcin wurde erstmalig im Jahre 1916 aus dem süßen Tee „Amache" (getrocknete Blätter von *Hydrangea macrophylla*) isoliert.

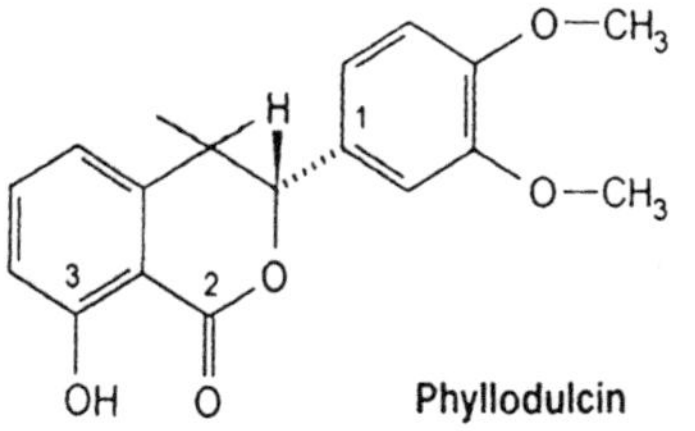

Phyllodulcin

FS 3.5.-8

Es wurden bereits Versuche zur Gewinnung des Süßstoffes mittels pflanzlicher
Zell- und Gewebekulturen vorgenommen; eine technische Realisierung derartiger
Experimente ist bisher nicht bekannt. Die Süße (relative Süßkraft 200–300) kommt
verzögert zur Wirkung, und zwar mit einem Lakritze-ähnlichen Nachgeschmack.
Dies limitiert die Applikationsmöglichkeiten. Als potentielle Einsatzgebiete kommen
Süßwaren, Konditoreiwaren, Kaugummi, Zahnputzmittel in Frage. Eine Zulassung
des Süßstoffes ist bisher noch nicht erfolgt.

Steviosid

Steviosid wird aus den Blättern von *Stevia rebaudiana Bertoni* (Korbblütler in
Paraguay) durch wäßrig alkoholische Extraktion gewonnen.

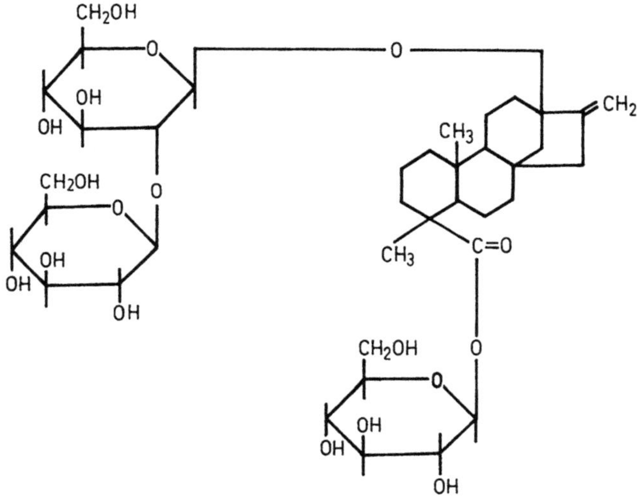

Steviosid   FS 3.5.-9

Ein kg der getrockneten Blätter liefert 60–65 g Süßstoff. Die Pflanze wird in
Ost- und Südostasien angebaut. Die Verbindung kann bereits seit längerem im
Labor mittels pflanzlicher Zell- und Gewebekultur aus *Stevia rebaudiana* gewon-
nen werden. Das Problem besteht in der unerwünschten morphologischen und
funktionellen Entdifferenzierung der Zellen, was die Ausbeuten beeinträchtigt.
Die relative Süßkraft der natürlichen Verbindung liegt bei 100–300. Der süße
Geschmack ist adstringierend, bitter und klingt nur langsam ab. Im neutralen Bereich
ist die Stabilität besser als im sauren Medium. Der Energiegehalt ist praktisch gleich
null. Durch zusätzliche Glycosylierung von Steviosid unter Einsatz von
Dextransucrase (EC 2.4.1.5), α-Glucosidase, α-Amylase oder Cyclomaltodextrin-
Glucanotransferase läßt sich die Wasserlöslichkeit des Süßstoffes erhöhen. Ein
Beispiel hierfür ist die Synthese von α-Glucosyl-steviosid:

FS 3.5.-10

Diese Verbindung ist im Vergleich zum Naturprodukt leichter löslich, nicht bitter, nicht adstringierend, angenehm abgerundet und hat keinen Nachgeschmack. Schon die Ureinwohner Südamerikas verwendeten die Pflanze zum Süßen des bitteren Mate-Tees. Steviosid wird als nicht toxisch bezeichnet. Es wird in Japan, Korea, Paraguay und Brasilien als Süßstoff und Geschmacksverstärker verwendet. In anderen Ländern (Europa, USA) ist es noch nicht zugelassen. Über seine Stoffwechselprodukte beim Abbau ist noch immer wenig bekannt.

Alitam

Alitam ist ein süßes Peptid, bestehend aus L-Asparaginsäure, D-Alanin und dem Amin eines Tetramethylthietans:

Alitam

FS 3.5.-11

Der Süßstoff läßt sich als kristalline, geruchlose und nicht hygroskopische Verbindung herstellen. Seine relative Süßkraft beträgt 2000. Der Süßgeschmack setzt mit leichter Verzögerung ein. In wäßriger Lösung ist Alitam hinsichtlich der Stabilität dem Aspartam überlegen. Es soll sich u. a. als Tafelsüßstoff, für Getränke, Milcherzeugnisse, Desserts, Back- und Süßwaren eignen. Die Synthese erfolgte bisher ausschließlich auf chemischem Wege. Sollte sich diese Verbindung als zukunftsträchtiger Süßstoff erweisen, dürften auch hier biotechnologische Verfahrensschritte Bedeutung erlangen (enzymatische Peptidsynthese).

3.6
Ballaststoffe

Ballaststoffe sind Stütz- und Strukturelemente zumeist pflanzlicher Zellen und Gewebe, die von den Enzymen des menschlichen Dünndarms nicht abgebaut werden und daher in tiefere Darmabschnitte gelangen. Sie werden daselbst von der Darmflora umgesetzt oder ausgeschieden (vgl. Kap. 1.1.7). Die mit der Nahrung zugeführten Ballaststoffe sind von unterschiedlicher Herkunft und chemischer Zusammensetzung (vgl. Tab. 1.1.-15). Den für die Ernährung wesentlichen Teil stellen hierbei Obst und Gemüse, Kartoffeln sowie Lebensmittel aus Getreide bzw. aus der getreideverarbeitenden Industrie. Auch bestimmte lebensmitteltechnologische Hilfsstoffe, so z. B. Gelier-, Quell- und Dickungsmittel, sind in diese Kategorie einzuordnen; ihr mengenmäßiger Anteil in der Nahrung ist allerdings gering.

Bei den Ballaststoffen unterscheidet man zwischen *wasserlöslichen* und *wasserunlöslichen* Verbindungen („Quellstoffe" und „Faserstoffe"). **Potentielle Ballaststoffe** werden infolge erhöhten Verzehrs oder aber niedriger enzymatischer Aktivitäten im Dünndarmbereich nicht quantitativ gespalten bzw. absorbiert und gelangen ebenfalls in den Dickdarm. Sie werden dort analog den „echten" Ballaststoffen mikrobiell umgesetzt (vgl. Kap. 1.1.7).

Verschiedene der vorangehend genannten ballaststoffhaltigen Erzeugnisse bzw. Ballaststoffe werden auf biotechnologischem Wege hergestellt bzw. zwecks Höherveredelung oder Konservierung biotechnologischen Verarbeitungsprozessen unterworfen. Hierzu rechnen die

- enzymatische Verflüssigung von Obst und Gemüse,
- Konservierung von Obst und Gemüse durch Milchsäurefermentation (vgl. Kap. 3.2.3),
- fermentationstechnische Gewinnung von mikrobiellen Polysacchariden.

3.6.1
Enzymatische Verflüssigung von Obst und Gemüse

Obst und Gemüse werden in naturbelassenem (frischem) Zustand, in küchentechnisch zubereiteter Form oder als industriell verarbeitete Erzeugnisse verzehrt. Für zahlreiche Zielgruppen (z. B. Säuglinge, Kleinkinder, Kranke, Rekonvaleszenten, Senioren, Sportler) ist eine Verflüssigung von Obst und Gemüse nicht nur wegen einer Verbreiterung des Sortiments, sondern auch aus ernährungsphysiologischer Sicht von Interesse. *Flüssige* Obst- und Gemüseerzeugnisse werden bekanntlich bei Angebot in attraktiver Verzehrsform auch von solchen Personen akzeptiert, die normalerweise weniger Neigung zum Konsum der entsprechenden naturbelassenen Lebensmittel verspüren. So können vor allem Senioren durch regelmäßigen Verzehr von Obst- und Gemüsesäften nicht nur die Ballaststoffaufnahme erhöhen, sondern gleichzeitig ein oft beobachtetes Defizit an Flüssigkeit, Mineralstoffen und Vitaminen abbauen.

Durch Verwendung von Enzymen bei der industriellen Verarbeitung von Obst und Gemüse lassen sich diverse ballaststoffreiche Erzeugnisse in trinkfähiger Form herstellen. Da durch diese Höherveredelung zugleich ein verbesserter Genußwert herbeigeführt wird, sollte es auch möglich werden, den Verzehr an verarbeitetem Obst und Gemüse generell zu steigern.

Die enzymatische Verflüssigung bewirkt einen Abbau der strukturbildenden polymeren Substanzen. Hier sind in erster Linie die **Pektine** zu nennen. Diese werden im Pflanzengewebe vor allem in den Mittellamellen als „Kittsubstanz" zwischen den einzelnen Zellen sowie in der Primärzellwand angetroffen. Letztere enthalten außerdem

Cellulose sowie **Hemicellulosen**. Bei Verfestigung der Zellwand mit fortschreitendem Alter des Pflanzengewebes tritt **Lignin** als „inkrustierende Substanz" hinzu, die den natürlichen enzymatischen Abbau von Pektin, Cellulose und Hemicellulosen behindert und die Pflanze auf diese Weise widerstandsfähig gegen äußere Einflüsse macht. Bei Obst und Gemüse handelt es sich allerdings zumeist um junge Gewebe, bei denen sich dieser Inkrustierungsprozeß erst im Anfangsstadium befindet; der Ligninanteil ist somit gering.

Pektine bestehen im wesentlichen aus Ketten von 1,4-α-glycosidisch verknüpften Galacturonsäure-Einheiten, deren Säuregruppen zu 20–90 % mit Methanol verestert sind. Das Pektin ist in nativer Form zu einem großen Teil wasserunlöslich (**Protopektin**). Bei natürlichen Reifungsprozessen bzw. durch Enzymeinwirkung wird Protopektin in wasserlösliches Pektin überführt. Dabei sollen nach neueren Erkenntnissen auch spezielle „Protopektinasen" eine Rolle spielen. Die für die Obst- und Gemüseverflüssigung wichtigsten Enzyme sind
- Pektinesterase,
- Endo-Polygalacturonasen,
- Exo-Polygalacturonasen,
- Pektinlyasen, Pektatlyasen,
- Macerasen,
- Cellulasen,
- Hemicellulasen

sowie eine Reihe von Nebenaktivitäten (z. B. Amylasen, Proteasen). Die technischen Enzyme werden vorwiegend fermentationstechnisch gewonnen.

3.6.1.1
Pektinolytische Enzyme

Pektinesterase

Pektinesterase (PE) (EC 3.1.1.11) ist für die Abspaltung der Methylgruppen an der Esterbindung des Pektinmoleküls verantwortlich (Abb. 3.6.-1). Bevorzugt werden solche Verknüpfungen zerlegt, in deren Nachbarschaft sich eine freie Carboxygruppe befindet. Pektinesterase ist ein *„Schrittmacherenzym"* für den nachfolgenden Angriff der im natürlichen pektinolytischen Enzymkomplex normalerweise sehr aktiven Polygalacturonase-Komponente, welche mehr oder weniger intensiv entestertes Pektin (d. h. Pektinsäure) glycosidisch aufspaltet (s. u.).

Polygalacturonasen (PG)

Endo-Polygalacturonase (Endo-PG) (EC 3.2.1.15) zerlegt Pektinsäure im Inneren der aus Galacturonsäure-Einheiten bestehenden Pektinsäure (vgl. Abb. 3.6.-1) und führt zu einem raschen Abfall der Viskosität. Auch niederverestertes Pektin wird – wenngleich wesentlich langsamer – angegriffen. Dieses Enzym stellt das wichtigere der beiden PG-Typen dar.

Exo-Polygalacturonase (Exo-PG) (EC 3.2.1.67) bricht Glycosidbindungen am Kettenende auf, was jedoch für den Viskositätsabfall der Substratlösung weniger von Bedeutung ist.

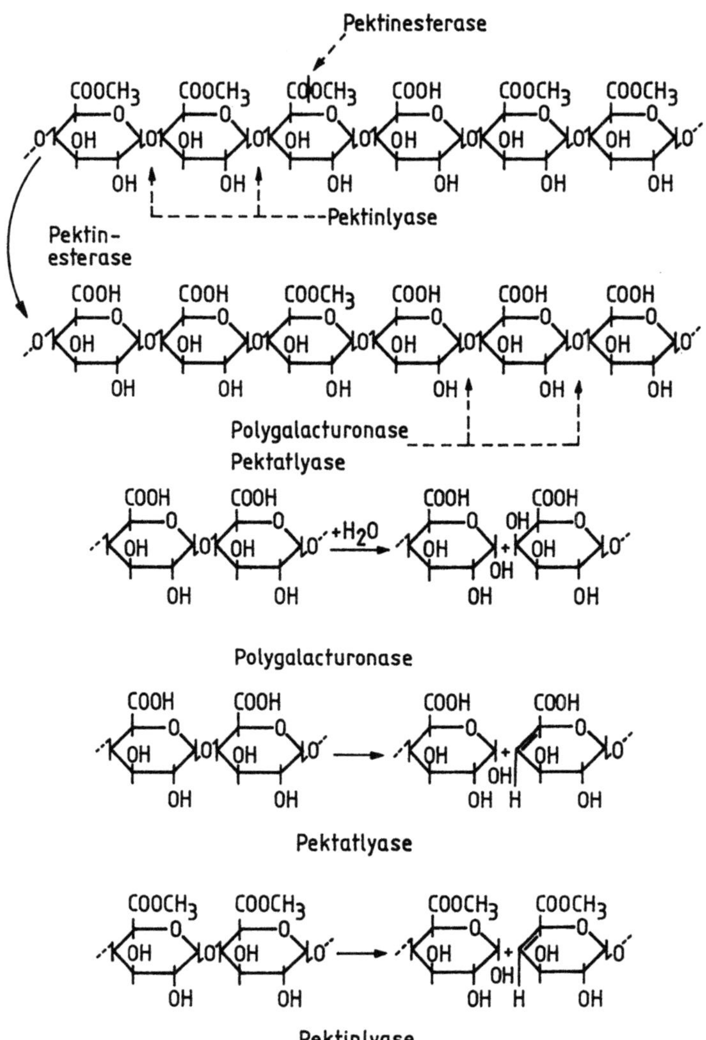

Abb. 3.6.-1 Angriffsmöglichkeiten pektinolytischer Enzyme auf das Substrat (PILNIK et al, 1981; BOCK u. DONGOWSKI, 1991)

Lyasen

Pektinlyase (EC 4.2.2.10) trennt die glycosidische Bindung im Pektinmolekül β-eliminativ, d. h. ohne Beteiligung von Wasser als Reaktionspartner, und zwar unter Ausbildung einer Doppelbindung zwischen den Atomen C-4 und C-5 eines der beteiligten Galacturonsäure-Reste. Dies erfolgt nach einem Endo-Mechanismus (vgl. Abb. 3.6.-1).

Im Falle der **Pektatlyase** (EC 4.2.2.2) sind Pektinsäure und niederverestertes – nicht hingegen hochverestertes – Pektin als Substrate anzusehen. Der Spaltungsmechanismus erfolgt auch hier β-eliminativ und nach einem Endo-Mechanismus (vgl. Abb. 3.6.-1). In beiden Fällen wird analog zur Endo-Polygalacturonase ein rascher Viskositätsabfall der wäßrigen Lösung registriert.

Macerase

In der Obst und Gemüse verarbeitenden Industrie versteht man vereinbarungsgemäß unter dem Begriff „**Gewebemaceration**" die nahezu vollständige Umwandlung der Protopektin-Komponente in lösliches Pektin sowie den damit einhergehenden Zerfall des Gewebeverbandes bis zu Zellaggregaten und Einzelzellen („*Zellsuspensionen*"). Die dafür benötigten „Macerase-Präparate" enthalten im wesentlichen Endo-Polygalacturonasen, Pektinlyasen sowie wenig Pektinesterase. Sie sind weitgehend frei von Cellulase-Aktivität.

3.6.1.2
Sonstige Enzyme

Cellulasen

Das Substrat Cellulose besteht im allgemeinen aus amorphen und kristallinen Bereichen. Der enzymatische Angriff durch das Cellulase-System ist komplexer Natur (Abb. 3.6.-2). Zunächst werden amorphe Regionen von einer **Endo-β-Glucanase** (EG) (EC 3.2.1.4) „aufgebrochen". Von den freigesetzten Enden werden mittels **Exo-Cellobiohydrolase** (CBH) (EC 3.2.1.91) Cellobiosestücke abgetrennt. Das auf diese Weise „angeknackte" Molekül bildet nunmehr das Substrat für den synergistischen Angriff von EG + CBH, wodurch Cellobiose und 1,4-β-gebundene Gluco-Oligosaccharide entstehen. Diese wiederum unterliegen der Wirkung von **Cellobiase** (CB) (EC 3.2.1.21) (einer β-Glucosidase), wodurch Glucose freigesetzt wird.

Die in Abb. 3.6.-2 dargestellten Vorgänge sind hier stark vereinfacht und werden in der neueren Literatur leicht verändert beschrieben. Der Reaktionsablauf bedarf außerdem der Unterstützung weiterer, hier im einzelnen nicht aufgeführter Enzymkomponenten. Es kommt hinzu, daß die Cellulosefaser mit Lignin und Hemicellulosen inkrustiert (d. h. zu **Lignocellulose** „verklebt") ist, was den cellulolytischen Angriff zusätzlich erschwert. Da jedoch die Inkrustierung in Obst und Gemüse noch nicht weit fortgeschritten ist (s. o.), sind kommerzielle Cellulase-Präparate im allgemeinen in der Lage, das Molekül in der vorangehend beschriebenen Weise abzubauen.

Hemicellulasen

Hemicellulosen sind lineare wie auch verzweigte Homo- und Heteropolysaccharide, die als Begleitsubstanzen von Cellulose und Lignin im Pflanzengewebe vorkommen. Diese Polysaccharide stellen die Substrate für eine ganze Reihe von Hemicellulasen dar. Sie werden bei der fermentationstechnischen Enzymgewinnung als Begleitenzyme mitgebildet und sind so Bestandteile vieler kommerzieller Pektinase- und Cellulase-Präparate. Ohne ihre Anwesenheit würde die Effektivität mancher Präparate weit geringer ausfallen. Hemicellulasen werden – je nach dem von ihnen bevorzugten Substrat – auch als „*Glucanasen*", „*Mannanasen*", „*Pentosanasen*" usw. bezeichnet.

Abb. 3.6.-2 Verschiedene Stufen der enzymatischen Hydrolyse von Cellulose (ENARI, 1983)

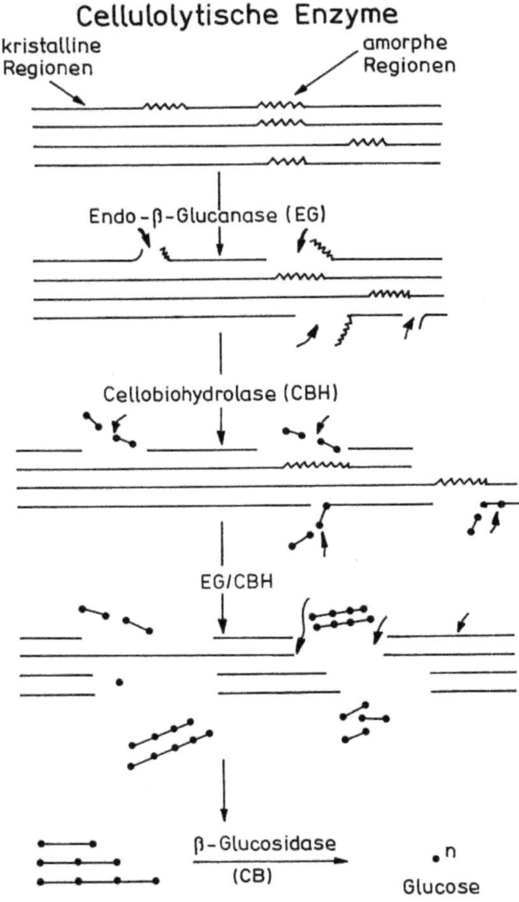

Amylasen

In technischen Pektinase-Präparaten finden sich vielfach stärkespaltende Aktivitäten als Begleitenzyme. Diese sind bei der Fruchtsaftklärung durchaus von Bedeutung. So enthalten Apfel- wie auch andere Fruchtsäfte stets geringe Mengen an Stärke (z. B. Apfelstärke), die eine Trübung der Säfte bewirken können. Die wichtigsten Amylase-Typen sind α-Amylase (EC 3.2.1.1), β-Amylase (EC 3.2.1.2) und Glucoamylase (EC 3.2.1.3) (vgl. Kap. 3.5.1).

Proteasen

Auch proteolytische Aktivitäten sind gelegentlich in kommerziellen Pektinase-Präparaten als Begleitenzyme enthalten. Da die pflanzlichen Gerüstsubstanzen (Pektine, Cellulosen, Hemicellulosen) in der wachsenden Zellwand zusammen mit Glycoproteinen (z. B. Arabinogalactan-Proteine) in einem wasserunlöslichen Komplex vorliegen, tragen Proteasen zum Abbau dieser Verbindungen bei.

Tab. 3.6.-1 Verarbeitung von Obst und Gemüse unter Einsatz pektinolytischer Enzyme

Bezeichnung des Prozesses	Enzymfunktion	Veränderungen am Substrat	Wirksames Enzymmuster
Gewebeerweichung (natürliche Reifeprozesse, z. B. bei Obst)	partielle Umwandlung des (unlöslichen) Protopektins in (lösliches) Pektin	Veränderung der mechanischen Eigenschaften (Festigkeit, Elastizität)	PG (oder Pektinlyase), wenig PE („*Reifungsenzyme*")
Saftklärung (z. B. bei Apfelsaft)	Abbau von Pektin in Fruchtsäften, dadurch Zerstörung der Schutzkolloide für Trubstoffe	Gewinnung von klaren (trubstoffarmen bzw. -freien) Säften für Fruchtsaftkonzentrate, -liköre	PG : PE = 1 : 1 bis 10 : 1 („*Klärenzyme*")
Maischefermentation (z. B. bei „Buntsäften")	partielle Entesterung von Pektin, Umwandlung von Protopektin in Pektin, Abbau der Mittellamelle und des Zellwandpektins	Aufschluß des Fruchtgewebes, Anstieg der „Saftlässigkeit"	PG : PE = 10 : 1 bis 100 : 1 („*Maischeenzyme*")
Gewebemaceration	nur geringfügige Entesterung des Pektins, vollständige Umwandlung des Protopektins in viskose Pektinfraktionen	Verflüssigung des kompletten Gewebes zu Suspensionen von (intakten) Zellen und Zellaggregaten („Macerate", „Pürees")	PG : PE = 100 : 1 bis 1000 : 1 (PG oder Pektinlyase) („*Macerationsenzyme*")
Verflüssigung	partielle Hydrolyse von Protopektin, Pektin und Cellulose	Verflüssigung durch beginnende Lyse der Zellen und Zellbestandteile; Bildung von trübungsverursachenden Polysacchariden; Freisetzung von Zellinhaltsstoffen; Verbleiben von Zellresten in der Flüssigkeit	PG : PE = 100 : 1 bis 1000 : 1 (PG oder Pektinlyase), Cellulasen, Hemicellulasen („*Hydrolyseenzyme*")
vollständige Verflüssigung („optimierte Maischebehandlung")	weitergehender Abbau von Pektin und Cellulose und damit von Zellbestandteilen	vollständige (totale) Verflüssigung zu klaren, Trubstoff-freien Säften oder flüssigen Ganzfruchterzeugnissen; Verflüssigung von Lageräpfeln	PG : PE = 1 : 1 bis 35 : 1 (PG oder Pektinlyase), Cellulasen („*Maischeenzyme optimiert*")
Verzuckerung	totale Lyse der Zellen, Abbau von Pektin, Cellulose u. a. Zellbestandteilen, Verzuckerung der Poly- und Oligosaccharide	Verflüssigung zu Totalhydrolysaten (ohne Trübung) mit niedriger Viskosität oder zu klaren Obst- und Gemüsesäften	PG : PE = 10 : 1 (PG oder Pektinlyase), Cellulasen, Hemicellulasen, Oligomerasen (Cellobiase, Galactosidase, Xylosidase, Arabinosidase, Rhamnosidase) („*Totalhydrolyse-Enzyme*")

3.6.1.3
Verflüssigte Obst- und Gemüseerzeugnisse

Durch enzymatische Verflüssigung von Obst und Gemüse wird die Variationsbreite des Ballaststoffangebotes erheblich erweitert. Die polymeren Substanzen (Pektin, Cellulose, Hemicellulosen, Lignin) werden hierbei zumeist partiell abgebaut, so daß der Verdauungstrakt weniger belastet, trotzdem jedoch mit Ballaststoffen versorgt wird. Einen Überblick zu den Wirkprinzipien bei der Obst- und Gemüseverflüssigung vermittelt Tab. 3.6.-1.

Fruchtsäfte

In Fruchtsäften ist der Anteil an Ballaststoffen verhältnismäßig gering; sie werden gewöhnlich beim Pressen mit den Trestern abgetrennt. Man sollte übrigens nicht nur wegen des besseren Aromas naturtrübe Säfte bevorzugen, sondern auch wegen ihres Gehaltes an Trubstoffen (Ballaststoffen). Diese bestehen aus Proteinen, Pektinen sowie Stärke und gelangen zum Teil in den Saft, wo sie bei längerem Stehen allmählich ausflocken. Bei stark „geschönten" Säften sind diese durch eine spezielle Behandlung mit pektinspaltenden Enzymen und Fällungshilfsmitteln weitgehend entfernt worden.

Macerate

Aus ernährungsphysiologischer Sicht besonders wertvoll sind diejenigen Erzeugnisse, bei denen die strukturgebenden Elemente der pflanzlichen Gewebe zwar anhydrolysiert und partiell aufgelöst, die Einzelzellen jedoch im Endprodukt noch weitgehend erhalten geblieben sind. Dies ist der Fall bei den sog. „Maceraten" (Abb. 3.6.-3). Für ihre Herstellung werden Endo-PG, ggf. auch Pektin- oder

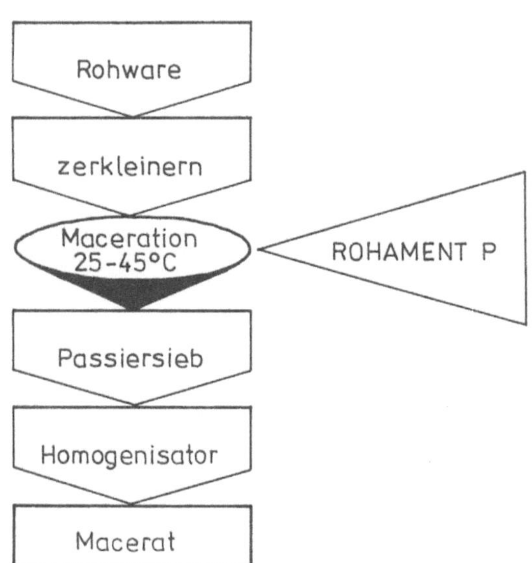

Abb. 3.6.-3
Verfahrensablauf bei der Herstellung von Maceraten unter Verwendung von Rohament P (RÖHM, 1981)

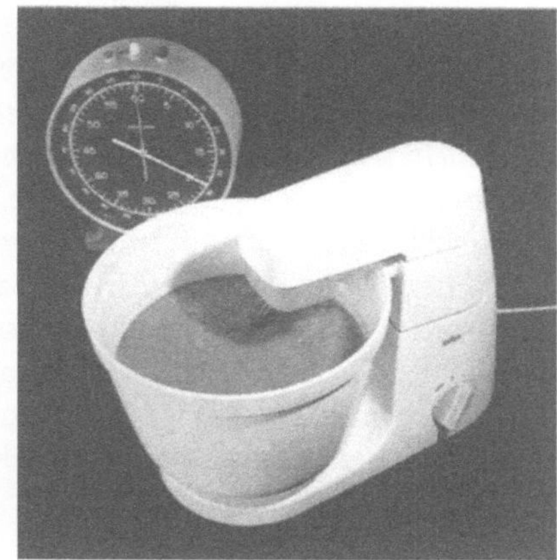

Abb. 3.6.-4 Herstellung von Karottenmacerat unter Einsatz von Rohament P (RÖHM, 1994)
a – mechanisch zerkleinerte Karotten, vorbereitet zur Behandlung mit Rohament P;
b – macerierte Karotten nach der Enzymbehandlung;
c – Karottenpülpe nach Passieren und Homogenisieren ("Gesamtkarottenmacerat")

Pektatlyase eingesetzt. Die Aktivität von PE sollte hingegen nur gering sein, um die Spaltung des Pektins in kleinere Einheiten zu begrenzen. Durch die PG-Wirkung (Spaltung des Protopektins an relativ wenigen glycosidischen Bindungen) werden die Mittellamellen („Kittsubstanz") im Gewebeverband aufgelöst, und das unlösliche Protopektin wird in wasserlösliches, aber noch makromolekulares und viskositätserhöhendes Pektin überführt. Es entstehen Suspensionen aus Zellen und Zellaggregaten. Diese Macerate sind viskos, sedimentations- und trubstabil und enthalten praktisch die gesamte verzehrsfähige Substanz (und damit auch sämtliche Ballaststoffe). Lediglich grobe Bestandteile der Rohstoffe werden als Rückstand entfernt. Dies sind z. B. bei Kernobst die Kerne und Schalen sowie das Kerngehäuse. Bei dieser Behandlungsweise bleibt in Karotten-Maceraten (Abb. 3.6.-4) praktisch das gesamte β-Caroten erhalten und befindet sich geschützt innerhalb der Zelle. Nach dem Passieren (Abtrennung von Samen, Fasern, Schalen, verholzten Teilen) erhält man homogene Pürees für Vollfruchtgetränke (die recht trubstabil sind), Frucht- und Gemüsezubereitungen (z. B. als Zusätze für Säuglings- und Kleinkindernahrungen), Instanterzeugnisse, Multifruchtsäfte sowie Joghurt-Zubereitungen, Saucen, Fertigspeisen und diätetische Lebensmittel.

Für die Herstellung von Maceraten eignen sich Gemüsesorten mit fester Struktur, so z. B. Karotten, Pilze, Sellerie, Meerrettich, Rote Bete, Paprika, aber auch verschiedene Obstarten wie Pfirsiche, Aprikosen, Himbeeren, Erdbeeren u. a. m. Auch aus Kartoffeln können nach diesem Verfahren Veredelungsprodukte hergestellt werden, für deren Weiterverarbeitung sich eine breite Palette anbietet (Kartoffelpüree-Pulver, Kloßmehl, sog. ballaststoffreiches Kartoffelmehl).

Da der Pektin-Anteil jeweils nur partiell hydrolysiert wurde und der Cellulose-Lignin-Komplex erhalten geblieben ist, werden bei der Magen-Darm-Passage alle Anforderungen an einen Ballaststoff mit seinen ernährungsphysiologisch günstigen Eigenschaften erfüllt. Dies gilt insbesondere für die Pektinkomponente, die zwar wasserlöslich, aber noch immer hochmolekular ist.

Gemüsecocktails

Erfolgt die Maceration in Gegenwart von Starterkulturen, z. B. von Milchsäurebakterien, werden schmackhafte „Gemüsecocktails" mit *milchsaurer Note* erhalten. Diese können auch mit anderen Halb- oder Fertigerzeugnissen kombiniert werden. Die gebildete Milchsäure stellt zugleich ein natürliches Konservierungsmittel dar.

Tomaten-Mischmacerate

Besonders geeignet für eine Maceration von Obst und Gemüse ist der pektinolytische Enzymkomplex der rot-reifen Tomate. Er enthält eine Endo-PG, die gegenüber pflanzeneigenen Pektinase-Inhibitoren resistent ist. Dies erklärt ihre hohe Effektivität beim Einsatz. Aus Gemischen von rohen und blanchierten Rohstoffen (mechanisch zerkleinertes Obst und Gemüse) und Tomatenmaische lassen sich auf einfache Weise verschiedene, qualitativ attraktive Pürees herstellen. In Abb. 3.6.-5 ist die Gewinnung eines Mischmacerates aus Tomaten und Paprika schematisch dargestellt.

Obst- und Gemüsemark-Konzentrate

Nach einem seinerzeit von SULC u. CIRIC (1968) entwickelten Verfahren (Abb. 3.6.-6) lassen sich enzymatisch hergestellte und passierte Obst- und Gemüsemacerate (sie werden auch als „Frucht-" oder „Gemüsemark" bezeichnet) mittels spezieller Zentrifugen (Dekanter) in *Serum* (Saft) und *Pulpe* (Zellmasse) auftrennen. Man erhält etwa 85–90 % Serum und 10–15 % Pulpe. Durch Einengen des Serums im Vakuum gewinnt man ein Konzentrat mit 75–80 % Trockensubstanz, das mit der Pulpe rückvermischt werden kann. Dies ergibt sog. „Markkonzentrate" mit – je nach Rohstoff – 40–60 % Trockensubstanz. Bei Verwendung von sprühgetrockneten Seren werden *Gemüsepulver* erhalten. Nach Homogenisieren weisen diese eine pastöse Konsistenz auf. Sie werden heiß in Dosen abgefüllt und verschlossen. Durch Zugabe von Zucker kann der Trockensubstanzgehalt bis auf 70 % erhöht werden. Die Markkonzentrate sind bei Kühllagerung auch in offener Verpackung haltbar.

Nach dieser Technologie können Karotten, Paprika, Pilze, Sellerie, Tomaten, ferner Kern-, Beeren- und Steinobst zu wertvollen Halbfabrikaten verarbeitet werden. Sie enthalten alle Substanzen des Rohstoffes, d. h. auch Pektin, Cellulose/Lignin, Hemicellulosen einschließlich der Vitamine, Mineralstoffe, Aroma- und Geschmacks-

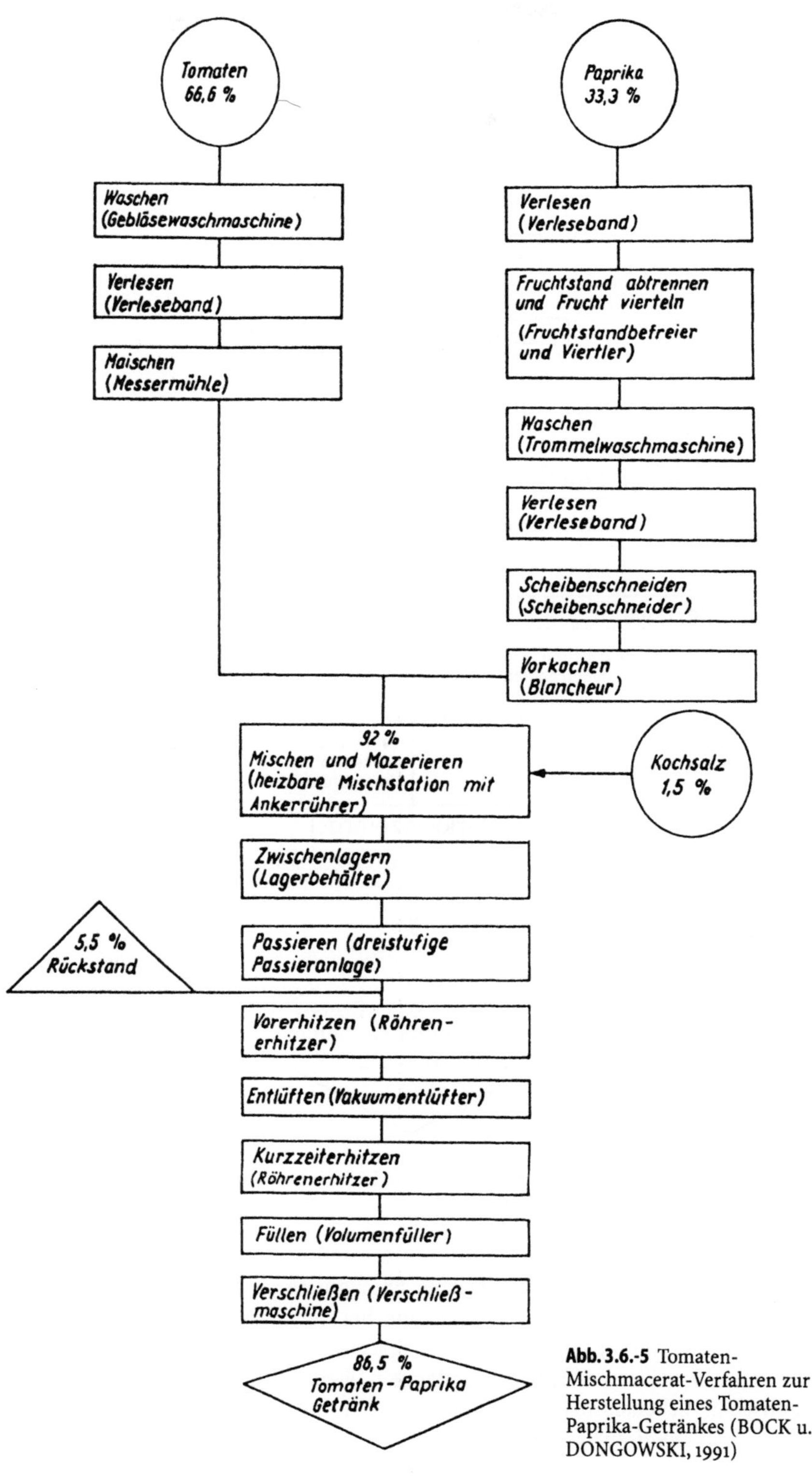

Abb. 3.6.-5 Tomaten-Mischmacerat-Verfahren zur Herstellung eines Tomaten-Paprika-Getränkes (BOCK u. DONGOWSKI, 1991)

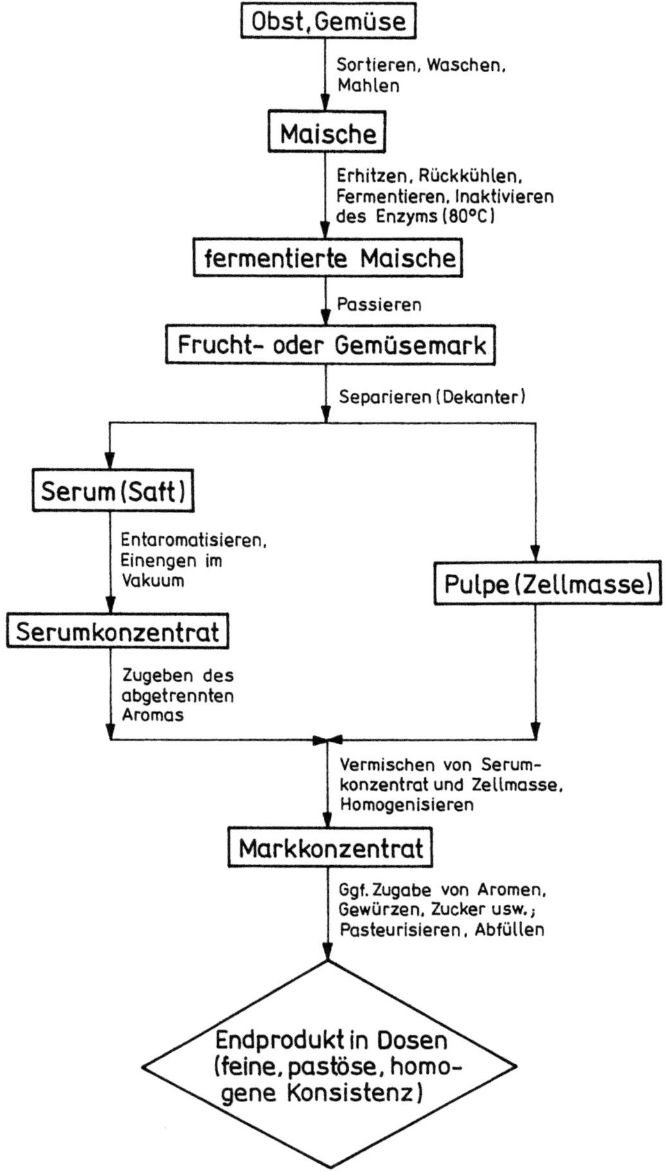

Abb. 3.6.-6 Verfahrensablauf zur Herstellung von Markkonzentraten aus Obst und Gemüse (SULC u. CITRIC, 1968)

stoffe sowie Pigmente. Als energiearme Erzeugnisse sind sie vielseitig einsetzbar. Besonders eignen sie sich als Zusatzstoffe bei der Herstellung von Marmeladen, Säften und Nektaren, von Saucen, Fertiggerichten, Säuglings- und Kleinkinder-nahrungen, von Eiscremes, Bonbonfüllungen, Fleisch- und Käseerzeugnissen sowie diätetischen Lebensmitteln. Die Serumkonzentrate lassen sich auch als fettfreie *„Gemüsemayonnaisen"* verwenden.

Partialhydrolysate

Bei der Herstellung von Partialhydrolysaten wird die Maceration mit einer weitergehenden Hydrolyse von Zellinhaltsstoffen und Zellwandbestandteilen verknüpft. Dieser Prozeß der sog. *„Verflüssigung"* beinhaltet im Prinzip die drei Stufen Gewebeerweichung, Maceration und Zell-Lyse (vgl. Tab. 3.6.-1). Als Enzymaktivitäten dienen Endo-PG, PE, Pektinlyase, Cellulasen sowie Hemicellulasen. Diese bewirken in synergistischer Aktion sowohl eine Überführung des Protopektins in wasserlösliches Pektin und Pektinabbauprodukte wie auch eine partielle Hydrolyse der Zellwandbestandteile. Der teilweise Abbau wasserbindenden, strukturbildenden und viskositätserhöhenden Zellmaterials führt zu vollständig passierbaren, dünnflüssigen *Ganzfruchtmaceraten* mit – je nach Enzymspektrum und Einwirkungsdauer – unterschiedlicher, zumeist niedriger Viskosität, aber auch verringerter Trubstabilität.

Es gibt inzwischen zahlreiche Varianten dieser Technologie. So kann z. B. das lösliche Pektin mittels Pektinlyase weiter abgebaut werden. Beim Fehlen von PE bildet sich keine Galacturonsäure, die normalerweise infolge ihrer elektronegativen Ladung das unerwünschte Ausflocken von Trub befördern würde. Schließlich können die den Cellulosefibrillen anhaftenden Schleimstoffe durch Hemicellulasen entfernt werden, so daß die viskositätserhöhende Cellulosefaser nunmehr abgepreßt werden kann. Als Ergebnis dieser und ähnlicher Behandlungen werden dünnflüssige, trinkfähige und mehr oder weniger trubstabile *Säfte* erhalten.

Totalhydrolysate

Eine noch weitergehende Spaltung sämtlicher Zellinhaltsstoffe und strukturbestimmender Verbindungen führt zur Bildung von Totalhydrolysaten. Dabei werden auch sämtliche Zellwandpolysaccharide in eine lösliche Form gebracht bzw. weitgehend abgebaut (verzuckert). Hierzu empfiehlt sich der kombinierte Einsatz von Endo-PG, PE, Pektinlyase, Pektatlyase, Cellulasen, Hemicellulasen und Oligomerasen (vgl. Tab. 3.6.-1), wobei abermals eine synergistische Wirkung erforderlich ist. Allerdings ist die sensorische Qualität solcher Erzeugnisse vielfach nicht befriedigend, weil sie „leer", „ohne Körper" und geschmacklich nicht abgerundet sind. Die Ballaststoffe sind praktisch abgebaut. Eine Totalhydrolyse hat daher in der Praxis bisher weniger Verbreitung gefunden.

Optimierte Maischebehandlung

Dieses zunächst „enzymatische Verflüssigung" genannte, später als „optimierte Maischebehandlung bzw. -enzymierung" bezeichnete Verfahren steht hinsichtlich seines Wirkprinzips zwischen den in Tab. 3.6.-1 aufgeführten Varianten „Partialhydrolyse" und „Totalhydrolyse". Es handelt sich um eine praktisch vollständige Verflüssigung mit starker Viskositätsabsenkung, wobei seinerzeit die Kombination von pektinolytischen (PG, PE) und cellulolytischen Enzymen als wesentlicher erfinderischer Gedanke herausgestellt wurde. Das Obst wird eingemaischt, gemahlen und enzymbehandelt. Das Hauptanwendungsgebiet wird in einer *Totalverflüssigung* von Apfelmaische aus Lageräpfeln gesehen, wobei Ausbeuten von mehr als 90 % angegeben werden. Aber auch Avocados, Bananen, Mango, Papaya,

Steinobst, Beerenfrüchte sollen nach dieser Methode zu 90–100 % ohne Trübung verflüssigbar sein. Als Rückstand verbleiben nur Kerne, Stiele und Schalen.

Man geht davon aus, daß bei dieser Technologie das herkömmliche Auspressen des Saftes bei Äpfeln oder auch anderen Früchten entfallen kann, was ökonomische Vorteile mit sich bringt. Solcherart hergestellte Säfte enthalten einen stark reduzierten Anteil an löslichen Ballaststoffen; letztere sind jedoch noch immer vorhanden. Über die sensorische Qualität dieser „total verflüssigten" Äpfel gibt es unterschiedliche Meinungen.

3.6.2
Pflanzliche Zell- und Gewebekulturen

Die pflanzliche Zell- und Gewebekultur kann zur Qualitätssteigerung pflanzlicher Lebensmittel, so auch von Obst und Gemüse, herangezogen werden. Hierbei wird zum einen die Verbesserung ihrer Eigenschaften, insbesondere des nutritiven Wertes, angestrebt. Zum anderen wird der Gedanke verfolgt, eine mittels pflanzlicher Zell- und Gewebekultur hergestellte Biomasse *möglicherweise direkt für Nahrungszwecke* zu verwenden.

Bei der Kultivierung nutzt man die normale genetische Variabilität der Pflanzen, indem eine große Anzahl von Zellen in Schüttelkultur vereinzelt, daraus Klone angezüchtet und diese hinsichtlich neuer bzw. erworbener Eigenschaften getestet werden. Dabei lassen sich stabile Zellklone mit veränderten Eigenschaften, z. B. auch solche mit erhöhtem nutritiven Wert, selektieren (Tab. 3.6.-2). Nach Regeneration der isolierten Zellen zu Ganzpflanzen mit verbesserten qualitativen oder quantitativen Leistungen wird ermittelt, ob das neu erworbene Merkmal genetisch stabil in die Ganzpflanze integriert ist oder nicht. Auf diese Weise sind bereits zahlreiche qualitätsbestimmende Merkmale in Kulturpflanzen verändert und/oder im Genom verankert worden (Tab. 3.6.-3).

Eine interessante Variante ergibt sich hinsichtlich der Produktion von Biomasse. Man geht von der Überlegung aus, daß über die pflanzliche Zell- und Gewebekultur

Tab. 3.6.-2 Verbesserung der Qualität von pflanzlichen Lebensmitteln mit Hilfe der Zell- und Gewebekultur

---

Erhöhung der Resistenz der regenerierten Pflanze z. B. gegenüber
    Krankheiten
    Schädlingsbefall
    Pestiziden
    niedrigen Temperaturen
    Trockenheit
    salzhaltigen Böden
Verbesserung des nutritiven Wertes pflanzlicher Erzeugnisse durch Erniedrigung bzw. Eliminierung des Gehaltes z. B. an
    Phytat
    Oxalat
    Nitrat/Nitrit
    Glucosinolaten
Veränderung der Zusammensetzung der Inhaltsstoffe z. B. hinsichtlich
    verbesserter Proteinwertigkeit
    Erhöhung des Anteils an ungesättigten Fettsäuren (zu Lasten gesättigter Fettsäuren)
    Erhöhung des Anteils an Vitaminen

Tab. 3.6.-3 Veränderung der Eigenschaften bzw. der Konzentration von Inhaltsstoffen bei regenerierten Kulturpflanzen durch In-vitro-Selektion via pflanzliche Zell- und Gewebekulturen (TEUTONICO u. KNORR, 1987)

Kälteresistenz	+
Kochsalzresistenz	+
Lysingehalt (Getreide)	+
nutritiver Wert (Getreide)	+
Vitamin C-Gehalt	+
natürliche Schadstoffe	
Oxalat	–
Nitrat	–
Tannin	–
Trypsininhibitor	–

+ Zunahme ,– Abnahme

z. B. keimarme Lebensmittel pflanzlicher Herkunft mit optimierter Zusammensetzung (d. h. einem Optimum an Nähr-, Mineral- und Wirkstoffen sowie einem Minimum an Schadstoffen, antinutritiven Verbindungen usw.) gewissermaßen nach Art einer „Maßschneiderung" im Fermentor produziert werden können. Als begünstigend für derartige Überlegungen kommt hinzu, daß für die Produktion von breiartigen Obst- und Gemüseerzeugnissen (z. B. aus Möhren, Spinat oder Bananen) für spezielle Zielgruppen (Kleinkinder, Kranke, Rekonvaleszenten) die sonst erforderliche Aufbereitung und Zerkleinerung entfallen könnte. So erhält man bei der Submersfermentation von Pflanzenmaterial etwa 3–5 g Biomasse je 1 l Medium je Tag. Bisher hat sich allerdings eine solche Variante aus ökonomischen Gründen noch nicht realisieren lassen.

Ein wesentlicher Vorteil derartiger Erzeugnisse dürfte auch darin bestehen, daß sie z. B. in Gebieten mit hoher Umweltbelastung und bei Umweltkatastrophen ohne die Gefahr einer Kontamination bereitgestellt werden könnten. Derartige Fragen werden seit einiger Zeit bereits erörtert.

3.6.3
Mikrobielle Polysaccharide

Zwecks Verrringerung von verdaulicher und energieliefernder Substanz liegt es nahe, im Austausch für energiereiche Lebensmittelinhaltsstoffe solche Bestandteile zu verwenden, die zum einen selbst energiearm sind, zum anderen die Einarbeitung von Wasser und/oder Luft ermöglichen sowie bestimmten Lebensmitteln „Körper" oder „Mundgefühl" verleihen (z. B. in fett- oder zuckerarmen Erzeugnissen und Light-Produkten). Für solche und ähnliche Zwecke werden Hydrokolloide mit bestimmten funktionellen Eigenschaften benötigt (Tab. 3.6.-4). Folgende Funktionen stehen dabei im Vordergrund:

- Bindung von Wasser in energiearmen Erzeugnissen (Wasseranreicherung, Zubereitung von Breien und Gelen);
- Erhöhung der Viskosität und des Mundgefühls von zuckerarmen bzw. mit Süßstoff gesüßten alkoholfreien und alkoholischen Getränken;
- Stabilisierung von Dispersionen, Suspensionen, Emulsionen, Schäumen, bei denen z. B. Fett durch energieärmere Zusatzstoffe ausgetauscht wurde.

Bisher sind hierzu vorrangig Hydrokolloide tierischer oder pflanzlicher Herkunft verwendet worden (z. B. Stärke, Pektin, Traganth, Agar-Agar, Carrageen, Guar- oder

Tab. 3.6.-4 Erwünschte funktionelle Eigenschaften von Hydrokolloiden

Schaumbildung	Trubstabilisierung
Schaumstabilisierung	Strukturbildung
Emulgiervermögen	Viskositätserhöhung
Emulsionsstabilisierung	Klärwirkung
Wasserlöslichkeit	Texturbildung
Quellvermögen	Film-(Folien-) bildung
Wasserbindevermögen	Suspensionsstabilisierung
Gelbildungsvermögen	Mundgefühlgebung
Gelverfestigung	Körpergebung
Gelelastizitätsvermögen	als Füllmittel wirkend
Geltransparenz	Proteinstabilisierung
Dickungsvermögen	Gefrier-Tau-Stabilität
Kristallisationsverhinderung	Synereseverhinderung
Schutzkolloidwirkung	Konsistenzveränderung
Plastizitätssteigerung	Klebwirkung
Glasuren bildend	als Bindemittel wirkend
als Aufschlagmittel wirkend	Resistenz-erhöhend gegenüber mikrobiellem und enzymatischem Abbau

Johannisbrotkern-Mehl, Gelatine). In den letzten Jahren haben jedoch auch mikrobielle Polysaccharide zunehmend Eingang in dieses Applikationsgebiet gefunden. Bei ihrer Entwicklung waren sie zunächst für andere Anwendungsbereiche vorgesehen. Verschiedene ihrer Vertreter sind inzwischen für den Lebensmittelsektor zugelassen (z. B. Xanthan); bei anderen steht diese Entscheidung noch aus. Ihr prozentualer Anteil im komplexen System „Lebensmittel" ist verhältnismäßig gering, da sie gewöhnlich größere Mengen an Wasser (oder Luft) binden bzw. umhüllen und Substanz lediglich „vortäuschen" sollen. Da sie im Dünndarm praktisch nicht hydrolysiert und auch nicht absorbiert werden, sind sie als Energiespender zu vernachlässigen. Sie fungieren aber als *wasserlösliche Ballaststoffe*.

Für eine Reihe von pflanzlichen Polysacchariden ist bekannt, daß sie zur Senkung des Cholesterolgehaltes im Blutserum beitragen. Aufgrund struktureller Ähnlichkeiten kann man bei mikrobiellen Polysacchariden einen ähnlichen Effekt erwarten. Für einige Vertreter dieser Gruppe ist ein solcher auch nachgewiesen worden.

Die mikrobiellen Polysaccharide sind überwiegend aus α- oder β-glycosidisch verknüpften Monosaccharidresten aufgebaut. Die meisten davon sind wasserlöslich. Die Mehrzahl von ihnen wird als *pseudoplastisch* bezeichnet: Strukturbedingt nimmt ihre Viskosität bei Zunahme des Schergefälles ab. Sie wirken als Dickungsmittel, bilden Gele oder stabilisieren Emulsionen, Suspensionen und Schäume (Tab. 3.6.-5).

Tab. 3.6.-5 Applikationsmöglichkeiten für mikrobielle Polysaccharide

Alkoholfreie Getränke	Fleischwaren
Bier	Füllungen
Spirituosen	Suppen
Konfitüren/Marmeladen	Saucen
Eiscremes	Aroma-Emulsionen
Puddings	Schlagcremes
Gelees	Nährmittel
Emulsionen (Fett/Wasser)	Aspikwaren
Fruchtsäfte	Schaumspeisen
Mayonnaisen	Schäume
Milchgetränke	eßbare Überzüge
Süßwaren	

3.6.3.1
Fermentationstechnische Gewinnung

Die Produktion von mikrobiellen Polysacchariden begann mit der technischen Dextranherstellung während des Zweiten Weltkrieges. Dextran diente seinerzeit in erster Linie als Blutplasma-Austauschstoff. Von den inzwischen bekannten mikrobiellen Polysacchariden haben allerdings erst wenige Eingang in die Praxis der Lebensmittelproduktion gefunden. Allen voran ist hier das Xanthan zu nennen.

Mikrobielle Polysaccharide werden entweder zellunabhängig, d. h. durch extrazelluläre Transglucosidierung (wie z. B. bei Dextran), oder aber zellgebunden über den Zellstoffwechsel (z. B. bei Xanthan, Pullulan, Scleroglucan) gebildet. Ihre fermentationstechnische Gewinnung ist mindestens bis zum Pilotmaßstab gediehen; bei Dextran und Xanthan ist bereits die industrielle Dimension erreicht.

Die Polysaccharide werden gewöhnlich mittels Submersfermentation (2–7 Tage) im Chargenbetrieb produziert. Als C-Quellen dienen bevorzugt Glucose, Stärke (vielfach α-amylolytisch vorhydrolysiert) oder Saccharose. Die Aufbereitung erfolgt nach Hitzeinaktivierung der Mikroorganismen und Enzyme durch Abtrennung der festen Bestandteile aus dem Fermentationsmedium. Die Polysaccharide werden mit organischen Lösungsmitteln gefällt und nach weiterer Reinigung über mehrere Stufen bis zum Pulver aufgearbeitet.

Im Lebensmittelsektor besonders bewährt hat sich Xanthan. Es wird nachfolgend als Beispiel für zahlreiche andere mikrobielle Polysaccharide behandelt.

3.6.3.2
Xanthan

Xanthan ist ein mikrobielles Polysaccharid, das von verschiedenen Mikroorganismen (z. B. *Xanthomonas campestris*, *X. juglandis*, *Pseudomonas aeruginosa*, *Azotobacter vinelandii*) unter geeigneten Kulturbedingungen synthetisiert und ausgeschieden wird. Es besteht aus einer Hauptkette mit 1,4-β-gebundenen Glucoseeinheiten; das „Rückgrat" des Moleküls ist eine Cellulosekette. An jedem zweiten Glucoserest hängt eine dreigliedrige Seitenkette:

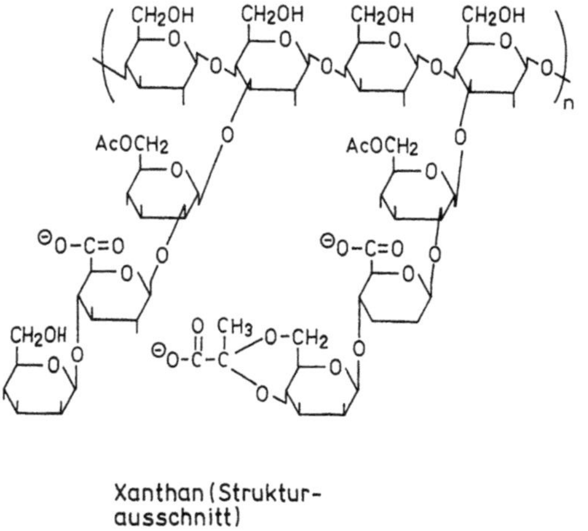

Xanthan (Struktur-
ausschnitt)

FS 3.6.-1

Xanthan wird industriell durch Submersfermentation gewonnen, vorrangig unter Einsatz von *Xanthomonas campestris*. Als C-Quellen dienen Saccharose, Glucose oder Stärkehydrolysate. Das gebildete Polysaccharid wird am Ende der Fermentation und nach Abtrennung der Mikroorganismen mit einem organischen Lösungsmittel ausgefällt, getrocknet und gemahlen.

Xanthan (M_r 2 x 10^6 bis 12 x 10^6) löst sich in kaltem und heißem Wasssser bei jedem pH-Wert und Salzgehalt auf. Die sich in wäßriger Lösung ausbildenden helikalen Strukturen liefern ein 3-dimensionales Netzwerk, welches hohe Viskositäten der wäßrigen Lösung verursacht. Xanthanlösungen schäumen nicht, da sie keine oberflächenaktiven Eigenschaften aufweisen. Im Mund erzeugt Xanthan einen günstigen Geschmackseindruck. Es ist weder schleimig noch klebrig und hat infolge seiner Pseudoplastizität eine niedrige Kau-Viskosität. Weitere Vorteile sind:
- Bildung thermoreversibler, mechanisch stabiler, elastischer Gele mit hoher Gefrier- und Tau-Stabilität;
- hohe Wasserbindungskapazität;
- Eingehen synergistischer Effekte mit anderen Hydrokolloiden (z. B. Guar-, Johannisbrotkernmehl, Pektin);
- hohe Stabilisierung von Öl-in-Wasser-Emulsionen (z. B. in Mayonnaise, Speiseeis) sowie von Wasser-in -Öl-Emulsionen (kein Absetzen, Aufrahmen);
- Stabilität auch bei niedrigen pH-Werten (z. B. bei Speiseessig-Zusatz);
- keine Beeinflussung der Viskosität durch Salz-Zusatz und bei erniedrigten Temperaturen (Salat-Saucen im Kühlschrank);
- pseudoplastisches Fließverhalten (ermöglicht leichtes Ausgießen und Auspumpen aus Behältern);
- Möglichkeit des Einsatzes relativ geringer Xanthan-Mengen infolge der hohen Effektivität, wodurch keine Maskierung von empfindlichen Aromen (wie dies z. B. bei Stärke der Fall ist) erfolgt.

Xanthan eignet sich als Zusatzstoff zu energiereduzierten Backmischungen, Backerzeugnissen, Instantprodukten, Salatdressings und -cremes, Gewürzsaucen, Senf und Ketchup, Tiefkühlprodukten, Speiseeis, Schlagschäumen, Desserts, Kaugummi, Kaumassen, Tortengelees, Glasuren sowie zur Körpergebung von Getränken (z. B. bei Verwendung von Süßstoff). Das Polysaccharid wurde bereits 1969 in den USA lebensmittelrechtlich zugelassen, 1980 auch von der EG in die Liste der genehmigten Dickungsmittel aufgenommen.

3.6.3.3
Sonstige mikrobielle Polysaccharide

Es gibt inzwischen eine ganze Reihe von polymeren Verbindungen (Tab. 3.6.-6), deren fermentationstechnische Gewinnung mindestens bis zum Pilotmaßstab vorangetrieben wurde. Sie sind in der Mehrzahl der Fälle auf ihre Verwendbarkeit auch im Lebensmittelsektor getestet worden. Die Haupteinsatzgebiete der meisten liegt jedoch derzeit außerhalb dieses Bereiches.

Neuerdings nehmen auch Polysaccharide einzelliger Algen mit Xanthan-ähnlicher Struktur und entsprechenden Eigenschaften das Interesse der Forschung in Anspruch. So sollen bestimmte Polysaccharid-Fraktionen von *Porphyridium cruen-*

Tab. 3.6.-6 Zusammensetzung und Verwendung ausgewählter mikrobieller Polysaccharide (KRÜGER u. FIEDLER, 1991)

Polysac-charid	Mikroorgnismus	Zusammen-setzung	Verwendung bei der Lebensmittelproduktion
Dextran	*Leuconostoc mesenteroides, L. dextranicum*	D-Glucose	Backwaren, Getränke, Speiseeis, Fruchtsirupe, Süßwaren, Würzen
Xanthan	*Xanthomonas campestris, X. juglandis, Pseudomonas aeruginosa*	D-Glucose, D-Glucuronsäure, D-Mannose, Acetat, Pyruvat	Puddings, alkoholfreie Getränke, Marmeladen, Gelees, Eiscremes, Mayonnaisen, Dressings, Schäume, Füllungen
Pullulan	*Pullularia pullulans*	D-Glucose	luftundurchlässige, eßbare Filme, stark quellfähiger Zusatzstoff für energie-reduzierte Lebensmittel
Alginat	*Azotobacter vinelandii, Pseudomonas aeruginosa*	D-Mannuronsäure, L-Guluronsäure	Eiscremes, Gelees, Puddings, Marmeladen, Überzüge, Milchprodukte, Fruchtsäfte
Curdlan	*Alcaligenes faecalis, Agrobacterium sp.*	D-Glucose	Gelees, Mayonnaisen, kochfeste Eierteigwaren
Scleroglucan	*Sclerotium glucanicum, Sclerotinia sp.*	D-Glucose	Gele, Suspensionsstabilisator, eßbare Überzüge

tum die Immunglobulin-Synthese des Körpers stimulieren. Diese und andere pharmakologisch interessante Eigenschaften sind Veranlassung gewesen, sich verstärkt mit der Gewinnung von Polysacchariden aus phototrophen Mikroorganismen zu befassen. Hierfür können möglicherweise auch herkömmliche Methoden der Algenzucht (z. B. in offenen Becken bei genügend hoher Sonneneinstrahlung) herangezogen werden. Besondere Bedeutung kommt dabei der Aufarbeitung zu, da die Polysaccharide teilweise im Zellverband fest verankert sind. Ihre Freisetzung und Reinigung ist mit erhöhtem technischen Aufwand verbunden.

3.7
Enzyme

In den vorangehenden Kapiteln wurde bereits mehrfach auf die Bedeutung der Enzyme bei der Herstellung optimierter diätetischer Lebensmittel hingewiesen. Nachfolgend werden einige weitere potentielle Möglichkeiten des Enzymeinsatzes mitgeteilt. Die hierbei in Frage kommenden Applikationsgebiete sind im wesentlichen zwei Bereichen des Ernährungssektors zuzuordnen. Zum einen handelt es sich um die enzymatische Eliminierung von antinutritiven Stoffen mit dem Ziel einer ernährungsphysiologischen Aufwertung von Lebensmittel-Rohstoffen bzw. von Lebensmitteln, zum anderen um den Einsatz von Enzymen bei speziellen Verdauungsstörungen. Es wird hingegen nicht auf die zahlreichen Möglichkeiten der Enzymtherapie eingegangen, da hierbei ausgesprochen medizinisches Terrain beschritten würde.

3.7.1
Abbau antinutritiver Verbindungen

Verschiedene antinutritiv wirksame Verbindungen als Begleitsubstanzen von Lebensmittelrohstoffen lassen sich durch Enzymeinsatz eliminieren (Tab. 3.7.-1).

Tab. 3.7.-1 Enzymatische Entfernung antinutritiver Verbindungen aus pflanzlichen Lebensmitteln bzw. Lebensmittel-Rohstoffen (WHITAKER, 1990)	Enzym	Antinutritive Verbindungen
	Phytase	Phytinsäure
	Nitrat-/Nitrit-Reduktasen	Nitrat, Nitrit
	Cyanidasen	cyanogene Verbindungen
	α-Galactosidase	Raffinose und Vertreter der „Raffinose-Familie"
	Thioglycosidasen (Glucosinolate)	Thioglycoside

Phytase

Phytinsäure (meso-Inositolhexaphosphat) dient der Pflanze zumeist in Form des Ca-Mg-Salzes (Phytin) als Phosphatspeicher. Ihre Konzentration beträgt z. B. in Ölsaaten und Cerealien 1–2 % i.TS, in anderem pflanzlichen Material kann sie bis zu 6 % i.TS ansteigen. Im Magen-Darm-Trakt behindert Phytinsäure die Absorption von wichtigen Mineralstoffen und Spurenelementen (insbesondere von Ca, Mg, Fe, Zn) durch konkurrierende Chelatbildung (vgl. Kap. 1.1.11). Phytase (EC 3.1.3.26) zerlegt Phytinsäure in myo-Inositol und Phosphorsäure:

Phytinsäure-reiche pflanzliche Lebensmittel lassen sich daher durch Phytaseeinwirkung nutritiv aufwerten. Des weiteren können Phytase-Präparate mikrobieller Herkunft (z. B. aus *Aspergillus ficuum)* zusammen mit *Cellulase*-Präparaten (z. B. aus *Trichoderma viride)* vorteilhaft zur Spaltung von Phytinsäure in Tierfuttermitteln (z. B. in Mais) eingesetzt werden. Ein so als Tierfutter-Bestandteil vorbehandeltes Getreide erhält auf diese Weise eine leicht verfügbare Phosphat-Quelle. Der sonst übliche Phosphat-Zusatz bei Getreidefuttermitteln kann eingespart werden.

Nitratreduktasen

Hohe Gaben von Stickstoffdüngemitteln beim Anbau von Spinat u. a. Gemüsesorten bewirken eine erhebliche *Nitrat*anreicherung in den Blättern. Bei längeren

Transportwegen im Laufe der Verarbeitung oder bei Aufbewahrung gegarten Gemüses kann das Nitrat bakteriell zu Nitrit reduziert werden. Letzteres liefert im Magen u. U. mit nitrosierbaren Aminen cancerogene Verbindungen. Die Zufuhr von Nitrat und Nitrit mit der Nahrung sollte daher so niedrig wie möglich gehalten werden (vgl. Kap. 1.1.11, 1.2.7).

Es gibt seit längerem Bemühungen, durch reduzierende Enzymsysteme oder geeignete Bakterien die Nitrate/Nitrite bei der Lebensmittelverarbeitung abzubauen. So vermag z. B. das Enzymsystem von *Paracoccus denitrificans* Nitrat und Nitrit nach folgendem Schema reduktiv umzusetzen:

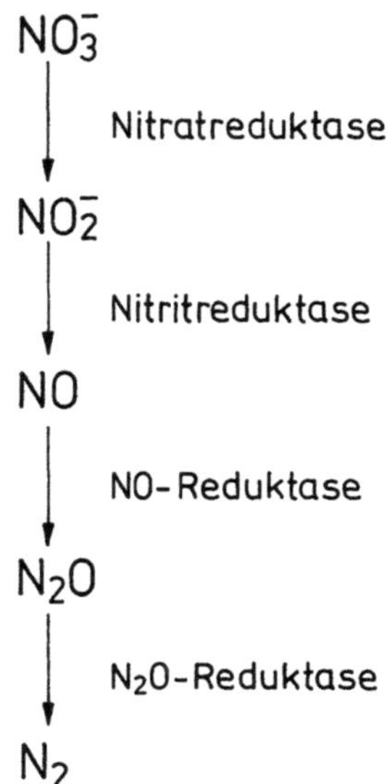

FS 3.7.-2

Dieses Verfahren ist jedoch bisher nur im Labor, nicht hingegen hinsichtlich seiner praktischen Realisierungschancen getestet worden. Seine technische Verwirklichung würde jedoch die Verwendung auch nitrathaltiger Ausgangsstoffe für Säuglings- und Kleinkindernahrungen ermöglichen.

Cyanidasen

Zahlreiche Pflanzen enthalten als potentiell toxische Verbindungen *„cyanogene Glycoside"*. Diese finden sich in Maniok, Limabohnen, Sorghum-Hirse, Leinsamen, bitteren Mandeln, Stein- und Kernobstsamen. Die gebundene Blausäure wird bei Einwirkung pflanzeneigener Enzyme freigesetzt und entweicht. Dieses Gift blockiert die Zellatmung und muß – auch in chemischer Bindung – aus den Lebensmitteln entfernt werden (vgl. Kap. 1.1.11). Die bekannteste Verbindung dieser Gruppe ist das *Amygdalin* (Mandelsäurenitril-β-gentiobiosid), das unter Einwirkung des pflanzeneigenen Enzymgemisches **Emulsin** (β-Glucosidase /„*Amygdalase*"/, EC 3.2.1.21; *Mandelsäurenitril-Lyase*, EC 4.1.2.10) in Glucose, Benzaldehyd („Bittermandelöl") und Blausäure zerlegt wird:

FS 3.7.-3

Bei der Herstellung von Marzipan oder Persipan werden bittere Mandeln, Aprikosen- oder Pfirsich-Kerne verwendet. Die Freisetzung der Blausäure erfolgt – nach Anfeuchten und Erwärmen der zerkleinerten Kerne – durch das substrateigene Emulsin. Die Blausäure wird sodann durch Erhitzen abgetrieben. In tropischen Ländern wird gelegentlich von Erkrankungen oder Todesfällen infolge nicht vollständiger Entfernung der Blausäure z. B. aus Maniok-Knollen berichtet. Bei der Behandlung mit kommerziellen Cyanidasen könnten cyanogene Glycoside rechtzeitig zerlegt werden:

FS 3.7.-4

Derartige Verfahren werden jedoch bislang in der Praxis nicht genutzt.

α-Galactosidase

In Leguminosensamen (z. B. Bohnen, Erbsen, Linsen, Sojabohnen), Kaffeebohnen, Gerstenmalz und einigen anderen pflanzlichen Lebensmitteln sind Oligosaccharide der „Raffinosefamilie" enthalten. Dazu gehören *Raffinose* als Basissubstanz, ferner *Stachyose, Verbascose* (Tetra-, Pentasaccharid) und höhere, noch nicht benannte Glieder (Hexa-, Hepta-, Octasaccharide). Sie entstehen durch Angliederung jeweils eines weiteren Galactose-Moleküls am Galactose-Ende der Raffinose in α-galactosidischer Bindung.

Da im Dünndarm des Menschen weder α-Galactosidase (EC 3.2.1.22)- noch β-Fructosidase (EC 3.2.1.26)-Aktivität vorhanden sind, können die Verbindungen der Raffinosefamilie im Intestinaltrakt nicht gespalten werden. Sie gelangen in den Dickdarmbereich und werden hier mikrobiell abgebaut (Gasbildung durch

„Blähfaktoren", vgl. Kap. 1.1.11). α-Galactosidase vermag die Vertreter der Raffinosefamilie durch Abspaltung von Galactose zu zerlegen und so ihren weiteren Abbau zu ermöglichen:

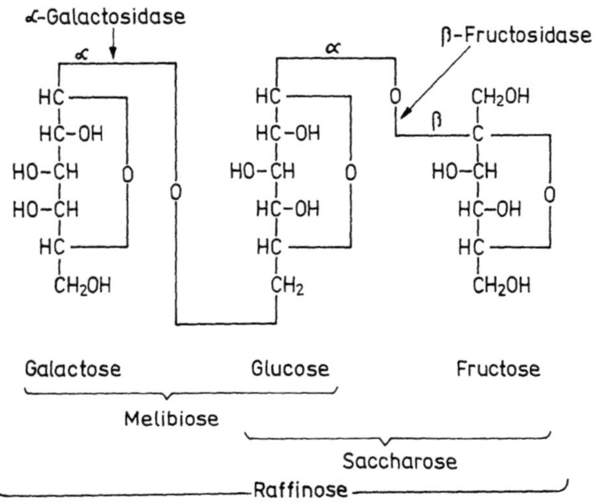

Durch Einweichen der Samen in Wassser unter Zugabe eines α-Galactosidase-Präparates kann der Abbau bereits vor dem Verzehr erfolgen. Es bedarf einer technischen Realisierung dieses Wirkprinzips mit nachfolgendem Abfüllen bzw. Trocknen der vorbehandelten Lebensmittel. Bisher sind diesbezügliche Möglichkeiten – wohl aus ökonomischen Gründen – in der Praxis nicht genutzt worden.

Thioglycosidasen

In den Samen und Blättern zahlreicher Kreuzblüter (*Cruciferae, Brassicaceae*), wie in diversen Kohlarten, Kohlrüben, Raps, Meerrettich, schwarzem und weißem Senf, sind sog. *Glucosinolate* (*„Senfölglucoside"*) enthalten. Diese liefern beim Abbau mit Thioglycosidasen, z. B. mit der pflanzeneigenen **Myrosinase** (EC 3.2.3.1) als Spaltprodukte Thiole (Aglycone) und Glucose. Vermöge einer nachfolgend selbstständig ablaufenden nicht-enzymatischen Umlagerung des Aglycons entstehen daraus *Senföle* (Isothiocyanate) mit ihrem bekannten brennend scharfen Flavour:

$$R-C\begin{smallmatrix}S-\text{Glucose}\\N-O\cdot SO_3^{\ominus}\end{smallmatrix} \xrightarrow[\substack{\text{Thioglucosidase}\\ \text{(z. B. Myrosinase)}}]{+H_2O} R-C\begin{smallmatrix}S^{\ominus}\\N-O\cdot SO_3^{\ominus}\end{smallmatrix} + \text{Glucose}$$

Senfölglucosid
(Glucosinolat)

$$\longrightarrow \left[R-C\begin{smallmatrix}S\\\underline{N}I\end{smallmatrix}\right] + SO_4^{2\ominus} \longrightarrow R-N=C=S$$

nicht beständiges
Intermediärprodukt

Senföl
(Isothiocyanat)

FS 3.7.-6

Im Falle des Glucosinolates „*Progoitrin*" tritt nach Abspaltung der 2-Hydroxy-butylen-Gruppe durch Myrosinase eine Umlagerung zu dem toxischen *Goitrin* ein:

$$CH_2=CH-\overset{\overset{\displaystyle OH}{|}}{CH}-CH_2-C\overset{\diagup S-Glucose}{\diagdown N-O\cdot SO_2O^{\ominus}}$$

Progoitrin

↓ Myrosinase

$$[CH_2=CH-\overset{\overset{\displaystyle OH}{|}}{CH}-CH_2-N=C=S]+Glucose+H_2SO_4$$

nicht beständiges
Intermediärprodukt

↓ spontane
Cyclisierung

$$CH_2=CH-\overset{\overset{\displaystyle CH_2-NH}{|\qquad|}}{CH\qquad C=S}$$
$$\diagdown O \diagup$$

Goitrin (5-Vinyl-oxazolidin-2-thion)　　　　　　　　　FS 3.7.-7

Letzteres wirkt kropfbildend und wachstumshemmend (vgl. Kap. 1.1.11). Normalerweise kocht man Gemüse vor dem Verzehr, wodurch die pflanzeneigene Myrosinase zerstört wird. In diesem Falle kann Goitrin nicht entstehen. Hier ist das Enzym unerwünscht und demnach (durch Kochen) zu inaktivieren.

Die *Senföle* stellen wertgebende Aroma- und Geschmacksstoffe z. B. des Senfs oder des Meerrettichs dar. Man hat deshalb versucht, diese direkt aus Glucosinolaten mittels aus Pflanzen isolierter und immobilisierter Thioglycosidasen zu gewinnen. Die Reaktion wurde bereits im Labormaßstab realisiert. Jedoch ist die Bereitstellung der Glucosinolate in ökonomisch vertretbaren Mengen bisher nicht möglich.

Urease

Zahlreiche alkoholische Getränke enthalten z. T. erhebliche Mengen an *Urethanen* (Alkylcarbamaten). So werden z. B. in Wein 13 ppm Urethan (vorrangig Ethylurethan), in Weinbränden, Whisky u. a. Spirituosen bis zu 650 ppm hiervon ermittelt. Die

$$Arginin \xrightarrow[\text{der Hefe}]{\text{Metabolismus}} OC\overset{\diagup NH_2}{\diagdown NH_2}$$

$$OC\overset{\diagup NH_2}{\diagdown NH_2}+C_2H_5OH \xrightarrow{\text{Destillation}} OC\overset{\diagup NH_2}{\diagdown O\cdot C_2H_5}+NH_3 \qquad\qquad FS\ 3.7.-8$$

Urethane entstehen durch Einwirkung der Hefe auf Arginin mit nachfolgender Hitzebehandlung beim Destillationsprozeß:

Urethane sind potentielle Carcinogene. Ihre Entfernung gelingt durch Zusatz von Urease (EC 3.5.1.5) z. B. aus *Lactobacillus fermentum* im sauren pH-Bereich. In Japan ist in Versuchsproduktionen die Urethankonzentration in Sake hierdurch drastisch reduziert worden. An der technischen Durchführung dieses Prozesses wird gearbeitet.

3.7.2
Verdauungsfördernde Enzyme

Wenn die im Pankreas und Magen-Darm-Trakt gebildeten Enzyme für die Nährstoff-Verdauung nicht in genügender Menge vorhanden sind oder ganz fehlen („*Enzymdefekte*"), kommt es zu Verdauungsstörungen. Sie treten gehäuft im Kindesalter sowie bei Senioren auf. Die nicht gespaltenen Substrate werden nicht absorbiert, gelangen in den Dickdarmbereich, werden von der Mikroflora umgesetzt und verursachen Dyspepsien, Blähungen sowie osmotische und Gärungsdurchfälle. Diese Störungen geben sich auch durch Kohlenhydrat-, Eiweiß- oder Fettstühle zu erkennen.

Wenn auch eine kausale Therapie derzeit noch nicht möglich ist, so lassen sich in bestimmten Fällen diese Störungen durch die orale Gabe von Enzympräparaten abschwächen oder beseitigen. Voraussetzung hierfür ist die Verhinderung der Inaktivierung im Magen (saurer pH-Wert). Durch Verwendung von verdaulichen Überzügen (Verkapselung) können die Enzyme geschützt werden.

Bereits im Jahre 1894 hat TAKAMINE das Schimmelpilz-Enzympräparat **Takadiastase** (seinerzeit speziell für die Brennerei) in den Handel gebracht. Es wurde viele Jahre lang auch als Verdauungshilfe verwendet. Enzympräparate tierischer, pflanzlicher oder mikrobieller Herkunft (z. B. *Pepsin, Pankreatin, Aspergillus niger*-Enzymkomplex) wurden mit mehr oder weniger Erfolg ebenfalls für diesen Zweck eingesetzt. In den letzten Jahren sind zahlreiche Enzympräparate auf dem internationalen Markt angeboten worden, die bei oder nach dem Verzehr von Eiweißen, Kohlenhydraten oder Fetten prophylaktisch oder therapeutisch als Verdauungshilfen verwendet werden können. Sie enthalten entweder **Amylasen, Proteasen** und/oder **Lipasen** bzw. Gemische derselben. Ihr Einsatz ist aber hinsichtlich des Erfolges umstritten, da Enzyme als Eiweißkörper im Verdauungstrakt dem Abbau proteolytischer Enzyme unterliegen und demzufolge ihre Wirkung einbüßen. Dies gilt auch für die Therapierung der Lactose-Intoleranz (s. u.).

Lactose-Intoleranz

Bei der Lactose-Intoleranz ist die Aktivität der intestinalen β-Galactosidase (Lactase, EC 3.2.1.23) eingeschränkt bzw. nicht vorhanden. Die Folge sind osmotische und Gärungsdurchfälle sowie in schweren Fällen eine Beeinträchtigung der Mucosafunktion mit gesundheitlichen Dauerschäden (vgl. Kap. 1.2.5.2).

Um die bei diesen Patienten vorhandene Unverträglichkeit von Milch zu kompensieren, sind von der Industrie Milcherzeugnisse entwickelt worden, bei denen die Lactose bereits in Form ihrer monomeren Bausteine vorliegt, ihre Verdauung gewissermaßen vorweggenommen wurde. Die Zerlegung des Milchzuckers erfolgt

Abb. 3.7.-1 Zerlegung von Lactose in Trinkmilch durch Einsatz von in Cellulosetriacetat-Fasern eingeschlossener β-Galactosidase (Lactase)

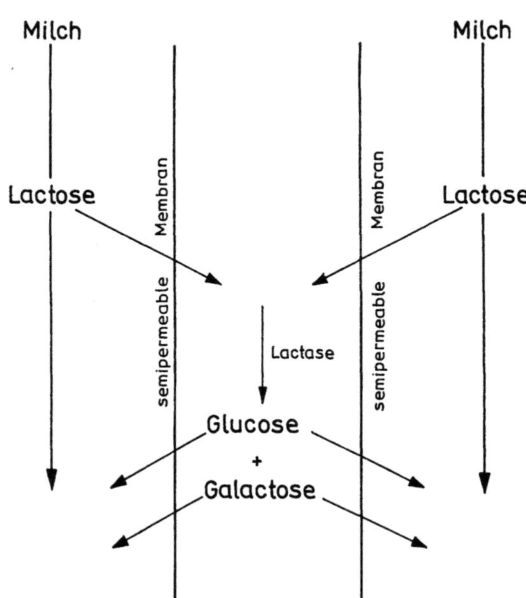

mittels **β-Galactosidase.** Das Enzym wird unter Einsatz geeigneter Mikroorganismen (*Aspergillus niger, A. oryzae, Saccharomyces fragilis, Kluyveromyces fragilis, Candida pseudotropicalis*) fermentationstechnisch gewonnen und vorrangig in immobilisierter Form verwendet. Ein in der Praxis bewährtes Verfahren ist der Einschluß des Enzyms in Cellulosetriacetat-Fasern. Nach dem Verfahren der Fa. SNAM-Progetti/Italien durchläuft die Milch einen Reaktor, der mit Faserbündeln (als semipermeabler Membran) ausgestattet ist und in deren Innenraum sich gelöste β-Galactosidase befindet. Die Lactose durchwandert die Membranen der Fasern und wird im Lumen derselben zerlegt. Die Spaltprodukte treten sodann durch die Membran wieder heraus und werden von der vorbeifließenden Milch aufgenommen (Abb. 3.7.-1). Die Milch enthält nunmehr Glucose und Galactose anstelle von Lactose. Nach Sprüh- oder Walzentrocknung gleicht das Trockenerzeugnis sensorisch weitgehend normalem Milchpulver. Von den Patienten mit Lactose-Intoleranz wird enzymbehandelte Milch problemlos vertragen. Ihr Süßegrad ist etwas erhöht; dies wird jedoch von vielen Verbrauchern eher als angenehm empfunden.

Milchallergie

Diese Erkrankung äußert sich in einer Überempfindlichkeit gegenüber *Milcheiweiß*, das als Allergen wirkt. Die Patienten müssen Milch und Milcherzeugnisse grundsätzlich meiden.

Eine Möglichkeit, auch solchen Personen verträgliche Milchprodukte anzubieten, ist die Herstellung von „*Sojabohnenmilch*". Dabei handelt es sich im Prinzip um einen wäßrigen Extrakt aus eingeweichten, gemahlenen und erhitzten Sojabohnen, der zu „Milchpulver" verarbeitet wird. Der Bohnengeschmack wird durch eine Enzym- und Säurebehandlung weitgehend beseitigt. In Ostasien wird unter Einsatz neutraler oder alkalischer **Proteasen** (z. B. *Bromelain*, EC 3.4.22.32; *Ficain*, EC 3.4.22.3) das Protein aus der Sojamilch ausgefällt und zu käseähnlichen Erzeugnissen verarbeitet. Auf analoge Weise lassen sich Sojamilch-Getränke – ähnlich den in Europa bekannten Sauermilchprodukten (z. B. Joghurt) – herstellen.

Coeliakie

Bei dieser Anomalie sind die intestinale Spaltung und Absorption bestimmter Abbauprodukte des Weizenproteins u. a. ähnlicher Getreideeiweiße gestört bzw. unterbunden. Die hierfür verantwortlichen schwer abbaubaren Peptide (M_r = 7000–14000) enthalten als Aminosäure-Bausteine vorrangig Glutamin, Prolin und Phenylalanin. Sie reizen Darmzotten und -schleimhaut bis zur entzündlichen Degenerierung (vgl. Kap. 1.2.5.1).

Die Spaltung dieser Peptide vollzieht sich auch bei Einsatz handelsüblicher Protease-Präparate nur sehr langsam. Es ist zu vermuten, daß ihre Bindungen gegenüber den intestinalen Proteasen und Peptidasen verhältnismäßig resistent sind. Neuerdings läßt sich z. B. das mikrobielle **Subtilisin** (EC 3.4.21.62) in wesentlichen Parametern hinsichtlich Substrat- und Wirkspezifität abwandeln, indem einzelne Aminosäuren der katalytischen Region mittels gen- und proteintechnischer Methoden ausgetauscht werden. Hierdurch kann z. B. die Zerlegung der Glu-X-Bindung erheblich beschleunigt werden (Tab. 3.7.-2). Diese Modifizierung der katalytischen Effektivität von Subtilisin bedeutet eine beträchtliche Aktivitätssteigerung des Enzyms gegenüber Glutaminsäure-reichen Substraten. Es wäre somit denkbar, daß die intestinale Spaltbarkeit von Gluten und seinen Spaltprodukten durch orale Applikation von proteintechnisch modifizierten Enzympräparaten verbessert werden kann. Praktische Ansätze hierzu sind bisher nicht bekannt.

Tab. 3.7.-2 Katalytische Effektivität (k_{cat}/K_M) von proteintechnisch modifiziertem Subtilisin bei der Spaltung der X-Glu-p-nitranilid-Bindung in Peptiden (ESTELL et al., 1986)

Enzym	k_{cat}/K_M $(mol^{-1} \times s^{-1})$
Subtilisin nativ	16
Glu-156 → Gln-156	260
Gly-166 → Lys-166	>12000
Glu-156 → Gln-156 + Gly-166 → Lys-166	>50000

Verdauungsstörungen bei Ballaststoff-Verzehr

Manche Personen klagen vielfach nach Verzehr von *Obst* und *Gemüse* über Verdauungsbeschwerden, insbesondere Blähungen. Dies hängt damit zusammen, daß pflanzliche Kitt- und Gerüstsubstanzen bzw. Zellwandbestandteile normalerweise in der oberen Dünndarmregion nicht zerlegt werden. Ein Teil der eingeschlossenen verdaulichen Inhaltsstoffe wird demzufolge nicht freigelegt. Erst wenn die Ballaststoffe im Dickdarmbereich mikrobiell angegriffen und partiell abgebaut werden, stehen die Nährstoffe für den weiteren Umsatz zur Verfügung. Sie regen die Darmflora zu besonders stürmischem Wachstum an, was bei den o. a. Personen zu Spasmen und Meteorismen führt.

Zur Linderung derartiger Beschwerden werden verschiedentlich Enzympräparate (insbesondere mit **Cellulase-**, **Pektinase-** und **Hemicellulase**-Aktivitäten) verabfolgt. Durch deren Wirkung wird ein Teil der pflanzlichen Zellwandsubstanzen schon im Dünndarm partiell umgesetzt, so daß die leicht verdaulichen Inhaltsstoffe der Zelle bereits in dieser Region zugänglich sind und gespalten sowie absorbiert werden können.

3.8
Aroma- und Geschmacksstoffe

Wesentliche Qualitätskriterien für „maßgeschneiderte Lebensmittel" sind Geschmack und Geruch. Die industrielle Gewinnung von Flavoursubstanzen für die Lebensmittelproduktion erfolgt traditionell aus Naturprodukten, und zwar durch Zerkleinern, Auspressen, Extrahieren und/oder Destillieren von pflanzlichem oder tierischem Material. Seit den 50er Jahren finden zunehmend auch chemisch synthetisierte Flavourkomponenten Eingang in die industrielle Aromenproduktion. So sind zahlreiche naturidentische wie auch künstliche Flavourverbindungen entwickelt worden, die – einzeln und in Kombination mit natürlichen bzw. herkömmlich gewonnenen Aromen und Geschmacksstoffen (Extrakten usw.) – zu geeigneten „Kreationen" zusammengestellt werden. Die international gehandelten Aromen enthalten nicht selten bis zu 80 und mehr chemisch synthetisierte Einzelkomponenten.

In den Industrieländern gewinnen jedoch „natürliche" Lebensmittel und Zusatzstoffe immer mehr an Bedeutung. Daraus erklärt sich der Trend seit Anfang der 80er Jahre, die kommerzielle Synthese von Aromen und Geschmacksstoffen zunehmend auf natürlichem Wege, d. h. unter Zuhilfenahme biologischer Systeme, vorzunehmen. In der biotechnologischen Forschung geht man u. a. von der Überlegung aus, daß nur bei Ablauf von Aroma-bildenden Stoffwechselprozessen die für das entstehende Flavour verantwortlichen Zwischen- und Endprodukte in optimaler Zusammensetzung synthetisiert werden. Bei der industriellen Produktion von Aromen und Geschmacksstoffen sollen daher die das natürliche Flavour liefernden biochemischen Reaktionen in eine technisch realisierbare Form unter Berücksichtigung ökonomischer Aspeke übertragen werden, wobei zugleich eine Steigerung der Biosyntheseleistung angestrebt wird. Diese Entwicklung hat dazu geführt, daß seit einigen Jahren zunehmend biotechnologische Verfahren in die Aromen- und Geschmacksstoffproduktion einbezogen werden.

Zur Aromabildung bietet sich der Einsatz folgender biologischer Systeme an:
- Enzyme,
- Mikroorganismen,
- Pflanzenextrakte, -homogenate,
- pflanzliche Zell- und Gewebekulturen.

3.8.1
Aromenproduktion mit Enzymen

Als Enzyme können Handelspräparate (z. B. Lipasen, Carbohydrasen, Proteasen) sowie Extrakte aus der Reifungsflora von Käse, Sauerteig, Sauergemüse u. a. fermentierten Produkten verwendet werden (Tab. 3.8.-1).

Besondere Bedeutung haben in den letzten Jahren diejenigen Esterasen bzw. Lipasen erlangt, welche – in Umkehrung der in natürlichen Systemen sonst üblichen Hydrolyse-Reaktion – die *Synthese* von Estern („Flavour-Ester" wie z. B. Fettsäure-Terpen-oder Fettsäure-Fettalkohol-Ester) katalysieren:

$$\underline{\text{Ester aus Alkoholen + Carbonsäuren durch inverse Lipolyse}}$$

$$\text{Isoamylalkohol + Buttersäure} \underset{\text{Lipase}}{\rightleftharpoons} \text{Isoamylbutyrat + H}_2\text{O}$$
$$\text{(Fruchtaroma)}$$

$$\gamma\text{-Hydroxybuttersäure} \underset{\text{Lipase}}{\rightleftharpoons} \gamma\text{-Butyrolacton + H}_2\text{O}$$
$$\text{("innere Veresterung")} \qquad \text{(Butteraroma)} \qquad\qquad \text{FS 3.8.-1}$$

Tab. 3.8.-1 Beispiele für Aroma- und Geschmacksveränderungen durch Einwirkung von Enzymen

Enzymsystem	Effekt
Esterasen/Lipasen	Verkürzung der Reifezeit, Intensivierung der Aromaintensität bei der Herstellung bestimmter Käsesorten, Herstellung von Butterfettlipolysaten, fermentationstechnische Gewinnung von kommerziellen Käsearoma-Konzentraten, Synthese von speziellen Aromanoten aus Alkoholen und Carbonsäuren
Thioglucosidasen	Freisetzung von Senfölen aus Glucosinolaten
Lipoxygenasen/ Hydroperoxid-Lyasen/ Aldehyd-Isomerasen	Obst- und Gemüsearomen, „Grünkörper" aus ungesättigten Fettsäuren
Enzymextrakte aus der Reifungsflora von Käse, Rohwurst	Verkürzung der Reifezeit und Intensivierung der Aromaintensität bei der Herstellung von speziellen Käse- oder Rohwursttypen

Solche Reaktionen erfolgen bevorzugt in wasserarmen Systemen (vgl. Kap. 3.4.2). So kann beispielsweise die Veresterung zwischen Fettsäure und Alkohol in Gegenwart einer mikrobiellen Lipase/Esterase ohne Zusatz eines Lösungsmittels, aber auch im hydrophoben Milieu (z. B. in n-Heptan) erfolgen. Für diesen Zweck sind vor allem immobilisierte Enzyme gut geeignet. Zahlreiche weitere Synthesen und Umsetzungen unter Enzymeinsatz sind bekannt (Abb. 3.8.-1).

3.8.2
Aromenproduktion mit Mikroorganismen

Mikroorganismen sind Träger komplexer Enzymsysteme. Sie leisten nicht nur einen wesentlichen Beitrag zur Aromabildung bei Lebensmitteln, sondern sind auch zur Synthese einer Vielzahl von Aroma- und Geschmacksstoffen in der Lage (Tab. 3.8.-2). Die Aromen entstehen meist in Form komplexer Gemische, wobei jeweils einzelne Verbindungen überwiegen können. Durch Eingriffe in die Regulation bzw. in das Genom läßt sich jedoch der Stoffwechsel so steuern, daß ein gewünschter Stoff praktisch als einziges End- bzw. Intermediärprodukt oder aber im Vergleich zu den anderen Substanzen in sehr hoher Konzentration entsteht. Die Synthese erfolgt entweder mittels einfacher C- und/oder N-Quellen (*De-novo-Synthese*) oder durch *Biotransformation* aus geeigneten Vorläufern.

Die vielfältigen Potenzen der Mikroorganismen werden zur gezielten Gewinnung von einzelnen Aroma- und Geschmacksstoffen sowie von Geschmacksverstärkern genutzt. Ein weiterer Schritt ist die mikrobielle Produktion solcher Aromen, die aus mehreren bzw. einer Vielzahl von Einzelkomponenten zusammengesetzt sind.

Abb. 3.8.-1 Herstellung von L-Menthol unter Einsatz von immobilisierter Hefe

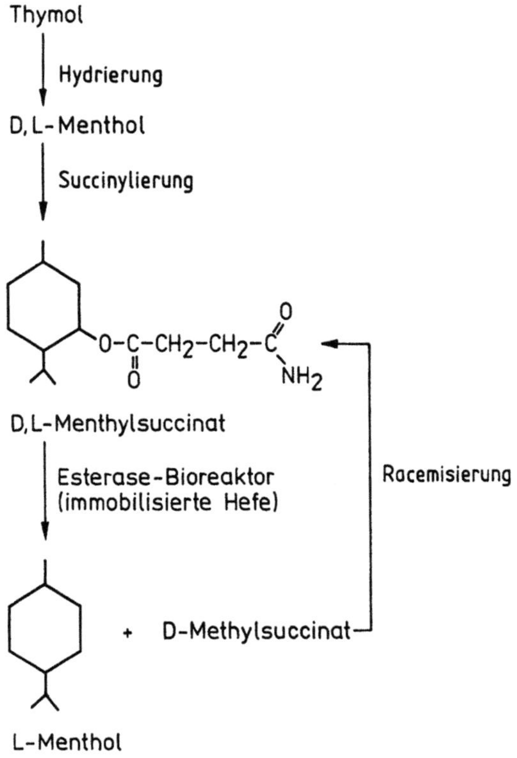

Tab. 3.8.-2 Bildung von Aroma- und Geschmacksstoffen unter Einsatz von Mikroorganismen

Einzelverbindungen durch De-novo-Synthese	Gemische aus mehreren oder vielen Komponenten durch De-novo-Synthese	Möglichkeiten der Biotransformation oder Biokonversion
Diacetyl	Butteraroma-Noten	Oxidation
Acetoin	Edelpilzkäse-Noten	Reduktion
Acetaldehyd	Speisepilz-Noten	Isomerisierung
Lactone	Frucht-Noten	Spaltung
Alkohole	Kokosnuß-Noten	Carboxylierung
Ester	etherische Öle	stereoselektive
Pyrazine	Citrus-Noten	Racemat-Trennung
Essigsäure	Minz-Noten	sonstige Derivatisierung
Milchsäure	blumige Noten	
Citronensäure	würzige Noten	
Gluconsäure	Grünkörper	

Einzelverbindungen

Seit langem werden organische Genußsäuren, wie z. B. Essig-, Milch- oder Gluconsäure, unter Einsatz von Mikroorganismen großtechnisch produziert. Ebenfalls mikrobiell lassen sich Acetoin und Diacetyl – Bestandteile von natürlichen und kommerziellen Butteraromen – synthetisieren. In den 70er Jahren ist es gelungen, Selektanten wie auch Mutanten von Mikroorganismen zu isolieren, mit deren Hilfe sich die Geschmacksverstärker Glutaminsäure sowie Guanosin-5'-phosphat mit hohen Ausbeuten gewinnen lassen. In diesem Zusammenhang sei auf die Produktion von Phenylalanin (vgl. Kap. 3.3.3) und Asparaginsäure (vgl. Kap. 3.5.3.3) hingewiesen.

Biotransformation

Mikroorganismen sind auch in der Lage, vorgegebene Verbindungen zu funktionalisieren bzw. zu derivatisieren. Man unterscheidet dabei zwischen *„Biotransformationen"* (wie z. B. die Reduktion von L-Citronellol in einem Schritt)

CHO
Candida
reukaufii
AHU 3032
(Reduktion)
CH2OH
L-Citronellal
L-Citronellol
FS 3.8.-2

und *„Biokonversionen"* (wie z. B. die Oxidation, Reduktion, Isomerisierung, Spaltung oder Carboxylierung einer Verbindung in jeweils mehreren Schritten).

Synthese von Mehrkomponentengemischen

Die meisten Aromen bestehen aus mehreren bis vielen Einzelkomponenten, die bei natürlichen Gärungs-, Reifungs- und Veredelungsprozessen durch Stoffwandlungen gebildet werden. Bei mikrobiellen Prozessen liegen in der Mehrzahl der Fälle Mischpopulationen vor, deren einzelne Gruppen vielfach in wechselseitiger Abhängigkeit hinsichtlich Wachstum und Metabolismus stehen. Die biotechnologische Bearbeitung solcher komplexen Systeme steht als technische, d. h. kommerzielle Umsetzung von Laborverfahren erst am Anfang.

So befaßt man sich seit längerer Zeit mit der fermentationstechnischen Gewinnung von **Speisepilzaromen**. Eine ganze Reihe von Basidiomyzeten wurde zu diesem Zweck in Submerskultur getestet. Nach den erzielten Befunden sind verschiedene Arten hierzu prinzipiell in der Lage. In der Mehrzahl der Fälle tritt 1-Octen-3-ol als Hauptkomponente auf. Sie ist neben 3-Octanol eine das natürliche Speisepilzaroma entscheidend prägende Verbindung („Schlüsselsubstanz"). Eine Überführung der bisher im Labor erzielten Ergebnisse in die Praxis steht jedoch noch aus.

Auch die Bildung von **Fruchtaroma-Noten** durch Mikroorganismen ist bereits seit längerer Zeit bekannt. Versuche zum Screening von Basidiomyzeten haben bei einer Reihe von Stämmen ein erstaunliches Potential zur Synthese von Aromen und Schlüsselsubstanzen aufgedeckt. So synthetisieren Stämme von *Polyporus* und *Tyromyces* Carboxyester und Pyrazine, Selektanten von *Ischnoderma* Benzaldehyd und verwandte Aromaten, eine *Bjerkandera*-Art Vanillin-artige Methoxybenzaldehyde und Stämme von *Poria* Terpenole, Zimsäure- und Anthranilsäure-Derivate. Das sensorische Ergebnis sind Aromen mit den unterschiedlichsten Fruchtnoten sowie mit den Noten Honig, Nuß, Kokosnuß u. a. m. Diese Aromen aus Mikororganismen-Kulturen sind denjenigen pflanzlicher Herkunft durchaus ebenbürtig. In Tab. 3.8.-3 werden einige Beispiele hierfür genannt. Die bisher durchgeführten Versuche beschränken sich allerdings zumeist auf den Labormaßstab.

Tab. 3.8.-3 Synthese von Aromastoffgemischen durch Mikroorganismen (MATHEIS, 1989 a, 1989 b; QUEHL u. RUTTLOFF, 1992)

Mikroorganismus	Aromastoffe	Aromaeindruck
Ceratocystis moniliformis	3-Methylbutylacetat, α- und γ-Decalacton, Geraniol, Citronellol, Nerol, Linalool, α-Terpineol	fruchtig, Banane, Pfirsich, Birne, Rose
Trametes odorata	Methylphenylacetat, Geraniol, Citronellol, Nerol	fruchtig, Honig, Rose, Anis
Trichoderma viride +	6-Pentyl-α-Pyron, γ-Octalacton u.a.	Kokosnuß
Polyporus odurus	γ-Lactone	
Sporobolimyces odorus	γ-Decalacton	Pfirsich
Bacillus subtilis + *Corynebacterium glutamicum*	Tetramethylpyrazin	Nuß
Gleophyllum odoratum	Ester/Lacton/Terpen-Gemisch	fruchtartig, Anis, Fenchel, Zimt
Geotrichum candidum	Ethylester, Methylpropylester	Quitten
Dipodascus magnusii	Gemisch aus Estern (Ethylacetat u. a.)	Apfel, Ananas, Banane

Ein Beispiel für die mikrobielle Produktion komplex zusammengesetzter Aromen ist die Gewinnung von **Edelpilzkäsearoma**. Das Verfahren basiert auf der Bildung eines Gemisches aus Alkanonen, die für das Roquefortaroma „Schlüsselcharakter" aufweisen. Hierzu läßt man gleichzeitig Lipase und *Penicillium roquefortii* auf ein Nährmedium mit relativ hohem Butterfett-Gehalt einwirken, wobei sich der gewünschte Umsatz vollzieht (Abb. 3.8.-2). Entsprechend dem Verteilungskoeffizienten der gebildeten Methylketone und Fettumsatz-Produkte reichern sich die aromagebenden Verbindungen in der Fettphase an, welche nach Abtrennung unter definierten Bedingungen vielfältig als Aromakonzentrate eingesetzt werden können.

3.8.3
Aromenproduktion mit pflanzlichen Systemen

Pflanzliche Aromen werden zweifellos am effektivsten und mit höchster Qualität von der ausdifferenzierten Pflanzenzelle synthetisiert. Mechanisch oder enzymatisch hergestellte Pflanzenhomogenate sind im Prinzip zur Synthese von Fruchtaromen befähigt. Eine praktische Nutzung steht jedoch bisher noch aus, da die Intensität der gebildeten Aromen verhältnismäßig schwach ist.

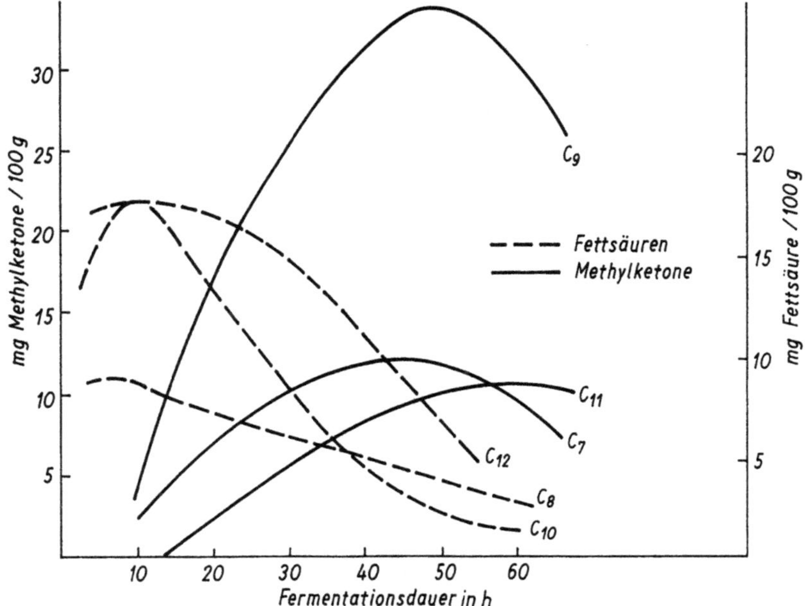

Abb. 3.8.-2 Bildung und Abbau von ausgewählten mittelkettigen Fettsäuren und Methylketonen bei der Einwirkung von pankreatischer Lipase und *Penicillium roquefortii* auf Butterfett (ROTHE et al., 1986)

Zell- und Gewebekulturen

Neuere Entwicklungen befassen sich mit dem Einsatz von pflanzlichen Zell- und Gewebekulturen zur Flavourproduktion. Die Synthese von arttypischen pflanzlichen Sekundärstoffen (Aromen) durch In-vitro-Kultivation von Zellen und Geweben basiert auf der genetisch bedingten Totipotenz einer jeden Zelle. Die Gene liegen je nach Gewebespezialisierung in aktiver Form vor oder aber unterliegen einer Repression. Aufgabe der biochemischen Forschung ist es, die für die Aromabildung benötigten („schlafenden") Gene zur Expression zu bringen.

Rein theoretisch läßt sich eine Reihe von Vorteilen ableiten, wenn bestimmte Pflanzenzellen die gewünschten Stoffe unter In-vitro-Bedingungen synthetisieren:

- Gewinnung von Syntheseprodukten, welche durch Mikroorganismen nicht produziert werden können. Man wäre hierdurch unabhängig von
  - Herkunftsländern, geographischen Räumen,
  - Vegetationsperioden,
  - klimatischen Besonderheiten,
  - Importeinschränkungen;
- Abschirmung gegen industrielle Emissionen, Kultivierung ohne Pestizid-Einsatz;
- Möglichkeiten der Gewinnung von
  - neuartigen Stoffen,
  - Stoffen aus seltenen oder hochspezialisierten Pflanzen,
  - stereochemisch spezifischen Verbindungen,
  - Stoffen mit einer im Vergleich zur landwirtschaftlichen Produktion erhöhten Raum-Zeit-Ausbeute.

Diesen Vorteilen steht jedoch das Risiko der Auslösung ungewollter, neuartiger Syntheseleistungen gegenüber. So kann sich das Spektrum der artspezifischen Syntheseprodukte unter In-vitro-Bedingungen verändern. Das Hauptproblem der Phytoproduktion besteht jedoch darin, daß mit der In-vitro-Kultivierung gewöhnlich eine morphologische und funktionelle Entdifferenzierung des Pflanzenmaterials einhergeht. Bei der pflanzlichen Zellkultur wird ein rasches Wachstum der Population angestrebt, wozu jedoch morphologisch spezialisierte Zellen weniger befähigt sind: Eine erhöhte Wachstumsrate läßt offenbar eine hohe Differenzierung nicht zu. Dies bedeutet, daß die zur Sekundärstoffbildung prinzipiell vorhandenen Gene nicht exprimiert werden; sie sind quasi „abgeschaltet". Rasches Wachstum und Sekundärstoffsynthese schließen sich somit in der Regel gegenseitig aus. Es wird daher verfahrenstechnisch angestrebt, die Phytoproduktion in die beiden Schritte 1. Biomasseakkumulation und 2. Produktsynthese zu zerlegen. Darüberhinaus sind *immobilisierte* Pflanzenzellen vermutlich weit besser in der Lage, sekundäre Pflanzenstoffe und damit auch Flavourprodukte zu produzieren.

Unter Einsatz geeigneter Airlift-Fermentoren ist es möglich, pflanzliche Zellen mit befriedigenden Wachstumsraten zu kultivieren. Im Vordergrund einer evtl. Aroma- und Geschmacksstoffgewinnung durch Phytoproduktion stehen zum einen Einzelverbindungen mit hohem Gebrauchswert (Geschmacksstoffe, Schlüsselsubstanzen), zum anderen komplexe Aromen sowie Präcursorgemische, die durch eine nachfolgende thermische Reaktion in die eigentlichen Aromen überführt werden (Tab. 3.8.-4).

Tab. 3.8.-4 In den vergangenen Jahren durchgeführte Untersuchungen zur Produktion von Flavoursubstanzen sowie Pigmenten mittels pflanzlicher Zell- und Gewebekultur

Einzelverbindungen	
Terpene	Nootkaton, Menthon, Menthol
Süßstoffe	Thaumatin, Steviosid, Phyllodulcin, Glycyrrhizin
Bitterstoffe	Humulon, Quassin, Chinin
Würzstoffe	Capsaicin, Crocin, Vanillin
Pigmente	Betalaine, Anthocyane, Carotenoide (z. B. Crocin), Shikonin
Substanzgemische	
Fruchtaromen	Erdbeere, Citrus, Apfel, Weinbeere
Gemüsearomen	Küchenzwiebel, Knoblauch, Sellerie, Meerrettich, Tomate
Kräuteraromen	Pfefferminze, Kamille, Kardamom, Ruta-graveolens-Öl

3.9
Vitamine

Die meisten Vitamine können entweder auf biotechnologischem Wege allein, zumeist aber unter Einbeziehung biochemischer Reaktionsschritte synthetisiert werden. Dies betrifft die Vitamine B_1, B_2, B_6, Folsäure, Pantothensäure, B_{12}, Biotin, C, A, D und E. Da jedoch in der Mehrzahl der Fälle die chemische Synthese weit billiger ist, werden aus ökonomischen Gründen in der industriellen Praxis nur die Provitamine β-Caroten (Vitamin A) und Ergosterol (Vitamin D_2) sowie die Vitamine B_2, B_{12} und C biotechnologisch gewonnen, wobei immer zugleich auch chemische Verfahren oder Verfahrensschritte mitgenutzt werden.

Vitamin A (Retinol)

Die technische Herstellung von Vitamin A erfolgt ausschließlich durch chemische Synthese, da eine direkte Produktion von Retinol bzw. von dessen Derivaten durch Mikroorganismen oder pflanzliche Zell- und Gewebekulturen noch nicht gelingt. Dies ist derzeit auch bei Einsatz rekombinanter Organismen wenig wahrscheinlich. Hingegen wird das Provitamin β-Caroten

β-Caroten (Provitamin A)   FS 3.9.-1

von zahlreichen Pflanzen, Mikroorganismen und Algen produziert. Insbesondere Schimmelpilze und Mikroalgen, aber auch pflanzliche Zell- und Gewebekulturen sind diesbezüglich eingehend untersucht und getestet worden. Dies gilt beispielsweise für *Phycomyces blakesleanus*, *Choanephora conjuncta* und *Dunaliella bardawil*. Eine β-Caroten-Produktion auf Algen-Basis im „Open-pond-Verfahren" ist in Australien in Betrieb (hohe Sonneneinstrahlung). Hierzu werden halophile marine Algen eingesetzt. Infolge des hohen Kochsalzgehaltes des in offenen Becken befindlichen wäßrigen Nährmediums können sich Fremd-Mikroorganismen nur schwer durchsetzen. Nach herkömmlicher Verfahrensweise wird das Provitamin vorzugsweise aus Mohrrüben, aber auch anderen Gemüsen extrahiert oder chemisch synthetisiert. β-Caroten wird vor allem zum Färben von Lebensmitteln (z. B. Margarine) verwendet; da es im menschlichen Organismus leicht in Vitamin A überführt wird, dient es zugleich zur Vitaminisierung.

Vitamin D_2 (Ergocalciferol)

Vitamine der D-Gruppe kommen in größeren Mengen nur in Fischleberölen vor. Sie entstehen außerdem bei UV-Bestrahlung durch Isomerisierung von **Ergosterol** (Provitamin D_2; z. B. in Hefe) oder von **7-Dehydrocholesterol** (Provitamin D_3; in der menschlichen Haut).

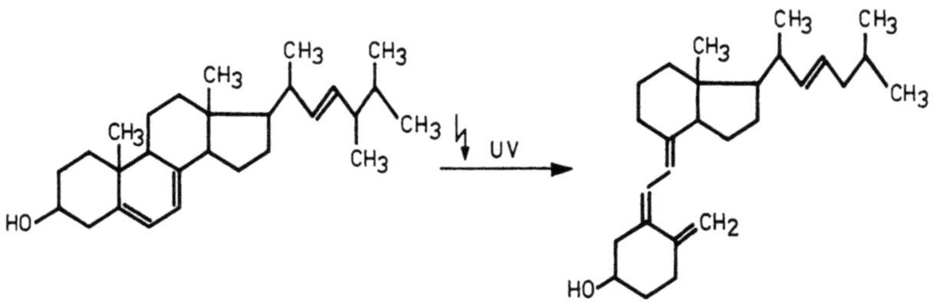

Ergosterol
(Provitamin D_2)

Ergocalciferol
(Vitamin D_2)   FS 3.9.-2

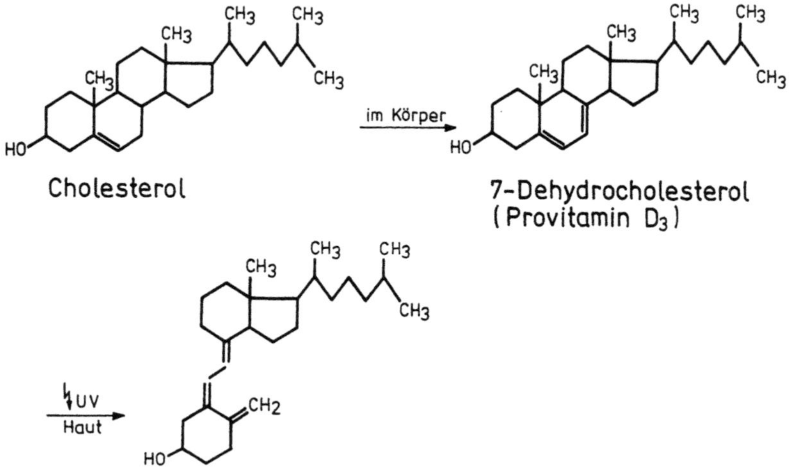

Cholesterol

7-Dehydrocholesterol
(Provitamin D_3)

Cholecalciferol
(Vitamin D_3)

FS 3.9.-3

Als bestes Medikament bei Vitamin-D-Mangel galt in früheren Jahren bekanntlich Lebertran, der die Vitamine D_2 (**Ergocalciferol**, kleinerer Anteil) und D_3 (**Cholecalciferol**, größerer Anteil) enthält. Industriell hergestellte Vitamin-D-Präparate basieren vorrangig auf Ergosterol (aus Hefe extrahiert) oder auf chemisch synthetisiertem 7-Dehydrocholesterol (aus Cholesterol), die beide durch UV-Bestrahlung in die eigentlichen Vitamine D_2 bzw. D_3 umgewandelt werden.

Ergosterol wurde erstmals im Jahre 1922 von WINDAUS u. GROSSKOPF aus Hefe isoliert. Diese Verbindung ist der Ausgangsstoff für die biotechnologische Gewinnung von Vitamin D_2. Hefen (insbesondere *Saccharomyces cerevisiae*, aber auch *S. uvarum*, *S. rouxii*, *S. carlsbergensis* u. a.) können bei Einsatz hochgezüchteter Stämme bis zu 5 % ihrer Trockensubstanz an Ergosterol enthalten. Da das Provitamin in den Hefezellen teilweise als Fettsäureester vorliegt und außerdem von Zellbestandteilen eingeschlossen ist, müssen die Biomasse chemisch, physikalisch oder enzymatisch aufgeschlossen und die Sterolester alkalisch verseift werden. Nach anschließender

Extraktion des Zellmaterials mit organischen Lösungsmitteln wird die Fraktion der nicht mehr verseifbaren Lipide gereinigt und eingeengt. Das Ergosterol kristallisiert aus. Es empfiehlt sich, diese Prozedur zur Erhöhung der Wirtschaftlichkeit des Verfahrens mit der Gewinnung anderer Zellinhaltsstoffe (z. B. Fettsäuren, Chinone, Nucleinsäuren, Glucane) zu kombinieren. Durch Bestrahlung mit UV-Licht wird das Ergosterol zum biologisch akiven Vitamin D_2 umgewandelt.

Nach wie vor ist die begrenzte Wirtschaftlichkeit des Verfahrens der biotechnologischen Ergosterol-Gewinnung für seine breite Einführung hinderlich. Zur Lösung dieses Problems müssen entweder die für die Extraktion verwendeten Hefe-Ausgangsstoffe (aus technischen Fermentationen) billiger werden oder die Biosyntheseleistung der Provitamin-liefernden Hefen ist durch Optimierung der Verfahren, Selektion geeigneter Mutanten bzw. gentechnische Konstruktion von Hochleistungs-Rekombinanten zu erhöhen.

Vitamin B_2 (Riboflavin)

Die technische Produktion von Vitamin B_2

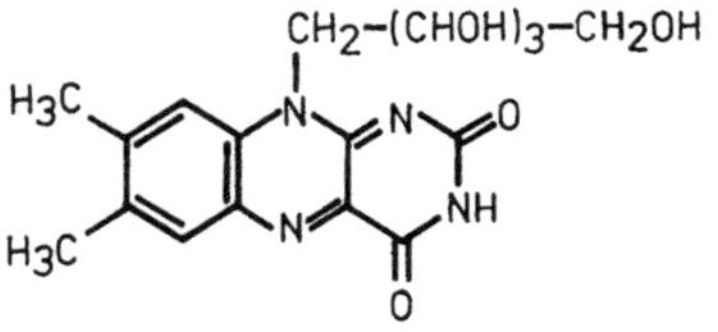

$$CH_2-(CHOH)_3-CH_2OH$$

Riboflavin $\qquad$ FS 3.9.-4

erfolgt derzeit entweder 1. durch **chemische Synthese** (etwa 20 % der Weltproduktion), 2. durch mikrobielle **Biokonversion** von D-Glucose zu D-Ribose mit anschließender chemisch/synthetischer Umwandlung der Pentose zu Riboflavin (etwa 50 % der Weltproduktion) oder 3. durch fermentationstechnische **De-novo-Synthese** (etwa 30 % der Weltproduktion). Für die o. a. zweite Verfahrensvariante werden Transketolase (EC 2.2.1.1)-geschädigte Mutanten von *Bacillus pumilus* eingesetzt, welche Glucose in Ribose überführen. Die Pentose wird sodann chemisch unter Einsatz von Xylidin, Anilin-diazoniumsulfat und Barbitursäure zu Riboflavin synthetisiert.

Bei der De-novo-Synthese dienen Ascomyzeten, wie z. B. *Eremothecium ashbyii* oder *Ashbya gossypii*, als Produktbildner. Als C-Quellen werden Nahrungsfette wie Weizenkeim- oder Sojabohnenöl (*E. ashbyii*) oder Kohlenhydrate wie Saccharose, Glucose, Invertzucker (*A. gossypii*) herangezogen. Jedoch sind auch geeignete Hefe-Mutanten und -Selektanten (*Candida flareri*, *Saccharomyces cerevisiae*) zur De-novo-Synthese befähigt. Als C-Quellen dienen Zucker, Weizenschrot oder Ca-Acetat. Zur gentechnischen Manipulation wird in Kap. 3.10.1 berichtet.

Vitamin B_{12} (Cyanocobalamin)

Obgleich Vitamin B_{12}

Vitamin B$_{12}$ (CNCbl)   FS 3.9.-5

prinzipiell chemisch synthetisiert werden kann, wird es aus ökonomischen Gründen als einziges Vitamin ausschließlich auf biotechnologischem Wege gewonnen. Früher wurde es aus Faulschlamm von Kläranlagen, später aus den zur Antibiotikaproduktion verwendeten Mycelien extrahiert und isoliert. Derzeit wird es in Submers-Technologie synthetisiert. Als Stoffproduzenten mit ökonomisch tragfähigen Ausbeuten eignen sich verschiedene Bakterien, so z. B. Stämme der Gattungen *Propionibacterium, Pseudomonas, Methanobacterium, Methanosarcina*. Geeignete C-Quellen sind Glucose, Maisquellwasser, Melasse (das Betain der Melasse stimuliert die Vitamin-B$_{12}$-Bildung) bzw. bei den methylotrophen Bakterien Methanol. Co^{++}-Salze und 5,6-Dimethyl-benzimidazol (DBI) dienen als Präcursor-Bestandteile und Stimulatoren, NH$_4$-Salze als N-Quelle.

Beim sog. **Ein-Stufen-Verfahren** (mit *Pseudomonas denitrificans*, Melasse, Co^{++}-Salzen, DBI) wird der Prozeß von Beginn an anaerob geführt. Das Vitamin wird in das Nährmedium ausgeschieden (bis zu 60 mg/l). In einem **Zwei-Stufen-Prozeß** (mit *Propionibacterium freudenreichii* oder *P. shermanii*) werden in einem anaeroben Schritt zunächst Präcursoren synthetisiert und akkumuliert, die nach Umschaltung auf aerobe Fermentation und unter Zusatz von DBI in Adenosyl-, Hydroxy- und/oder

Methylcobalamin umgewandelt werden; diese Verbindungen verbleiben im Cytoplasma. Die Kultur wird sodann in Gegenwart von Cyanid erhitzt, wodurch alle genannten Formen in Cyanocobalamin übergehen. Ein Aufarbeitungs-Prozeß zur Anreicherung und Reinigung schließt sich an. Zur gentechnischen Konstruktion leistungsgesteigerter Stämme wird in Kap. 3.10.1 berichtet.

Vitamin C (Ascorbinsäure)

Vitamin C wird großtechnisch überwiegend nach einem **kombinierten Verfahren** aus mikrobiellen und chemischen Reaktionsschritten gewonnen. Die Produktion beträgt weltweit etwa 40000 t/Jahr. Dieser Synthese liegt der Ablauf folgender Reaktionen zugrunde:

$$\text{D-Glucose} \xrightarrow[\text{(katalyt. Hydrierung)}]{H_2} \text{D-Sorbitol} \xrightarrow[\text{(Dehydrierung)}]{\text{Acetobacter suboxydans}} \text{L-Sorbose}$$

$$\text{L-Sorbose} \xrightarrow{\text{chemische Oxidation}} \text{2-Keto-L-gulonsäure} \xrightarrow{OH^-} \text{Enolform der 2-Keto-L-gulonsäure (Na-Salz)} \xrightarrow[-H_2O]{H^+} \text{Ascorbinsäure}$$

FS 3.9.-6

Der Schritt L-Sorbose → 2-Keto-L-gulonsäure gelingt inzwischen mittels *Gluconobacter melanogenes* ebenfalls auf biotechnologischem Wege.

Mit einigen Bakterien-Species ist bereits eine De-novo-Synthese im **Ein-Schritt-Verfahren** möglich, welches große Chancen für eine zukünftige kommerzielle Produktion hat. Schließlich läßt sich unter Einsatz von kloniertem *Erwinia herbicola* mit einem Gen aus *Corynebacterium sp.* (vgl. hierzu Kap. 3.10.1) ein ökonomisch günstiges **Zwei-Schritt-Verfahren** realisieren:

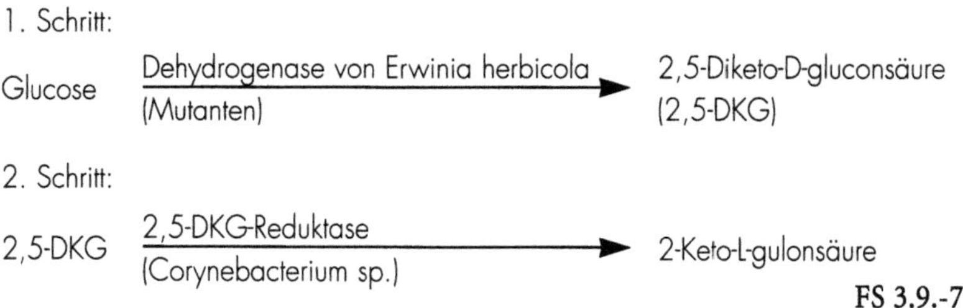

FS 3.9.-7

3.10
Verbesserung biotechnologischer Wirkprinzipien durch Anwendung genetischer und gentechnischer Methoden (Beispiele)

3.10.1
Verbesserung mikrobieller Leistungen

Wenn auch nach wie vor konventionelle genetische Techniken bei der Verbesserung mikrobieller Produktbildner herangezogen werden, so eröffnen sich durch gentechnische Methoden neue Möglichkeiten zur *gezielten* Veränderung qualitativer und quantitativer Leistungen von Mikroorganismen. Dies trifft vor allem für die Manipulation solcher Gene zu, die den Wirtsorganismen neue Eigenschaften verleihen (z. B. Verwertung anderer Substrate, Resistenz gegenüber verschiedenen Umwelteinflüssen) bzw. diese zu einer effektiveren Synthese ernährungsphysiologisch bedeutsamer Produkte befähigen.

Starterkulturen

Bei der Herstellung **fermentierter Lebensmittel** sind zu einem erheblichen Anteil *Starterkulturen* im Einsatz (Tab. 3.10.-1). Auch hier werden die klassischen Verfahren

Tab. 3.10.-1 Auswahl von Mikroorganismengattungen, denen wirtschaftlich wichtige Starterorganismen zuzuordnen sind (HAMMES u. VOGEL, 1990)

Gruppe	Gattungen	Lebensmittel (Beispiele)
Bakterien	*Lactobacillus*	Butter, Käse, Wein, Brot, Sauerkraut, Bier, Rohwurst
	Lactococcus	Fermentierte Milch, Butter, Käse
	Leuconostoc	Fermentiertes Gemüse, Butter, Käse, Wein
	Pediococcus	Rohwurst, Fermentiertes Gemüse, Sojasauce
	Streptococcus	Joghurt, Käse
	Micrococcus	Rohwurst
	Staphylococcus	Rohwurst
Hefen	*Saccharomyces*	Alkoholische Getränke, Brot, Backwaren, Sojasauce
	Candida	Kefir, Rohwurst
Schimmelpilze	*Penicillium*	Käse, Rohwurst
	Aspergillus	Sojasauce, Rohschinken

zur Gewinnung geeigneter Stämme (Mutation, Selektion, Hybridisierung) zunehmend durch moderne gentechnische Methoden ersetzt. Wichtige Ziele sind hierbei:
- Verkürzung der Reifungszeiten bei der Herstellung von Lebensmitteln (z. B. von Milchprodukten, Brot, Bier);
- erhöhte Prozeßsicherheit hinsichtlich Plasmid-codierter Stoffwechselleistungen und Eigenschaften durch Einbau von Plasmidgenen in das Bakteriengenom;
- Vereinfachung von Produktionsverfahren durch Änderung des Fermentationsprozesses (z. B. bei der Herstellung von alkoholfreiem Bier);
- Verbesserung der Verdaulichkeit fermentierter Lebensmittel durch Veränderung der Fermentationsprodukte (z. B. Senkung des Milchzuckergehaltes in Milchprodukten für Patienten mit Lactoseintoleranz);
- Einbau von Genen für die Synthese von Aroma-, Süß- u. a. Zusatzstoffen, so daß diese Substanzen während der Fermentation gebildet werden (z. B. bei Joghurt);
- Integration von Genen zur Synthese z. B. von Bacteriocinen und Killerfaktoren in das Genom (Erhöhung der Haltbarkeit fermentierter Lebensmittel, Vermeidung von Fehlgärungen und Minderung des Risikos hinsichtlich des Auftretens von Lebensmittelvergiftungen);
- Entwicklung neuer Produkte (z. B. auf der Basis von Obst und Gemüse).

Zur Gewährleistung stabiler und reproduzierbarer Leistungen von Starterkulturen sowie zur weiteren Verbesserung spezifischer Eigenschaften sind bereits verschiedene experimentelle Studien erfolgreich durchgeführt worden. Nach bisherigen Befunden bei Milchsäurebakterien werden verschiedene lebensmitteltechnologisch wichtige Eigenschaften, wie beispielsweise Lactoseverwertung, Proteasesynthese, Aromabildung und Phagenresistenz, von Plasmidgenen codiert (Tab. 3.10.-2). Bei Milchsäurestreptokokken wurden ca. 15 Plasmide nachgewiesen, deren Zuordnung zu speziellen Leistungen jedoch bisher noch nicht exakt möglich ist.

Tab. 3.10.-2 Plasmid-codierte Eigenschaften mesophiler Milchsäurebakterien (LÖSCHE, 1991)

Genetische Information für	Technologische Funktion	Plasmidgröße (MDa)	Identifizierte Gene für
Lactoseverwertung	Milchsäurebildung	20–60	Phospho-Galactosidase
Proteasesynthese	Hydrolyse von Casein, Käsetextur	–	–
Aromabildung	Synthese von Diacetyl aus Citrat	5,2	Citratpermease
Bacteriocinbildung	Hemmung anderer Mikroorganismen	37–75	–
Adsorptionshemmung von Bacteriophagen	Phagenresistenz	10	–
Restriktion von Bacteriophagen	Phagenresistenz	34	–
Schleimbildung	Konsistenz von Sauermilchprodukten	–	–
Antibiotikaresistenz	–	18	Erythromycin-resistenz

In der **milchverarbeitenden Industrie** besteht das Problem der *Säuerungsstörung*. Hierfür sind vermutlich 5–6 genetisch unterschiedliche Phagentypen verantwortlich. Ihre Verbreitung erfolgt durch die Luft. Zur Vermeidung von *Phageninfektionen* wird neben bekannten konventionellen Maßnahmen (z. B. Direktbeimpfung, aseptisches Arbeiten, Verwendung geeigneter Kulturmedien) die Selektion von phagenresistenten Milchsäurebakterien empfohlen. Mit Hilfe gentechnischer Methoden ist es gelungen, die genannten Stämme phagenresistent zu machen. Man geht dabei so vor, daß die gewöhnlich auf einem Plasmid lokalisierten Resistenzgene in die chromosomale DNA des Bacteriums integriert werden. Bei einem gelegentlichen Plasmidverlust bleiben diese Resistenzgene erhalten. Aber auch andere Eigenschaften der Milchsäurebakterien, wie z. B. die Verwertung von Lactose und Citrat, die Synthese der Aromakomponente Diacetyl sowie die Bildung von Bacteriocinen, können intensiviert werden. Durch Einsatz derartiger Starterkulturen werden *Käse* mit verbesserter Konsistenz, intensiverem Aroma sowie längerer Lagerfähigkeit hergestellt.

Um den Aufwand für *Konservierungsmaßnahmen* zu mindern (vgl. Kap. 3.1) und die Lagerfähigkeit von Käse zu verbessern, werden Gene für Konservierungsstoffe (Bacteriocine, Antibiotika, Enzyme u. a.) in Starterkulturen eingebaut. So ist es möglich, Milchsäurebakterien mit einem Gen für die Lysozymbildung auszustatten sowie das Gen für das Antibiotikum Nisin in *Lactococcus lactis* zu integrieren.

Eine Vereinfachung und qualitative Verbesserung bei der Herstellung von *Joghurt* wird durch den Einsatz gentechnisch veränderter Starterkulturen angestrebt. Durch Integration von Genen für die Synthese von Thaumatin, Dickungsmitteln und Fruchtaromen (z. B. mit der Note „Erdbeere") in das Genom von Milchsäurebakterien kann kalorienarmer, gesüßter Joghurt mit Erdbeergeschmack produziert werden.

Im **Fleischwarensektor** befaßt man sich mit der gentechnischen Modifikation von Mikroorganismen, die für qualitätsbestimmende Eigenschaften (z. B. Aroma, Konsistenz, Aussehen) bei der *Rohwurstreifung* verantwortlich sind. Aber auch an der Verbesserung der Frischhaltung durch Übertragung von Bacteriocingenen in Bakterien und Schimmelpilze wird gearbeitet. So ist es gelungen, durch Übertragung des Gens für das Bacteriocin *Sakain* aus *Lactobacillus sake* in ein Milchsäurebacterium das Auftreten des Krankheitserregers *Listeria monocytogenes* bei der Mettwurstreifung zu unterdrücken. Kloniert man mehrere Bacteriocingene in Wurst-Starterkulturen, können konventionelle Maßnahmen der *Konservierung*, wie Erhitzen und Nitratbehandlung mit ihren teilweise negativen ernährungsphysiologischen Folgen, verringert oder gänzlich vermieden werden. Derartige Starterkulturen sind auch zur Herstellung von Würsten mit mildem Geschmack geeignet, da sie die Reifung beschleunigen und konservierend wirken, ohne eine stärkere Säuerung aufkommen zu lassen.

Bei der gentechnischen Bearbeitung von **Bäckerhefe** (*Saccharomyces cerevisiae*) werden Veränderungen von Stoffwechselleistungen der Hefe angestrebt. Es wird daran gearbeitet, Gene für α-Amylase (EC 3.2.1.1) und Glucoamylase (EC 3.2.1.3) in das Hefe-Genom zu incorporieren, wodurch Getreidestärke ohne Zugabe von Enzympräparaten abgebaut werden kann. Hierdurch lassen sich sowohl ökonomische Vorteile erzielen als auch gesundheitliche Risiken vermeiden (z. B. Allergien nach Inhalation von Enzymstaub).

Durch Integration eines Glucoamylase-Gens in das Genom von **Brauereihefe** werden beim Gärprozeß verstärkt Dextrine abgebaut. Dies ist wichtig für die Herstellung von *energiereduziertem Bier*. Zur Produktion von *alkoholfreiem Bier* erprobt man gentechnisch veränderte Hefen, die bei der Gärung kaum noch Alkohol, dafür um so mehr Glycerol bilden. Auf diese Weise können aufwendige konventionelle Verfahren zur Reduzierung des Alkoholgehaltes eingespart werden. Es ist gelungen, durch Übertragung eines Bakteriengens in Brauereihefe die Diacetylbildung zu unterbinden, wodurch die Dauer der *Nachgärung* reduziert werden kann. Zum Schutz vor *Kontaminationen* durch Fremdhefen verwendet man Hefestämme mit „*Killeraktivität*". Diese scheiden ein Toxin aus, welches Fremdhefen inaktiviert. Die Bildung dieses auch als *Zymocid* bezeichneten Toxins wird von einem im Cytoplasma der „Killerhefen" vorkommenden virusähnlichen Partikel veranlaßt. Die Träger dieses Partikels selbst sind gegenüber dem Toxin unempfindlich. Durch Protoplastenfusion ist diese Killereigenschaft erfolgreich auf eine französische Bierhefe übertragen worden.

Mikrobielles Protein

Genetische und gentechnische Arbeiten zielen vor allem auf die Minderung des Gehaltes an Nucleinsäuren, eine effektivere Verwertung von Abfällen, eine Steigerung der Ausbeute und der biologischen Wertigkeit des Proteinanteils (vgl. Kap. 3.3.1). Gene von *E. coli*, die eine effektivere N-Assimilation ermöglichen, wurden z. B. auf *Methylophilus methylotropus* übertragen. Der modifizierte Stamm zeichnet sich außerdem gegenüber dem Elternstamm durch eine um 4–7 % höhere Verwertung der C-Quellen aus. Ein ähnliches Verfahren wurde mit der Hefe *Saccharomyces cerevisiae* entwickelt.

Aminosäuren

Auf diesem Gebiet (vgl. Kap. 3.3.3) orientieren die Forschungsarbeiten vorrangig auf die Verminderung der Fermentationskosten, eine Stammverbesserung sowie auf Aspekte der Produktqualität. Durch Entwicklung ökonomisch vorteilhafter Fermentationsverfahren mit Hyperproduktionsstämmen dürfte der mikrobiellen Gewinnung von Aminosäuren die Zukunft gehören. Vom Produktionsumfang und der Bedeutung her dominieren derzeitig die Aminosäuren Lysin, Methionin und Glutaminsäure.

Zur Produktion von **Lysin** werden *Corynebacterium glutamicum*, ferner die Hefen *S. cerevisiae*, *Candida utilis* und *Candida pelliculosa* verwendet. Durch Mutagenese wurde die Syntheseleistung von *C. pelliculosa* auf 3,2 g Lysin pro l Medium erhöht. Auch Schimmelpilze sind zur Lysinbildung befähigt. Mittels UV- und Ethylenimin-Behandlung konnte eine Mutante von *Ustilago maydis* zur Produktion von 2,5 g/l angeregt werden.

Das vor allem für die Tierernährung verwendete **Methionin** wird bisher bevorzugt chemisch synthetisiert (ca. 100000 t/a); es handelt sich in diesem speziellen Falle um das Racemat (D,L-Form), das von Nutztieren problemlos verstoffwechselt wird. Aber auch fermentationstechnisch erzeugtes L-Methionin wird bereits in größeren Mengen produziert. Da dieses jedoch noch relativ kostenintensiv ist, werden Forschungsarbeiten zur Leistungsverbesserung der Produktionsstämme (insbesondere Hefen) durchgeführt. So sind z. B. Mutanten von *Candida tropicalis*, *S. cerevisiae* und *Saccharomyces lipolytica* mit einem Methioningehalt von ca. 6 % – bezogen auf das Gesamtprotein einer Zelle – isoliert worden. Weitere gentechnische Arbeiten sollen wirtschaftlich vertretbare Ausbeuten ermöglichen.

Weltweit werden ca. 270000 t **Glutaminsäure** pro Jahr als Geschmacksverstärker gewonnen. Die Herstellung erfolgt vorzugsweise durch Kultivierung der Bakterien *Micrococcus glutamicum* oder *Brevibacterium flavum*. Durch Transduktion mit dem virulenten Phagen CP 119 sind prototrophe Stämme von *Brevibacterium flavum* mit hoher Glutaminsäuresynthese hergestellt worden. Die Ausbeuten der besten Stämme liegen bei ca. 10 g/l nach zwei Tagen Inkubation. Auch einige Pilze (z. B. *Aspergillus oryzae, Penicillium chrysogenum, Cephalosporium sp.*) produzieren diese Aminosäure in befriedigenden Mengen.

Weitere Aminosäuren werden fermentationstechnisch unter Einsatz von Mutanten verschiedener Mikroorganismen synthetisiert (Tab. 3.10.-3). Gentechnische Manipulationen haben in einigen Fällen ebenfalls zu bedeutenden Steigerungsraten geführt. Bei der Herstellung von **Tryptophan** unter Anwendung eines gentechnisch veränderten Stammes trat im Jahre 1990 in Japan ein Zwischenfall auf, der die möglichen Probleme bei der Anwendung dieser neuen Methodik verdeutlicht (vgl. Kap. 2.4.4).

Tab. 3.10.-3 Mikrobielle Synthese verschiedener Aminosäuren		

Aminosäuren	Mikroorganismus	Ausbeute (g/l)
Tryptophan	*Hansenula anomala*	6
	Claviceps purpurea	k.A.
Threonin	*Candida guilliermondii*	4
Alanin	*Ustilago maydis*	20
Phenylalanin	*Torula sp.*	k.A.
Asparagin	*Rhizopus sp.*	k.A.
Isoleucin	*Serratia marcescens*	k.A.

k.A. – keine Angabe

Süßstoffe

Auch auf diesem Gebiet sind erste Ergebnisse durch Anwendung gentechnischer Methoden zu verzeichnen. So erfolgt die fermentative Gewinnung einer Vorstufe des **Aspartams,** indem die für dieses Dipeptid codierende Nucleotidsequenz chemisch synthetisiert, auf ein Plasmid übertragen und nach Transformation in einem Bacterium zur Expression gebracht wird. Durch proteolytische Spaltung des gebildeten Fusionsproteins mittels Thermolysin wird dann das Endprodukt Aspartam hergestellt (vgl. Kap. 3.5.3.3).

Bereits in den 80er Jahren ist es gelungen, die in einigen Pflanzen Westafrikas vorkommenden extrem süßen Peptide Monellin und Thaumatin auch fermentationstechnisch zu gewinnen. Zu diesem Zweck mußten die für die Peptide codierenden Gene aus den Pflanzenzellen isoliert oder chemisch synthetisiert und in Bakterien bzw. geeigneten Wirtsorganismen zur Expression gebracht werden.

So gelang die Produktion von **Thaumatin** sowohl in *E. coli* als auch in den Hefen *S. cerevisiae* und *Klyuveromyces lactis*. Man isolierte dazu die mRNA des Thaumatins aus Früchten von *Thaumatococcus danielli*, klonierte die hergestellte cDNA und transformierte mit dieser sodann verschiedene Wirtszellen. Das von den

Mikroorganismen synthetisierte Thaumatin lag zunächst nur intrazellulär vor und mußte freigesetzt (Zellaufschluß) und gereinigt werden. Durch Ankopplung einer Signalsequenz an das Thaumatin-Gen wurde später die DNA-Sequenz für das sog. „Präprothaumatin" konstruiert, welche die Exkretion des Thaumatins aus der Wirtszelle ermöglicht und damit die Gewinnungsprozedur wesentlich erleichtert. Das von den Mikroorganismen synthetisierte Protein ist qualitativ dem pflanzlichen Produkt ebenbürtig. Obwohl die mit den Hefen erzielten Ausbeuten bereits über derjenigen von *E. coli* liegen, sind weitere Arbeiten zu ihrer Verbesserung erforderlich.

Eine Arbeitsgruppe der Fa. International Genetic Engineering (INGENE) in Californien stellte das Gen für Thaumatin (624 bp) synthetisch her und brachte dieses mit einem Vektor unter einem starken Hefepromotor in *S. cerevisiae* zur Expression. Nach Ankoppelung einer Signalsequenz konnte auch hier eine Sekretion des Proteins aus der Zelle erreicht werden. Veränderungen in den Geschmackseigenschaften des Thaumatins (z. B. kein unangenehmer Nachgeschmack) wurden durch Variation der Nucleotidsequenz erzielt. Einige Firmen arbeiten daran, das Gen in das Genom von Kakaopflanzen zu integrieren (Herstellung von zuckerreduzierten Kakao- und Schokoladenerzeugnissen).

Das in den Früchten des westafrikanischen Strauches *Dioscoreophyllum comminsii* gebildete süß schmeckende Peptid **Monellin** wurde mittels rekombinanter DNA-Technologie ebenfalls mikrobiell hergestellt. Zu diesem Zweck hat man die Nucleotidsequenzen der beiden Peptid-Untereinheiten des Süßstoffes, die aus Pflanzenmaterial in Form genomischer DNA oder über die mRNA als cDNA gewonnen wurden, über kurzkettige Linker miteinander verknüpft. Das auf diese Weise konstruierte Gen codiert für ein *Einketten-Protein*, welches in seiner Aminosäurezusammensetzung zu 80–90 % derjenigen des natürlichen Produktes entspricht. Durch Variation der Nucleotidsequenz mittels Insertion, Deletion und Substitution konnten Gewinnung und Eigenschaften des Monellins hinsichtlich Stabilität gegenüber verschiedenen chemischen und physikalischen Einflüssen, ferner Lagerbeständigkeit, Qualität und Quantität des Süßempfindens sowie schließlich die Isolierung des Produktes verbessert werden. Durch speziell entwickelte Expressionsvektoren und Ankopplung einer Signalsequenz an das Gen kann man heute Monellin und davon abgeleitete Derivate mit verschiedenen pro- und eukaryotischen Mikroorganismen (z. B. *E. coli, B. subtilis, S. cerevisiae, A. niger*) als extrazelluläres Produkt herstellen. Durch Integration von Expressionskassetten in das Genom von Pflanzenzellen soll es inzwischen auch möglich sein, in verschiedenen Obst- und Gemüsearten süße Geschmacksnoten zu verstärken.

Enzyme

Bei der Lebensmittelproduktion ermöglicht die Anwendung von Enzymen in vielfältiger Weise eine schonende und weitgehend naturbelassene Be- und Verarbeitung der Rohstoffe. Für die Enzymherstellung nutzt man hierzu überwiegend Mikroorganismen. Zur Verbesserung des Ertrages bei technischen Fermentationen oder zur Ausprägung neuer Eigenschaften der gewünschten Enzyme werden dabei zunehmend gentechnische Methoden eingesetzt. Für die Klonierung und Expression von Enzymgenen in Bakterien, Hefen und Schimmelpilzen gibt es bereits zahlreiche Beispiele (Tab. 3.10.-4).

Tab. 3.10.-4 Auswahl gentechnisch veränderter mikrobieller Enzymbildner

Genprodukt	Donor → Rezeptor	Effekt
α-Amylase (EC 3.2.1.1)	*Bacillus subtilis* → *B. liquefaciens*	5-fache Steigerung
Protease (EC 3.4.24.28)	*B. subtilis* → *B. stearothermophilus*	10-fache Steigerung
β-Glucanase (EC 3.2.1.6)	*B. licheniformis* → *B. subtilis*	3-fache Steigerung
Lipase (EC 3.1.1.3)	*Staphylococcus carnosus* → *St. carnosus*	40-fache Steigerung
Chymosin (EC 3.4.23.4)	Zellen aus Kälbermagen → *Escherichia coli*	neue Eigenschaft
Cellulase (EC 3.2.1.4)	*Cellulomonas fimi* → *Brevibacterium lactofermentum*	10-fache Steigerung
Chymosin	Zellen aus Kälbermagen → *Kluyveromyces lactis*	neue Eigenschaft
Glucoamylase (EC 3.2.1.3)	*Saccharomyces diastaticus* → *S. cerevisiae*	10-fache Steigerung
α-Amylase	Zellen aus Weizenkorn → *S. cerevisiae*	neue Eigenschaft
saure Protease (EC 3.4.23.23)	*Mucor miehei* → *Aspergillus nidulans*	neue Eigenschaft
Chymosin	Zellen aus Kälbermagen → *A. nidulans*	neue Eigenschaft
Glucoamylase	*A. niger* → *A. niger*	7-fache Steigerung

Traditionell wird das für die Käseherstellung benötigte **Labenzym** (Chymosin, EC 3.4.23.4) aus Kälbermägen gewonnen. Der stetig steigende Bedarf an diesem Enzym wurde viele Jahre lang durch Einsatz von „Labersatzpräparaten" mikrobieller Herkunft ausgeglichen, obwohl die Qualität der so hergestellten Käse noch nicht befriedigte (vgl. Kap. 3.3.2.4). Inzwischen ist es gelungen, das Prochymosin-Gen des Kalbes in verschiedenen Mikroorganismen (z. B. in *Escherichia coli, Aspergillus niger, Kluyveromyces lactis, Saccharomyces cerevisiae*) zu klonieren und zur Expression zu bringen. Auf diese Weise sind „mikrobielle Chymosinpräparate" entwickelt worden. Gewöhnlich wird das Prochymosin- (bzw. Prä-Prochymosin-) Gen durch Isolierung von dessen mRNA aus dem Kälbermagen gewonnen und in eine doppelsträngige DNA überführt. Letztere wird in einen geeigneten Wirt (z. B. *Kluyveromyces lactis* aus der natürlichen Mikroflora des Kefirs) incorporiert und von diesem exprimiert. Das von dem rekombinanten Stamm ausgeschiedene Prochymosin wird unter kontrollierten Bedingungen bei niedrigem pH-Wert autokatalytisch in Chymosin umgewandelt. Dieses entspricht hinsichtlich Eigenschaften und Wirkung dem natürlichen Produkt. Das *E. coli*-Chymosin wurde 1990 in den USA als erstes gentechnisch hergestelltes Produkt für den Einsatz im Lebensmittelsektor zugelassen; damit werden heute 40 % des Hartkäses produziert. Das in den Niederlanden entwickelte Chymosin aus *K. lactis* kommt u. a. in Dänemark und Portugal zum Einsatz. Die WHO hat beiden Enzympräparaten einen unbegrenzten ADI-Wert zugesprochen.

Eine mit dem gentechnisch modifizierten Schimmelpilz *Aspergillus oryzae* erzeugte **α-Amylase** wird im Backwarensektor verschiedener Länder der EU eingesetzt. Durch Austausch von Aminosäuren mittels protein engineering gelingt es ferner, die pH- und Temperaturstabilität sowie die Substratspezifität verschiedener Enzyme gezielt zu verändern. Mit Hilfe gentechnischer Methoden läßt sich beispielsweise die Substratspezifität von **Lipasen** dahingehend modifizieren, daß sie Triglyceride bevorzugt an der C-2-Position angreifen.

Prinzipiell besteht derzeit die Möglichkeit, nahezu alle bekannten Enzyme aus gentechnisch veränderten Mikroorganismen zu gewinnen. Aufgrund verschiedener Vorbehalte seitens der Verbraucher werden jedoch die Potenzen gentechnischer Verfahren noch nicht voll ausgeschöpft. In Deutschland werden z. Z. keine Enzyme aus rekombinanten Mikroorganismen bei der Lebensmittelproduktion verwendet.

Der international zunehmende Einsatz von Enzymen bei Lebensmitteln wird gelegentlich in Zusammenhang mit dem Anstieg von Allergien gebracht (vgl. Kap. 2.4.4). Dies ist nicht völlig auszuschließen, da Fremdproteine prinzipiell ein mehr oder weniger hohes allergenes Potential aufweisen, wenn sie in Wechselwirkung mit sensibilisierten Personen treten (z. B. Verzehr, Inhalation, Hautkontakt). Mit Hilfe gentechnischer Methoden dürfte es jedoch möglich sein, allergieauslösende Epitope im Protein zu erkennen und zu eliminieren.

Vitamine

Einige Vitamine, insbesondere D_2, B_2, B_{12} und C , werden auf mikrobiellem Wege bzw. unter Beteiligung mikrobiell vollzogener Zwischenschritte produziert (vgl. Kap. 3.9). Durch Anwendung konventioneller genetischer Methoden sind verschiedene Produktionsverfahren bereits effektiver gestaltet worden.

Für die Gewinnung von **Vitamin B$_2$** verwendet man vorzugsweise die Pilze *Eremothecium ashbyi* und *Ashbya gossypii*. Durch Konstruktion einer Hypermutante von *A. gossypii* wurde die Vitaminsynthese um den Faktor 592 erhöht. Ferner konnte ein *Bacillus subtilis*-Stamm konstruiert werden, der bei Submerskultur unter aeroben Bedingungen im Verlaufe von 25 Stunden 4,5 g Riboflavin/ l Medium bildet.

Gentechnische Experimente zur Steigerung der Synthese von **Vitamin B$_{12}$** sind an einem *Bacillus megaterium*-Stamm durchgeführt worden. Dieser ist in der Lage, Ethanolamin als einzige N-Quelle zu verwerten, wenn er über sämtliche 13 zur Synthese von Cobalamin erforderlichen Enzymgene verfügt. Durch Insertion einzelner Gene in das Genom von Cobalamin-Mangelmutanten mittels geeigneter Plasmide wurden Stämme entwickelt, die bei Verwertung von Ethanolamin zu einer erhöhten Vitaminsynthese befähigt sind. Durch Protoplastenfusion eines photosynthetisch aktiven *Rhodopseudomonas*-Stammes mit einem Methanol verwertenden Stamm von *Protaminobacter ruber* stellte man den Hybridstamm *Rhodopseudomonas protamicus* FERM BP-180 her. Bei anaerober Kultivierung desselben in einem Glucose-haltigen Medium kann nach maximal 7 Tagen eine Ausbeute von 135 mg Vitamin B$_{12}$/ l erzielt werden.

Ferner ist es gelungen, durch Übertragung eines Gens aus *Corynebacterium sp.* auf *Erwinia herbicola* die über mehrere Stufen verlaufende Synthese von **Vitamin C** vollständig biotechnologisch ablaufen zu lassen. Der gentechnisch veränderte Stamm vermag jetzt das Schlüsselprodukt der Vitamin C-Synthese - nämlich 2-Keto-L-gulonsäure – direkt aus Glucose zu bilden. Dieser Prozeß wurde bisher über chemische Synthesen im sog. REICHSTEIN-Verfahren bewältigt (vgl. Kap. 3.9.).

Weitere Fermentationsprodukte

Zur Steigerung der Synthese **mikrobieller Polysaccharide** sind genetische und gentechnische Methoden mehrfach erfolgreich eingesetzt worden (Tab. 3.10.-5). Als Beispiel sei die Xanthanproduktion mit *Xanthomonas campestris* angeführt (vgl. Kap. 3.6.3.2). Durch Übertragung eines Gens für die Lactoseverwertung in diesen Stamm wird es möglich, Molke als billige Rohstoffquelle zu nutzen und die Xanthanproduktion ökonomisch günstiger zu gestalten.

Obwohl der Anteil der Produktion von **Ölen** und **Fetten** auf der Basis von Mikroorganismen gegenwärtig noch sehr gering ist, wird auch hier eine potentielle Reserve gesehen. Für die mikrobielle Lipidproduktion kommen verschiedene Hefen (z. B. *Rhodotorula gracilis*, *Lipomyces lipofer*, *Endomycopsis vernalis*, *Candida sp.*) sowie Schimmelpilze (z. B. *Mortierella vernalis*, *Mucor circinelloides*, *Aspergillus ochraceus, Rhizopus sp.*) in Betracht (vgl. auch Kap. 3.4.4). Gute Produzenten bestehen bis zu 60 % ihrer Trockensubstanz aus Lipiden, die etwa 80 % Triglyceride enthalten. Mittels verschiedener Methoden können Mutanten isoliert werden, die zur Verwertung verschiedener billiger Rohstoffquellen (z. B. n-Alkane, pflanzliche Abfallstoffe) und zur erhöhten Lipidsynthese mit unterschiedlichem Fettsäurespektrum befähigt sind (vgl. Tab. 3.10.-5). Durch Anwendung der Zellfusions- und Gentechnik wird eine weitere Verbesserung quantitativer und qualitativer Kriterien der mikrobiellen Lipidproduktion erwartet.

Tab. 3.10.-5 Steigerung der mikrobiellen Polysaccharid- und Lipidsynthese mittels genetischer und gentechnischer Methoden (BENNETT u. LASURE, 1985)

Produkt	Mikroorganismus	Behandlung	Effekt
Polysaccharide			
Pullulan	*Aureobasidium pullulans*	Mutagenese (Ethidiumbromid)	mehrfache Steigerung
		UV-Strahlung	mehrfache Steigerung
		Polyploidie	mehrfache Steigerung
Mannan	*Saccharomyces cerevisiae*	Mutagenese	mehrfache Steigerung
Xanthan	*Xanthomonas campestris*	gentechnische Manipulation	Lactoseverwertung
Lipide			
	Candida cloacae	Mutagenese	Alkanverwertung
	Torulopsis candida	Mutagenese	Alkanverwertung
	Candida lipolytica	Mutagenese	erhöhte Lipidbildung
	Aspergillus oryzae	Mutagenese	erhöhte Lipidbildung
	Mucor genevensis	Mutagenese	erhöhte Synthese ungesätt. Fettsäuren.

3.10.2
Verbesserungen bei der Produktion pflanzlicher Lebensmittel

Bei der Bereitstellung von Nahrungsmitteln kommt der Pflanzenzüchtung eine zentrale Bedeutung zu. Folgende biotechnologische Verfahren können hier einen wesentlichen Beitrag leisten:

1. Erhöhung der **Bodenfruchtbarkeit** zur Steigerung der Hektarerträge bei Getreide, Ölsaaten und Hackfrüchten durch
   - Fixierung des Luftstickstoffs,
   - PO_4-Erschließung bzw. P-Mobilisierung,
   - Gülle-Aufbereitung.
2. Verbesserung des **Pflanzenschutzes**, um Ernteverluste durch Schädlinge und Krankheitserreger (weltweit ca. 30 %) sowie gesundheitliche Gefahren für Mensch und Tier zu mindern, durch
   - Entwicklung verbesserter mikrobieller Antibiotika, Insektizide u. a. Präparate,
   - Isolierung insektenpathogener Viren,
   - Klonierung von speziellen Toxingenen in Pflanzen und Bodenbakterien,
   - Entwicklung bakterieller Antagonistenpräparate,
   - Entwicklung neuer Methoden zur Diagnose von Schaderregern.
3. Züchtung von **transgenen Pflanzen** mit verbesserten Eigenschaften wie
   - höhere Ertragsleistung,
   - größere Schädlingsresistenz,
   - verbesserte ernährungsphysiologische Eigenschaften,
   - günstigere lebensmitteltechnologische Parameter.

Die Zielstellung gentechnischer Experimente zur Veränderung pflanzlicher Genome ist ähnlich derjenigen klassischer Züchtungsmethoden (Tab. 3.10.-6). Durch

Tab. 3.10.-6 Angestrebte Verbesserungen bei transgenen Pflanzen

Merkmal	Auswirkungen
1. Resistenz gegen Herbizide, Insektizide, Viren, Bakterien, Pilze	– Senkung der Einsatzmengen von Herbiziden und Schädlingsbekämpfungsmitteln – Minderung der Umweltbelastung – weniger Schädlingsbefall – geringere Lagerverluste – Arbeits- und Kostenersparnis – geringere Gesundheitsbelastung – verminderter Toxingehalt
2. Synthese neuer Produkte	
• Proteine	– Verbesserung ernährungsphysiologischer Eigenschaften – bessere Textur u. a. technologische Eigenschaften
• Öle	– bessere Anpassung an ernährungsphysiologische Erfordernisse – Variation des Fettsäuremusters – verbesserte industrielle Nutzung
• Stärken	– Modifizierung des Verzweigungsgrades – bessere technologische Anpassung
• Aroma- und Farbstoffe	– qualitative Verbesserung sensorischer Eigenschaften.
3. Unterdrückung der Produktsynthese	– Eliminierung unerwünschter Eigenschaften und Produkte, – verbesserte ernährungsphysiologische Eigenschaften – technologische Verbesserungen
4. Bessere Nährstoffausnutzung	– Nutzung von Luftstickstoff als Nährstoffquelle

Erhöhung der Resistenz gegenüber Schädlingen und Krankheitserregern kann eine Ertragssteigerung der Nutzpflanzen herbeigeführt werden. Ferner strebt man eine Anpassung an bestimmte klimatische Bedingungen wie auch eine weitgehende Reduzierung von Düngemitteln an. Letzteres betrifft zunächst vorrangig die Stickstoffversorgung, bei der mit Hilfe des Ti-Plasmidsystems die Verwertung von Luftstickstoff durch die Pflanze ermöglicht werden soll. In steigendem Maße werden jedoch auch ernährungsphysiologisch und lebensmitteltechnologisch relevante Kriterien in die Untersuchungen einbezogen.

Erhöhung der Bodenfruchtbarkeit

Pflanzen können anorganischen **Stickstoff** nur in Form von Ammonium und Nitrat aus der Erde aufnehmen und assimilieren. Diese werden durch mikrobiellen Abbau organischer Substanzen gebildet. Spezielle denitrifizierende Bakterien wandeln Nitrate in molekularen Stickstoff um, der in die Atmosphäre entweicht (Abb. 3.10.-1). Einige Bakterien, z. B. solche der Gattung *Rhizobium*, können jedoch den molekularen Stickstoff mit Hilfe des Nitrogenase-Enzymsystems wieder in Ammonium überführen. Sie infizieren die Wurzeln von Leguminosen und versorgen diese Pflanzen mit Stickstoff. Derzeitig wird daran gearbeitet, die Nitrogenasegene solcher Bakterien in das pflanzliche Genom zu integrieren. Hierdurch werden die Pflanzen in die Lage versetzt, molekularen Stickstoff direkt zu verwerten. Dies hätte erhebliche Einsparungen an Stickstoff-Düngemitteln zur Folge.

Abb. 3.10.-1 Stickstoffkreislauf in der Natur (SCHLEGEL, 1985, modifiziert)

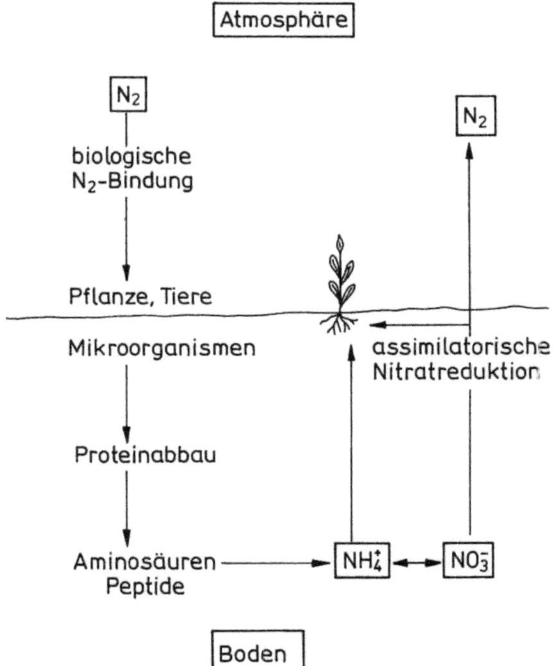

Verbesserung des Pflanzenschutzes

Auch hinsichtlich der **Resistenzverbesserung** von Pflanzen gegenüber **Schädlingen** und **Krankheitserregern** sind Erfolge zu verzeichnen. So läßt sich z. B. durch Einschleusen eines Endotoxin-Gens aus *Bacillus thuringiensis* in Tomaten, Kartoffeln u. a. Pflanzen der Schädlingsbefall reduzieren. Bei Kartoffeln wird eine wesentlich bessere Lagerfähigkeit registriert. Darüber hinaus gelten diese sog. *Biopestizide* im Vergleich zu konventionellen synthetischen Mitteln (z. B. Pyrethroide) als besonders umweltfreundlich, weil sie sehr spezifisch auf einzelne Insektenarten wirken und relativ schnell in der Umwelt wieder abgebaut werden. Zur Bekämpfung des Apfelwicklers mit biologischen Pflanzenschutzmitteln wird auf gentechnischem Wege ein Chitinasegen aus *Serratia marcescens* auf den im Boden vorkommenden Bakterienstamm *Pseudomonas fluorescens* übertragen. Die von diesem Stamm im natürlichen Biotop ausgeschiedenen Chitinasen (EC 3.2.1.14) bauen die chitinhaltigen Hyphen von Pilzen sowie die Chitinpanzer von Schadinsekten ab und führen zu deren Absterben.

Ein frühes Ausbringen von Kulturpflanzen in das Freiland ist durch verbesserten **Frostschutz** mittels gentechnisch manipulierter Bakterien der Art *Pseudomonas syringae* möglich. Die in der Natur vorkommenden Keime dieser Bakterienart bilden gewöhnlich Proteine, die bei −1,5 °C als Kristallisationskerne für die Eisbildung auf Blättern dienen und dadurch zur frühzeitigen Gewebezerstörung bei der Pflanze beitragen. Gentechnisch veränderte Bakterien haben die Fähigkeit zur Bildung solcher Proteine verloren, so daß die Gewebezerstörung erst bei −7 °C einsetzt.

Durch gentechnische Beeinflussung der Biosynthese spezifischer Enzyme gelingt es, die **Herbizidresistenz** von Pflanzen zu erhöhen. Als Beispiel sei das Breitbandherbizid Glyphosat (Handelsname: „*Round up*") angeführt, das über die Hemmung des Enzyms 5-Enolpyruvylshikimiat-3-phosphat (EPSP)-Synthase (EC 2.5.1.19) wirkt. In den transgenen Pflanzen wird durch Überproduktion dieses Enzyms Glyphosat-Toleranz erreicht, wodurch man die Hemmung unterläuft. Eine andere Möglichkeit besteht in der Metabolisierung dieses Herbizids durch Enzyme, welche in die Pflanze eingebracht werden. In den USA werden Versuche unternommen, Sojabohnen gegenüber dem Herbizid Atrazin widerstandsfähig zu machen. Im Erfolgsfalle wäre es möglich, Sojabohnen als Zwischenfrucht beim Maisanbau einzusetzen.

Bereits im Feldtest befinden sich Kartoffel-, Zuckerrüben- und Reispflanzen, die mittels gentechnischer Experimente gegen **Virusinfektionen** (z. B. Knollenfäule, Rhizomanie) resistent gemacht wurden. Bei Übertragung des Gens für das Oberflächenprotein des Tabak-Mosaik-Virus (TMV) auf Tomatenpflanzen kann ein Schutz gegenüber TMV-Infektionen erreicht werden. Das für das virale Hüllprotein codierende Gen wird in das pflanzliche Genom integriert, wodurch die Pflanze zur Synthese dieses Proteins befähigt ist und dadurch Immunität gegenüber der entsprechenden Virusinfektion erlangt.

Züchtung neuer Pflanzensorten

Durch die Übertragung von Fremdgenen, die für bestimmte Syntheseleistungen verantwortlich sind, strebt man weiterhin die Gewinnung neuer, ernährungsphysiologisch und verarbeitungstechnisch verbesserter pflanzlicher Produkte an. So hat man **transgene Kartoffeln** erzeugt, die vorwiegend bestimmte (technisch interessante) Stärkequalitäten produzieren. Ferner wird die Expression eines synthetischen Gens, welches für Phenylalanin-freies Protein codiert, in Kartoffeln getestet (für Patienten mit Phenylketonurie). Zur Proteinversorgung der Verbraucher in Entwicklungsländern ist die erhöhte Synthese von ernährungsphysiologisch wertvollem Kartoffelprotein von besonderer Bedeutung.

Wegen ihres geringeren Gehaltes an bestimmten essentiellen Aminosäuren (vgl. Kap. 3.3.3) sind Proteine aus **Cerealien** (mit Ausnahme von Reis) im allgemeinen von geminderter biologischer Wertigkeit. Zur Behebung dieses Mangels werden Versuche zum Transfer der für die – ernährungsphysiologisch wertvolleren – Speicherproteine Phaseolin (Bohnen) und Vicillin (Erbsen) codierenden Gene in diese Getreidesorten durchgeführt. Andere Bemühungen orientieren auf die Erhöhung des Lysingehaltes von Getreide.

Durch gentechnische Manipulationen ist es ferner gelungen, die Synthese einiger **antinutritiver Verbindungen** zu vermindern bzw. ganz zu unterdrücken. Beispiele hierfür sind die Reduzierung des Proteaseinhibitors in Bohnen, des Solanins in Kartoffeln sowie des Coffeins in Kaffeebohnen.

Eine Verbesserung der Transport- und Lagerfähigkeit sowie anderer Eigenschaften bei **Tomaten** hat das amerikanische Unternehmen Calgene mit Hilfe der Antisense-mRNA-Technik erreicht. Durch Reduktion der Synthese des für das Weichwerden der Tomaten verantwortlichen pektinabbauenden Enzyms Polygalacturonase (EC 3.2.1.15) ergeben sich bei den transgenen Tomaten Qualitätsverbesserungen. Die Früchte können an den Pflanzen ausreifen und damit Farbe, Aroma- und Geschmackstoffe sowie andere wertbestimmende Substanzen (z. B. Vitamine) voll entwickeln. Die zum geeigneten Zeitpunkt geernteten Tomaten überstehen Transport- und Lagerzeiten (6–8 Wochen), ohne weich zu werden. Kritiker meinen allerdings, daß hierdurch der Verlust an wertbestimmenden Inhaltsstoffen größer ist als bei konventionellen Früchten und daß einer wenig hygienefreundlichen überhöhten Lagerdauer Vorschub geleistet wird. In den USA sind die transgenen Tomaten unter der Handelsbezeichnung „*Flavr Savr*" bereits auf dem Markt. Auch bei Bananen u. a. Obst- und Gemüsesorten sind derartige gentechnische Veränderungen in Arbeit.

3.10.3
Verbesserungen in der Tierzucht

Seit alters her bedient sich der Mensch bestimmter, in Generationen erworbener Züchtungsmethoden, um Nutztiere mit erwünschten Eigenschaften und Leistungen zu erhalten. Weitere Verbesserungen wurden in den letzten Jahrzehnten durch den Einsatz moderner Verfahren der Biotechnologie möglich, wobei vor allem eine gezieltere Einflußnahme auf die Erbanlagen angestrebt wird. Folgende Methoden stehen dabei im Vordergrund:

1. Einsatz besser verwertbarer und höherveredelter **Futtermittel** durch
   - mikrobiellen bzw. enzymatischen Teilaufschluß von Cellulose und cellulosehaltigen Abfällen der Land- und Forstwirtschaft,
   - Stabilisierung der Darm- und Pansenflora durch Zusatz von Mikroorganismen,
   - Supplementierung von Aminosäuren, Vitaminen u. a. Wertstoffen.

2. Anwendung effektiverer **Züchtungsmethoden**, so z. B.
   - der künstlichen Besamung,
   - des Embryotransfers,
   - der Gentechnik und des „Biofarming".
3. Verbesserte **veterinärmedizinische Betreuung** durch
   - Einführung neuer Diagnosemethoden,
   - Produktion wirkungsvollerer Impfstoffe und Arzneimittel,
   - Anwendung der Genomanalyse.

Gentechnische Veränderungen bei Nutztieren werden vorrangig mit folgenden Zielstellungen durchgeführt:
- Erhöhung der Produktionsleistung,
- Verbesserung der Resistenz gegenüber Krankheitserregern,
- Reduktion des Fettanteils bei Schlachttieren,
- Verbesserung der ökologischen Anpassung,
- Realisierung spezifischer Syntheseleistungen („gene farming").

Aufgrund der Größe und besonderen Organisation der Genome sind gentechnische Arbeiten bei Nutztieren sehr schwierig. Es gibt daher noch relativ wenig Erfolge auf diesem Gebiet.

Zu einer Produktionssteigerung bei **Fleisch** führt die Übertragung von Genen für Wachstumshormone bei Schweinen und Schafen. In Australien werden transgene Schweine, denen ein zusätzliches Gen für das schweineeigene Wachstumshormon eingeschleust wurde, mit verstärktem Wachstum und verbesserter Fleischqualität bereits auf den Markt gebracht. Eine Verringerung des Fett- und Cholesterolanteils im Fleisch von Rindern und Schweinen soll durch Beeinflussung der Futterverwertung realisiert werden. Zu diesem Zweck erfolgen sowohl direkte gentechnische Eingriffe in das Erbgut der Tiere als auch gentechnische Veränderungen an intestinalen Mikroorganismen, die bei der Verdauung cellulose- und hemicellulosehaltiger Futtermittel eine Rolle spielen. Einer weiteren australischen Forschergruppe gelang es, transgene Schafe mit einem um 30 % schnelleren Wachstum als die Ursprungsrasse zu erzeugen.

Wegen ihrer besonderen ernährungsphysiologischen Bedeutung für den Menschen sowie aufgrund ihrer großen Nachkommenschaft sind **Fische** bevorzugte Objekte gentechnischer Untersuchungen. Durch Übertragung des für das Wachstumshormon von Forellen codierenden Gens auf Karpfen kann bei diesen eine schnellere Gewichtssteigerung erreicht werden. Ähnliche Resultate erzielt man bei Forellen, Lachsen und Karpfen, wenn das Gen für das Wachstumshormon von Säugern in das Genom der Fische integriert wird. Transgene Karpfen und Forellen werden in einigen Ländern (z. B. China, USA, Frankreich) bereits in Fischfarmen gehalten. Neben der mengenmäßigen Steigerung der Fischproduktion werden zunehmend auch qualitative Eigenschaften gentechnisch verbessert. Man bemüht sich beispielsweise darum, den Anteil an ernährungsphysiologisch wertvollen ungesättigten Fettsäuren zu erhöhen.

Auch die **Resistenz** gegenüber verschiedenen Krankheitserregern kann durch gentechnische Maßnahmen bei einigen Nutztieren (z. B. Rinder, Schweine, Schafe und Hühner) erhöht werden. So entwickeln Schweine durch Integration des MX-Gens aus

Mäusen eine größere Widerstandskraft gegenüber den Erregern der Schweinegrippe. Bei Hühnern wird auf ähnliche Weise eine Leukoseresistenz angestrebt. Durch den Einbau von Antibiotikagenen in das Genom von Fischen sollen diese gegenüber Bakterienkrankheiten und Parasiten geschützt werden. Man verspricht sich damit vor allem eine verminderte Anwendung von Medikamenten und Pestiziden, die das Fischfleisch teilweise erheblich belasten können.

Mittels gentechnischer Methoden erzielt man auch eine bessere Anpassung von Fischen an ökologische Gegebenheiten. Mit dem Ziel, durch Erhöhung der Kälteresistenz die Grenze für die Lachszucht weiter nach Norden zu verschieben, wurde Lachsen das sog. „Anti-Frost-Gen" der in arktischen Gewässern beheimateten Winterflunder eingebaut. Durch Bildung eines im Blut zikulierenden Proteins können diese Fische auch bei niedrigeren Wassertemperaturen leben. Zur besseren Sauerstoffnutzung in Gewässern mit niedrigem Sauerstoffgehalt sind in das Genom von Forellen ferner Hämoglobingene aus Fröschen eingebaut worden.

Mit dem Konzept des sog. „**gene farming**" wird das Ziel verfolgt, mittels gewebe- und organspezifischer Expression von Genen die Synthese von ernährungsphysiologisch und pharmakologisch interessanten Produkten zu erreichen. Es gibt Bemühungen, die Erbinformation von Kühen dahingehend zu verändern, daß diese eine lactosearme bzw. der humanen Muttermilch ähnliche Milch erzeugen. Weiterhin sollen die mit der Intensivierung der Milchproduktion und der Konzentration in der Milchverarbeitung verbundenen Qualitätsverluste der Milch hinsichtlich ihres Fett- und Eiweißgehaltes durch gentechnische Veränderungen im Erbgut der Kühe aufgefangen werden. Bei der Modifikation der Milchproteine wird eine Verbesserung der Aminosäurezusammensetzung, der Hitzestabilität u. a. Eigenschaften angestrebt.

Anhang (Enzyme)

In diesem Buch verwendete Enzyme gemäß der Empfehlungen des „Enzym-Nomenklatur-Kommittees 1992"

EC-Nummer	Empfohlener	Synonyme(r)	Systematischer Name
1.1.1.1	Alkohol-Dehydrogenase	Aldehyd-Reduktase	Alkohol:NAD$^+$-Oxidoreduktase
1.1.1.13	Alkohol-Oxidase		Alkohol-Oxygen-Oxidoreduktase
1.1.1.14	L-Iditol-2-Dehydrogenase	Polyol-Dehydrogenase; Sorbitol-Dehydrogenase	L-Iditol:NAD$^+$-2-Oxidoreduktase
1.1.1.27	L-Lactat-Dehydrogenase	Milchsäure-Dehydrogenase	(S)-Lactat:NAD$^+$-Oxidoreduktase
1.1.1.28	D-Lactat-Dehydrogenase	Milchsäure-Dehydrogenase	(R)-Lactat:NAD$^+$-Oxidoreduktase
1.1.3.4	Glucose-Oxidase	Glucose-Oxyhydrase	β-D-Glucose:Oxido-1-Oxidoreduktase
1.1.3.22	Xanthin-Oxidase	Hypoxanthin-Oxidase	Xanthin:Oxygen-Oxidoreduktase
1.1.99.21	D-Sorbitol-Dehydrogenase (Acceptor)		D-Sorbitol:(Acceptor)-1-Oxidoreduktase
1.2.1.2	Formiat-Dehydrogenase		Formiat:NAD$^+$-Oxidoreduktase
1.2.1.3	Aldehyd-Dehydrogenase (NAD$^+$)		Aldehyd:NAD$^+$-Oxidoreduktase
1.2.1.43	Formiat-Dehydrogenase (NADP$^+$)		Formiat:NADP$^+$-Oxidoreduktase
1.2.2.2	Pyruvat-Dehydrogenase (Cytochrom)	Pyruvat-Dehydrogenase	Pyruvat:Ferricytochrom-B-Oxidoreduktase
1.2.3.3	Pyruvat-Oxidase		Pyruvat:Oxygen-2-Oxidoreduktase (phosphorylierend)
1.2.4.1	Pyruvat-Dehydrogenase (Lipoamid)	Pyruvat-Decarboxylase; Pyruvat-Dehydrogenase	Pyruvat:Lipoamid-2-Oxidoreduktase (decarboxylierend und Acceptor-acetylierend)
1.4.1.5	L-Aminosäure-Dehydrogenase		L-Aminosäure:NAD$^+$-Oxidoreduktase (desaminierend)
1.4.3.2	L-Aminosäure-Oxidase	Ophio-Aminosäure-Oxidase	L-Aminosäure:Oxygen-Oxidoreduktase (desaminierend)

EC-Nummer	Empfohlener	Synonyme(r)	Systematischer Name
1.4.3.4	Amin-Oxidase (Flavin-enthaltend)	Monoamin-Oxidase, Tyramin-Oxidase, Tyraminase, Adrenalin-Oxidase	Amin:Oxygen-Oxidoreduktase (desaminierend)
1.4.99.1	D-Aminosäure-Dehydrogenase		D-Aminosäure:(Acceptor)-Oxidoreduktase (desaminierend)
1.6.6.1	Nitrat-Reduktase (NADH)	assimilatorische Nitrat-Reduktase	NADH:Nitrat-Oxidoreduktase
1.6.6.2	Nitrat-Reduktase /NAD(P)H/	assimilatorische Nitrat-Reduktase	NAD(P)H:Nitrat-Oxidoreduktase
1.6.6.3	Nitrat-Reduktase (NADPH)		NADPH:Nitrat-Oxidoreduktase
1.6.6.4	Nitrit-Reduktase /NAD(P)H/		NAD(P)H:Nitrit-Oxidoreduktase
1.6.6.7	Azobenzol-Reduktase		NADPH:4-(Dimethylamino)-azobenzol-Oxidoreduktase
1.7.2.1	Nitrit-Reduktase (Cytochrom)		Stickoxid:Ferricytochrom-C-Oxidoreduktase
1.7.99.3	Nitrit-Reduktase		Stickoxid:(Acceptor)-Oxidoreduktase
1.7.99.4	Nitrat-Reduktase	respiratorische Nitrat-Reduktase	Nitrit:(Acceptor)-Oxidoreduktase
1.8.3.2	Thiol-Oxidase		Thiol:Oxygen-Oxidoreduktase
1.9.6.1	Nitrat-Reduktase (Cytochrom)		Ferrocytochrom:Nitrat-Oxidoreduktase
1.10.3.1	Catechol-Oxidase	Diphenol-Oxidase; o-Diphenolase; Phenolase; Polyphenol-Oxidase; Tyrosinase	1,2-Benzendiol:Oxygen-Oxidoreduktase
1.10.3.2	Laccase	Urishiol-Oxidase	Benzendiol:Oxygen-Oxidoreduktase
1.11.1.1	NADH-Peroxidase		NADH:Hydrogenperoxid-Oxidoreduktase
1.11.1.6	Katalase		Hydrogenperoxid:Hydrogenperoxid-Oxidoreduktase
1.11.1.7	Peroxidase		Donor:Hydrogenperoxid-Oxidoreduktase
1.11.1.9	Glutathion-Peroxidase		Glutathion-Hydrogenperoxid-Oxidoreduktase
1.11.1.14	Diarylpropan-Peroxidase	Diarylpropan-Oxygenase; Ligninase I	Diarylpropan:Oxygen, Hydrogenperoxid-Oxidoreduktase (C-C-Bindungen spaltend)
1.15.1.1	Superoxid-Dismutase		Superoxid:Superoxid-Oxidoreduktase
1.18.6.1	Nitrogenase		reduziertes Ferredoxin:Dinitrogen-Oxidoreduktase (ATP-hydrolysierend)
2.2.1.1	Transketolase	Glycerolaldehyd-transferase	Sedoheptulose-7-phosphat:D-Glycerolaldehyd-3-phosphat-Glycerolaldehydtransferase

EC-Nummer	Empfohlener	Synonyme(r)	Systematischer Name
2.4.1.5	Dextransucrase	Sucrose-6-Glucosyl-transferase	Sucrose-1,6-α-D-Glucan-6-α-D-Glucosyltransferase
2.4.1.19	Cyclomaltodex-trin-Glucano-transferase	Bacillus-macerans-Amylase; Cyclodex-trin-Glucanotrans-ferase	1,4-α-D-Glucan-4-α-D-(1,4-α-D-Glucano)-transfe-rase(cyclisierend)
2.4.1.24	1,4-α-Glu-can-6-α-Glucosyltrans-ferase	Oligoglucan-branching-Glucosyl-transferase	1,4-α-D-Glucan:1,4-α-D-Glucan(D-Glucose)-6-α-D-Glucosyltransferase
2.4.1.63	Linamarin-Synthase		UDP-Glucose:2-Hydroxy-2-methyl-propan-nitril-β-D-Glucosyltransferase
2.5.1.19	3-Phosphoshi-kimat-1-Carb-oxyvinyltrans-ferase	5-Enolpyruvyl-shi-kimat-3-phosphat-Synthase	Phosphoenolpyruvat:3-Phosphoshikimat-5-O-(1-Carboxyvinyl)-transferase
3.1.1.3	Triacylgly-cerol-Lipase	Lipase; Triglycerid-Lipase; Tributyrase	Triacylglycerol-Acyl-hydrolase
3.1.1.11	Pektinesterase	Pektin-Demethoxylase; Pektin-Methoxylase; Pektin-Methylesterase	Pektin-Pektylhydro-lase
3.1.1.13	Sterol-Esterase	Cholesterol-Ester-ase; Cholesteryl-ester-Synthase; Tri-terpenol-Esterase	Sterylester-Acylhydro-lase
3.1.1.14	Chlorophyllase		Chlorophyll-Chloro-phyllidohydrolase
3.1.1.23	Acylglycerol-Lipase	Monoacylglycerol-Lipase	Glycerolester-Acylhydrolase
3.1.1.34	Lipoprotein-Lipase	Clearing-Faktor-Lipase; Diglycerid-Lipase; Diacyl-glycerol-Lipase	Triacylglycero-pro-tein-Acylhydrolase
3.1.3.26	6-Phytase	Phytase; Phytat-6-phosphatase	myo-Inositol-hexakis-phosphat-6-Phospho-hydrolase
3.2.1.1	α-Amylase	verflüssigende Amylase; Glycogenase	1,4-α-D-Glucan-Glucanohydrolase
3.2.1.2	β-Amylase	verzuckernde Amy-lase; Glycogenase	1,4-α-D-Glucan-Maltohydrolase
3.2.1.3	Glucan-1,4-α-Glucosidase	Glucoamylase; Amyloglucosidase; γ-Amylase; saure Maltase; Exo-1,4-α-Glucosidase	1,4-α-D-Glucan-Glucohydrolase
3.2.1.4	Cellulase	Endo-1,4-β-Glu-canase; Endo-β-Glucanase	1,4-(1,3;1,4)-β-D-Glucan-4-Gluca-nohydrolase
3.2.1.6	Endo-1,3(4)-β-Glucanase	Endo-1,3-β-Gluc-anase; Laminarinase	1,3-(1,3;1,4)-β-D-Glucan-3(4)-Glu-canohydrolase
3.2.1.7	Inulinase	Inulase	2,1-β-D-Fructan-Fructanohydrolase
3.2.1.10	Oligo-1,6-glucosidase	Grenzdextrinase; Isomaltase; Su-crase-Isomaltase	Dextrin-6-α-D-Glucanohydrolase

EC-Nummer	Empfohlener	Synonyme(r)	Systematischer Name
3.2.1.14	Chitinase	Chitodextrinase; 1,4-β-Poly-N-Acetylglucosaminidase	Poly(1,4-/Acetyl-β-D-glucosaminid/)-Glycanohydrolase
3.2.1.15	Polygalacturonase	Pektin-Depolymerase; Endo-Polygalacturonase; Pektinase	Poly(1,4-α-D-Galacturonid)-Glycanohydrolase
3.2.1.17	Lysozym	Muramidase	Peptidoglycan-N-Acetyl-muramoyl-hydrolase
3.2.1.20	α-Glucosidase	Maltase; Gluco-invertase; Gluco-sido-Invertase	α-D-Glucosid-Glucohydrolase
3.2.1.21	β-Glucosidase	Gentiobiase; Cellobiase; Amygdalase	β-D-Glucosid-Glucohydrolase
3.2.1.22	α-Galactosidase	Melibiase	α-D-Galactosid-Galactohydrolase
3.2.1.23	β-Galactosidase	Lactase	β-D-Galactosid-Galactohydrolase
3.2.1.26	β-Fructofuranosidase	Invertase; Saccharase; Fructosido-Invertase	β-D-Fructofuranosid-Fructohydrolase
3.2.1.31	β-Glucuronidase		β-D-Glucuronosid-Glucuronosohydrolase
3.2.1.32	Xylan-Endo-1,3-β-Xylosidase	Xylanase; Endo-1,3-β-Xylanase	1,3-β-D-Xylan-Xylanohydrolase
3.2.1.37	Xylan-1,4-β-Xylosidase	Xylobiase; β-Xylosidase; Exo-1,4-β-Xylosidase	1,4-β-D-Xylan-Xylohydrolase
3.2.1.39	Glucan-Endo-1,3-β-D-Glucosidase	Endo-1,3-β-Glucanase; Laminarinase	1,3-β-D-Glucan-Glucanohydrolase
3.2.1.41	α-Dextrin-Endo-1,6-α-Glucosidase	Grenzdextrinase; debranching enzyme; Amylopektin-6-Glucanohydrolase; Pullulanase	α-Dextrin-6-Glucanohydrolase
3.2.1.67	Galacturan-1,4-α-Galacturonidase	Exo-Polygalacturonase; Poly(galacturonat)-Hydrolase	Poly(1,4-α-D-Galacturonid)-Galacturonohydrolase
3.2.1.68	Isoamylase	debranching enzyme	Glycogen-6-Glucanohydrolase
3.2.1.73	Licheninase	Lichenase	1,3-1,4-β-D-Glucan-4-Glucanohydrolase
3.2.1.91	Cellulose-1,4-β-Cellobiosidase	Exo-Cellobiohydrolase; Cellobiohydrolase	1,4-β-D-Glucan-Cellobiohydrolase
3.2.1.117	Amygdalin-β-Glucosidase		Amygdalin-β-D-Glucohydrolase
3.2.1.118	Prunasin-β-Glucosidase		Prunasin-β-D-Glucohydrolase
3.2.3.1	Thioglucosidase	Myrosinase; Sinigrinase; Sinigrase	Thioglucosid-Glucohydrolase
3.4.1.11-18	Aminopeptidasen		
3.4.13.3-20	Dipeptidasen		
3.4.14.1-10	Dipeptidyl- und Tripeptidyl-Peptidasen		

EC-Nummer	Empfohlener	Synonyme(r)	Systematischer Name
3.4.17.1	Carboxypeptid-ase A	Carboxypolypeptidase; pankratische Carboxy-peptidase A; Gewebe-Carboxypeptidase A	
3.4.17.2	Carboxypeptid-ase B	Protaminase; pankreatische Carboxypeptidase B; Gewebe-Carboxypeptidase B	
3.4.21.1	Chymotrypsin	Chymotrypsin A u. B	
3.4.21.2	Chymotrypsin C		
3.4.21.4	Trypsin		
3.4.21.9	Enteropeptidase	Enterokinase	
3.4.21.36	Pankreas-Elastase	Pankreatopeptidase E; Pankreas-Elastase I	
3.4.21.62	Subtilisin		
3.4.21.66	Thermitase	Thermophile Strepto-myces-Serinproteinase	
3.4.21.71	Pankreas-Elastase II		
3.4.22.2	Papain	Papaya-Peptidase I	
3.4.22.3	Ficain	Ficin	
3.4.22.32	Stem-Bromelain	Bromelain, Bromelin	
3.4.23.1	Pepsin A	Pepsin	
3.4.23.2	Pepsin B	Parapepsin I; Schweine-Gelatinase	
3.4.23.4	Chymosin	Rennin	
3.4.23.23	Mucorpepsin	Mucor-Rennin; Fromase	
3.4.24.7	Interstitielle Collagenase	Vertebraten-Collagenase	
3.4.24.27	Thermolysin	Bacillus thermo-proteolyticus neu-trale Protease	
3.4.24.28	Bacillolysin	Bacillus subtilis neu-trale Protease; Neutrase	
3.4.24.31	Mycolysin	Pronase	
3.5.1.5	Urease		Urea-Amidohydrolase
3.5.1.14	Aminoacylase	Dehydropeptidase II; Histozym; Hip-puricase; Benzamid-ase; Acylase I	N-Acyl-L-amino-säure-Amidohydrolase
3.5.2.2	Dihydropyrimi-dinase	Hydantoinase	5,6-Dihydropyrimi-din-Amidohydrolase
3.5.5.1	Nitrilase		Nitril-Aminohydrolase
3.5.99.2	Thiaminase	Thiaminase II	Thiamin-Hydrolase
3.7.1.3	Kynureninase		L-Kynurenin-Hydrolase
4.1.1.1	Pyruvat-De-carboxylase	α-Carboxylase; α-Ketosäure-Carboxylase	2-Oxosäure-Carboxy-Lyase
4.1.1.22	Histidin-Decarboxylase		L-Histidin-Carboxy-Lyase
4.1.2.10	Mandelsäure-nitril-Lyase	Hydroxynitril-Lyase	Mandelsäurenitril-Benzaldehyd-Lyase
4.1.99.1	Tryptophanase		L-Tryptophan-Indol-Lyase (desaminierend)
4.1.99.2	Tyrosin-Phenol-Lyase	β-Tyrosinase	L-Tyrosin-Phenol-Lyase (desaminierend)
4.2.1.11	Phosphopyru-vat-Hydratase	Enolase; 2-Phospho-glycerat-Dehydrase	2-Phospho-D-glycerat-Hydro-Lyase

EC-Nummer	Empfohlener	Synonyme(r)	Systematischer Name
4.2.2.2	Pektat-Lyase	Pektat-Trans-eliminase	Poly(1,4-α-D-Galacturonid)-Lyase
4.2.2.10	Pektin-Lyase		Poly(methoxy-L-Galacturonid)-Lyase
4.4.1.4	Alliin-Lyase	Alliinase	Alliin-Alkylsulfenat-Lyase
5.3.1.5	Xylose-Iso-merase	Glucose-Isomerase	D-Xylose-Ketol-Isomerase

Literaturverzeichnis

Kapitel 1

ACHESON, K.J.; SCHUTZ, Y.; BESSARD, T.: Glycogen storage capacity and de novo lipogenesis during massive carbohydrate overfeeding in man. Amer. J. Clin. Nutr. **48** (1988) 240–247

ADAM, O.: Zufuhr, Stoffwechsel, Wirkung und Nebenwirkungen der n-3-Fettsäuren. Fat Sci. Technol. **93** (1991) 97–103

Anonymus: Energy and protein requirements. WHO Technical Report Ser. **724** (1985) 1–206

Anonymus: Recommended daily amounts of vitamins and minerals in Europe. Nutr. Abstr. Rev. (Ser. A) **60** (1990) 827–842

AOCS Press (Ed.): Nutrition and Disease update: Cancer. Champaign, AOCS Press 1994

ATKINSON, R. L.; PI-SUNYER, R. X. (Eds.): Very low caloric diets. Amer. J. Clin. Nutr. **56** (1992) 175 S–305 S

AURICCHIO, S.; TRONCONE, R.: Effect of small amounts of gluten in the diet of coeliac patients. Panminerva Medica **33** (1991) 83–85

BARTH, C. A.; GERSTMANN, U.; KARST, H.; NOACK, R.: Triglyceridaufnahme mit der Nahrung und Fettbilanz beim Menschen – Neues zur Prävention des Übergewichts. Ernährung/Nutrition **18** (1994) 101–104

BÄSSLER, K. H.: Wird man durch Kohlenhydrate fett? Ernährung/Nutrition **19** (1995) 23–25

BÄSSLER, K.H.: Stoffwechsel und Ernährung als Basis des Lebens. 6. Lipide. Ernähr.-Umsch. **38** (1991) B1–B4

BECKER, H.G.: Die Ballaststoffe im Getreide – ihre Rolle in der Ernährung. Ernährung/Nutrition **10** (1986) 539–546

BELURY, M. A.: Conjugated dienoic linoleate: A polyunsaturated fatty acid with unique chemoprotective properties. Nutr. Rev. **53** (1995) 83–89

BENDER, A. E.: Nutrition research in the future. Ernährung/Nutrition **16** (1992) 582–584

BERGER, M. (Hrsg.): Diabetes mellitus. München, Wien, Baltimore: Urban u. Schwarzenberg 1995

BERRATA, N., LEMELAND, J.F.: Bifidobacterium from fermental milk survival during gastric transit. J. Dairy Sci. **74** (1991) 409–413

BEUTLING, D. (Hrsg.): Biogene Amine in der Ernährung. Berlin, Göttingen, Heidelberg: Springer-Verlag 1996

BIBERGEIL, H.: Diabetes mellitus. Jena: Gustav Fischer Verlag 1989

BILLS, D.D.; KUNG, S. (Eds.): Biotechnology and Nutrition. Boston, London, Oxford, Singapur, Sidney, Toronto, Wellington: Butterworth-Heinemann 1992

BISALSKI, H. K.; FÜRST, P.; KASPER, H.; KLUTHE, R.; PÖBERT, W.; PUCHSTEIN, CH.; STÄHELIN, H.B. (Hrsg.): Ernährungsmedizin. Stuttgart, New York: G. Thieme Verlag 1995

BJÖRNTORP, P.; RÖSSNER, S. (Eds.): Obesity in Europe 88. London: J. Libbey 1989

BLACKBURN, G. L.; KANDERS, B. S. (Eds.): Obesity: Pathophysiology, Psychology, and Treatment. New York: Chapman and Hall (1994)

BOUCHARD, C. (Ed.): The Genetics of Obesity. Boca Raton: CRC Press 1994

BROWN, J. E.: The Science of Human Nutrition. San Diego, New York: Hartcourt Brace Jovanovich Publ. 1990

BRÜCKNER, J.: Transfettsäuren: Gesundheitliche Aspekte des Verzehrs. Ernähr.-Umsch. **42** (1995) 122–126

CAMPBELL, L. V.; MARMOT, P. E.; DYER, J. A.; BORKMAN, M.; STOSLIEN, L. H.: The high monounsaturated fat diet as a practical alternative for NIDDM. Diabetes Care **17** (1994) 177–182

CANZLER, H.: Adipositas und Fettstoffwechselstörungen. Aktuelle Ernähr. Med. **16** (1991) 155–157

CARAGAY, A. B.: Cancer-preventive foods and Ingredients. Food Technol. **46**, 4 (1992) 65–68

CHOW, C. K. (Ed.): Fatty Acids in Food and their Health Implications. New York: Marcel Dekker 1992

CLYDESDALE, F. M. (Ed.): Evaluation of the nutritional and health aspects of sugers. Amer. J. Clin. Nutr. **62** (1995) 161S–296S

CONNING, D. M.: Diet and cancer – experimental evidence. BNF Nutr. Bull. **16** (1991) 36–44

CUMMINGS, J.H.; MACFARLANE, G.T.: The control and consequences of bacterial fermentation in the human colon. J. Appl. Bacteriol. **70** (1991) 443–459

DAHLQUIST, A.: Digestion of lactose. In DELMONT, J.: Milk Intolerances and Rejection. Basel: Karger 1983

DAVIDSON, A.G.F.; BRIDGES, M.A.: Coeliac disease: a critical review of aetiology and pathogenesis. Clin. Chim. Acta **163** (1987) 1–40

DECKER, E. A.: The role of phenolics, conjugated linoleic acid, carnosine, and pyrroloquinoline quinone as nonessential dietary antioxidants. Nutr. Rev. **53** (1995) 49–58

Deutsche Gesellschaft für Ernährung: Empfehlungen für die Nährstoffzufuhr. Frankfurt/M.: Umschau Verlag 1991

Deutsche Liga zur Bekämpfung des hohen Blutdruckes. Empfehlungen zur Diagnostik und Behandlung der Hypertonie. Heidelberg: PF 102040 1992

Die Nationale Verzehrsstudie. Bonn: 1991

DRAGSTEDT, D. O.; STRUBE, M.; LARSEN, J. C.: Cancer protective factors in fruits and vegetables: Biochemical and biological background. J. Pharmacol. Toxicol. **72** (1993) 116–135

DRIESEN, F.M.; DE BOER, R.: Fermental milks with selected intestinal bacteria: a healthy trend in new products. Neth. Milk Dairy J. **43** (1989) 367–382

ELMADFA, I.; GODINA-ZARFL, B.: Ernährungsabhängige Risiken in der Wohlstandsgesellschaft. Ernährung/Nutrition **18** (1994) 167–169

ELMADFA, J.; LEITZMANN, C.: Ernährung des Menschen. Stuttgart: Ulmer Verlag 1990

ERBERSDOBLER, H.: Ein neues System zur Proteinbewertung – der Protein Digestibility Corrected Amino Acid Score (PDCAAS). Ernähr.-Umsch. **39** (1992) 243–247

Ernährungsbericht 1992. Deutsche Gesellschaft für Ernährung e.V.. Frankfurt/M.

FAO-Yearbook, Production. Rome: 1992, 1994

FELDHEIM, W.: Verwertbare und nicht verwertbare Kohlenhydrate – Definition und chemische Bestimmungsverfahren. Ernähr.-Umsch. **36** (1989) 40–44

FELDMAN, E. B.: Nutrition and diet in the mangement of hyperlipidemia and atherosclerosis. In: SHILS, M.E.; OLSON, J.A.; SHIKE, M. (Eds.): Modern Nutrition in Health and Disease. Philadelphia: Lea u. Febiger 1994

FEUERLEIN, W.: Alkoholismus – Mißbrauch und Abhängigkeit. Stuttgart: Thieme-Verlag 1989

FILER, L. J.: A summary of the workshop on child and adolescent obesity: What, how and who? Crit. Rev. Food Sci. Nutr. **33** (1993) 287–305

FLACHOWSKY, G.; SCHNEIDER, A.; SCHAARMANN, G.: Was sind und was bewirken Ballaststoffe? Ernähr.-Umsch. **41** (1994) 415–419, 449–453

FRÖHLICH, J.C.; V. SCHACKY, C. (Eds.): Fish, Fish Oil and Human Health. München: W. Zuckschwert Verlag 1992

FULLER, R.: Probiotics in man and animals. J. Appl. Bacteriol. **66** (1989) 365–78

FÜRST, P.: Antioxidative Potenz der Nahrung – nicht nutritive Wirkstoffe. Ernährung/Nutrition **19** (1995) 457–460

GALLI, C.; SIMOPOULOS, A. P.; TREMOLI, E. (Eds.): Fatty Acids and Lipids: Biological Aspects. World Review of Nutrition and Dietetics, Vol. **75** (1994)

GARG, A.; BAUTLE, J. P.; HENRY, R. R.; COULSTON, A. M.; GRIVER, K. A.; RAATZ, S. K.; BRINKLEY, L.; CHEN, I.; GRUNDY, S. M.; HUET, B. A.; REAVEN, G. M.: Effects of varying carbohydrate content on diets in patients with non insuline dependent diabetes mellitus. JAMA **271** (1994) 1421–1428

GARROW, J. S.; JAMES, W. P. T. (Eds.): Human Nutrition and Dietetics. Edinburgh, London, Madrid, Melbourne, New York, Tokio: Churchill Livingstone 1993

GAUDETTE, D.C.; HOLUB, B.J.: Docosahexaenic acid (DHA) and humans platelet reactivity. J. Nutr. Biochem. **2** (1991) 116–121

GERRITS, P. M.; TSALIKIAN, E.: Diabetes and fructose metabolism. Amer. J. Clin. Nutr. **58** (1993) 796–799

GIBSON, G. R.; ROBERFROID, M. B.: Dietary modulation of the human colonic microbiota: Introducing the concept of prebiotics. J. Nutrit. **125** (1995) 1401–1412

GILLILAND, S.E.: Acidophilus milk products: A review of potential benefits to consumers. J. Dairy Sci. **73** (1989) 2483–2494

GREILING, H.; GREßNER, A.M. (Eds.): Lehrbuch der Klinischen Chemie und Pathobiochemie. Stuttgart, New York: Schattauer-Verlag 1989

GRIEß, F.A.; HAUNER, H.: Diätetische und medikamentöse Therapie der Adipositas – was kann man erreichen? Aktuelle Ernähr.Med. **16** (1992) 162–167

GUSSOW, J.D.; CONTENTO, J.: Nutritional considerations in a changing world. World Rev. Nutr. Diet. **44** (1984) 1–56

HAENEL, H.: Ernährungsverhalten – Tradition oder Fortschritt? Ernähr.-Umsch. **39** (1992) 319–324

HARRIS, W.S.: Fish oils and plasma lipid and lipoprotein metabolism in humans: a critical review. J. Lipid. Res. **30** (1989) 785–807

HARRISON, G.A.; WATERLOW, J.C. (Eds.): Diet and Disease in Traditional and Developing Societies. Cambridge, New York, Melbourne, Sydney: Cambridge Univ. Press 1990

HUNGER, W.: Bifidobakterien und Lactobacillus acidophilus für Sauermilchprodukte. Dtsch. Molkerei Ztg. **38** (1989) 1178–1184

HUTH, K.; KLUTHE, R. (Hrsg.): Lehrbuch der Ernährungstherapie. Stuttgart, New York: G. Thieme Verlag 1995

INGELMANN, H. J.; RIMBACH, G.; PALLAUF, J.: Phytinsäure – ein antinutritiver Faktor? Ernähr.-Umsch.: **40** (1993) 400–404

Int. Life Science Institute, Europa: Recommended daily amounts of Vitamins and Minerals in Europe. Nutr. Abstr. Rev. **60** (1990) 827–842

JEQUIER, E.: Calorie balance versus nutrient balance. In: KINNEY J.M.; TUCKER H.N. (Eds.): Energy Metabolism: Tissue Determinants and Cellular Corollaries. New York: Raven Press 1992

JOHNSON, A. O.; SEMENYA, J. G.; BUCHOWSKI, M. S.; ENWONWU, C. O.: Adaptation of lactose maldigesters to continued milk intakes. Amer. J. Clin. Nutr. **58** (1993) 879–891

JUNGE, B.; TIEFELSDORF, M.; V. MALTZAN, U.: Alkoholkonsum in der Bundesrepublik Deutschland. Bundesgesundheitsbl. **12** (1990) 552–555

KASPER, H.: Lebendkeime in fermentierten Milchprodukten – ihre Bedeutung für die Prophylaxe und Therapie. Ernähr.-Umschau **43** (1996) 40–45

KASPER, H.: Ernährungsmedizin und Diätetik. 8. Aufl. München: Urban u. Schwarzenberg 1996

KETZ, H. A. (Ed.): Grundriß der Ernährungslehre. Darmstadt: Steinkopff-Verl. 1990

KIM, H. S.: Fermentierte Milch und Gesundheit. Lebensmittelindustrie und Milchwirtschaft **7** (1990) 208–217

KINSELLA, J. E.; LOKESH, B.; STONE, R. A.: Dietary n-3-polyunsaturated fatty acids and amelioration of cardiovascular disease: Possible mechanism. Amer. J. Clin. Nutr. **52** (1990) 1–28

KOLB, H.: Mikrobiologische Therapie. In: Schimmel, K.C. (Hrsg.): Lehrbuch der Naturheilverfahren Bd. 1. Stuttgart: Hippokrates Verl. 1991

KOTCHEN, T. A.; KOTCHEN, J. M.: Nutrition, diet, and hypertension. In: SHILS, M.E.; OLSON, J.A.; SHIKE, M. (Eds.): Modern Nutrition in Health and Disease. Philadelphia: Lea und Febiger 1994

KRIS-ETHERSON, P.-M.: Trans fatty acids and coronary heart disease risk. Amer. J. Clin. Nutr. **62** (1995) 655S–707S

KRITCHEVSKY, D. (Ed.): Nutrition and Disease Update: Heart disease. Champaign: AOCS Press 1994

KRITSCHEVSKI, D.; DONFIELD, CH.: Dietary Fiber in Health and Disease. St. Paul/Minnesota: Eagan Press 1995

LATHIA, D.; HELMINGS, E.; HERPENS, S.; KONSTANTINIDON, C.: Die gesunde Ernährung im Kampf gegen Karies. Ernährung/Nutrition **15** (1991) 69–73

LINDER, M. C. (Ed.): Nutritional Biochemistry and Metabolism. New York, Amsterdam, London, Tokyo: Elsevier 1991

LÜDER, W.: Lösliche Ballaststoffe und ihre Bedeutung für die Ernährung. Ernähr.- Umsch. **42** (1995) 175–178

MACFARLANE, G. T.; CUMMINGS, J. H.: The colonic flora, fermentation, and large bowel digestive function. In: PHILIPPS, S. F.; PEMBERTON, J. H.; SHORTER, R. G. (Eds.): The Large Intestine: Physiology, Pathophysiology, and Disease. New York: Raven Press 1991

MALLACH, J.; HARTMANN, H. P.; SCHMIDT, V.: Alkoholwirkung beim Menschen. Stuttgart: Thieme Verlag 1987

MEGREMIS, C. J.: Medium-Chain-Triglycerides: A nonconventional fat. Food Technol. **45** (1991) 108–110

MEUDEN, E.: Fettersatzstoffe – Zusammensetzung und praktische Bedeutung. Ernähr.-Umsch. **38** (1991) 311–315

MIDDA, M.: Zahnkaries und der gewissenhafte Konsument. Ernährung/Nutrition **14** (1990) 659–663

MIKLA, O.: „Light" weiter im Aufschwung: Neue Entwicklungen bei Füllstoffen. Ernährung/Nutrition **17** (1993) 550–551

NELSON, G. J. (Ed.): Health Effects of Dietary Fatty Acids. Champaign (USA): Amer. Oil Chem. Soc. 1991

NOACK, R.; BARTH, C. A.: Kohlenhydrate unbegrenzt? Ernähr.-Umsch. 40 (1993) 440–444

NOACK, R.; JOHNSEN, D.: Epidemiologie der Adipositas in den westlichen Industrienationen. Diabetes u. Stoffwechsel 2 (1993) 391–395

PASSMORE, R; EASTWOOD, M. A.: Human Nutrition and Dietetics. Churchill Livingstone 1986

PETZOLD, R.: Grundlagen der Diabetesdiät, ernährungswissenschaftliche Aspekte. Ernähr.-Umsch. 38 (1991) 395–399

RAFTER, J. J.: The role of lactic acid bacteria on colon cancer prevention. Scand. J. Gastroenterol 30 (1995) 497–502

RETTIG, R.; GAUTEN, D.; LUFT, F.: Salt and Hypertension. Berlin, Göttingen, Heidelberg: Springer-Verlag 1989

RIMBACH, G.; PALLAUF, J.: Effekt einer Zulage mikrobieller Phytase auf die Zinkverfügbarkeit. Z. Ernährungswiss. 31 (1992) 269–277

ROBERFROID, M. B.; BORNET, F.; BOULEY, C.; CUMMINGS, J. M.: Colonic microflora: nutrition and health. Nutr. Rev. 53 (1995) 127–130

ROBINSON, R.K.: Therapeutic Properties of Fermental Milks. London: Elsevier 1991

ROWLAND, J.: Role of the Gut Flora in Toxicity and Cancer. London: Academic Press 1988

RUTTLOFF, H.: Die Bedeutung der Lebensmittelbiotechnologie für die Ernährungswissenschaft. Alimenta 29 (1990) 2–13

SANDBERG, A. S.: Antinutrient effects of phytate. Ernährung/Nutrition 18 (1994) 429–432

SARIS, W. H. M.: The role of excercise in the dietary treatment of obesity. Int. J. Obes. 17 Suppl. (1993) S17–S21

SCHMIDBAUER, S.: Nicht nutritive bioaktive Inhaltsstoffe in Obst und Gemüse. Ernähr.-Umsch. 42 (1995) B5–B8

SEN GUPTA, A. K.: Fette und Gesundheit. Dtsch. Lebensm.-Rdsch. 8 (1991) 282–287

SIEBER, R.: Oxidiertes Nahrungscholesterin – eine Primärursache der Arteriosklerose? Ernährung/Nutrition 10 (1986) 547–556

SIMON, G. L.; GORBACH, S. L: Intestinal flora and gastrointestinal function. In: JOHNSON, L. R. (Ed.): Physiology of the Intestinal Tract. New York: Raven Press 1987

SINGER, P.: Mechanismen der Blutdrucksenkung durch Omega-3-Fettsäuren. Ernähr.-Umsch. 40 (1993) 328–330

SOMOGYI, J. C.: Wandlungen der Lebensweise und Ernährungsgewohnheiten. Ernährung/Nutrition 14 (1990) 587–594

SOUCI, S. W.; FACHMANN, W.; KRAUT, H.: Die Zusammensetzung der Lebensmittel. Stuttgart: Wissenschaftl. Verlagsgesellsch. 1994

Statistisches Jahrbuch der BRD 1994. Wiesbaden: Maetzler-Poeschel-Verlag 1995

Statistisches Jahrbuch über Ernährung, Landwirtschaft und Forsten. Münster: Landwirtschafts-Verlag 1994

STRAUB, B. W.; KICHERER, M.; SCHILCHER, S. M.; HAMMES, W. P.: The formation of biogenic amines by fermentation organism. Z. Lebensmittel-Unters.-Forsch. 201 (1995) 79–82

TÄUFEL, A.; TERNES, W.; TUNGER, L.; ZOBEL, M.: Lebensmittellexikon. Hamburg: Behrs Verlag 1993

The State of Food and Agriculture. Rom: 1992

TOELLER, M.: Ernährungsverhalten von Diabetikern. Ernähr.-Umsch. 38 (1991) 439–441

TOLLE, G.; DANIEL, H.: Überlegungen zum metabolischen Schicksal der Kohlenhydrate. Ernähr.-Umsch. 40 (1993) 445–448

TOPPING, D. L.: Soluble fiber polysaccharides: Effect on plasma cholesterol and colonic fermentation. Nutrit. Rev. 49 (1991) 195–202

VERBOEKET-VAN DE VENNE, W. P. H. G.; WESTERTERP, K. R.; KESLER, A. D. M.: Effect of pattern of food intake on human energy metabolism. Brit. J. Nutr. 70 (1993) 109–115

VETTER, K.: Krankenernährung. Berlin: Verlag Gesundheit 1991

WARDLAW, G. M.; INSEL, P. M.: Perspectives in Nutrition. St. Louis, Baltimore, Boston: Mosby 1993

WATTENBERG, L. W.: Inhibition of carcinogenesis by minor dietary constituents. Cancer Res. 52 (1992) 185–209

WESTERTERP, K. R.: Food quotient, respiratory quotient and energy balance. Amer. J. Clin. Nutr. 57 (1993) 759S–765S

WESTERTERP-PLATEGUA, M. S.; FREDRIX, E.; STEFFENS, A. B. (Eds.): Food Intake and Energy Expenditure. Boca Raton: CRC Press 1994

WOLFRAM, G.: ω-3- und ω-6-Fettsäuren – Biochemische Besonderheiten und biologische Wirkungen. Fat Sci. Technol. 91 (1989) 459–468

WURTMAN, R. J.; WURTMAN, J. J. (Eds.): Human Obesity. New York: Academy of Sciences 449 (1987)

ZAGON, J.; DEHNE, L. J.; BÖGL, K. W.: Isomerisierung von Aminosäuren in Lebensmitteln. Ernähr.-Umsch. 38 (1991) 275–278, 324–328

Kapitel 2

BALL, C.: Genetics and Breeding of Industrial Microorganisms. Boca Raton, Florida: CRC Press 1984

BERG, P.; SINGER, M.: Die Sprache der Gene. Grundlagen der Molekulargenetik. Heidelberg: Spektrum, Akademischer Verlag 1993

BRETTSCHNEIDER, R.; LÖRZ, H.; STIRN, S.: In-vitro-Kultur und Gentransfer bei Getreide. Bio Eng. 6 (1993) 31–35

CHMIEL, H.: Bioprozeßtechnik. Teil I und II. Stuttgart: Gustav Fischer Verlag 1991

CRUEGER, W.; CRUEGER, A.: Biotechnologie-Lehrbuch der angewandten Mikrobiologie. München, Wien: Oldenbourg Verlag 1989

CULLEN, D.; LEONE, S.: Recent advances in the molecular genetics of industrial filamentous fungi. Trends Biotech. 4 (1986) 285–288

DELLWEG, H.: Biotechnologie verständlich. Berlin, Heidelberg, New York, London, Paris, Tokyo: Springer-Verlag 1994

DESMOND, S.; NICHOLL, T.: Gentechnologische Methoden. Heidelberg: Spektrum, Akademischer Verlag 1995

DIEKMANN, H.; METZ, H.: Grundlagen und Praxis der Biotechnologie. Stuttgart, New York: Gustav Fischer Verlag 1991

DOSE, K.: Biochemie – Eine Einführung. 4. Aufl. Berlin, Heidelberg, New York, London, Paris, Tokyo: Springer-Verlag 1994

DSM – Deutsche Sammlung von Mikroorganismen und Zellkulturen GmbH: Catalogue of Strains 1989. Braunschweig 1989

ENDRESS, R.: Plant Cell Biotechnology. Berlin, Heidelberg, New York, London, Paris, Tokyo: Springer-Verlag 1994

ESSER, K; KÜCK, U.; LANG-HINRICHS, C.; LEMKE, P.; OSIEWACS, H. D.; STAHL, U.; TUTZINSKI, P.: Plasmids of Eukaryotes. Fundamentals and Applications. Berlin, Heidelberg, New York, Tokyo: Springer-Verlag 1986

ESSER, K.; MOHR, G.: Integrative transformation of filamentous fungi with respect to biotechnological application. Process Biochem. 21 (1986) 153–159

FERENCZY, L.; KEVEI, F.; SZEGED, M.: High frequency fusion of fungal protoplasts. Experentia 31 (1975) 1028–1030

FRITSCHE, W.: Mikrobiologie. Jena: Gustav Fischer Verlag 1990

GASSEN, H.-G.; MARTIN, A.; BERTRAM, S.: Gentechnik. Stuttgart: Gustav Fischer Verlag 1987

GASSEN, H.-K.; MARTIN, A.; SACHSE, G.: Der Stoff aus dem die Gene sind. Bilder und Erklärungen zur Gentechnik. Frankfurt/ Main, München: J. Schweitzer Verlag 1988

GASSEN, H.-G.: Höchste Zeit für eine Neuorientierung. Biotechnologie – Deutschland und USA im Vergleich. Bio Eng. 9 (1993) 8–12

GATZ, C.: Regulation der Expression von Fremdgenen in Eukaryoten durch bakterielle Kontrollelemente. Biospektrum 1 (1995) 23–30

GÜNTHER, E.: Lehrbuch der Genetik. 6. Aufl. Jena: Gustav Fischer Verlag 1991

HAMMES, W. P.; VOGEL, R. F.: Gentechnik zur Modifizierung von Starterorganismen. Lebensmitteltechnik 1-2 (1990) 24–32

HAGEMANN, R. (Hrsg.): Allgemeine Genetik. 2. Aufl. Jena: G. Fischer Verlag 1986

HERMERSDÖRFER, H.; LEUCHTENBERGER, A.; WARDSACK, CH.; RUTTLOFF H.: Influence of culture conditions on mycelial structure and polygalacturonase synthesis by A. niger. J. Basic Microbiol. 6 (1987) 309–315

HOFEMEISTER, J.: Achievments in application of recombinant DNA technology for creation of industrial microorganisms. Zbl. Mikrobiol. 143 (1988) 551–560

HUI, Y. H.; KHATCHATOURIANS, G. G. (Eds.): Food Biotechnology: Microorganisms. New York, Weinheim, Cambridge: VCH Verlagsgesellschaft 1995

JANY, K.-D.: Einsatz der Gentechnik in der Lebensmittelproduktion und -verarbeitung. Ernähr.-Umschau 39 (1992) 479–487

JANY, K.-D.; TAUSCHER, B.: Biotechnologie im Ernährungsbereich. Karlsruhe: Berichte der Bundesforschungsanstalt für Ernährung 1992, 7–36

JANY, K.-D.: Gentechnik im Ernährungsbereich. Chancen und Risiken für Mensch und Umwelt. Akt. Ernähr.-Med. 21 (1996) 114–117

KATZEK, J.: Gentechnik – kein Buch mit sieben Siegeln. Ernähr.-Umsch. 40 (1993) B41–B44; 41 (1994) B9–B12, B17–B21, B33–B36, B49–B51

KATZEK, J.: Kennzeichnung gentechnisch hergestellter oder modifizierter Lebensmittel. Ernähr.-Umsch. 40 (1993) B25–B28

KOSCHATZKY, K.; MASSFELLER, S.: Gentechnik für Lebensmittel ?: Möglichkeiten, Risiken, Akzeptanz gentechnischer Entwicklungen. Köln: Verlag TÜV Rheinland 1994

KLINGENBERG P.; BEHNKE, U.; LEUCHTENBERGER, A.: Nutzung phänotypischer Merkmale für die Selektion leistungsgesteigerter Stämme des Thermitase-Produzenten Thermoactinomyces vulgaris. Nahrung **29** (1985) 969–978

KNORR, D.: Food Biotechnology. New York, Basel: Marcel Dekker 1987

LANDSMANN, J.: Freisetzung gentechnisch veränderter Organismen. Rückblick und Ausblick. Bioforum **16** (1993) 280–286

LEUCHTENBERGER, A.: Aktuelle Möglichkeiten des Einsatzes von Enzymen bei der Lebensmittelherstellung. Teil I: Allgemeine Aspekte und traditionelle Anwendungsgebiete. Ernährungsforschung **35** (1990) 189–192

LEUCHTENBERGER A.: Application of genetic and genetic-engineering methods to the production of food and food additives. Acta Biotechnol. **12** (1992) 57–65

LEUCHTENBERGER, A.; MAYER, G.: Changed pectinase synthesis by aggregated mycelium of some A. niger mutants. Enzyme Microb. Technol. **14** (1992) 18–22

LOGINOVA, L. G.; USAITE, J. A.; SERYOGINA, L. M.: Pigmentfree actinomycete Thermoactinomyces vulgaris as a producer of proteolytic enzymes (russ.). Prikl. Biokhim. Mikrobiol. **16** (1980) 24–28

MANIATIS, T.; FRITSCH, E. F.; SAMBROCK, J.: Molecular Cloning – A laboratory Manual. New York: Cold Spring Harbor Laboratory 1982

MANN, W.; HAGEN-MANN, K.; DOVC, P.: Gentransfer bei Nutztieren. BioTec **5** (1993) 6–24

MEINERS, M.: Biotechnologie für Ingenieure. Grundlagen, Verfahren, Aufgaben, Perspektiven. Braunschweig: F. Vieweg & Sohn Verlag 1990.

MUTTZAHL, K.: Einführung in die Fermentationstechnik. Hamburg: Behr's Verlag 1993

NAGL, W.: Gentechnologie und Grenzen der Biologie. 2. Aufl. Darmstadt: Wissenschaftliche Buchgesellschaft 1995

PRÄVE, P.; FAUST, U.; SITTIG, W.; SUKATSCH, D. A. (Hrsg.): Handbuch der Biotechnologie. 4. Aufl. München, Wien: Oldenbourg Verlag 1994

PRIMROSE, S. B.: Modern Biotechnolgy. Oxford, London, Edinburgh, Boston, Palo Alto, Melbourne: Blackwell Scientific Publications 1987

REHM, H. J. (Hrsg.): Industrielle Mikrobiologie. Berlin, Heidelberg, New York: Springer-Verlag 1980

REHM, H. J.; REED, G. (Hrsg.): Biotechnology – A Multi-Volume Comprehensive Treatise. Vol. 3. Bioprocessing. Weinheim, New York, Cambridge: VCH Verlagsgesellschaft 1993

REINHARD, E (Hrsg.): Pharmazeutische Biologie. I. Cytologie, Genetik, Physiologie, Viren, Bakterien, Pilze, Algen. 3. Aufl. Stuttgart: Wissensch. Verlagsgesellschaft mbH 1986

ROWLANDS, R. T.: Industrial strain improvement: Rational screens and genetic recombination techniques. Enzyme Microb. Technol. **6** (1984) 290–300

RUTTLOFF, H. (Hrsg.): Industrielle Enzyme. Hamburg: Behr's Verlag 1994

RUTTLOFF, H. (Hrsg.): Lebensmittelbiotechnologie – Entwicklungen und Aspekte. Berlin: Akademie Verlag 1991

SANDERS, E.; WASSERMANN, B.; FOEGEDING, E. A.: Research needs in biotechnology. Food Technol. **7** (1993) 18 S–21 S

SCHELL, T.; MOHR, H. (Hrsg.): Biotechnologie – Gentechnik: eine Chance für neue Industrien. Berlin, Heidelberg, New York, London, Paris, Tokyo: Springer-Verlag 1995

SCHLEGEL, H. G.: Allgemeine Mikrobiologie. Stuttgart: G. Thieme Verlag 1992

SCHIEMANN, J.: Gentransfer bei filamentösen Pilzen. Biol. Zbl. **106** (1987) 533–546

SMALLA, K.; BORRIS, R.: Sicherheitsaspekte bei der Herstellung und Anwendung von Enzymen aus rDNA-Produktionsstämmen. Persönliche Mitteilung 1993

STEIN, G.(Hrsg.): Gentechnologie – der Sprung in eine neue Dimension: Beiträge aus Wissenschaft und Gesellschaft. München, Landsberg am Lech: Olzog Verlag 1995

STORHAS, W.: Bioreaktoren und periphere Einrichtungen. Ein Leitfaden für die Hochschulausbildung, für Hersteller und Anwender. Berlin, Heidelberg, New York, London, Paris, Tokyo: Springer-Verlag 1994

STRICKBERGER, M. W.: Genetik. München, Wien: Carl Hanser Verlag 1988

TODT, A.:Gentechnik im Supermarkt. Lebensmittel aus der Retorte – Ein kritischer Ratgeber für Verbraucher. Reinbek bei Hamburg: Rowohlt Taschenbuch Verlag 1994

TOUSSAINT, CH.: Der gemeinsame Standpunkt zur Novel-Food-Verordnung. Ernähr.-Umsch. **42** (1995) 404–405

WAINWRIGHT, M.: Biotechnologie mit Pilzen: Eine Einführung. Berlin, Heidelberg, New York, London, Paris, Tokyo: Springer-Verlag 1995

WARTENBERG, A.: Einführung in die Biotechnologie. Stuttgart: Gustav Fischer Verlag 1989

WATSON, J. D.; GILMAN, M.; WITKOWSKI, J. und ZOLLER, M.: Rekombinierte DNA. Heidelberg: Akademischer Verlag 1993

WEIDE, H.; PACA, J.; KNORRE, W. A.: Biotechnologie. 2. Aufl. Jena: Gustav Fischer Verlag 1991

WINNACKER, E.-L. (Hrsg.): Gene und Klone – Eine Einführung in die Gentechnologie. Weinheim: VCH Verlagsgesellschaft mbH 1985

Kapitel 3.1

BERGHOFER, E.: Nutzung außereuropäischer, fermentierter Lebensmittel für heimische Zwecke. Ernährung/Nutrition 11 (1987) 14–22

BEUCHAT, R.; GOLDEN, D. A.: Antimicrobials occuring naturally in foods. Food Technol. **Jan.** (1989) 134–142

CERNY, G.: Einsatz von Schutzkulturen zur Minderung des Hygienerisikos bei Lebensmitteln. Lebensmitteltechnik 9 (1991) 448–451

DEHNE, L. I.; BÖGL, K. W.: Die biologische Konservierung von Lebensmitteln. Ein Statusbericht. Berlin: Bundesgesundheitsamt 1992

DIEKMANN, H.: Starterkulturen für die Sauerteigherstellung. Lebensmitteltechnik 3 (1993) 15–17

DAESCHEL, M. A.: Antimicrobial substances from lactic acid bacteria for use as food preservatives. Food Technol. 43 (1989) 164–167

FREESE, E.; SHEU, C. W.; GALLIERS, E.: Function of lipophilic acids as antimicrobial food additives. Nature **241** (1973) 321

FRITSCHE, W.: Mikrobiologie, Jena: Gustav Fischer Verlag 1990

GARCIA-GARIBAY, M.; LUNAR-SALAZAR, A.; CASAS, L. T.: Antimicrobial effekt of the lactoperoxidase system in milk activated by immobilized enzymes. Food Biotechnol. 9 (1995) 157–166

GASSON, M. J.; DE VOS, W. M.: Genetics and Biotechnology of Lactic Acid Bacteria. London : Blackie Academic & Professional 1994

HAMMES, W. P.: Gefahren durch den Einsatz von Mikroorganismen in der Lebensmittelindustrie. Alimenta 3 (1988) 55–59

HUGHEY, V.L.; JOHNSON, E. A.: Antimicrobial activity of lysozyme against bacteria involved in food spoilage and food-borne disease. Appl. Environm. Microbiol. 53 (1987) 2165

JONES, D. G.: Exploitation of Microorganisms. London, Glasgow, New York: Chapman & Hall 1993

KNORR, D.; POPPER, I.: Einsatz von lytischen Enzymen zur Lebensmittelkonservierung. Seminar "Biokonservierung" Wiesbaden: Behr´s Verlag, 1990

LEUCHTENBERGER; A.: Aktuelle Einsatzmöglichkeiten für Enzyme bei der Lebensmittelherstellung. Teil 2. Spezielle Anwendungsgebiete. Ernährungsforschung, Wissenschaft und Praxis 36 (1991) 12–13

LÖSCHE, K.: Fermentative und enzymatische Lebensmittelhaltbarmachung – Biokonservierung. Persönliche Mitteilung 1992

LÖSCHE, K.: Enzymatische Lebensmittelkonservierung. Lebensmitteltechnik 1–2 (1991) 43–49

LOTZ, A.: Konzept und Entwicklung der enzymatischen Lebensmittelkonservierung. Braunschweig: GBF Monographien (VCH) 11 (1988) 179–188

METZ, M.: Großtechnische Herstellung von Starterkulturen. Lebensmitteltechnik 3 (1993) 12–13

MÜCKE, I.: Möglichkeiten der enzymatischen Sauerstoffentfernung und Konservierung im Lebensmittelbereich. Braunschweig: GBF Monographien (VCH), 11 (1988) 189–202

Nomenclature Committee of IUBMB: Enzyme Nomenclature. San Diego, New York, Boston, London, Sidney, Tokyo: Academic Press, Inc. 1992

PRÄVE, P.; FAUST U.; SITTIG, W.; SUKATSCH, D. A. (Hrsg.): Handbuch der Biotechnologie. 4. Aufl. München, Wien: Oldenbourg Verlag 1994

REITER, B.; HARNULV, B. G.: Lactoperoxidase antibacterial system: Natural occurance, biological functions and practical applications. J. Food Protect. 47 (1984) 724

RUSELL, A. D.: Mechanismus of bacterial resistance to nonantibiotics: food additives and food and pharmaceutical preservatives. J. Appl. Bacteriol. 71 (1991) 191–201

SCHELL, T.; MOHR, H. (Hrsg.): Biotechnologie – Gentechnik: eine Chance für neue Industrien. Berlin, Heidelberg, New York, London, Paris, Tokyo: Springer-Verlag 1995

SPICHER, G.: Die Sauerteiggärung. Chem. Mikrobiol. Technol. Lebensm. 10 (1986) 65–77

SUZUKI, I., NOMURA, M.; MORICHI, T.: Isolation of lactic acid bacteria which suppress mold growth and show antifungal action. Milchwissenschaft 46 (1991) 635–639

STAHL, U.: Möglichkeiten der Gentechnologie für den Nahrungsmittelbereich. Braunschweig: GBF Monografien (VCH), 11 (1988) 313–316

TOMBS, M. P.: Biotechnologie in der Lebensmittelindustrie. Berlin, Heidelberg, New York, London, Paris, Tokyo: Springer-Verlag 1994

WEINSTEIN, L. I.; ALBERSHEIM, P.: Host pathogen interactions. The mechanism of antibacterial action of glycinol, a plerocarpan phytoalexin synthesized by soyabeans. Plant Physiol. **72** (1983) 557

YAY, J. M.: Antimicrobial properties of diacetyl. Appl. Environm. Microbiol. 44 (1982) 525
YANO, T.; KUSUMI, Y.; YAMAMOTO, K.; KUMAGI, H.; TOCHIKURA, T.: Preservation of raw fish and meat. Agric. Biol. Chem. Tokyo 55 (1991) 2063–2070
ZICKRICK, K.: Starterkulturen für die Milchwirtschaft. Lebensmitteltechnik 3 (1993) 14–15

Kapitel 3.2

AGULIAR, A.: Biotechnology of lactic acid bacteria: an European perspective. Food Biotechnol. 5 (1991) 323–330
ANONYMUS: Alkoholfreies Bier aus dem Bioreaktor. Brauwelt 133 (1993) 302–306
BAUMANN, U.; BISPING, B.: Proteolysis during tempeh fermentation. Food Microbiol. 12 (1995) 39–47
BERGHOFER, E.: Nutzung außereuropäischer, fermentierter Lebensmittel für heimische Zwecke. Ernährung/Nutrition 11 (1987) 14–22
BINNIG, R.: Entalkoholisierung. Technologie der Herstellung von alkoholarmen und alkoholfreien Fruchtweinen. Flüssiges Obst 50 (1983) 666–669
BOSKOV, H.; GIERSCHNER, K.: Einfluß der Milchsäuregärung auf den Ballaststoffgehalt von Weißkohl und Möhren. Ind. Obst-Gemüseverwert. 76 (1991) 253–257
BREITENBÜCHER, K.: Alkoholfreies Bier aus dem Bioreaktor. Kontinuierliches Brauen mit immobilisierten Hefen. Brauindustrie 77 (1992) 190–194
BRÜCKNER, J.; HOPPE, K.; MIETH, G.: Fermentierte und nicht-fermentierte Lebensmittel auf Sojabohnenbasis. Lebensmittelindustrie 36 (1989) 57–61
BUCKENHÜSKES, H.; GIERSCHNER, K.: Charakterisierung von lactofermentierten Gemüsesäften aus dem Handel. Flüssiges Obst 54 (1987) 72–81
BUCKENHÜSKES, H.; HAMMES, W. P.: Starterkulturen bei der Verarbeitung von Obst und Gemüse. BioEng. 6 (1990) 34–42
BUCKENHÜSKES, H.; METZ, M.; HERRMANN, V.: Starterkulturen auf oberstem Qualitätsniveau. Lebensmitteltechnik 25, H. 3 (1993) 18–22
BUCKENHÜSKES, H.; OMRAN, H.; ZHANG, C.; GIERSCHNER, K.: Investigations on enzymatic liquefaction of red and white cabbage. Food Biotechnol. 4 (1990) 291–299
BUCKENHÜSKES, H.; SABATKE, I.; GIERSCHNER, K.: Zur Frage des Vorkommens biogener Amine in milchsauer fermentiertem Gemüse. Ind. Obst-Gemüseverwert. 77 (1992) 255–263
BUCKENHÜSKES, H.; SCHNEIDER, M.; HAMMES, W. P.: Die milchsaure Vergärung pflanzlicher Rohware unter besonderer Berücksichtigung der Herstellung von Sauerkraut. Chem. Mikrobiol. Technol. Lebensm. 10 (1986) 42–53
CAMPBELL-PLATT, G.: Fermented Foods of the World. London: Butterworths'Press 1987
CHAVAN, J. K.; KADAM, S. S.: Nutritional improvement of cereals by fermentation. Crit. Rev. Food Sci. Nutr. 28 (1989) 349–400
ESSLINGER, H. M.: Alkoholfreie Biere. Brauwelt 133 (1993) 999–1000, 1207–1208, 1385–1386
ETUK, B. R.; MURRAY, K. R.: Potential to use liquid membranes for alcohol reduced beerproduction. Process Biochem. 25 (1990) 24–32
FERNANDEZ-GARCIA, E.; McGREGOR, J. U.: Determination of organic acids during the fermentation of cold storage of yogurt. J. Dairy Sci. 77 (1994) 2934–2939
GOLDBERG, I; WILLIAMS, R. (Eds.): Biotechnology and Food Ingredients. New York: Van Nostrand Reinhold 1991
HACHMEISTER, K. A.; FUNG, D. Y.: Tempeh: a mold-modified indigeneous fermented food made from soybeans and/or cereal grains. Crit. Rev. Microbiol. 19 (1993) 137–188
HAMMES, W. P.: Bacterial starter cultures in food production. Food Biotechnol. 4 (1990) 383–397
HAMMES, W. P.: Fermentation of non-dairy foods. Food Biotechnol. 5 (1991) 293–303
HAMMES, W. P.; TICHACZEK, P. S.: The potential of lactic acid bacteria for the production of safe and wholesome food. Z. Lebensmittel-Unters. -Forsch. 188 (1994) 193–201
HESSELTINE, C. W.: The future of fermented foods. Nutrition Rev. 41 (1983) 293–301
HILL, F.; BANTLEON, A.: Neue Entwicklungen beim Einsatz von Starterkulturen in der Lebensmittelindustrie. Int. Z. Lebensm.-Technol. Verfahr.-tech. 40 (1989) 778–783
INGELMANN, H.-J.; RIMBACH, G.; PALLAUF, J.: Phytinsäure - ein antinutritiver Faktor? Ernähr.-Umsch. 40 (1993) 400–404
KHETERPAUL, N.; CHAUHAN, B. M.: Effect of natural fermentation on phytate and polyphenolic content an in-vitro digestibility of starch and protein of pearl millet (Pennisetum typhoideum). J. Sci. Food Agric. 55 (1991) 189–195
KLAPPACH, G.: Pilzlich fermentierte Lebensmittel. In: RUTTLOFF, H. (Hrsg.): Lebensmittelbiotechnologie - Entwicklungen und Aspekte. Berlin: Akademie Verlag 1991, 119–135
KNEIFEL, W.: Starterkulturen für Sauermilchprodukte. Ernährung/Nutrition 16 (1992) 150–156

KNEIFEL, W.; JAROS, D.; ERHARD, F.: Microflora and acidifaction properties of yogurt and yogurt-related products fermented with commercially available starter cultures. Int. J. Food Microbiol. **18** (1993) 179–189

LANGE, R.; BAUMGRAß, R.; DIETRICH, M.; HENSCHEL, K.-P.; KUJAWA, M.: Glucosinolate in der Ernährung – Pro und Contra einer Naturstoffklasse. Ernähr.-Umsch. **39** (1992), 252–257, 292–296

LEISTNER, L.: Mould-fermented foods: Recent developments. Food Biotechnol. **4** (1990) 433–441

LÖSCHE, K.; KROHNER, K.-H.: Nutzung von Enzymkomplexen aufgeschlossener Zellen für die fermentative Behandlung von Lebensmittelmassen. Alimenta **28** (1989) 51–56

LÜDERS, J.: Biere mit vermindertem Alkoholgehalt. Brauerei Forum **8** (1993) 157–160

LÜDERS, J.: Technologie mit immobilisierten Hefen. Brauwelt **134** (1994) 57–62

MAYER, H.; HENNINGER, M.: Zur Bedeutung der Lebendkeimflora in Joghurt bei der intestinalen Lactoseverdauung. Ernährung/Nutrition **14** (1990) 205–207

McKAY, L. L.; BALDWIN, K. A.: Application for biotechnology: present and future improvements in lactic acid bacteria. FEMS Microbiol. Rev. 7, H. **1–2** (1990) 3–14

METZ, M.; KRIEGER, S.; ZICKRICK, K.; DIEKMANN, K.; HAMMES, W. P.; BUCKENHÜSKES, H.: Fermentation von Lebensmitteln. Lebensmitteltechnik **25**, H. 3 (1993) 12–17

MEUSER, F.; MEISSNER, U.: Verfahrenstechnische Maßnahmen zur Verbesserung des Phytatabbaues bei der Vollkornbrotherstellung. Ernährung/Nutrition **11** (1987) 102–109

MILLIES. K.: Möglichkeiten der Entalkoholisierung von Weinen unter besonderer Berücksichtigung der Umkehrosmose. Flüssiges Obst **57** (1990) 4–11

OMRAN, H.; BUCKENHÜSKES, H.; ZOPP, B.; GIERSCHNER, K.: Technical enzymes for the liquefaction of white cabbage and Sauerkraut. Food Biotechnol. **3** (1989) 59–70

PLETT, E.: Thermisches Verfahren zur Entalkoholisierung von Bier. Brauindustrie **76** (1991) 531–533

POPKEN, A. M.; KOLB, E.; BRUNS, F.; WIESENBERGER, A.: Neuere Einsatzmöglichkeiten der Lactofermentation. Lebensmitteltechnik **22** (1990) 96–99

PUHAN, Z.: Möglichkeiten in der Technologie von Milch und Milchprodukten. Ernährung/Nutrition **16** (1992) 392–396

RASIC, J. L.; BOGDANOVIC, G.; KERENJI, A.: Antikanzerogene Eigenschaften von milchsauer vergorenem Rote-Bete-Saft. Flüssiges Obst **51** (1984) 25–28

REISS, J.: Miso from peas (Pisum sativum) and beans (Phaseolus vulgaris) of domestic origin. Z. Ernährungswissensch. **32** (1993) 237–241

SAIDER, H.-D.: Technische Dialyse. Ein Verfahren zur Alkoholreduzierung von Bieren. Brauwelt **133** (1993) 2578–2581

SANDERS, M. E.; KONDO, J. K.; WILLRETT, D. L.: Applications of lactic acid bacteria. In.: GOLDBERG, I.; WILLIAMS, R. (1991, loc. cit), 433–459

SIMELL, M.; TURUNEN, M.; PIIRONEN, J.; VAARA, T.: Feed and food applications of phytase. III. Meeting on industrial applications of enzymes, Barcelona 1989

STEINKRAUS, K. H. (Ed.): Handbook of Indigeneous Fermented Foods. New York, Basel: Marcel Dekker 1983

STEINKRAUS, K. H.: Fermented foods, feeds and beverages. Biotechnol. Advances 1 (1983) 31–46

STRAUB, B. W.; KICHERER, M.; SCHILCHER, S. M.; HAMMES, W. P.: The formation of biogenic amines by fermentation organisms. Z. Lebensmittel-Unters. -Forsch. **201** (1995) 79–82

SULC, D.: Ernährungsphysiologische und verfahrenstechnische Aspekte bei der Herstellung von milchsauer vergorenen Gemüsesäften. Flüssiges Obst **51**, H. 1 (1984) 17–24

TÄUFEL, A.; BÖHM, H.: Protein-Inhibitoren hydrolytischer Enzyme in Nahrungspflanzen. II. Pflanzen- und ernährungsphysiologische Bedeutung. Ernähr.-Umsch. **40** (1993) 376–379

TEUTONICO, R. A.: Impact of biotechnology on the nutritional quality of foods. In: KNORR, D. (Ed.): Food Biotechnology. New York, Basel: Marcel Dekker 1987, 95–135

TEUTONICO, R. A.; KNORR, D.: Impact of biotechnology on nutritional quality of food plants. Food Technol. **39** (1985) 127–134

TEUTONICO, R. A.; KNORR, D.: Plant tissue cultures: food applications and the potential reduction of nutritional stress factors. Food Technol. **38** (1984) 120–127

VANDAMME, E. J.: Fermentation-processes and -products for the food and feed industry. Belg. J. Chem. Biotechnol. **40** (1985) 9–23

WOOD, B. J. B.: Industrial evolution of fermented foods. Food Biotechnol. **5** (1991) 279–291

ZICKRICK, K.: Fermentierte Milcherzeugnisse. In: RUTTLOFF, H. (Hrsg.): Lebensmittelbiotechnologie – Entwicklungen und Aspekte. Berlin: Akademie Verlag 1991, 635

Kapitel 3.3

ANONYMUS: Algal farming. Biotechnology research gives new specifity. Austral. J. Biotechnol. 1 (1987) 38–40

BEHNKE, U.; RUTTLOFF, H.: Unveröff. Forschungsergebnisse (1989)

BEHNKE, U.; TÄUFEL, A.: Proteolytische Enzyme. In: RUTTLOFF, H. (1991, loc. cit.), 222–267

BISARIA, R.; MADAN, M.: Mushrooms: potential protein source from cellulosic residues. Enzyme Microb. Technol. 5 (1983) 251–253

BÖHM, H.; PULZ, O.: Phototrophe Mikroorganismen. In: RUTTLOFF, H. (1991, loc. cit.), 165–180

BOZE, H.; MOULIN, G.; GALZY, P.: Production of food and fodder yeasts. CRC Crit. Rev. Biotechnol. 12 (1992) 65–86

BUMBERGER, E.; BELITZ, H.-D.: Bitter taste of enzymic hydrolysates of casein. Z. Lebensmittel-Unters.-Forsch. 197 (1993) 14–19

CHEFTEL, J. C.; CUQ, J. L.; LORIENT, D.: Lebensmittelproteine. Hamburg: Behr's Verlag 1992

EYAL, J.: Mushroom mycelium grown in submerged culture – potential food applications. In: GOLD-BERG, J; WILLIAMS, R (1991, loc. cit.), 31–64

FRIEDRICH, M.; NOACK, J.; PROLL, J.; NOACK, R.: Die Absorption von tryptischen, thermitatischen und tryptisch-thermitatischen Caseinhydrolysaten im Vergleich zum äquimolekularen Gemisch freier Aminosäuren. Nahrung 29 (1985) 167–178

FRITSCHE, W.: Mikrobiologie. Jena: Gustav Fischer Verlag 1990, 417

GABOR, R.; TÄUFEL, A.; RUTTLOFF, H.: Veränderungen der Molmassen von Weizenkleberproteinen nach schwacher Proteolyse. Z. Lebensmittel-Unters. -Forsch. 175 (1982) 399–402

GOLDBERG, J.; WILLIAMS, R. (Eds.): Biotechnology and Food Ingredients. New York: Van Nostrand Reinhold 1991

HALASZ, A.; SZAKACS-DOBOZIL, M.; BRUSCHI, C.; SZALMA-PFEIFFER, I; GRESKOVITS, E.: Methioninreiche Proteinsubfraktionen in Hefen. Lebensmittelchemie 48 (1994) 126–127

TER HASEBORG, E.; MOLL, D.: Enzympräparate zur Backwarenherstellung. Int. Z. Lebensm.-Technol. Verfahr.-tech. 42 (1991) 510–515

HILLIGER, M.: Biotechnologische Aminosäureproduktion. Bio-Technology 2 (1991) 40–44

JESCHKEIT, H.; GRIEHL, C.: Aminosäuren. In: RUTTLOFF, H. (1991, loc. cit.), 454–484

KIRCHHÜBEL, W.: Milchgerinnungsenzyme. In: RUTTLOFF, H. (1991, loc. cit.), 268–286

KLAPPACH, G. (a): Speisepilze. In: RUTTLOFF, H. (1991, loc. cit.), 105–118

KLAPPACH, G. (b): Pilzlich fermentierte Lebensmittel. In: RUTTLOFF, H. (1991, loc. cit.), 119–135

KÜBLER, W.; SCHULZ, E.: Ernährungsphysiologische und toxikologische Bewertung neuartiger Lebens- und Futtermittel. In: Bundesminister für Forschung und Technik (Hrsg.): Biotechnologische Forschung aktuell. Frankfurt/M.: Umschau-Verlag, Breidenstein KG 1978, 36–50

KUMON, S.; KAWAKITA, T.: Amino acids. In: GOLDBERG, J.; WILLIAMS, R. (1991, loc. cit.), 65–123

KUNHI, A. A. M.; RAO, M. R. R.: The utility of a fungal ribonuclease for reducing the nucleic acid content of permeabilized yeast cells. Food Biotechnol. 9 (1995) 13–28

LIPPERT, E.; KRETZSCHMAR, U.: Hefen und Bakterien als Proteinquelle für die menschliche Ernährung. In: RUTTLOFF, H. (1991, loc. cit.), 136–164

LITCHFIELD, J. H.: Food supplements from microbial protein. In: GOLDBERG, J.; WILLIAMS, R. (1991, loc. cit.), 65–123

MAMAEVA, E. M.; VYSOCKIJ, V. G.: Medizinisch-biologische Aspekte der Nutzung von Pilzmycelprotein in der Humanernährung (russ.). Vopr. Pitanija 1988, 8–15

DE La NOUE, J.; DE PAUW, N.: The potential of microalgal biotechnology: A review of production and uses of microalgae. Biotech. Adv. 6 (1988) 725–770

PETERSEN, P.: Removing bitterness from protein hydrolysates. Food Technol. 48, H. 10 (1994) 78, 96–98

PULZ, O.; FRANKE, H.; KÖHLER, E.: Biotechnologische Nutzbarkeit von Mikroalgen für die Humanernährung. Lebensmittelindustrie 37 (1990) 249–250

PULZ, O.; KÖHLER, E.: Marine microalgae in use for producing valuable substances for food, pharmaceuticals and cosmetics. 11th Australian Biotechnology Conference, Perth/Australia 1993, poster session

RUTTLOFF, H.: Zur Bedeutung der Lebensmittelbiotechnologie für die Ernährungswissenschaft. Alimenta 29 (1990) 2–13

RUTTLOFF, H.: Neuere Entwicklungen auf ausgewählten Gebieten der Lebensmittelbiotechnologie. Nahrung 34 (1990) 629–659

RUTTLOFF, H. (Hrsg.): Lebensmittelbiotechnologie – Entwicklungen und Aspekte. Berlin: Akademie Verlag 1991

SCHARF, U,; SCHLINGMANN, M.: Lebensmitteltechnologie im Aufbruch: Nichtkonventionelle funktionelle Lebensmittelproteine. Int. Z. Lebensm.-Technol. Verfahr.-tech. 34 (1983) 302–306

VANDAMME, E. J.: Fermentation-processes and -products for the food and feed industry. Belg. J. Food Chem. Biotechnol. 40 (1985) 9–23

YOUSRI, R. M.: Single cell protein: Its potential use for animal and human nutrition. World Rev. Anim. Prod. 18 (1982) 49–67

ZADRAZIL, F.; GRABBE, K.: Edible mushrooms. In: REHM, H. J.; REED, G. (Eds.): Biotechnology - A Comprehensive Treatise. Vol. 3. Weinheim, Deerfield Beach/Florida, Basel: Verlag Chemie 1983, 246

Kapitel 3.4

AKIMOTO, M.; ISHII, T.; YAMAGUKI, K.; OHTAGUCHI, K.; KOIDE, K.: Metal salts requisite for the production of eicosapentaenoic acid by a marine bacterium isolated from Mackerel intestines. J. Amer. Oil Chem. Soc. 68 (1991) 504–508

ANONYMUS: Algen für die Biotechnik. VDI-Nachrichten Nr. 19/1987

BABAYAN, V. K.; ROSENAU, J. R.: Medium-chain triglyceride cheese. Food Technol. 45 (1991) 111–114

BAJPAI, P. K.; BAJPAI, P.; WARD, O. P.: Optimization of production of docosahexaenoic acid (DHA) by Thraustochytrium aureum. J. Amer. Oil Chem. Soc. 68 (1991) 509–513

BIERMANN, J.; HERRMANN, W.: Über die Wirkung von Fischölkapseln in Kombination mit Reduktionskost und Sporttherapie auf Lipoproteine und Blutdruck. Ernährungsforschung 34 (1989) 86–88

CHEN, J.-P.; McGILL, S. D.: Enzymatic hydrolysis of triglycerides by Rhizopus delemar. Food Biotechnol. 6 (1992) 1–18

CHOW, CH. K. (Ed.): Fatty Acids in Foods and Their Health Implications. New York, Basel, Hong Kong: Marcel Dekker 1992

COHEN, Z.: Production potential of eicosapentaenoic acid by Monodus subterraneus . J. Amer. Oil Chem. Soc. 71 (1994) 941–945

DICKINSON, M.; FLETCHER, P. D. I.: Enzymes in organic solvents. Enzyme Microb. Technol. 11 (1989) 55–56

FRANKE, H.; PULZ, O.; SPRINGER, M.: Production of longchained polyunsaturated fatty acids with microalgae. Omega-3-Fatty Acid Symposium, Oslo 1992, poster session

GANDER, K.-F.: Trends in der Technologie der Speisefette. Ernährung/Nutrition 8 (1984) 734–736

GOMBOS, J.; WOIDICH, H.: Einfluß von Gewinnung und Verarbeitung auf die Inhalts- und Begleitstoffe der Pflanzenöle. Ernährung/Nutrition 11 (1987) 539–545

GRIMA, E. M.; MEDINA, A. R.; GRIMENEZ, A. G.; PEREZ, J. A. S.; CAMACHO, F. G.; SANCHEZ, J. L. G.: Comparison between extraction of lipids and fatty acids from microalgal biomass. J. Amer. Oil Chem. Soc. 71 (1994) 955–959

HARWOOD, J.: The versatility of lipases for industrial uses. Trends Biochem. Sci. 14 (1989) 125–126

HUANG, K.-H.; AKOH, C. C.: Lipase-catalyzed incorporation of n-3 polyunsaturated fatty acids into vegetable oils. J. Amer. Oil Chem. Soc. 71 (1994) 1277–1280

ISON, A. P.; DUNNILL, P.; LILLY, M. D.: Effects of solvent concentration on enzyme catalyzed inter-esterification of fats. Enzyme Microb. Technol. 10 (1988) 47–51

JAREONKITMONGKOL, S.; SHIMIZU, S.; YAMADA, H.: Production of an eicosapentaenoic acid-containing oil by a 12 desaturase-defective mutant of Mortierella alpina 1 S-4. J. Amer. Oil Chem. Soc. 70 (1993) 119–123

KIM, S. M.; RHEE, J. S.: Production of medium-chain glycerides by immobilized lipases in a solvent-free system. J. Amer. Oil Chem. Soc. 68 (1991) 499–503

KLIBANOV, A. M.: Advances in enzymes. In: LINDSAY, R. C.; WILLIS, B. J. (Eds.): Biotechnology Challanges for the Flavour and Food Industry. London, New York: Elsevier Applied Science 1989

KLIBANOV, A. M.: Enzymatic catalysis in anhydrous organic solvents. Trends Biochem. Sci. 14 (1989) 141–144

KNAPP, S. J.; TAGLIANI, L. A.; ROATH, W. W.: Fatty acid and oil diversity of Cuphea viscosissima: A source of medium-chain fatty acids. J. Amer. Oil Chem. Soc. 68 (1991) 515–517

KROLL, J.: Lipolytische Enzyme. In: RUTTLOFF, H. (Hrsg.): Lebensmittelbiotechnologie – Entwicklungen und Aspekte. Berlin: Akademie Verlag 1991, 369–378

LANING, S. J.: Fats, oils, fatty acids, and oilseed crops. In: GOLDBERG, T.; WILLIAMS, R. (Eds.): Biotechnology and Food Ingredients. New York: Van Nostrand Reinhold 1991, 265–285

LICKL, E.: Lebensmittel-Emulgatoren. Lebensmittel- u. Biotechnol. 8 (1991) 224–227

MACRAE, A. R.: Microbial lipases as catalysts for the interesterification of oils and fats. In: RATLEGE, C.; DAWSON, P.; RATTRAY, J.: Biotechnology for the Oils and Fats Industry. Monograph 11, Amer. Oil Chem.Soc. 1984, 189–198

MAEHR, H.; ZENCHOFF, G.; COFFEN, D. L.: Enzymic enhancement of n-3 fatty acid content in fish oils. J. Amer. Oil Chem. Soc. 71 (1994) 463–467

McNEILL, G. P.; BERGER, R. G.: Enzymatic glycerolysis of palmoil fractions and a palmoil based model mixture: relationship between fatty acid composition and monoglyceride yield. Food Biotechnol. 7 (1993) 75–87

MEGREMIS, C. J.: Medium-chain triglycerides: A non conventional fat. Food Technol. 45 (1991) 108–114

MÜLLER, U.: Möglichkeiten der Gewinnung hochwertiger mikrobieller Fette. In: CZERMAK, P. (Hrsg.): Lebensmittelbiotechnologie. Eine Einführung. Darmstadt: GIT-Verlag 1993, 87–107

MÜNKNER, W.; ZÜHL, B.: Zur ernährungsphysiologischen Bedeutung der Fischlipide. Teil II: Möglichkeiten der Versorgung mit n-3-Polyenfettsäuren aus Fischlipiden. Ernährungsforschung 36 (1991) 75–77

NEIDLEMAN, S. J.: Applications of biocatalysis to biotechnology. Biotechnol. Genet. Eng. Rev. 1 (1984) 1–38

O'BRIEN, D. J.; SENSKE, G. E.: Recovery of eicosapentaoic acid from fungal mycelia by solvent extraction. J. Amer. Oil Chem. Soc. 71 (1994) 947–950

OSTERBERG, E.; BLOMSTROM, A.-C.; HOLMBERG, K.: Lipase catalyzed transesterification of unsaturated lipids in a microemulsion. J. Amer. Oil Chem. Soc. 66 (1989) 1330–1333

PFALZGRAF, A.; TIMM, M.; STEINHART, H.: Gehalte von trans-Fettsäuren in Lebensmitteln. Z. Ernährungswissensch. 33 (1994) 24–43

RATLEGE, C.: Biotechnology as applied to the oils and fats industry. Fette, Seifen, Anstrichmittel 86 (1984) 379

SAFARI, M.; KERMASHA, S.; PABAI, F.: Interesterification of butter fat by lipase from Mucor miehei in organic solvent media. Food Biotechnol. 7 (1993) 265–273

SEHER, A.: Auswirkungen verschiedener Gewinnungs- und Behandlungsverfahren auf die ernährungsphysiologischen Eigenschaften von Speiseölen. Ernährung/Nutrition 11 (1987) 813–822

SHAW, J.-F.; WANG, D.-L.: Lipase-catalyzed ethanolysis and isopropanolysis of triglycerides with long-chain fatty acids. Enzyme Microb. Technol. 13 (1991) 544–546

SIEBER, R.: Konjugierte Linolsäuren in Lebensmitteln: Eine Übersicht. Ernährung/Nutrition 19 (1995) 265–270

SPRINGER, M,; FRANKE, H.; PULZ, O.: Increase of the content of polyunsaturated fatty acids in Porphyridium cruentum by low temperature stress and acetate supply. J. Plant Physiol. 143 (1994) 534–537

SRIDHAR, R.; LAKSHMINARAYANA, G.; KAIMAL, T. N. B.: Modification of selected edible vegetable oils to heigh oleic oils by lipase-catalyzed ester interchange. J. Agric. Food Chem. 39 (1991) 2069–2071

SZTAJER, H.; ZBOINSKA, E.: Microbial lipases in biotechnolgy. Food Technol. 45 (1991) 111–114

WONG, C.-H.: Enzymatic catalysts in organic synthesis. Science 244 (1989) 1145–1152

YOUNG, F. V. K.; FROM, V.; BARLOW, S. M.; MADSEN, J.: Using unhydrogenated fish oil margarine. INFORM 1 (1990) 731–741

ZAKS, A.; KLIBANOV, A. M.: Enzymatic catalysis in non-aqueous solvents. J. Biol. Chem. 263 (1988) 3194–3201

ZAKS, A.; RUSSELL, A. J.: Enzymes in organic solvents: properties and applications. J. Biotechnol. (Netherlands) 8 (1988) 259–270

Kapitel 3.5

ANTRANIKIAN, G.: Stärke hydrolysierende Enzyme aus thermophilen anaeoben Bakterien. Forum mikrobiologiae 13 (1990) 399–409

ASKAR, A.: A review on sweeteners. Ernährung/Nutrition 12 (1988) 706–713

BEHNKE, U.; TÄUFEL, A.: Peptidasen. In: RUTTLOFF, H. (1994, loc. cit.), 779–831

BLACK, R.M.: Sucrose in health and nutrition. Food Technol. 47 (1993) 130–133

CHEETHAM, P. S. J; GARRETT, C; CLARK, J.: Isomaltulose production using immobilized cells. Biotechnol. Bioeng. 27 (1985) 471–480

Fachgruppe in der GDCH, Lebensmittelchem. Gesellschaft (Hrsg.): Zuckeralkohole und Süßstoffe. Hamburg: Behr's Verlag 1992

GERHARTZ, W. (Ed.): Enzymes in Industry, Production and Applications. Weinheim, Basel, Cambridge, New York: VCH Verlagsges. 1990, 117

GOLDBERG, J.; WILLIAMS, R. (Eds.): Biotechnology and Food Ingredients. New York: Van Nostrand Reinhold 1991

GRIESE, J.H.: Alternative sweeteners and bulking agents. Food Technol. 47 (1993) 114–126

GROSSKLAUS, R.: Süßstoffe und Zuckeraustauschstoffe: Entwicklung und gesundheitliche Bewertung. Ernähr.-Umsch. 39 (1992) 43–46, 89–94

HAENEL, H.; SCHIERBAUM, F.: Die Verwendung von gelbildenden Maltodextrinen (SHP) zur Herstellung energiereduzierter Lebensmittel. Ernährung/Nutrition 4 (1980) 306–308, 353–354

HOLLO, J.; HOSCHKE, A.: Bioconversion of starch. Pol. J. Food Nutr. Sci. 43 (1993) 5–37

IMFELD, T.: Clinical studies with polyalcohols . A literature review. Schweiz. Monatsschr. Zahnmed. 104 (1994) 941–945

IMFELD, T.; LUTZ, F.: Malbit, ein zahnfreundlicher Zuckeraustauschstoff. Swiss Food 6 (1984) 13–19

INGLETT, G. E.; GRISAMORE, S. B.: Maltodextrin fat substitute lowers cholesterol. Food Technol. 45 (1991) 104

IYENGAR, R.; GROSS, A.: Fat substitutes. In: GOLDBERG, J.; WILLIAMS, R. (1991, loc. cit.), 287–313

JAKUBKE, H.-D.; KUHL, P.; KÖNNECKE, A.; SCHELLENBERGER, A.: Proteasekatalysierte Knüpfung statt Spaltung von Peptidbindungen: Ein neues biotechnologisches Syntheseprinzip. Wiss. Z. Univ. Leipzig, Math.nat. Reihe 38 (1989) 274–281

KATZ, F. R.: Natural and modified starches. In: GOLDBERG, R.; WILLIAMS, R. (1991, loc. cit.), 315–326

KENNEDY, J. F.; CABALDA, V. N. M.; WHITE, CH. A.: Enzymatic starch utilization and genetic engineering. Trends Biotech. 6 (1988) 184–189

KESZTHELYI, G.: Verschiedene Aspekte der Süßung mit Aspartam. Ernährung/Nutrition 12 (1988) 233–234

KIM, C. H.; RHEE, S. K.: Fructose production from Jerusalem artichoke by inulinase immobilized on chitin. Biotechnol. Lett. 11 (1989) 201–206

KROYER, G.; PINGER, R.; WASHÜTTL, J.; STEINER, I.: Stabilität und Wechselwirkung der künstlichen Süßstoffe Aspartam und Acesulfam-K in Lebensmitteln. Ernährung/Nutrition 10 (1993) 546–549

KUTSCHKER, W.: Hydrierte Stärkehydrolysate. In: V. RYMON LIPINSKI, G.-W.; SCHIWECK, H. (1991, loc. cit), 369–390

LICKL, E.: Süßstoffe. Österreich, BRD u. EG. Lebensmittel- u. Biotechnol. 8 (1991) 23–26

LICKL, E.: Zuckeraustauschstoffe. Lebensmittel- u. Biotechnol. 9 (1992) 61–63

LUENSER, S. J.: Microbial enzymes for industrial sweetener production. Rev. Ind. Microbiol. 24 (1983) 79–96

MANZONI, M.; CAVAZZONI, V.: Extracellular inulinase from four yeasts. Lebensm.-Wiss. Technol. 21 (1988) 271–274

MARDLES, P.: Bading with starch. Food Ingredients 12, H.4 (1990) 24–29

MONSAN, P.; PAUL, F.; REMAUD, M.; LOPEZ, A.: Novel enzymatic synthesis of oligosaccharides. Food Biotechnol. 3 (1989) 11–29

MUNIR, M.: Continuous production of isomaltulose by transglucosylation of sucrose with free and immobilized cells. Food Biotechnol. 4 (1990) 317

NAKAJIAMA, Y.: Palatinose production by immobilized α-glucosyltransferase. Proc. Res. Soc. Japan Sugar Refineries 33 (1984) 55–63

PAULUS, K.; BRAUN, M.: Süßkraft und Geschmacksprofil von Süßstoffen. Ernähr.-Umsch. 35 (1988) 384–391

PEDERSEN, D. C.: Alternative sweeteners. In: GOLDBERG, J.; WILLIAMS, R. (1991, loc. cit.), 393–413

PRIES, P.: Xylit - Marktchancen trotz höherer Preise. Gordian 87 (1987) 109–110

RAPAILLE, A.; GONZE, M.; VAN DER SCHUEREN, F.: Malbit CH - the ideal sweetener for sugar-free chocolate. Agro Food Ind. Hi-Tech 5 (1994) No. 5, 12–17

RUTTLOFF, H.: Neuere Entwicklungen auf ausgewählten Gebieten der Lebensmittelbiotechnologie. Nahrung 34 (1990) 629–659

RUTTLOFF, H. (Hrsg.): Industrielle Enzyme. 2. Aufl. Hamburg: Behr's Verlag 1994

SCHIERBAUM, F.; VORWERG, W.: Stärkemodifizierende Enzyme. In: RUTTLOFF, H. (1994, loc. cit.), 577–645

SCHIWECK, H.: Disaccharide, eine neue Generation von Zuckeraustauschstoffen. Lebensmittel-chemie. Gerichtl. Chemie 41 (1987) 49–55

SCHMOLCK, W.: Zuckeralkohole und Süßstoffe. Hamburg: Behr's Verlag 1992

SCHWARDT, E.: Production and use of enzymes degrading starch and some other polysaccharides. Food Biotechnol. 4 (1990) 337–351

TÄUFEL, A.; RUTTLOFF, H.: Unveröffentlichte Forschungsergebnisse (1985)

TEGGE, G.: Stärke und Stärkederivate. Hamburg: Behr's Verlag 1984

VISWANATHAN, P.; KULKARNI, P. R.: Properties and application of inulinase obtained by fermenta-tion of costus (Saussurea lappa) root powder with Aspergillus niger. Nahrung 39 (1995) 288–294

WHITAKER, J. R.: New and future uses of enzymes in food processing. Food Biotechnol. 4 (1990) 669–697

WHITMORE, D. A.: Developments in the properties and applications of lycasin and sorbitol. Food Chem. 16 (1985) 209–229

WOLFLEHNER, L.: Malbit, ein zahnschonender, energiereduzierter, diabetikerverträglicher Zuckeraustauschstoff. Ernährung/Nutrition 12 (1988) 788–792

WÜRSCH, P.: Moderne Zucker und Zuckeraustauschstoffe. Ernährung/Nutrition 11 (1987) 334–336

YOKOZEKI, K.; KUBOTA, K.: Process for the production of L-aspartyl-L-phenylalanine. US-PS 4 711 846 (1987)

Kapitel 3.6

BAIRD, J. K.; PETTITT, D. J.: Biogums used in food and made by fermentation. In: GOLDBERG, J.; WILLIAMS, R. (1991, loc. cit.), 223–263

BIEKMAN, E. S. A.: Enzymatic maceration of proteins for the production of instant dried mashed potato: Modelling of the desintegration process. Food Biotechnol. 6 (1992) 19–23

BOCK, W.: Anwendung von pektinolytischen und zellulolytischen Enzymen in der Lebensmittelproduktion. Lebensmittelindustrie 25 (1978) 27–30

BOCK, W.; DONGOWSKI, G.: Pektinenzyme. In: RUTTLOFF, H. (1991, loc. cit.), 287–326

BOCK, W.; POHL, A.; VUKOV, K.: Verflüssigung von Paprika nach dem Tomaten-Mischmacerat-Verfahren unter Nutzung der fruchteigenen pektinolytischen Enzyme. Nahrung 29 (1985) 939–948

BUSSMANN, J.: Innovativer Enzymeinsatz in der Früchteverarbeitung – eine Zukunftstechnologie. Flüss. Obst 59 (1992) 411–414

DANIELS, M. J.: Cellulosic enzymes in the agro-food industry. Agro-Industry Hi-Tech 1 (1990) 17–20

DIVJAK, H.: Xanthan – der multifunktionelle Stabilisator. Eigenschaften und Einsatzmöglichkeiten in Salatdressings. Ernährung/Nutrition 15 (1991) 587–589

DONGOWSKI, G.; BOCK, W.: Pektinspaltende Enzyme. In: RUTTLOFF, H. (1994, loc. cit.), 646–685

DÖRREICH, K.: "Totalverflüssigung" von Äpfeln. Flüssiges Obst 50 (1983) 304–307

EL-ZOGHBI, M.; EL-SHAMEI, Z.; HABIBA, R.: Einfluß der Enzymbehandlung auf Eigenschaften des Guavenpürees. Flüssiges Obst 59 (1992) 415–417

ENARI, T.-M.: Microbial cellulases. In: FOGARTY, W. M. (Ed.): Microbial Enzymes and Biotechnology. London, New York: Appl. Science Publishers 1983, 183–223

FELDHEIM, W.: Verwertbare und nicht verwertbare Kohlenhydrate – Definition und chemische Bestimmungsverfahren. Ernähr.-Umsch. 36 (1989) 40–44

FELDHEIM, W.: Ballaststoffreiche Lebensmittel als Light-Produkte – eine Alternative? Ernährung/Nutrition 18 (1994) 105–107

FOGARTY, W. M.; KELLY, C. T.: Pectic enzymes. In: FOGARTY, W. M. (Ed.): Microbial Enzymes and Biotechnology. London, New York: Appl. Science Publishers 1983, 131–182

GOLDBERG, J.; WILLIAMS, R. (Eds.): Biotechnology and Food Ingredients. New York: Van Nostrand Reinhold 1991

GRASSIN, C.: Preßenzyme in der apfelverarbeitenden Industrie. Flüssiges Obst 59 (1992) 418–422

GRÜHN, E.: Inulin – dietary fiber from chicory and fructose sirups processed thereof. Fruit Processing 6–7 (1994) 174–177

HIRTE, F. W.; SCHULZ, G.: Cellulose- und Hemicellulose-abbauende Enzyme. In: RUTTLOFF, H. (1991, loc. cit.), 327–368

JANDA, W.: Totalverflüssigung von Äpfeln. Flüssiges Obst 50 (1983) 308–316

KLAPP, R.: Xanthan – die moderne Lösung für Stabilitätsprobleme. Ernährung/Nutrition 13 (1989) 746–751

KRÜGER, K.; FIEDLER, S.: Mikrobielle Polysaccharide. In: RUTTLOFF, H. (1991, loc. cit.), 485–515

LEUCHTENBERGER, A.; KRAUSE, M.; JUNGHANS, H.; MAYER, G.; WALZEL, J.: Isolierung von A. niger-Mutanten mit protopektinolytischer Wirkung im stark sauren pH-Bereich. Bioeng. Forsch. u. Praxis 4 (1992) 36–43

LO, G. S.; MOORE, W. R.; GORDON, D. T.: Physiological effects and functional properties of dietary fiber sources. In: GOLDBERG, J.; WILLIAMS, R. (1991, loc. cit.), 153–191

LÖSSL, U.: Ernährungsphysiologische Aspekte von Galactomannanen. Ernährung/Nutrition 13 (1989) 10–14

MEURENS, M.: Pectinisation des jus de pommees. Symposium über neue Erkenntnisse auf dem Gebiet der Frucht- und Gemüsesäfte, Bled/Jugolawien 1980, Sammelbericht 217–234

PECHANEK, U.: Ballaststoffe – Analytik und Bewertungskriterien. Ernährung/Nutrition 12 (1988) 90–93

PILNIK, W.; VORAGEN, A. G. J.: Use of enzymes in food processing. Food Biotechnol. 4 (1990) 319–328

PILNIK, W.; VORAGEN, A. G. J.: Wirkung der Enzymbehandlung auf die Qualität von verarbeiteten Früchten und Gemüse. Flüssiges Obst 58 (1991) 422–427

PULZ, O.: Production of microalgae for nonchlorophyllean pigments and polysaccharides potentially stimulating human immune system. Posterpresentation. OKEANOS-93, Montpellier/France 1993

PULZ, O.; KÖHLER, E.: Microalgae as a source of pharmacologically valuable polysaccharides. Posterpresentation. 6th European Congress on Biotechnology, Firenze/Italy 1993

RÖHM GmbH: Enzyme zur Gemüse- und Fruchtverarbeitung. Techn. Information. Darmstadt, Oktober 1981

RÖHM GmbH: Persönl. Mitteilung, Frankfurt/M. 1994

RUTTLOFF, H. (Hrsg.): Lebensmittelbiotechnologie – Entwicklungen und Aspekte. Berlin: Akademie Verlag 1991

RUTTLOFF, H. (Hrsg.): Industrielle Enzyme. Hamburg: Behr's Verlag 1994

SCHMITT, R.: Ganzfruchtverarbeitung. Flüssiges Obst 50 (1983) 23–27

SCHULZ, G.; HIRTE, F. W.: Cellulose- und Hemicellulose-spaltende Enzyme. In: RUTTLOFF, H. (1994, loc. cit.), 686–727

SCHULZE, J.; BOCK, W. (Hrsg.): Aktuelle Aspekte der Ballaststofforschung. Hamburg: Behr's Verlag 1993

SCHULZE, J.; FRIEDRICH, M.: Physikochemische Eigenschaften von Ballaststoffen als Grundlage ihrer Wirkung. Ernährungsforschung 33 (1988) 49–51

SCHULZE, J.; FRIEDRICH, M.; GRÜTTE, F.-K.: Mikrobieller Abbau und biochemische Effekte von Ballaststoffen im Intestinaltrakt. Ernährungsforschung 33 (1988) 145–147

SEGAL, B.: Gesundheit durch Gemüsecocktails. Flüssiges Obst 58 (1991) 555–556

SULC, D.; CIRIC, D.: Herstellung von Frucht- und Gemüsemark-Konzentraten. Flüssiges Obst 35 (1968) 230–236

SULC, D.; VUJICIC, B.: Untersuchungen der Wirksamkeit von Enzympräparaten auf Pektinsubstrate und Frucht- und Gemüsemaischen. Flüssiges Obst 40 (1973) 79–89, 130–137

VORAGEN, A. G. J.; SCHOLS, H. A.; BELDMANN, G.: Maßgeschneiderte Enzyme in der Fruchtsaftherstellung. Flüssiges Obst 59 (1992) 404–410

WEISS, J.; SÄMANN, H.: Ergebnisse von Untersuchungen über den Einfluß einer Maischebehandlung mittels eines Multienzympräparates auf das Flavour von Apfelsäften. Mitt. Klosterneuburg 35 (1985) 48–53

WIESENBERGER, A.; HAMBITZER, R.: Frucht- und Gemüseprodukte als natürliche Quellen für Nährstoffe. Flüssiges Obst 58 (1991) 538–541

WILL, F.; DIETRICH, H.: Einfluß der Maischeenzymierung auf den Restpektingehalt klarer Apfelsäfte. Flüssiges Obst 59 (1992) 530–536

WISKER, E.: Neuartige Ballaststoffe – Ballaststoffkonzentrate zur Anreicherung von Lebensmitteln. Ernähr.-Umsch. 34 (1987) B 41–B 48

WUCHERPFENNIG, K.; SCHÖPPLEIN, E.: Bedeutung fruchteigener und mikrobieller Enzyme bei der Getränkeherstellung. Flüssiges Obst 58 (1991) 410–418

ZBIRAL, E.: Zur Bedeutung der Polysaccharide in unserer Nahrung. Ernährung/Nutrition 8 (1984) 678–679

Kapitel 3.7

BAUM, R.: Enzyme research advances protein engineering. Chem. Eng. News 1986, 23–26

ESTELL, D. A.; GRAYCAR, T. P.; MILLER, J. V.; POWERS, D. B.; BURNIER, J. B.; NG, P. G.; WELLS, J. A.: Probing steric and hydrophobic effects on enzyme substrate interactions by protein engineering. Science 233 (1986) 659–663

GABOR, R.; TÄUFEL, A.; BEHNKE, U.; HECKEL, J.: Studies on the germination specific α-amylase and its inhibitor of rye (Secale cereale). Z. Lebensmittel-Unters.-Forsch. 192 (1991) 230–233; 193 (1991) 9–14

GACESA, P.; HUBBLE, J.: Enzymtechnologie. Berlin, Heidelberg, New York, London, Paris, Tokyo, Hong Kong, Barcelona, Budapest: Springer-Verlag 1992

HIROHARA, H.; YAMAMOTO, H.; KOWANO, E.; NAGASE, T.: Continuous hydrolysis of lactose in skim milk and acid whey by immobilized lactase of Aspergillus oryzae. Enzyme Eng. 6 (1982) 295–297

KLUPSCH, H. J.: Imitate von Milchsäureerzeugnissen. Dtsch. Milchwirtschaft 43 (1992) 904–910

KNORR, D.; RIEBE, K.; DUNKEL, CH.: Mikrobieller Nitratabbau mit Paracoccus denitrificans. Lebensmitteltechnik 12 (1992) 44–50

KRÜGER, J. E.; LINEBACK, D.; STAUFFER, C. E. (Eds.): Enzymes and Their Role in Cereal Technology. St. Paul/Minn.: Amer. Assoc. Cereal Chemists 1987

MARCONI, W.; MORISI, F.: Industrial applications of fiber-entrapped enzymes. Appl. Biochem. Bioeng. 2 (1979) 219–258

MEHNERT, H.; STANDL. E.: Glucosidasehemmer bei Diabetes. Ernähr.-Umsch. 38 (1991) 157

MUTTER, M.: Die Konstruktion von neuen Proteinen und Enzymen – eine Zukunftsperspektive? Angew. Chem. **97** (1985) 639–654

PILNIK, W.; VORAGEN, A. G. J.: Use of enzymes in food processing. Food Biotechnol. **4** (1990) 319–328

RATHJEN, A.; KERNER, M.; MAYER-MIEBACH, E.; SCHUBERT, H.: Verringerung des Nitratgehaltes pflanzlicher Lebensmittel durch immobilisierte Mikroorganismen. Ber. Bundesforsch.anst. f. Ernährung BFE-R-92-03: 64–70

REISS, J.: Reduction of nitrate in carrot juice by immobilized cells of Staphylococcus carnosus. Dtsch. Lebensm.-Rdsch. **88** (1992) 352–353

RUTTLOFF, H.: Neuere Entwicklungen zum Einsatz von Enzymen bei der Lebensmittelproduktion. Alimenta **28** (1989) 44–49

RUTTLOFF, H. (Hrsg.): Industrielle Enzyme. 2. Aufl. Hamburg: Behr's Verlag 1994

TOMBS, M.P.: Biotechnologie in der Lebensmittelindustrie (Übersetzung). Berlin, Heidelberg, New York, London, Paris, Tokyo, Hong Kong, Barcelona, Budapest: Springer-Verlag 1994, 124–138

TRETZEL, J.: Anwendung von Enzymen in der Lebensmittelbiotechnologie. In: CZERMAK, P. (Hrsg.): Lebensmittelbiotechnologie. Eine Einführung. Darmstadt: GIT Verlag 1993, 75–86

UDOPA, S. L.: α-Amylase inhibitors in foodstuffs. Food Chem. **34** (1989) 95–101

UHLIG, H.: Enzyme arbeiten für uns. München, Wien: Carl Hanser Verlag 1991

WHITAKER, J. R.: New and future uses of enzymes in food processing. Food Biotechnol. **4** (1990) 669–697

WHITAKER, J. R.: Principles of enzymology for the food sciences. 2nd Ed. New York: Marcel Dekker Inc. 1994

WIESER, H.; SEILMEIER, W.; BELITZ, H.-D.: Vergleichende Untersuchungen über partielle Aminosäuresequenzen von Prolaminen und Glutelinen verschiedener Getreidearten. VII. Aminosäuresequenzen von Prolaminpeptiden. Z. Lebensmittel-Unters.-Forsch. **184** (1987) 366–373

Kapitel 3.8

ANONYMUS: Biotechnologische Produktion von Aromastoffen. Gordian **93** (1993) 176–177

BERGER, R. G.: Bioflavours – Aromen aus Zellkulturen. Lebensmitteltechnik **4** (1990) 157–159

CHEN, J.-P.; MC GILL, G. D.: Enzymatic hydrolysis of triglycerides by Rhizopus delemar. Food Biotechnol. **6** (1992) 1–18

CHRISTEN, P.; LOPEZ-MUNGUIA, A.: Enzymes and food flavour – a review. Food Biotechnol. **8** (1994) 167–190

DÖRNENBURG, H.; KNORR, D.: Cellular permeabilization of cultured plant tissues by high electric field pulses or ultra high pressure for the recovery of secondary metabolites. Food Biotechnol. **7** (1993) 35–48

DZIEZAK, J. D.: Biotechnology and flavor development. Food Technol. **40** (1986). I. An industrial research perspective. pp. 108–113; II. Enzyme modification of dairy products. pp. 114–120. III. Plant tissue cultures. pp. 122–129

DRAWERT, F.: Impact-compounds and strategies for their biotechnological synthesis. Food Biotechnol. **4** (1990) 25–37

FINN, R. K.: Food and biotechnology. Food Biotechnol. **4** (1990) 1–13

GATFIELD, I. L.: Production of flavor and aroma compounds by biotechnology. Food Technol. **42** (1988) 110–122, 169

GEORGE, P. S.; RAVISHANKAR, G. A.: Induction of crocin and crocetins in callus cultures of Gardenia jasminoides Ellis. Food Biotechnol. **9** (1995) 29–38

HOPP, R.; MORI, K. (Eds.): Recent Developments in Flavour and Fragrance Chemistry. Weinheim, New York, Basel, Cambridge: VCH Verlagsges. 1993

LANGRAND, G.; TRIANTAPHYLIDES, C.; BARATTI, J: Lipases catalyzed formation of flavour esters. Biotechnol. Lett. **10** (1988) 549–554

LINDSAY, R. C.; WILLIS, B. J. (Eds.): Biotechnology Challenges for the Flavor and Food Industry. London, New York: Elsevier Appl. Science 1989

LÖSCHE, K.; KRONER, K.-H.: Nutzung von Enzymkomplexen aufgeschlossener Zellen für die fermentative Behandlung von Lebensmitteln. Alimenta **28** (1989) 51–61

MATHEIS, G.: Natürliche Aromen und ihre Rohstoffe. Dragoco Berichte **34** (1989) 43–57

MATHEIS, G.: Die Anwendung von Enzymen in der Aromenindustrie. Dragoco Berichte **34** (1989) 115–131

PARR, A.J.: The production of secundary metabolites by plant cell cultures. J. Biotechnol. **10** (1989) 1–26

QUEHL, A.; RUTTLOFF, H.: Mikrobielle Produktion von Aromastoffen unter besonderer Berücksichtigung von Fruchtnoten. Nahrung **36** (1992) 159–169

RITTERSHAUS, E.; ULRICH, J.; WEISS, A.; WESTPHAL, K.: Großtechnische Fermentation von pflanzlichen Zellkulturen. BioEng 5 (1989) 8–10

DE ROOIJ, J. F. M.: Neue technische Entwicklungen von Aromen und Würzstoffen. Lebensmitteltechnik 23 (1991) 390–392

ROTHE, M.; RUTTLOFF, H.; HERRMANN, H.; ENGST, W.: Problems of technical production and
characterization of Blue cheese aroma concentrate. Nahrung 30 (1986) 791–797

RUTTLOFF, H.; ROTHE, M.: Produktion von Aromen und Geschmacksstoffen unter besonderer
Berücksichtigung biotechnologischer Verfahren. Ernährung/Nutrition 11 (1987) 395–399, 466–473

RUTTLOFF, H.: Enzyme zur Flavourproduktion. In: RUTTLOFF, H. (Hrsg.): Industrielle Enzyme. 2.
Aufl. Hamburg: Behr's Verlag 1994

SCHINDLER, F.; SEIPENBUSCH, R.: Fungal flavour by fermentation. Food Biotechnol. 4 (1990)
77–85

SCHREIER, P.: Aspects of biotechnological production of food flavours. Food Rev. Intern. 5 (1989)
289–315

SEITZ, E. W.: Flavour building blocks. In: GOLDBERG, I.; WILLIAMS, R. (Eds.): Biotechnology and
Food Ingredients. New York: Van Nostrand Reinhold 1991, 375–391

SENEMAUD, C.; MANGEOT, G.: Über die Entstehung von fruchtartigen Aromen durch Biosynthese
von Mikroorganismen. Flüssiges Obst 55 (1988) 714–723

WELSH, F. W.; MURRAY, W. D.; WILLIAMS, R. E.: Microbiological and enzymatic production of
flavour and fragrance chemicals. CRC Crit. Rev. Biotechnol. 9 (1989) 105–169

ZENK, M. H.: Plant cell cultures: A potential in food and biotechnology. Food Biotechnol. 4 (1990)
461–470

Kapitel 3.9

ANDERSON, S.; MARKS, C. B.; LAZARUS, R.; MILLER, J.; STAFFORD, K.; SEYMOUR, J.; LIGHT, D.;
RASTETTER, W.; ESTELL, D.: Production of 2-keto-L-gulonate, an intermediate in L-ascorbate
synthesis, by a genetically modified Erwinia herbicola. Science 230 (1985) 144–149

ARNEZEDER, C.; HAMPEL, W. A.: Biotechnologische Gewinnung von Ergosterin. Lebensmittel- u.
Biotechnol. 8 (1991) 217–223

BEN-AMOZ, A.; AVRON, M.: The biotechnology of cultivating the holotolerant alga Dunaliella.
Trends Biotechnol. 8 (1990) 121–126

BOROWITZKA, L. J.; BOROWITZKA, M. A.: β-Carotene (provitamin A) production with algae. In:
VANDAMME, E.J.(1989, loc. cit.), 15–26

BREY, R. N.; BANNER, C. D. B.; WOLF, J. B.: Cloning of multiple genes involved with vitamin B_{12} biosynthesis in Bacillus megaterium. J. Bacteriol. 167 (1986) 623–630

KARRER, B.; BECKER, B.; BENZ, F.; FREI, P.; SALOMON, H; SCHOPP, K.: Zur Synthese des
Lactoflavins. Helv. chim. Acta 18 (1935) 1435–1448

KUHN, R.; REINEMUND, K.; KALTSCHMITT, H.; STRÖBELE, R.; TRISCHMANN, H.: Synthetisches
6,7-Dimethyl-9-d-riboflavin. Naturwissenschaften 23 (1935) 260

LAGO, B. D.; KAPLAN, L.: Vitamin fermentations: B_2 and B_{12}. Adv. Biotechnol. 3 (1981) 241–246

MACHLIN, L. J.: Handbook of Vitamins: Nutritional, Biochemical, and Clinical Aspects. New York:
Marcel Dekker 1984

MAZUMDER, T. K.; NISHIO, N.; HAYASHI, M.; NAGAI, S.: Production of carotenoids including
vitamin B_{12} by Methanosarcina barkeri growing on methanol. Biotechnol. Lett. 8 (1986)
843–848

MUNDER, M.; VOGT, J. R.; VOGLER, B.; RENZ, P.: Biosynthesis of vitamin B_{12} in anaerobic bacteria.
Eur. J. Biochem. 204 (1992) 679–683

PULZ, O.: Open-air and semiclosed cultivation systems for the mass cultivation of microalgae.
Posterpresentation. Asia-Pacific Conference on Algal Biotechnology. Kuala Lumpur 1992

PULZ, O.; LOEST, K.: Colouring agents from microalgae. Posterpresentation. Food Ingredients Europe
(FIE). Düsseldorf 1992

REICHSTEIN, T.; GRÜSSNER, A.: Eine ergiebige Synthese der L-Ascorbinsäure (C-Vitamin). Helv.
chim. Acta 17 (1934) 311–328

REILLY, C. E.: Vitamins. In: GOLDBERG, I.; WILLIAMS, R. (Eds.): Biotechnology and Food
Ingredients. New York: Van Nostrand Reinhold 1991, 415–432

SCOTT, A. I.: Biosynthesis of vitamin B_{12}. Lect. Heterocycl. Chem. 9 (1987) 75–93

VANDAMME, E.J.: Biotechnology of Vitamins, Pigments and Growth Factors. London, New York:
Elsevier 1989

VOLK, R.; BACHER, A.: Biosynthesis of riboflavin. The structure of the four carbon precursor. J. Amer.
chem. Soc. 110 (1988) 3651–3653

Kapitel 3.10

BENNETT, J. W.; LASURE, L. L.: Gene Manipulations in Fungi. Orlando, San Diego, New York, London, Toronto, Montreal, Sidney, Tokyo: Academic Press 1985

BRETTSCHNEIDER, R.; LÖRZ, H.; STIRN, S.: In-vitro-Kultur und Gentransfer bei Getreide. Bio Eng. **6** (1993) 31–35

CRUEGER, W.; CRUEGER, A.: Biotechnologie-Lehrbuch der angewandten Mikrobiologie. München, Wien: Oldenbourg Verlag 1989

DEHNE, L. I.; BÖGL, K. W.: Die biologische Konservierung von Lebensmitteln. Ein Statusbericht. Berlin: Bundesgesundheitsamt 1992

ENDRESS, R.: Plant Cell Biotechnology. Berlin, Heidelberg, New York, London, Paris, Tokyo: Springer-Verlag 1994

GASSEN, H.-G.; MARTIN, A.; SACHSE, G.: Der Stoff aus dem die Gene sind. Bilder und Erklärungen zur Gentechnik. Frankfurt/Main, München: J. Schweitzer Verlag 1988

GOLDBERG; J:; WILLIAMS; R: (Eds.): Biotechnology and food Ingredients. New York: Van Nostrand Reinhold 1991

HAMMES, W. P.: Gefahren durch den Einsatz von Mikroorganismen in der Lebensmittelindustrie. Alimenta **3** (1988) 55–59

HAMMES, W. P.; VOGEL, R. F.: Gentechnik zur Modifizierung von Starterorganismen. Lebensmittel-technik **1-2** (1990) 24–32

HUI, Y. H.; KHATCHATOURIANS, G. G. (Eds.): Food Biotechnology: Microorganisms. New York, Weinheim, Cambridge: VCH Verlagsgesellschaft 1995

JANY, K.-D.: Einsatz der Gentechnik in der Lebensmittelproduktion und -verarbeitung. Ernähr.-Umsch. **39** (1992) 479–487

JANY, K.-D.; TAUSCHER, B.: Biotechnologie im Ernährungsbereich. Berichte der Bundesforschungs-anstalt für Ernährung, Karlsruhe: 1992, 7–36

JONES, D. G.: Exploitation of Microorganisms. London, Glasgow, New York: Chapman & Hall 1993

KOSCHATZKY, K.; MASSFELLER, S.: Gentechnik für Lebensmittel ?: Möglichkeiten, Risiken, Akzeptanz gentechnischer Entwicklungen. Köln: Verlag TÜV Rheinland 1994

Lebensmittelchemische Gesellschaft – Fachgruppe in der GDCH: Gentechnologie: Stand und Perspektiven bei der Gewinnung von Rohstoffen für die Lebensmittelproduktion. Hamburg: Behr's Verlag 1994

LEUCHTENBERGER, A.: Aktuelle Möglichkeiten des Einsatzes von Enzymen bei der Lebensmittel-herstellung. Teil 1. Allgemeine Aspekte und traditionelle Anwendungsgebiete. Ernährungs-forschung **35** (1990) 189–192

LEUCHTENBERGER, A.: Anwendung der Gentechnik bei der Lebensmittelproduktion. Wiss. Zeitschr. der HU Berlin, Reihe Agrarwiss. **39** (1990) 17–25

LEUCHTENBERGER, A.: Application of genetic and genetic engineering methods to the production of food and food additives. Acta Biotechnol. **12** (1992) 57–65

LINDSAY; R. C.; WILLIS, B.J. (Eds.): Biotechnology Challenges for the Flavour and Food Industry. London, New York: Elsevier Appl. Science 1989

LÖSCHE, K.: Enzymatische Lebensmittelkonservierung. Lebensmitteltechnik **1-2** (1991) 43–49

MANN, W.; HAGEN-MANN, K.; DOVC, P.: Gentransfer bei Nutztieren. BioTec **5** (1993) 6–24

MUROOKA, Y.; IMANAKA, T. (Eds.): Recombinant Microbes for Industrial and Agricultural Applications. New York, Basel: Marcel Dekker, Inc. 1994

NAGL, W.: Gentechnologie und Grenzen der Biologie. 2. Aufl. Darmstadt: Wissenschaftliche Buchgesellschaft 1995

SCHELLI, T.; MOHR, H. (Hrsg.): Biotechnologie – Gentechnik: eine Chance für neue Industrien. Berlin, Heidelberg, New York, London, Paris, Tokyo: Springer-Verlag 1995

SCHLEGEL, H. G.: Allgemeine Mikrobiologie.Stuttgart: G. Thieme Verlag 1985

SMALLA, K.; BORRIS, R.: Sicherheitsaspekte bei der Herstellung und Anwendung von Enzymen aus rDNA-Produktionsstämmen. Persönliche Mitteilung 1993.

STAHL, U.: Möglichkeiten der Gentechnologie für den Nahrungsmittelbereich. GBF Monographie (VCH), Braunschweig: **11** (1988) 313–316

STEIN, G. (Hrsg.): Gentechnologie – der Sprung in eine neue Dimension: Beiträge aus Wissenschaft und Gesellschaft. München, Landsberg am Lech: Olzog Verlag 1995

STRICKBERGER, M. W.: Genetik. München, Wien: Carl Hanser Verlag 1988

TODT, A.: Gentechnik im Supermarkt. Lebensmittel aus der Retorte – Ein kritischer Ratgeber für Verbraucher. Reinbek bei Hamburg: Rowohlt Taschenbuch Verlag 1994

WAINWRIGTH, M.: Biotechnologie mit Pilzen: eine Einführung. Berlin, Heidelberg, New York, London, Paris Tokyo: Springer-Verlag 1995

Sachverzeichnis